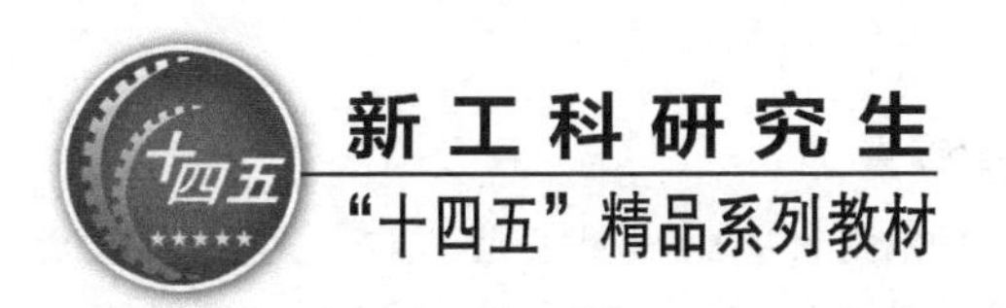

移动机器人定位与导航

Positioning and Navigation of Mobile Robots

张国良 严寒冰 曾 静 编著

内容提要

定位与导航是移动机器人完成控制与任务的前提和基础。本书立足于基础与应用，以地面室内外移动机器人、无人车等为主要对象，介绍移动机器人定位与导航涉及的基本知识，包括定位与导航坐标系、移动机器人主要的定位与导航方法和设备、数据处理和滤波方法、移动机器人的组合导航、SLAM 与 VSLAM 方法等，主要目的是使学生能够通过基于本书的课程学习，理解和掌握移动机器人定位与导航的基本方法，为进一步应用和学习打下基础。本书适合作为理工科大学机器人、自动驾驶、无人系统等相关专业研究生阶段的专业课程教材，也可作为学力较高的高年级本科生选修或自修相关课程的学习用书。

图书在版编目(CIP)数据

移动机器人定位与导航 / 张国良，严寒冰，曾静编著. — 西安：西安交通大学出版社，2023.2(2024.4 重印)
新工科研究生"十四五"精品系列教材
ISBN 978-7-5693-1092-4

Ⅰ. ①移… Ⅱ. ①张… ②严… ③曾… Ⅲ. ①移动式机器人—研究生—教材 Ⅳ. ①TP242

中国版本图书馆 CIP 数据核字(2022)第 189968 号

书　　名 移动机器人定位与导航
Yidong Jiqiren Dingwei yu Daohang
编　　著 张国良　严寒冰　曾　静
策划编辑 贺峰涛　屈晓燕
责任编辑 贺峰涛
责任校对 李　佳
装帧设计 伍　胜

出版发行 西安交通大学出版社
(西安市兴庆南路 1 号　邮政编码 710048)
网　　址 http://www.xjtupress.com
电　　话 (029)82668357　82667874(市场营销中心)
(029)82668315(总编办)
传　　真 (029)82668280
印　　刷 西安日报社印务中心

开　　本 720 mm×1 000 mm　1/16　**印张** 19.5　**字数** 372 千字
版次印次 2023 年 2 月第 1 版　2024 年 4 月第 2 次印刷
书　　号 ISBN 978-7-5693-1092-4
定　　价 58.00 元

如发现图书印装质量问题，请与本社市场营销中心联系。
订购电话：(029)82665248　(029)82667874
投稿电话：(029)82664954
电子信箱：eibooks@163.com

前　言

定位与导航是一个专门的技术领域。在很长的时间里，定位与导航都主要用于航空、航海、航天等军事目的，并用在大型运载体上。对于生活中的定位与导航，人们的需求通常较为粗略，时间上也不那么迫切，大多数情况下基于日常经验就可以满足。即使在缺少卫星导航设备、公路网错综复杂的时代，众多驾驶员凭借一本厚厚的公路地图册基本上就可以驱车跑遍天下了。

机器人时代的到来，让定位与导航的需求从相对封闭甚至略显神秘的区域走向了广阔的世界。大量的新一代定位与导航资源、通信网络、微机电系统与各种各样的移动机器人几乎同时从本世纪初开始涌现。尤其是近十年的技术发展，从家庭照看到酒店服务，从公路交通到高速铁路，从仓储物流到电厂巡检，各类移动机器人的定位与导航需求远远超过了既往的总和。其中区分最突出的一点是：在此之前，缺少导航信息时人类可以自己代替仪表来掌控位置和方向；但面对晕头转向的自动驾驶汽车和扫地机器人时，人类没有办法把自己看到和想到的用二进制和蓝牙信号直接“告诉”它们。移动机器人的定位与导航信息需要自主地通过导航设备来获取。

定位是给出运载体的位置信息，导航则要连续实时地给出运载体的位置、速度、加速度、姿态角、姿态角速度等部分或全部信息。在定位与导航过程中，由于受到所采用的定位与导航原理、设备及所面临的环境等各种因素的影响，运载体所获得的定位与导航信息必定包含复杂的噪声或干扰，因此定位与导航的一项重要工作就是从含有噪声的定位与导航信息中获取其最优估计值，这被称为状态估计。对于导弹、宇宙飞船等运载体来说，人类往往给它们配置了大量的外部设备和服务人员来完成这些工作；但对于移动机器人来说，大多数情况下，它得靠“自己”在极其有限的空间内携带的设备独立完成这些工作。这还不算完。有些时候，例如在灾害环境搜救、月球与火星探测等未知或半未知环境中，移动机器人还得“自己”完成地图的创建（没有地图的定位与没有定位的地图都是没有意义的）。

移动机器人的状态，就是指一组完整描述它随时间运动的物理量，比如位置、角度和速度，也就是其定位与导航信息。移动机器人的状态估计，就是关于这些信息的最优估计；移动机器人的地图创建，其本质也是状态估计。移动机器人或其他控制系统，其运行实质都是一个“信息—控制”的循环过程。基于系统的控制目标和当前的状态信息，人们以各种方式制定最优的控制指令；基于系统的运动模型和控制指令，系统的状态信息被不断更新并以各种方式获得其最优估计；如此往复。控制是机器人完成某一特定任务的实现过程，导航则是机器人控制的信息基础。很多时候，人们都低估了真实世界中状态估计问题的难度，而我们要指出的是，至少应该把状态估计与控制放在同等重要的地位来对待。

最近几年来，许多大学都增设了机器人相关专业或方向。对机器人定位与导航的教学需求也随着机器人的发展而日益凸显。本书作者撰写这样一本书，是希望适应研究生在机器人技术方向的培养要求，并能满足部分学力较高的高年级本科生的研究需求。在假定读者基本具备现代控制理论、系统建模与仿真、计算机视觉等前导课程的基础上，希望读者通过本书的学习，能够较为充分地了解机器人技术的研究现状与挑战，理解移动机器人定位与导航的基本方法，对移动机器人的自主式导航技术及其误差分析、非自主式导航技术及其误差分析有较深入的掌握，对移动机器人的滤波与估计方法有基础性掌握，能够理解移动机器人组合导航方法与技术，并对移动机器人的 SLAM 方法和 VSLAM 方法有相对深入的理解。在此基础上，读者可以根据需要，进一步明确和深化对所需内容的学习。

本书内容是作者在多所高校任教中对研究生和本科生定位与导航教学内容的总结，作者在此过程中对多类大型运载器、无人系统和移动机器人的定位与导航进行了理论研究和技术实践。本书内容作为讲义在成都信息工程大学等高校的研究生教学中使用了 4 年次，得到许多老师和研究生的反馈，我们根据这些反馈对讲义进行了修订。

衷心感谢作者研究团队汤文俊、安雷、姚二亮、李永锋、李维鹏、林志林等为本书作出的卓越贡献，衷心感谢西安交通大学出版社和贺峰涛、屈晓燕等编辑为本书付出的辛勤劳动。

移动机器人定位与导航是一个综合性很强的领域，许多理论和技术都还在不断地完善和更新中，加之作者水平有限，未必能使读者在短时间内系统且深入地掌握相关的理论、方法与技术。本书有任何不妥之处，恳请读者予以批评指正。

编著者

2022 年 2 月于成都锦江畔

目　录

第1章 机器人技术概述

人类的一切技术活动都围绕着一个目的而展开:将人类从现有的各种事务中解脱出来,去开辟新的领域。

当人类将足迹逐步迈向地球之外时,人类一个久远的梦想也在逐步变为现实:用人类制造的一个新的"人类"——机器人——来代替人类所有的活动。尽管这个梦想同时令许多人感到担心,但人类依然在将这个梦想一步步推向现实。

从机器人技术的角度看,最近十年是令人激动的一个时间段:关于机器人的各种新概念和新技术层出不穷,各类新产品不断推出。人们对机器人和机器人技术充满期待,从家用扫地机器人到无人驾驶汽车,从餐厅引导机器人到博物馆安保机器人,从个人机器人助理到机器人生活伴侣,从地面和室内机器人到空中和空间机器人,希望明天就能在网上订购。而且事实上,这些期待并不过分。在生活中,已经有不少家庭拥有了一台或更多的机器人。依据目前的技术现状和科技发展的速度,我们完全有理由把未来想象得更令人神往一点。

1.1 机器人技术及其发展

随着技术的普及和科幻作品的影响,人们越来越多地建立了一个概念:机器人并不一定具有人的外观和特点。一开始人们希望机器人的外形能够像人一样,能够说话、行走,具有视力和听觉,但近年来中国的"祝融号"火星车和美国的"好奇号""勇气号"火星车,谷歌、百度等公司研发的各类无人驾驶汽车,波士顿动力公司不断推出的令人眼花缭乱的两足、四足机器人,以及家庭中不断更新换代的扫地机器人、擦窗户机器人等,都向人们传递着这样一个观念:机器人的外观是多种多样的。各类机器人的外观如图1.1所示。

这正是所谓第三代机器人的基本概念。事实上,研究者通常把机器人技术的发展分为三个阶段。

第一代机器人是简单的示教再现型机器人。这类机器人需要使用者事先教给它们动作顺序和运动路径,再不断地重复这些动作。带有示教器是第一代机器人最典型的特征。示教器是机器人的人机交互接口,主要由液晶屏幕和操作按键组成,可由操作者手持移动。目前在汽车工业和电子工业自动线上大量使用的就是这类第一代机器人。

(a)“祝融号”火星车

(b) 无人驾驶汽车

(c) 波士顿动力公司的机器人

(d) 扫地机器人

图 1.1 各类机器人的外观

第二代机器人是低级智能机器人，或称感觉机器人。和第一代机器人相比，低级智能机器人具有一定的感觉系统，能获取外界环境和操作对象的简单信息，可对外界环境的变化作出简单的判断并相应调整自己的动作，以减少工作出错、产品报废。因此这类机器人又被称为自适应机器人。20 世纪 90 年代以来，在生产企业中这类机器人的数量正在迅速增加。

第三代机器人是高级智能机器人。它不但有第二代机器人的感觉功能和简单的自适应能力，而且能充分识别工作对象和工作环境，并能根据人给的指令和它自身的判断结果自动确定与之相适应的动作。这类机器人目前尚处于研究探索阶段。近年来人们较多接触的无人驾驶汽车、家用机器人、月球车等均可归类为第三代机器人。

“机器人”这一概念源于捷克剧作家卡雷尔·恰佩克(Karel Capek)1920 年创作的戏剧《罗素姆万能机器人》(*Rossum's Universal Robots*)。在该剧中恰佩克用源于古斯拉夫语中表示“强迫劳动”的词语“robota”杜撰出“robot”这一词语，来命名剧中罗素姆制造的自动机器。但是，从第一台机器人诞生直到现在，“机器人”一直没有严格的定义。主要的原因是机器人技术一直在不断地发展，具有新外形、新功能的机器人不断地出现；另外一个原因是，机器人涉及什么是“人”这样一个问题，而这似乎是一个至今令人困惑的哲学问题。因此，目前还没有一种机器人的定义能够得到普遍的认可。人们可以较为普遍地接受的一个说法是：机器人是靠自身动力和控制能力来实现各种功能的一种机器。根据这样的阐释，机器人被看作一种能够影响其所处工作环境的机器，而无关其外表。机器人对环境的影响是通过其内置的根据一定规则设定的行为模式，并由机器人通过感知其自身状态和所处环境而获取的数据决定的。因此，机器人学通常被定义为研究感知和行为之间的智能联系的科学。

基于机器人学的这一定义，一个实际的机器人系统是一个复杂系统，其功能由多个子系统来实现，如图1.2所示。

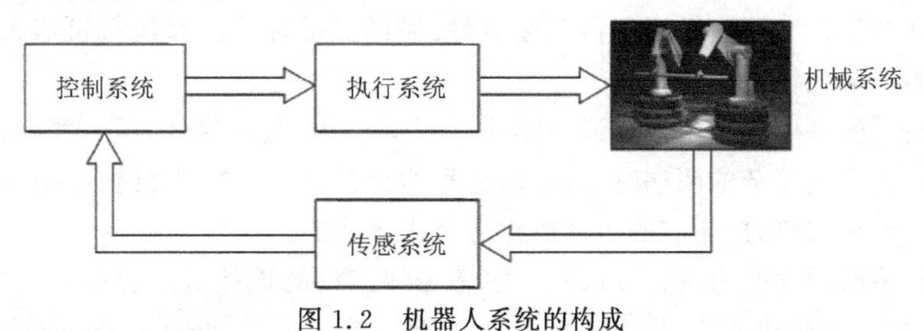

图1.2　机器人系统的构成

机器人最基本的组成是其机械系统。机械系统通常由一套运动装置（轮系、履带、机械腿）和一套操作装置（机械手、末端执行器、人工手）构成。图1.2中所示的机械系统就是由两个机械手（操作装置）构成，每套操作装置都装载在一个移动小车上（运动装置）。这样一个系统的实现有赖于铰链式机械系统的具体设计以及材料的选择。

实现移动和操作行为的能力由执行系统提供，执行系统使机器人的机械组件具有运动能力。执行的概念涉及运动控制的具体构成，包括伺服电机、驱动器和传动装置。

感知能力由传感系统实现。传感系统包括能够获取机械系统内部状态数据的传感器（本体传感器，例如位置传感器）和能获取外部环境数据的传感器（外部传感器，例如压力传感器和照相机）。传感系统的实现有赖于材料特性、信号调制、数据处理以及信息提取等。

由感知到行为的智能联系能力由控制系统实现。控制系统能够在机器人本身及其环境因素约束下，根据通过任务规划技术设定的目标来指挥动作的执行。控制系统的实现服从与人体功能控制相同的反馈原理，或许还需要充分利用关于机器人系统组成的描述（建模）。“控制论”一词即涵盖了控制、机器人运动监测、人工智能及专家系统以及算法结构、编程环境等内容。

由此可见，机器人学是一门涉及机械、控制、计算机和电子等领域的交叉学科。

1.2 机器人的简单分类

机器人有很多种分类方式,但总体上可以分为以机械手为主要特征的工业机器人和以移动小车为主要特征的移动机器人。本书主要以移动机器人为应用对象介绍其定位与导航方法,仅在本章中对机械手进行简要的介绍,以后的内容基本上不再涉及机械手或工业机器人。

1.2.1 机械手

机械手的机械机构由一系列刚性构件(连杆)通过链接(关节)联结起来,机械手的特征在于具有用于保证可移动性的臂、提供灵活性的腕和执行机器人所需完成任务的末端执行器。

机械手的基础结构是串联运动链或开式运动链。从拓扑的观点看,当只有一个序列的连杆连接链的两端时,该运动链称为开式的;反之,当机械手中有一个序列的连杆形成回路时,相应的运动链称为闭式运动链。

机械手的运动能力由关节保障。两个相邻连杆的连接可以通过移动关节(又称棱柱关节)或转动关节(又称旋转关节)实现。在开式运动链中,每一个移动关节或转动关节都为机械结构提供一个自由度(degree of freedom,DoF)。移动关节可以实现两个连杆之间的相对平移,而转动关节可以实现两个连杆之间的相对转动。在闭式运动链中,由于闭环带来的约束,自由度要少于关节数。

在机械手上必须合理地沿机械结构配置自由度,以保证系统能够有足够的自由度来完成指定的任务。通常在三维(3D)空间里一项任意定位和定向的任务中需要 6 个自由度,其中 3 个自由度用于实现对目标点的定位,另外 3 个自由度用于实现在参考坐标系中对目标点的定向。如果系统可用的自由度超过任务中变量的个数,则从运动学角度而言,机械手是冗余的。

工作空间是机械手末端执行器在工作环境中能够到达的区域。其形状和容积取决于机械手的结构以及机械关节的限制。

在机械手中,臂的任务是满足腕的定位需求,进而由腕满足末端执行器的定向需求。从基关节开始,可以按臂的类型和顺序,将机械手分为笛卡儿型、圆柱型、球型、SCARA 型和拟人型等。

笛卡儿型机械手的几何构型由 3 个移动关节实现,其特点是它的 3 个轴相互垂直(见图 1.3)。从简单的几何观点看,每一个自由度对应于一个笛卡儿空间变量,因此在空间中能够很自然地完成直线运动。笛卡儿型机械手能提供很好的机械刚性。腕在工作空间中的定位参数处处为常量。图 1.3 中示意的工作空间由长方体构成。因为所有的关节都是移动关节,所以该类型机械手虽然精确性高,但是灵活性差。要对目标进行操纵,需要从侧面去接近目标。另一方面,如果想要从顶部靠近目标,笛卡儿型机械手可以通过如图 1.4 所示的龙门架结构实现。这种结构可以给操作空间带来大的容积,而且能够对大体积和大重量的目标进行操作。笛卡儿型机械手通常用于材料抓取和装配,其关节通常采用电机驱动,偶尔会用到气动驱动。

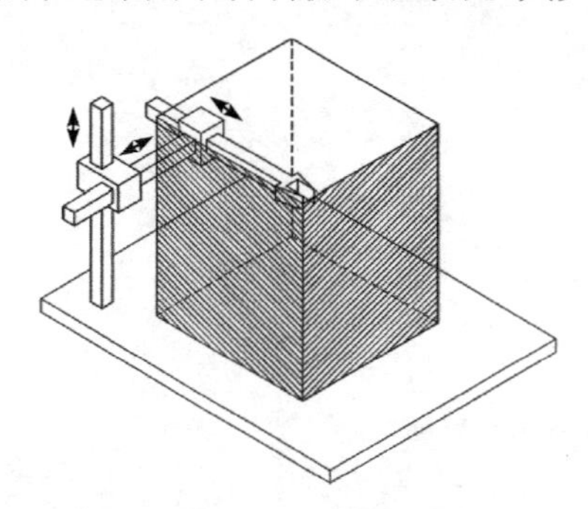

图 1.3　笛卡儿型机械手及其工作空间

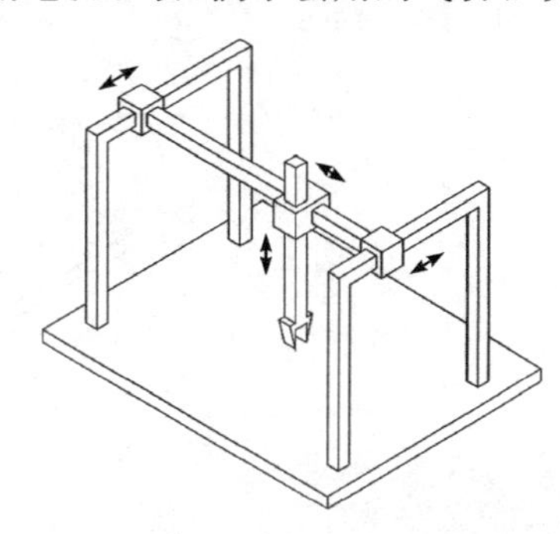

图 1.4　龙门架结构

圆柱型机械手及其工作空间如图 1.5 所示。圆柱型机械手与笛卡儿型机械手的区别在于,其第一个移动关节被转动关节所替代。如果工作任务是按圆柱坐标描述,在此情形下每一个自由度仍然对应于一个笛卡儿空间变量。圆柱型结构提供了良好的机械刚度,其腕的定位精度有所降低,而水平方向的动作能力则有所提高。其工作空间是空心圆柱体的一部分。由于具备水平方向的移动关节,圆柱型机械手的腕部适合向水平方向的孔接近。圆柱型机械手主要用于平稳地运送大型目标,在这种情形下使用液压发动机比使用电动机更合适。

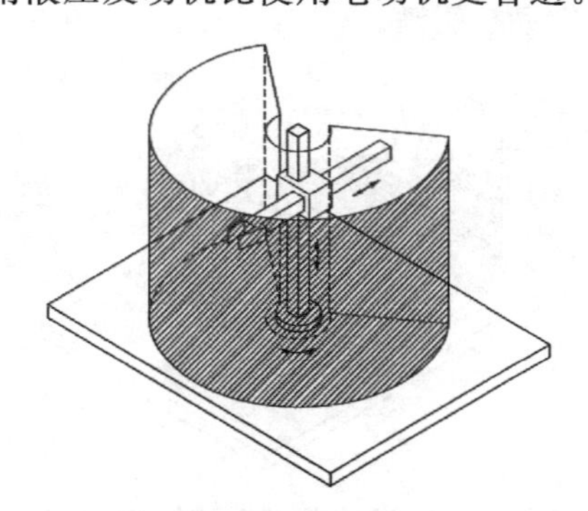

图 1.5　圆柱型机械手及其工作空间

球型机械手及其工作空间如图 1.6 所示。球型机械手与圆柱型机械手的不同点在于,其第二个移动关节被转动关节所替代。当工作任务用球坐标系描述时,其每一个自由度对应一个笛卡儿空间变量。球型机械手的机械刚性比上述两种几何构型的机械手的都要差,而其机械结构则更复杂。其径向操作能力较强,但腕的定位精度降低了。其工作空间是中空的球体的一部分。它也可以加上一个支撑底座,这样就可以操作地面上的目标。球型机械手主要用于机械加工,其关节驱动通常使用电动机。

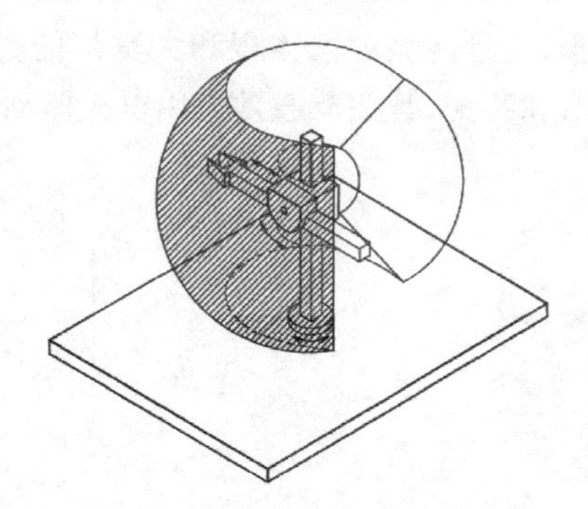

图 1.6 球型机械手及其工作空间

SCARA(selective compliance assembly robot arm,选择性柔性装配机器人臂)型机械手及其工作空间如图 1.7 所示。SCARA 型机械手具有一种特殊的几何构型。在这种几何构型中,两个转动关节和一个移动关节通过特别的布置,使得所有的运动轴都是平行的。SCARA 表征这种机械手的机械特点在于能够带来垂直方向装载的高度稳定性和水平方向装载的灵活性。因此,SCARA 型机械手非常适合于承担垂直装配任务。为满足工作任务在笛卡儿坐标系中垂直方向上任务分量的描述,这种结构保持了与笛卡儿空间中变量和自由度的一致性。由于增加了腕与第一个关节轴之间的距离,因此腕的定位精度有所降低。SCARA 机械手适合操纵较小的目标,其关节由电动机驱动。

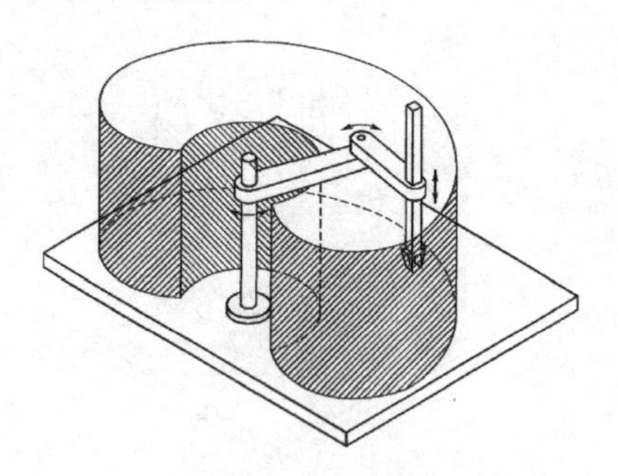

图 1.7 SCARA 机械手及其工作空间

拟人型机械手及其工作空间如图 1.8 所示。拟人型机械手的几何构型由 3 个转动关节实现。其第一个关节的旋转轴与另外两个关节的旋转轴垂直,而另外两个关节的旋转轴是平行的。由于其结构和功能与人类的胳膊相似,因此相对应地称第二个关节为肩关节,第三个关节由于联结了胳膊和前臂,所以被称为肘关节。拟人型机械手的结构是最灵活的一种,因为其所有关节都是转动型的。另一方面,拟人型机械手的自由度与笛卡儿空间变量之间失去了对应性，所以腕的定位精度在工作空间内是变化的。拟人型机械手的工作空间近似于球体空间的一部分，相较于其负担而言，工作空间的容积较大。其关节通常由电机驱动。拟人型机械手的工业应用范围很广。

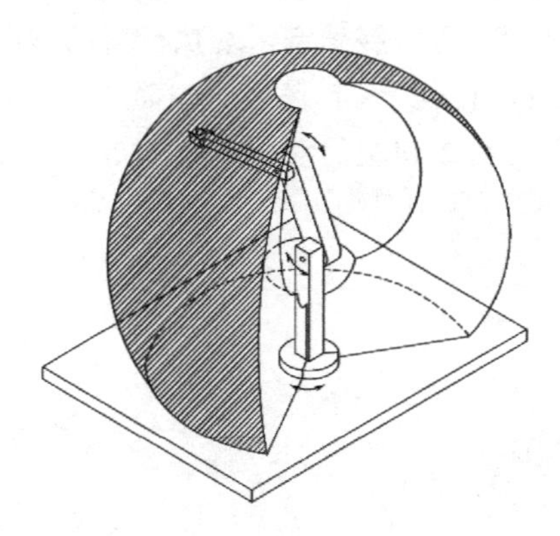

图 1.8　拟人型机械手及其工作空间

上述机械手都具有开式运动链。当需要较大的有效负载时，机械手需要获得更高的强度以保证相应的定位精度。在这种情形下就需要借助于闭式运动链。例如，对一个拟人型机械手，其肩关节和肘关节之间可以采用平行四边形的结构，以构成一个闭式运动链，如图 1.9 所示。

并联机械手的闭链结构如图 1.10 所示。这种构型由多个运动链连接基座和末端执行器组成。相对于开链机械手，这种机械手的基本优势在于其具有很高的结构刚性，因此有可能达到高操作速度，不足之处是其工作空间被缩减。

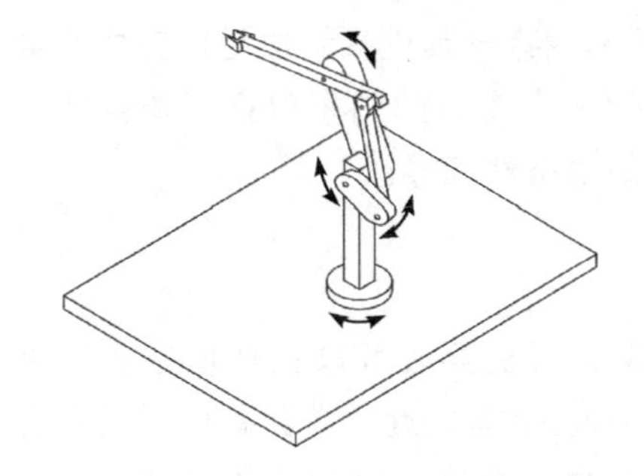

图 1.9　平行四边形结构机械手

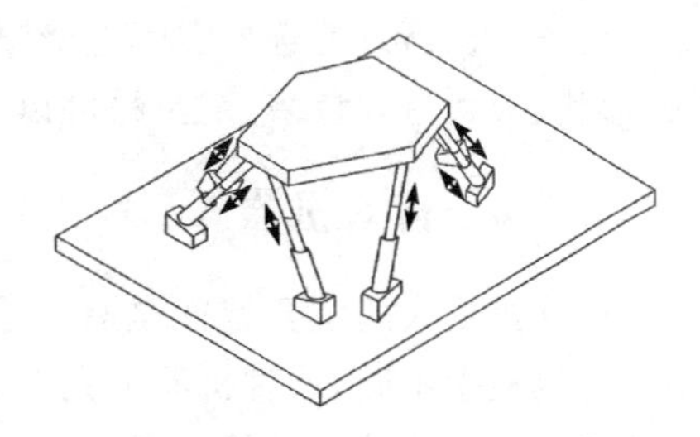

图 1.10　并联机械手

一种混合型的机械手如图 1.11 所示。它由一个并联臂和一个串联运动链构成。这种结构适合于执行在竖直方向上需要很大力量的操纵任务。

上述结构的机械手要能够实现腕的定位，进而要求腕能够实现机械手末端执行器的定向。如果要求机械手能够在三维空间中任意定向，腕至少需要由转动关节提供3个自由度。由于腕构成了机械手的终端部分，所以其结构必须紧凑，这将增加其机械设计的复杂度。不深究结构上的细节问题，一种赋予腕最高灵活性的方法是通过将3个转动轴交于一点来实现。这种情形的腕称为球型腕，如图1.12所示。球型腕的关键特征是实现了末端执行器定位和定向之间的解耦，由臂完成交叉点的前方点的定位任务，而由腕确定末端执行器的方向。从机械的角度看，如果不采用球型腕，则末端执行器实现起来会比较简单些。但这样一来定位和定向是耦合的，将增加协调臂的动作和腕的动作来完成指定任务的复杂度。

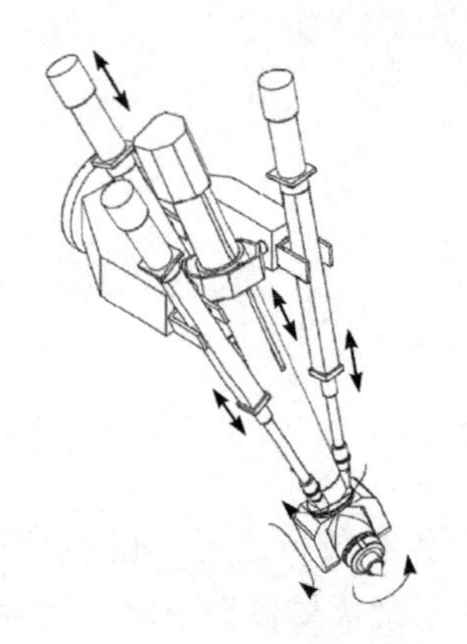

图1.11 混合复联机械手

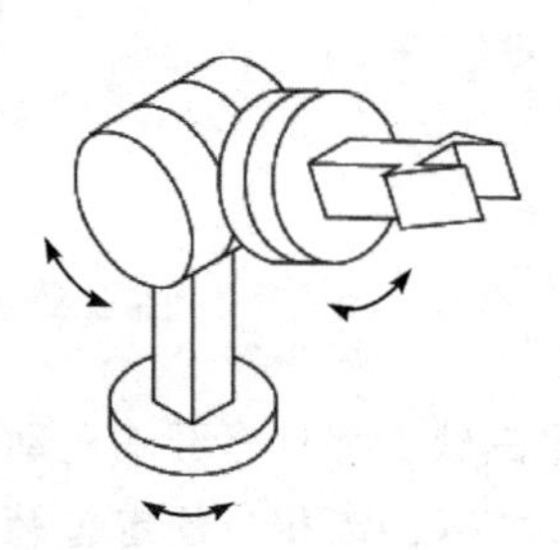

图1.12 球型腕

末端执行器需要根据机器人所执行的任务来指定。如果任务是抓取物料，末端执行器就由适合抓取对象的形状和尺寸的钳子构成(如图1.12所示)。如果是用来完成加工和装配任务，则相应的末端执行器就是一个专门的工具或器件，例如喷灯、喷枪、铣刀、钻头或螺丝刀等。

机器人机械手具有的多功能性和灵活性并不意味着其机械结构足以完成所给定的任务。机器人的选择实际上受限于应用条件，它带来的约束包括工作空间维数、形状、最大有效负载、定位精度以及机械手的动态性能等。

1.2.2 移动机器人

移动机器人的主要特征是有一个移动基座使得机器人可以在环境中自由移动。与机械手不同，这种机器人大多应用于服务性工作，因此需要具备广泛的和自主的移动能力。从机械的角度看，移动机器人是由一个或多个配置了运动系统的刚体构成。这种描述包括了以下两大类移动机器人。

(1)轮式移动机器人。轮式移动机器人通常由一个刚体(基座或底盘)和一套使其能在地面移动的轮系构成。其他的刚体(例如拖车)也装配有轮子，它们可能通过转动关节与基座相连。

(2)步行移动机器人。步行移动机器人由多个刚体构成，它们通过移动关节或

(更常用的是)转动关节相互连接。这些刚体中的一部分形成下肢,其末端(足)周期性地接触地面以实现移动。在这类机器人中有各种不同的机械结构,其设计灵感通常来源于对生物体的研究(仿生机器人学),其范围从双足仿人机器人到模拟昆虫生物力学效能的六足机器人。

此外,各类无人机、水下机器人也都可以归类于移动机器人。

由于实际应用中的移动机器人绝大多数都是轮式小车,所以以下重点介绍轮式机器人。这类机器人的基本机械要素自然是车轮。常规的车轮有3种类型,图1.13给出了表征这些车轮的示意图。

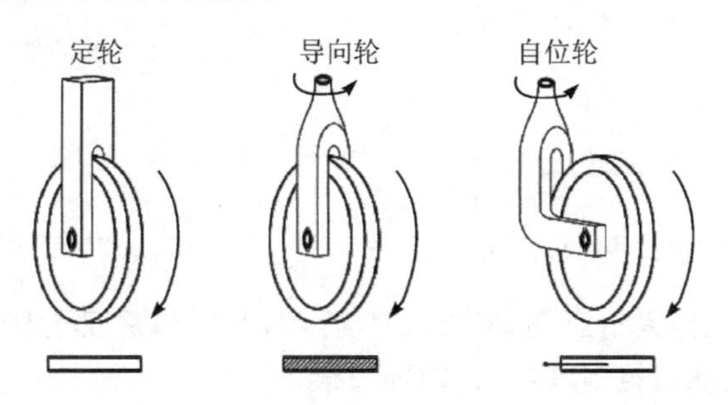

图1.13　三种传统轮系及其典型代表

定轮:定轮可以绕穿过车轮中心且垂直于轮面的轴转动。车轮牢固地固定在底盘上,底盘相对于车轮的指向是固定的。

导向轮:导向轮有两个旋转轴。第一个轴与定轮的轴相同,第二个轴垂直并穿过车轮中心。这使得车轮可以相对底盘调整其方向。

自位轮:自位轮也有两个旋转轴,但其垂直方向的轴并不穿过车轮中心,而是距车轮中心有一个固定的偏移量。这种布置使得车轮可以自由转动,快速地与底盘运动方向校准一致。因而自位轮被用于为静态平衡提供支撑点,而不影响到基座的运动性能。例如,自位轮常常用于购物车和轮椅。

采用不同方式将这三种传统的轮子结合起来,可以构成不同的运动学结构。下面简要介绍最常用的布局形式。

两轮差动式机器人小车是最简单和常见的布局形式。如图1.14所示,在差动式小车上,有两个带普通旋转轴的定轮和一个或多个自位轮。自位轮通常较小,其功能是保持机器人的静态平衡。两个定轮是分别独立控制的,因为可能需要任意给定轮子的角速度。而自位轮是从动的。若两个定轮的角速度大小相等方向相反,则这种机器人可以做定点旋转。

如图1.15所示,机器人采用同步驱动的运动学配置可以得到相似的移动性。这种机器人布置了3个导向轮,车轮仅由两个电机通过同步链或传送带的机械耦合进行同步驱动。第一个电机控制车轮绕水平轴旋转,为车体提供驱动力(牵引),

第二个电机控制轮子绕垂直轴旋转,以影响车轮的方向。注意到运动过程中底座的指向保持不变。在这种机器人上,常常也会用第三个电机来使基座上部(转台)相对于基座的下部进行旋转。当需要对一个方向传感器(例如照相机)进行任意定向时,或者需要修正定向误差时,这种设计是很有用的。

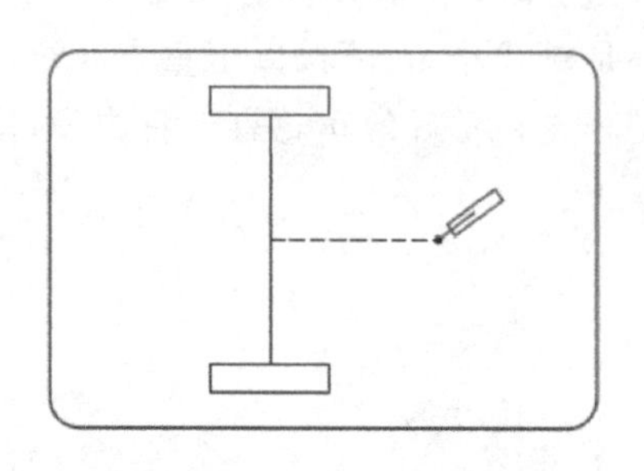

图 1.14 两轮差动式移动机器人

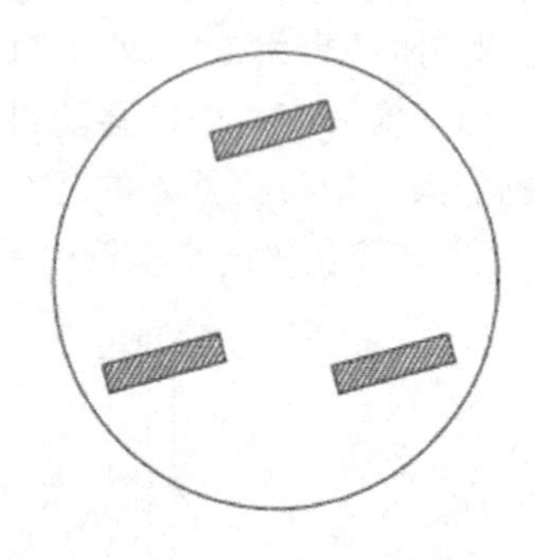

图 1.15 同步驱动式移动机器人

三轮式移动机器人示意图如图 1.16 所示,其车体后部轮轴上安装有两个定轮,由一个电机驱动以控制其牵引;前面安装有一个导向轮,由另一个电机驱动以改变其方向,起到舵机的作用。另外,也可以选择让两个后轮是从动的,而前轮在掌控方向的同时提供牵引力。

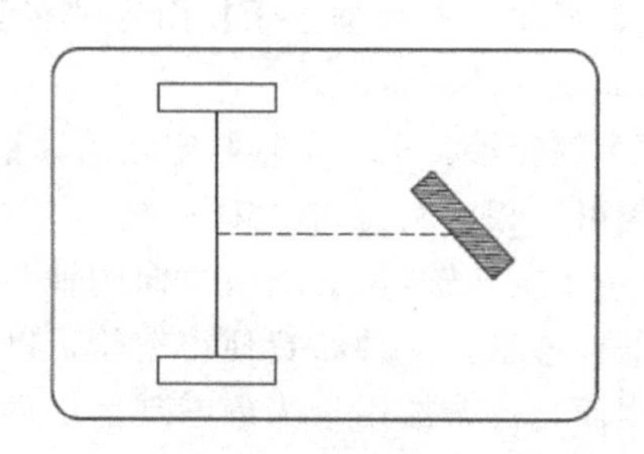

图 1.16 三轮式移动机器人

在汽车式移动机器人上,车的后部轮轴上安装有两个定轮,前部轮轴上安装有两个导向轮,如图 1.17 所示。在上述情形下,由一个电机提供牵引(前部或后部),另一个电机改变前轮相对于小车的方向。值得指出的是,为了避免滑动,当小车沿曲线运动时两个前轮的方向必须不一致。特别是内侧轮子比外侧轮子要控制得稍紧一些。这由一种名为阿克曼转向器的特定装置来保证。

如图 1.18 所示的是三轮全向移动机器人。它有 3 个自位轮,通常这 3 个轮子按照均衡方式排列。3 个轮子的牵引速度是独立驱动的。与上述各种类型的机器人不同,这种小车是全向的。事实上,它能够即时朝任何笛卡儿方向移动,同时在该点处调节好自身的方向。

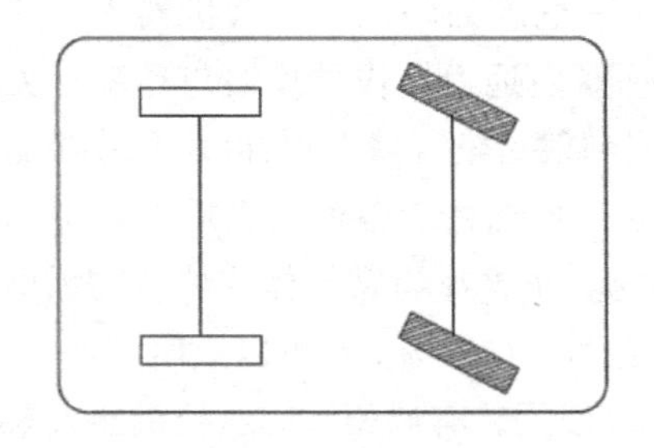

图 1.17　汽车式移动机器人

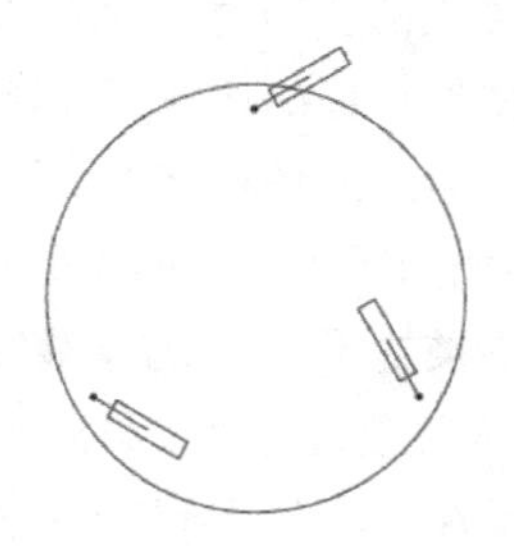

图 1.18　三轮全向移动机器人

除了上述的常规车轮，还有其他特殊类型的车轮，其中尤为特别的是麦克纳姆轮(或称瑞典轮)，如图 1.19 所示。这是一种固定轮，在其外侧边缘安装有从动滚筒，典型地，每个滚筒的转动轴都相对轮面倾斜 45°。在两条平行轴上成对安装了 4 个这种车轮的小车也是全向的。

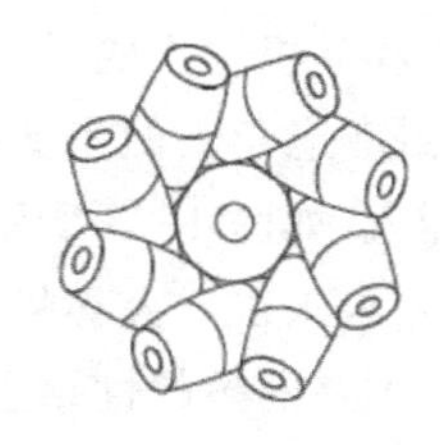

图 1.19　麦克纳姆轮

在轮式机器人设计中，结构的力学平衡通常不是问题。尤其是，只要三轮机器人的重心落在车轮和地面之间的接触点所形成的支撑三角形以内，它都是静态平衡的。多于 3 个轮子的机器人具有多边形支撑，这就更容易保证上述的平衡条件。然而应该指出，当机器人在不平整地面移动时，需要一个悬挂系统来保持每个车轮和地面的接触。

与机械手情形不同，移动机器人的工作空间(定义为机器人能到达的周围环境区域)可以是无限的。不过，非全向移动机器人的局部机动性总是被缩减的。例如，图 1.16 所示的三轮式移动机器人不能即时向平行于后轮轴的方向移动。虽然如此，三轮小车仍然可以被操纵，使得在运动的最后，得到在该方向上的净位移。换句话说，很多移动机器人都受到不能即时行动的约束，但实际上并不排除其到达工作空间中任意点和任意方向的可能性。这也就意味着机器人的自由度数(其意义为容许即时运动的方向的数量)比位形变量的数目要少。

很显然，可以将机械手安装在移动小车上，使两者的机械结构融合起来。这种机器人叫作移动机械手，它结合了关节臂的灵活性与底座的无限移动性。图 1.20 是这种机械结构的一个示例。然而，移动机械手的设计面临额外的困难，例如机器人的静态力学平衡和动态力学平衡问题，两套系统的驱动问题等。

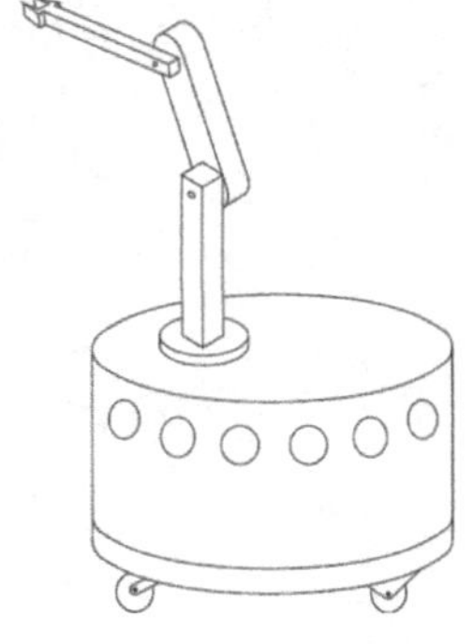

图 1.20　移动式机械手

通常，适用于外星探索、抢险救援、家庭照顾等环境应用的室外机器人和服务机器人也归于移动机器人的范畴。

室外机器人的应用背景是在人类难以生存或有危险的环境中部署机器人。这些机器人需要执行探测任务，利用配置的适用传感器向远程操作员反馈与环境有关的有用数据。典型的场景有火山探测、有毒气体或辐射污染区域干预，以及深海探测或空间探测，例如图 1.1 中的火星车。相似的场景还包括由于隧道火灾或地震引起的灾难。在这类情形下，存在着爆发次生灾害的危险，如产生有害气体或建筑物坍塌等。这时候，人类救援队可以与机器人救援队进行合作。在战场上也可以应用机器人，如可以使用无人自动飞行器和导弹进行攻击，也可以使用装有照相机的遥控机器人来探测建筑物。近年国内外大力发展的无人驾驶汽车(如图 1.1(b)所示)，引人注目的酒店和博物馆导游机器人(如图 1.21 所示)等，都在慢慢地进入人们的日常生活中。

移动机器人的另一个广阔市场是休闲娱乐。机器人可以作为儿童的玩具同伴，或者老年人的生活同伴。比如日本开发的类人机器人(如图 1.22 所示)和宠物机器人(如图 1.23 所示)。完全有理由相信，服务机器人将自然地融入我们的社会生活，未来机器人必将像现在的个人电脑一样普及，机器人技术也将为科学界提供无处不在的挑战性话题。

图 1.21　酒店导游机器人

图 1.22　Asimo 类人机器人

图 1.23　AIBO 狗

1.3　机器人学

1.3.1　机器人学的发展历程

机器人学(Robotics)是与机器人设计、制造和应用相关的科学。

机器人学在东西方均具有深厚的文化基础。自上古时期开始,人类就有着追寻制造能够在各种情况下模仿人类与环境互动的人形生命的欲望。《列子·汤问》中写下这样一个故事:

> 周穆王西巡狩,越昆仑,不至弇山,反还。未及中国,道有献工人名偃师,穆王荐之。问曰:“若有何能?”偃师曰:“臣唯命所试。然臣已有所造,愿王先观之。”穆王曰:“日以俱来,吾与若俱观之。”
>
> 翌日,偃师谒见王。王荐之,曰:“若与偕来者何人邪?”对曰:“臣之所造能倡者。”穆王惊视之,趋步、俯仰,信人也。巧夫!领其颅,则歌合律;捧其手,则舞应节。千变万化,惟意所适。王以为实人也,与盛姬、内御并观之。技将终,倡者瞬其目而招王之左右侍妾。王大怒,立欲诛偃师。偃师大慑,立剖散倡者以示王,皆傅会革、木、胶、漆、白、黑、丹、青之所为。王谛料之:内则肝、胆、心、肺、脾、肾、肠、胃,外则筋、骨、支、节、皮、毛、齿、发,皆假物也,而无不毕具者。合会复如初见。王试废其心,则口不能言;废其肝,则目不能视;废其肾,则足不能步。
>
> 穆王始悦而叹曰:“人之巧,乃可与造化者同功乎?”诏贰车载之以归。

基本上可以肯定,这个神奇的故事只是一个有所寄托的寓言。但人类是想要赋予自己所创造的作品以生命的这一雄心壮志,却一直流淌在历史的长河中。从更早的中国神话中女娲用黏土造人,到雪莱夫人所著被称为第一部科幻小说的《弗兰肯斯坦》(*Frankenstein*),都承载着人类创造新型生命的动力和愿望。

1.3.2　机器人三原则

让“机器人”这一概念明确而有意地具有富含人类情感的“人”的意味,是科幻小说作家艾萨克·阿西莫夫(Isaac Asimov)的创造。他在《我,机器人》(*I, Robotics*)系列小说中藉由自己创造性地提出的“机器人三原则”,构造了一系列由于逻辑和概念困惑而导致行为矛盾的机器人故事。在《200岁的机器人》中,描述了一个机器人逐步从一个机械的人成长为一个具有独立人格的人的历程。这篇小说后来还被拍成了电影《机器人管家》。在《银河帝国》和《基地》系列中,机器人最终为了人类而冲出地球,走向更辽阔的宇宙深处。

在《我，机器人》的开篇中，阿西莫夫创造了机器人文化中难以绕开的“机器人三原则”，其后阿西莫夫提出用“机器人学”这一术语来指代在如下三条基本定律的基础上致力于机器人研究的科学。

定律 1：机器人不得伤害人类，也不能看到人类受到伤害而无所作为。

定律 2：机器人必须服从人类的命令，但不得违背定律 1。

定律 3：机器人必须保护自己，但不得违背定律 1 和定律 2。

基于这些定律形成的行为规则后来成了机器人设计的规范，并成为工程师或技术专家设计制造产品的隐性规则。

现在，机器人被看作是一种能够影响其所处工作环境的机器，而无关其外表。这种影响是通过其内置的根据一定规则设定的行为模式，并由机器人通过感知其状态和环境而获取的数据决定的。事实上，机器人学通常被定义为研究感知和行为之间的智能联系的科学。

1.3.3　工业机器人学和先进机器人学

在机器人学概念的基础上，衍生了工业机器人学和先进机器人学等概念。

1. 工业机器人学

工业机器人学是有关工业机器人设计、控制和应用的学科。目前工业机器人产品已经达到成熟技术的水平。机器人工业应用的含义是指机器人在几何及物理特征大多事先已知的结构化环境中进行操作，因此需要有限的自治性。

早期的工业机器人是在 20 世纪 60 年代基于两种技术的影响而发展起来的，即用于精确制造的数控机器和用于放射性物质处理的遥控操纵装置。其后数十年间，工业机器人得到了很大的普及，并成为自动制造系统的基本组成部分。机器人技术得以日益广泛地应用于制造工业的主要原因包括降低制造成本、提高生产率和提高产品质量，以及有可能将人从制造系统中有害或令人不愉快的工作中解脱出来。

工业机器人的重要特征是其多功能性和柔性。根据美国机器人学会的定义，机器人是一种通过不同的程式化运动来完成移动原料、零配件、工具或专用设备等各种不同任务的可重复编程的多功能机械手。这一可以追溯到 1980 年的定义也反映了机器人技术的现状。由于其可编程的优势，工业机器人成为可编程自动化系统的典型组成部分。但是机器人同时也可以在刚性自动化系统和柔性自动化系统中完成相应的任务。

工业机器人具有的三种基本能力，即材料搬运能力、操作能力和测量能力，使其在制造过程中具有重要作用。这些应用描述了机器人作为工业自动化系统组成部分的使用现状。这些都是在结构性很强的工作环境下进行的。

2. 先进机器人学

先进机器人学这一术语通常是指研究智能机器人的科学。智能机器人的显著特征是自治，在少量结构化或非结构化的环境中工作，而环境的几何或物理特征是事先未知的。

当今的先进机器人学尚处于发展初期。由于相关技术尚未成熟，先进机器人还只具有雏形。最近一些年来，由于人工智能、计算机和精密机械领域相关技术的迅速推进，为了应对没有人类的工作或人类工作不安全的情境下的野外机器人，以及为了提高人类生活质量的服务机器人得到了快速的发展，并在技术和应用市场都得到了大幅推广。

1.4　移动机器人的主要技术课题

20 世纪 60 年代初，美国麻省理工学院把计算机与操作器结合起来，研制出 MH-1 型机器人，它能靠简单的触觉寻找积木并装于箱内。60 年代末至 70 年代初，美国斯坦福研究所研制出谢克(Shakey)机器人。

如图 1.24 所示，谢克机器人由眼和车组成，受中央计算机控制，具有初级感知能力，能自动生成程序，完成把木箱从一个房间搬到另一个房间的实验。这就是最早的移动机器人。它的结构深远地影响了以后的移动机器人的形式。

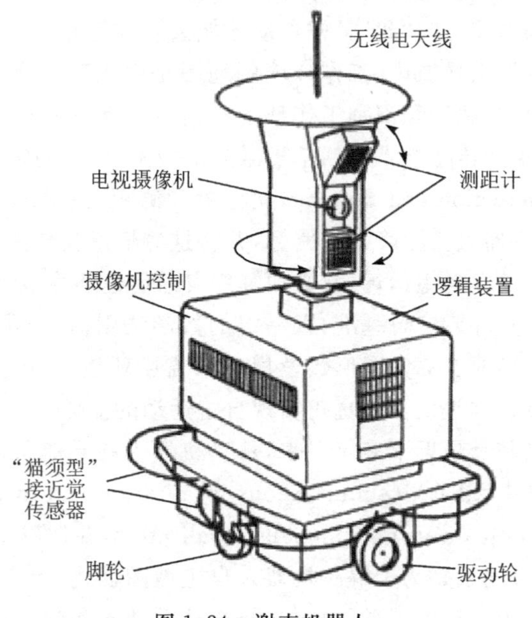

图 1.24　谢克机器人

自谢克机器人诞生以来，人类在移动机器人技术上已经取得了快速的进步。从历史上看，已经有应用遥控手段实现对机器人控制的产品，例如火星车、实现化工操作和手术治疗的双机械手，也有采用预编程技术实现运动控制的产品，例如导弹、鱼雷，广义上也是机器人的一种。但是，只有当精密机械、微电子技术和计算机技术得到充分发展以后，才为自动化和移动性的系统设计提供了技术前提。如下几个研究领域正是这些研究与发展内容的主要方面，而且在未来很长一段时间内，仍将是主要的研究内容。

1.4.1 传感与导航

地面、空中、水下机器人的快速发展，与传感器和传感器网络的迅速发展是密不可分的。传感器可以安装在机器人本体上，也可以布置在机器人工作环境中。对移动机器人而言，传感器和传感器网络主要有如下两种功能。

(1)环境检测和交互任务控制。例如，水下机器人用来检测水下化学污染、建立分布地图、资源分析。近年来技术发展的一个优点是微电子和微机械系统对空中和水下机器人特定传感器的支持，检测空气中和水中各类特定物质如氮、氧的含量和环境监测等。

(2)识别物体特征及其相对位置。对于移动机器人而言，传感器是导航系统最基本的需求。每个移动载体都必须感知其周边环境，识别环境中的物体和特征及其相对位置，以回答移动机器人在任务执行中必须解决的几个问题："我"在哪里？"我"有这个区域的地图吗？"我"怎样移动才能去完成任务？

传统的移动机器人导航中，工作环境的地图是由人工完成的。传感器主要完成在该地图上的定位、感知和识别工作环境中的物体及其特征与相对位置。随着传感器技术发展，新型传感技术包括基于激光的技术，例如通常用激光雷达来指代的 LIDAR(light detection and ranging，光检测和测距)技术。它能够建立环境目标的深度图，允许机器人检测障碍与路标，并将这些信息整合到导航策略中。

机器人要真正独立自主运行，就必须解决自己创建环境地图的问题。就是说，机器人必须自己建立环境定位基准，以一定的数学法则，符号化、抽象化反映客观实际的形象符号模型或者称为图形数学模型来描述环境信息，并同时完成在所建立的地图上的定位。这是机器人真正实现自主运动的前提。

最近 30 年，尤其是最近十多年以来，移动机器人在导航与定位方面有许多重要的研究主题。其中，SLAM(simultaneous localization and mapping，同步定位与建图)又称 CML(cooperative mapping and localization，并发建图与定位)是其中尤为重要的问题，其目的就是为了解决机器人自主地图创建与定位难题。SLAM 在移动机器人工程应用中产生了重要影响，并直接推动着实际应用。SLAM 的重要研究成果是开发了一些实用的算法，使得机器人能够有效地学习其环境的"地图"，并使完成任务所必须的导航规划得以实现。这些算法现在通常在移动载体上出现,包括扫地机器人、水下机器人、行星探测器和农业设备等。

本书的主要工作就是研究和讨论移动机器人的定位与导航问题。从第 2 章开始,本书将从导航与定位的基本概念开始,具体地研究和讨论移动机器人定位与导航的理论与技术。

1.4.2　计算与控制

嵌入式计算系统已经成为移动机器人的基本配置。计算系统通常都具有复杂而精巧的计算机体系结构,同时还整合了基于传感器的反馈与控制结构。计算与控制是移动机器人的两项核心任务:计算是对信息的处理,控制是基于信息对机器人行为的决策。对移动机器人的研究大多聚焦于先进计算机体系和任务融合,其中的分层控制结构与行为控制结构是两项重要的研究工作。

分层控制结构是指在一个复杂系统中,工程师们通常倾向于从不同层级系统功能的角度来定义分层结构。从工程的角度看,人们期望简单地指定准则并严格地执行,这种工程方法常常支持系统从功能服务和错误检测的角度定义系统,也支持从优化和分析系统的角度定义系统。如图 1.25 所示,在系统的层级结构中,策略规划是系统的高级任务(例如:到石头那里去),从策略规划出发,可能生成导航与路径规划(例如:首先到转角处,然后向左转),然后是管理控制(例如:选择一个 10 m 内不会发生冲突的点),而最基本的运动控制是由电机控制来实现的(例如:以 1 r/min 的转速转动电机)。

图 1.25　分层控制结构与行为控制结构

行为控制结构或行为模式则被认为是对动物神经系统的仿生模拟。从生物学角度来看,人更像是一个在行为环境中包含了无数基于传感器反馈单元的综合体。这些单元不是在不同环境层次上都去构建一个精确、细致的内在表示,而是面对复杂情形提供一个稳定、丰富的敏感-反应模式。这种行为反馈回路还可以整合学习机制,使得系统可以适应不断变化的情况,并优先对可能发生的环境条件作出反应，这对于任务完成而言非常重要。例如，当移动机器人从开放区域走向一个门口时，应用最大化观测门口的算法，将使得机器人向门口趋近的同时保持与门洞垂直。机器人可以通过这一隐含的感官活动穿过车门，而无需计算几何形状和距离的显式表示。

现在看来，分层控制结构和行为控制结构将在很长时间内存在于机器人研究的活跃领域内。事实上，许多移动载体都在应用中综合地应用了这两种方法。可以证明，在两种方法中，分层控制结构更具有鲁棒性，而行为控制方法的效率更高，计算速度更快，并支持更自然的自适应方法。

从实现的层面看，所有面向应用的移动载体的计算与控制结构，都需要细致而严格的软件引擎。融合这一类嵌入式软件，是移动载体能够长期运行的关键。此外，现代通信技术为指令和控制之间提供了必需的信息联结，这为多机器人和分布式控制结构的研究发挥了重要作用。

1.4.3 机械与运动

如上所述，现在人们已经采用工程和仿生方法来设计移动机器人。当前研究者在设计移动机器人机械结构时仍然主要采用两种策略，其中的研究主题主要包括以下两个。

(1)运动原理。在所有场景(地面、空中、水下)中，关于运动的动力学和运动学的基础研究，都一直在考查载体与作用在其身上的力的反应和交互作用。这项工作的一个主要例子，是研究两足运动以及“准静态”步行和“动态”步行之间的区别。目前的算法使得类人机器人能够熟练地行走并保持平衡，但仍然没有达到实现人类动态平衡的所有特征。新的理论和实验将会深化这些研究。类似地，这些研究在不同行走模式上有直接的影响，比如小跑和跑步的步态，以及如何在两足和多足移动机器人系统上执行这些步态。

(2)材料特性与设计。材料方面的考虑也是移动机器人新设计机制的主要关注点。使用轻质和强韧性材料以及可控柔性材料，是当前的主要研究课题之一。

1.4.4 动力与推进

在移动机器人研究中，人们常常忽略的一个现实问题是，移动机器人的长期自主性直接受到可用功率和运动能量效率的影响，而且这些因素在偏远地区和远距离工作中尤其重要，比如行星探测和海底部署，在这些区域，回收或加油是不现实的。电池技术是这类机器人研究最基本的兴趣点。从扫地机器人到宇宙飞船，通过有效运动，甚至在多个载体之间共享任务，可以获得额外的收益。此外，还有一些储能策略(如燃料电池和微型燃料电池)，以及多种形式的能源收集策略(如太阳能电池、海洋温度梯度和洋流、风能和生物电池)，并使用复杂控制技术，来改善能源预算和能源管理。图1.26中展示了一种太阳能自动水下航行器,它可以在水面充电,并潜入水中工作6～8 h。

图1.26　太阳能自动水下航行器

此外,使用特殊材料和纳米技术制造人造肌肉的仿生方法,也是当前研究的主题之一。

1.4.5　多机器人协同

以多个移动机器人构成协同系统,完成特定区域的监测、搜救、清扫以及作战与防卫等任务,是移动机器人技术发展与应用的重要方向。相对于单个移动机器人,多机器人系统更具有优势。基于协同机制的多机器人系统能够更加有效地完成更为复杂和实际的任务。对许多实际问题,多机器人系统都可以提供切实可行的方案,利用多个成本较低或智能程度并不高的机器人产生控制冗余,获得的效果将比价格昂贵、功能强大的单个移动机器人更理想。从发展的角度看,多机器人系统将是机器人领域的必然方向。

多机器人系统是以单个机器人为基础的,因此,多机器人系统研究通常并不以前几个小节提到的工作为重点。多机器人系统更关注的是机器人之间的协同。协同导航与协同控制是多机器人研究的主要工作。对于移动机器人,人们最基本的目的是控制移动机器人使其独立或协同地完成人类赋予的任务。控制系统的运行实质是一个“信息—控制”的循环过程:基于系统的控制目标和当前的信息,人们以各种方式制定控制指令;基于系统的运动模型和控制指令,系统的信息以各种方式被不断更新;如此往复。对机器人系统而言,控制是移动机器人完成某一特定任务的实现过程,而导航则是协同控制的信息基础。

多机器人系统的协同导航,是通过各机器人自身携带的传感器系统自主协同地构建稳定可靠的导航资源与导航信息。协同导航是多机器人系统完成特定未知环境信息的获取与描述,同时实现对各单个机器人位置与姿态的连续优化估计。

多机器人的协同导航为协同控制提供信息资源，是多机器人系统履行任务的前提。

多机器人系统的协同控制，是基于多机器人的导航信息与工作任务（控制目的），控制一组具有自治能力的移动机器人，以特定要求的队形进行运动，在无人干预的情况下自主地向目的地移动，完成特定任务和操作，进而完成目标任务。多机器人的协同控制，被认为是多无人平台协作研究领域中最具有吸引力的研究课题之一。

在多机器人协同问题的研究中，多机器人的协同导航问题常常转化为群系统（或称多智能体系统）的分布式状态估计问题，而多机器人的协同控制问题常常转化为群系统的编队控制及其一致性问题。

第2章　移动机器人定位与导航的坐标系

从运动学的角度看，移动机器人本质上是一个三维空间中的运动载体。运动载体的定位与导航技术在总体上都适用于移动机器人。

控制系统的运行实质是一个“信息—控制”的循环过程。要控制一个载体使其平稳地运动，或改变其姿态，或将其从一个位置移动到另一个位置，就必须知道运动载体在当前时刻的定位信息和导航信息。定位就是在地图或者坐标系中给出载体的位置信息；导航则是实时、连续地给出载体在地图或坐标系中的位置、速度、加速度、姿态、姿态角速度、姿态角加速度等全部或部分运动信息。在日常生活中，人们的导航概念里还包括了规划，例如车载导航。但在本书中，导航与规划是两个独立的概念。

导航信息是由导航系统给出的。导航系统包括各类导航传感器、解算方法及其他组成部分。导航传感器包括加速度计、陀螺仪、里程计等内部传感器和激光雷达、双目视觉传感器等外部传感器，这部分内容将在下一章中进行介绍。

定位或导航信息总是在某一个坐标系下给出的。在航空航天领域，由于载体的运动范围非常大，因此涉及的导航坐标系非常多。但对于移动机器人来说，由于其通常仅在地面或地表附近运动，因此涉及的导航坐标系可以简化到有限的几个。本章仅对移动机器人的几个主要坐标系及其转换关系进行介绍。对于空间机器人和卫星、星际探索等移动机器人涉及的坐标系，读者需要进一步学习。

2.1　移动载体的定位与导航技术

导航技术和其他相关技术是同步发展的。导航技术的发展与进步经历了一个长期的过程。最初，在受到认识能力限制和技术水平约束的同时，人们对于导航信息的需求也相当有限。在很长时间内，人们只需要也只能给出缓慢运动的载体较为粗略的定位或定向信息；后来，随着航海技术的发展，人类需要在广阔无垠的海面上确定前进的方向，这大大促进了导航技术的发展；第二次世界大战期间及之后，飞机、宇宙飞船等运动载体极大地拓展了人类的活动空间，同时促使现代导航技术得以迅速发展，导航体系得以形成。但由于需要巨额的经费和大量的技术投入以及涉及军事安全等原因，这期间导航技术的研究与应用主要是在航天、航空、航海等领域。进入21世纪以后，随着卫星导航技术的广泛应用，微机电技术、网络与信息技术的快速发展，导航技术在民用领域得到快速推广。在此期间，移动机器人逐步进入日常生活，移动机器人的定位与导航需求也越来越强烈。

2.1.1 定位与导航技术的发展

导航是由导航系统完成的。任何导航系统中，总包括装在运载体上的导航设备。通常导航设备是指在运载体上直接输出导航信息的设施和仪器。而导航系统除了导航设备外，还可能包括生成和提供这些导航信息的系统以及维护和支持其运行的周边系统。

导航有多种分类，但一般分为自主式导航和非自主式导航两种类型。如果装在运载体上的设备可以单独地产生导航信息，则称这种导航系统为自主式导航系统。如果除了要有装在运载体上的导航设备，还需要有设在其他地方的一套或多套设备与其配合工作，才能产生导航信息，则称这种导航系统为非自主式导航系统。目前的自主式导航系统主要有惯性导航系统和天文导航系统，非自主式导航系统主要有无线电导航系统(包括卫星导航系统)。对于非自主式导航系统，装在运载体上的设备分别被称为弹载、机载、船(舰)载、车载或单人导航设备，而设在其他地方的那套设备被称为导航台。导航台与运载体上的导航设备用无线电相联系，总的形成一个导航系统，即陆基(空基、天基)导航系统，或称为非自主式导航系统。

自从人类出现最初的政治、经济和军事活动以来，便有了对导航的需求。远古时期的人类在狩猎或寻找食物时，在夜晚行进中需要依靠星空辨识方向，因此天文学成为人类研究最早的科学，天文导航也就成为人类最早的导航系统之一。天文导航也是古代丝绸之路上的商队主要依靠的导航系统。

人类研制最早的导航设备，大概是传说中黄帝部落与蚩尤部落在公元前2600年左右发生的涿鹿之战中，黄帝部落在战争中发明的指南车。指南车使得黄帝的军队在大风雨中仍能辨别方向，从而大大有利于取得战争的胜利。这是传说中人类研制的导航设备第一次在战争中显示出巨大的作用。随着人类经济活动范围的扩大，导航需求也越来越大。古希腊人与古罗马人在地中海区域的海上商业活动以及中国明代的郑和下西洋，都促进了导航技术的研究与发展。

当人类的经济与军事活动还较简单时，因为只要在前进方向上不出现错误，便总归可以到达目的地，因此人们主要依赖和需要的导航信息就是航向。随着人类运输和交通工具的不断改进，为了提高安全性和经济性，天空被划分为具有一定高度与宽度的航路，近海和港口被划分为不同的航道，人类对导航的需求也从航向转变为对位置的准确判断与预测，使导航的功能从主要提供运载体的航向转变为主要提供运载体的位置信息、速度信息以及姿态信息。

以航空、航天、航海需求，尤其是军事领域的需要为牵引，人们对运载体的位置、速度和姿态信息的精度要求越来越高，现代科技的发展为满足这些需要提供了充分的基础。无线电导航与惯性导航就是在这种背景下出现并不断发展。

无线电导航的发明，使导航系统成为航行中真正可以依赖的工具，因此具有划时代的意义。

在第一次世界大战期间，海上首先使用了无线电通信，与此同时，在海岸上开始安装发射连续无线电波的无线电信标台。信标台天线的水平方向图为圆形，在所发射的连续波中用莫尔斯电码作为不同台的识别信号。船上装有定向机接收无线电波。定向机配有可旋转的环形天线，环形天线水平方向图为8字形。当船只离岸在一定距离以内时，可以用转动环形天线的方法找出接收到的信号为0的方向，这个方向便是指向无线电信标台的方向。而当能测出两个或两个以上的信标台的方向时，便可以根据这些方向的交点找出船位。

在航空上，20世纪20年代末出现了四航道信标、航空导航用的无线电信标，以及垂直指点信标。但现在四航道信标已经不再使用，船用导航雷达、航空和航海无线电信标和指点信标还在使用。这是无线电导航的初期阶段，其特点是：航海导航技术领先，航空导航技术许多是在航海导航技术启示下发展的；测向能力强于定位能力。在远海航海和洲际飞行时仍主要依靠目视观测及一些古老的技术。

在第二次世界大战中，由于军事上的需要，无线电导航飞速发展，出现了许多新的系统。战后在此基础上继续发展的结果，形成了今天的无线电导航体制的基本格局。

在第二次世界大战期间，在海用导航方面，主要发明了罗兰-A系统。罗兰-A使用脉冲信号，在海岸上布设一系列岸台，以一定重复周期相互同步地发射脉冲信号。当船载接收机收到来自两个台的信标信号时，便可测出这些信号到达时间的差值，再乘以电波传播速度，换算出距两个台的距离的差值，利用这个差值，便知道船只处于某一条以两个发射台为焦点的地球表面上的一条双曲线上。再利用来自另外两个台的信号的时间差值，又知道船只处于地球表面上的另一条双曲线上。这两条双曲线的交点便是船只所在的位置。

20世纪50年代末期，美国海岸警卫队研制成功了罗兰-C导航系统。罗兰-C导航系统的工作原理与罗兰-A导航系统的类似，它与罗兰-A导航系统最大的不同在于，它不仅利用了脉冲包络，而且利用了脉冲载频相位，去完成各台站间的同步和为用户接收机测量时间差，因此定位精度大大提高，还能用于传送授时信号，精度达到微秒(μs)级。

鉴于所有其他无线电导航系统都达不到全球覆盖的目的，20世纪50年代中期美国开始研制奥米伽导航系统。奥米伽导航系统也是一种双曲线定位系统，分布在全世界的8个导航台产生全球导航信号覆盖。由于工作频率比较低，电波能够穿入水下10 m以上。奥米伽导航系统最初的主要目的是为了校准潜艇的惯性导航系统，而实际结果却是它在边远地区飞行作业和越洋飞行的民用和军用飞机上得到了更多应用。但随着GPS卫星导航系统的成熟和推广使用，奥米伽导航系统的台站已于1997年9月30日宣布关闭。

1964年美国海军发射子午仪(Transit)导航卫星,其全称为"海军导航卫星系统"。子午仪导航系统一共有7颗卫星,由于卫星运动和地球转动的结果,卫星信号可以相继被全世界海上用户看见和使用。导航接收机用测量卫星信号多普勒频移的方法,可以使舰船或陆用设备的定位精度达到500 m(单频)和25 m(双频)。随着卫星导航系统GPS的出现,子午仪导航卫星也逐步被放弃。

第二次世界大战期间及战后一段时期,航空无线电导航也得到了巨大的发展。1941年出现并在1946年被国际民航组织(International Civil Aviation Organization)定为标准着陆引导设备的仪表着陆系统(instrument landing system, ILS),以及在第二次世界大战中开始使用的精密进近雷达使飞机着陆成为一个单独的空中航行阶段。

仪表着陆系统的作用范围是在沿跑道着陆方向20 nmi(约37.04 km)以内,它由地面台和机载设备组成。地面台又包括航向信标和下滑信标,它们分别在水平方向和斜向上方向产生两个相互交叉的波束。利用波束交叉线,同时从方位和仰角方向引导飞机向接地点下滑。在下滑路径下方隔一定间隔设置指点信标,为飞机指示距接地点的距离。由于仪表着陆系统不仅对着陆中的飞机提供水平引导,同时也提供斜向(垂直)引导,而且精度很高,使飞机在云底很低、能见度很差的情况下也能完成着陆,而着陆是飞行过程中最危险的阶段,因此仪表着陆系统对航空导航具有重要意义。到目前为止,它仍然是国际上广泛使用的着陆引导系统。

仪表着陆系统的主要缺点是地面台天线占地面积大,不适于作战机动,且由于斜向引导波束由天线前方的地面反射而形成,所以对场地要求很严。因此在野战机场和航母舰载机着舰时,常常使用精密进近雷达(precision approach radar, PAR)。PAR是一部放在地面上的雷达,它测量下滑中的飞机的方位、仰角和距离,再将飞机的实际位置与预定的下滑道相比较,然后由地面指示飞机左右或上下运动。这种着陆设备虽然克服了仪表着陆系统的缺点,但由于是地面导出引导数据,飞行员不能像仪表着陆系统那样,根据机载设备的仪表指示,而是根据来自地面的指令驾驶飞机进行着陆,因此处于被动状态。从使用的角度看,这是十分大的缺点,所以它在设有仪表着陆系统地面台的地方只是作为备用设备。

1946年出现并在1949年为国际民航组织所接受的甚高频全向信标,或称伏尔(very-high-frequency omnidirectional range, VOR),其工作频段为108 MHz~118 MHz,为连续波工作体制。其地面台的天线方向图为一个旋转着的心脏形,当飞机相对于地面台处于不同方位时,机载导航设备所接收到的信号的幅度调制(是一个正弦波)具有与之对应的相位,从而为距地面台200 nmi(约370.4 km)范围内的飞机(当飞机高度为10000 m时)指示出相对于磁北来说飞机对于地面台的方位。与无线电信标相比,它的精度有所提高,为±4.5°。更重要的是,对航空来说它可以使驾驶员保持在给定航线上,而用无线电信标时,侧风的影响易于使航线发生弯曲，因此它很快被国际航空界接受，作为标准航空近程导航系统。

但是伏尔只能给飞机指出方位，为了给飞机指示出在空中的位置，1949 年国际民航组织同时接受了距离测量设备或叫测距器（distance measuring equipment，DME）作为标准航空近程导航系统。它工作在 960 MHz～1215 MHz 频段，机载设备发出无线电脉冲询问信号，地面台收到询问信号后，应答脉冲信号，机载设备借助于发出询问和收到应答脉冲间的时间间隔，再乘以电波传播速度，从而测量出距地面台的距离。DME 台作用距离也为 200 nmi（约 370.4 km）（当飞行高度 10 000 m 时），系统精度为 0.5 nmi（约 926 m）或距地面台距离的 3%，取其中大者。由于地面台只能对有限数目的飞机询问信号进行回答，因此一个测距器地面台只能为 110 架左右的飞机服务。测距器地面台往往与伏尔地面台设置在同一处，同时为飞机指示出它在空间的方位与距离，这种地面台叫作伏尔测距器。

1955 年，美国海军资助发展了塔康（tactical air navigation，TACAN）系统。当时发展该系统的目的是用于航空母舰。塔康工作在 960 MHz～1215 MHz 的 L 频段，它所采用的脉冲体制，能为地面台 200 nmi（约 370.4 km）以内的飞机同时提供距地面台的方位与距离。与伏尔比，它的导航台天线体积较小，因此适合于装在航空母舰上。不管航母如何运动，它总是为空中的飞机提供相对于舰船的位置。由于体积小，便于机动，也很快被美国、北约及一些第三世界国家的空军采用。塔康的测位部分采用了旋转的 9 个波瓣的天线方向图，又是脉冲体制，因此与伏尔有一定差别，测距部分则和测距器完全一样。由上可见，民用导航主要采用伏尔测距器完成，军用则用塔康。民用航空之所以不用塔康是因为在 20 世纪 50 年代末推广塔康时，在世界各大洲主要空中航路上均已基本布好了由伏尔或伏尔测距器台站组成的导航台网，另外塔康地面台建造成本比较高。由于塔康测距部分与测距器完全一样，许多地方把伏尔和塔康地面台设在一起，叫作伏塔克台。伏塔克台可同时为装备塔康机载设备的军用飞机和载有伏尔测距器机载设备的民用飞机服务。

另外，1938 年出现的连续波调频无线电高度表，第二次世界大战结束后基于雷达技术产生的雷达高度表，以及在战争期间经过改进的气压高度表，使飞机同时得到了相对高度和海拔高度测量值。连续波调频无线电高度表在民航飞机着陆阶段的使用十分广泛。

从 20 世纪 20 年代末开始，虽然陆基无线电导航成为航海和航空的主要导航手段，但自主式导航也得到了充分的发展。其主要原因在于，陆基无线电导航系统是把整个导航系统的复杂性集中在导航台上，使机载或船载用户设备比较简单，因此价格低廉，可靠性高，易于推广应用。但是从作战使用的角度看，由于它要有导航台及依赖电波在空间传播，对系统的生存能力、抗干扰、反利用、抗欺骗能力都不大有利。

自主式导航系统则没有这样的问题。它不依赖地面导航台，而是用推算的方法得出当前位置。它早在 20 世纪初便开始被使用，用舰载或机载测速与测向仪推算出舰船或飞机位置的方法，因此也是推算导航系统。

早期的机载推算导航系统，利用陀螺仪或磁航向仪将所测出的飞机的空速分解成东向和北向分量，然后分别积分，以算出各个方向上所经过的距离，并在此基础上算出所经过的距离与方向。尽管空速测量仪不断改进，但由于航向基准和风速预报的误差，使系统误差大于航行距离的10%。

20世纪60年代开始，惯性导航系统(inertial navigation system, INS，简称惯导)首先是在航海，然后是在航空领域大量投入使用。20世纪80年代以前所用的惯性导航系统都是平台式的，它以陀螺为基础形成一个不随载体姿态和载体在地球上的位置而变动的稳定平台，保持着指向惯性坐标系或者东、北、天三个方向的坐标系。固定在平台上的加速度计分别测量出在相应坐标系三个方向上的载体加速度，将其对时间一次和二次积分，从而导出载体的速度和所经过的距离。载体的航向与姿态(俯仰和横滚)由陀螺及框架构成的稳定平台输出。

惯性导航系统有许多优点：它不依赖于外界导航台和电波的传播，因此其应用不受环境限制，包括海、陆、空、天和水下；隐蔽性好，不可能被干扰，无法反利用，生存能力强；还可产生多种信息，包括载体的三维位置、三维速度与航向姿态。

1955年，舰用惯导技术取得了突破性进展。随着舰船和弹道导弹技术的发展，从20世纪60年代初起，军舰开始大量装备惯导，经过不断改进，达到了可以几小时才校准一次而仍能保持一定的定位精度的水平。几乎所有美国的核潜艇和大型军舰都装上了惯导，不仅用它来为舰只导航，而且用它对舰载导弹的位置、速度和方位进行初始化，还把它作为舰炮的垂直和方位基准。在航空母舰上用于对要起飞的飞机的惯导作初始对准。

机载惯性导航系统虽然在20世纪50年代便表演过，但直到60年代初才开始装备军用飞机。1968年以前，所有空用惯导都采用模拟计算机，再加上陀螺体积太大，因此只有少数飞机装备。70年代由于数字计算机的使用，加上越南战争的刺激，以及宽体飞机的发展，航空惯导开始大发展。使大型民航机和主要军用飞机上都装上了惯导。当前空用平台式惯导平均故障间隔时间已超过600 h，定位漂移误差为0.5～1.5 nmi(926～2778 m)，速度精度为0.8 m/s，准备时间为8 min左右。

另一种比较主要的空用自主式导航系统是多普勒导航系统。多普勒导航系统由多普勒导航雷达和导航计算机组成。利用多普勒效应，从向飞机斜下方发射的2～4个波束的回波中，检测出飞机相对于地面的地速和偏流角(由于风的影响，飞机的空速和地速方向不一致，两者在地面上的投影之间的夹角叫偏流角)，或者在机体坐标系(飞机纵轴方向、水平横向与铅垂方向)中的三维速度分量。在导航计算机中，以来自航姿基准系统(attitude and heading reference system, AHRS)的飞机航向和姿态角数据为基础，将多普勒雷达产生的信息进行坐标变换，从而求出飞机在大地坐标系的三维速度分量(即北向、东向和垂直速度)。进一步经积分解算便可得出载机的已飞距离和偏航距等信息，再根据起飞地点和目的地的地理坐标进行解算,便可得出飞机当前的地理坐标位置和到达目的地的应飞航向、应飞距离和应飞时间等多种导航信息。由于它在当时曾是唯一工作范围不受限制的系统,设备价格低廉、定位精度可为已飞距离的1.3%左右,所以20世纪50年代到70年代在一些国家曾经是飞机的主要自主式导航设备,大量装备在各类轰炸机、战斗轰炸机、运输机和大型客机等军、民用飞机上,并应用在航天飞行器的软着陆中。

自主式导航系统主要是为了满足军事导航的需要而发展的,它能完成许多无线电导航不能或不便完成的任务。民用飞机装备惯导是因为其导航信息连续性好,更新速率高。这些自主式导航系统都是推算导航系统,位置信息由积分导出,因此其共同的问题,就是其误差随时间而积累。而无线电导航则没有这个问题,因此,较长时间工作的推算导航系统一般需要由无线电导航系统定期进行校准。

到目前为止,人们所依赖的导航系统基本上是在第二次世界大战期间及以后逐渐发展起来的。虽然设备、技术在不断改进,然而在体制上却基本保持不变,主要有无线电导航系统和自主式导航系统两类。在应用上最广泛的是无线电导航系统,但在军事应用中,惯性导航系统成为一个重要的导航系统。德国军方在第二次世界大战中首次应用惯性导航系统,成功地将V-2导弹发射到英国本土。其后苏联、美国、中国等相继发展了自己的惯性导航技术。由于技术上的保密,各国的惯性技术在相同的原理上形成了各自不同的技术体系。

总的说来,这些系统形成了一个导航混合体,可以单独或搭配使用,满足航行安全保障及带来较好的经济效益的要求,也能满足许多军事导航要求。但是它们没有提供高精度全球三维定位的能力,也满足不了所有军事任务的导航需求。客观需求呼唤出现性能更加优越的新型导航系统。

以20世纪70年代以来信息技术的发展为基础,一系列新型导航系统出现了,其中包括卫星导航系统、激光环形陀螺捷联式惯性导航系统、组合导航系统、微波着陆系统(microwave landing system, MLS)、地形辅助导航系统、联合战术信息分发系统(joint tactical information distribution system, JTIDS)、定位报告系统(position location reporting system, PLRS),逐渐在形成新的导航混合体,趋于更能满足军用和民用对航行引导的要求。将其用于战场时,作战能力明显增强。同时还能实现从前不能实现的功能,大大扩展了导航的应用领域。

进入21世纪后,导航系统发展的主要特点,一是组合导航成为导航系统应用的主要方式,二是北斗导航系统成为最有影响力的卫星导航系统,三是由于微机械电子系统(micro-electro mechanical system, MEMS)的发展,基于MEMS的导航系统迅速发展,四是导航技术的民用化,包括个人运载体导航、移动机器人导航的应用占据了很大的应用市场。

2.1.2　导航与控制

导航、制导与控制是一个技术门类的总称,指为了完成移动任务而对运载体运动所采用的各种控制和引导技术。但对在地面和地表附近运动的移动机器人而言，通常不提制导的概念。

导航与控制技术紧密相连。实现相应技术的装备称为导航系统和控制系统。导航要实时、连续地给出飞行器的位置、速度、加速度、航向等导航参数；控制则是基于导航参数和导航的目标，通过运算形成指令，控制机器人等各类运载体沿预定轨迹运动并到达目的地。控制既包括稳定和控制运载体沿一定轨迹从一处运动到另一处的技术，也包括稳定和控制运动载体的姿态和位置的技术。

随着运载体技术和控制理论的发展，控制和导航技术也在不断进步，这种进步又促使运载体和控制理论进一步发展。例如，最早的飞机是完全由人工操纵的，后来为了改善飞机的性能和解除驾驶员的限制，在飞机上采用了自动控制技术，产生了自动驾驶仪。导弹系统的出现提出了对稳定弹体和精确导引导弹飞向目标的更高要求，控制和导航技术也随之发展。人造地球卫星上天和洲际导弹的出现，表明控制和导航技术已经达到更高的水平。其后随着微电子学和计算机技术的发展，现代控制理论逐渐形成，为运载体的控制和导航开拓了广阔的前景。最近十年，扫地机等家用机器人和无人机等民用飞行器的大量应用，又进一步促进了载体运动控制与导航技术的发展。

要求运载体完成运动任务，必须对它的运动施加影响。各种运载体的运动一般都分为质心的运动和绕其质心的角运动。对于这些运动有稳定和控制两方面的要求。稳定是指保持原有状态(姿态或位置)，控制是指改变状态。移动机器人、无人机等运动载体基本上都是依靠自主控制实现姿态运动的稳定，各种导航装置和自动控制系统一起实现运载体质心运动的控制。设计任何运载体的控制和导航系统所依据的控制理论都是相同的，如经典控制理论、现代控制理论和大系统理论等。研制控制和导航系统的步骤大致是：先建立控制器(控制和导航系统)和被控对象(运载体)的数学模型，这是关键的一步；其次是应用控制理论分析设计由控制和导航系统及运载体所组成的回路，从而确定控制和导航系统的结构和参数，在这一基础上进行仿真试验，修改结构和参数；最后生产出实际系统，进行试验，进一步修改结构和参数。当然，为了使控制和导航系统能真正用于运载器上，还需要进行一些其他工作，如高温、低温、振动试验等。这些步骤往往需要多次反复。

随着运载体的性能不断提高，所要完成的任务日益复杂，控制和导航系统的发展趋势是多功能化和多模态化。数字化、综合化和智能化已经是当前移动机器人和无人机等运载体的主要方式。多机器人协同的导航与控制、多级和分布式控制的要求越来越突出。

2.2 移动机器人常用的坐标系

要实现定位与导航，首先需要确定定位与导航的基准，即确定坐标系。坐标系是为描述物体所在位置和运动规律而选取的参考基准。三维坐标系是描述空间中物体位置的基础。在三维空间中，需要用6个自由度来表示无约束的物体，即3个正交轴上的位置和3个欧拉角。导航和控制技术的主要任务就是确定运载体在坐标系中的坐标表示，并使它以正确方向和运动方式飞向预定目标。常用的坐标系是右手直角坐标系和球面坐标系，直角坐标系与球面坐标系可以相互转换。

右手直角坐标系由原点和从原点延伸的3个互相垂直、按右手规则排列顺序的坐标轴构成。建立直角坐标系需要确定原点的位置和3个坐标轴的方向。物体在空间的位置可以用从原点分别量到物体在3个坐标轴上投影位置间的线段长度来描述。

球面坐标系由原点和基面组成。以原点为中心的任意球面与基面的交线称基圆；通过原点与基面垂直的一组平面称子午面；子午面与球面的交线称子午线。物体在空间的位置用经度、纬度、矢径来描述。经度是从指定子午面到通过物体位置的子午面间的球面角或指基圆从预定子午面量到物体所在子午面间的弧线长。纬度是从基面到原点与物体位置连线间的夹角。矢径是从原点到物体位置的直线距离。

出于不同的学科背景、应用对象和应用目的，人们建立了数量繁多、极其复杂的坐标系。本书仅介绍几个与机器人导航相关的常用的坐标系。

在移动机器人导航中涉及的坐标系主要包括惯性坐标系、地球坐标系、地理坐标系、地平坐标系和载体坐标系。通常而言，惯性坐标系和地球坐标系是参考坐标系；地理坐标系、地平坐标系与载体坐标系是与载体相固连的坐标系。描述载体质心运动时，主要用到的是惯性坐标系、地球坐标系、地理坐标系、地平坐标系及其转换关系；描述载体姿态运动时，主要用到地理坐标系、地平坐标系和载体坐标系以及其转换关系。导航中最重要的两个坐标系是载体坐标系和导航坐标系。载体坐标系是以载体为中心，主要作用是处理传感器直接测得的物理量；导航坐标系可以是地球坐标系、地理坐标系等。

为了方便起见，坐标系一般都以 $Oxyz$ 表示，它们的不同定义(或含义)一般用英文字母作下标加以区别。不同坐标系之间具有确定的联系。一个坐标系通过一系列旋转和平移变换，能够变换成另一个坐标系。常用的描述变换的方法有欧拉角法、方向余弦矩阵法、四元素法和旋转矢量法。

2.2.1　惯性坐标系

在研究物体运动时，一般都是应用牛顿力学定律以及由它导出的各种定理。在牛顿第二定律 $\boldsymbol{f}=m\boldsymbol{a}$ 中，应该特别注意，这里的 $\boldsymbol{a}$ 是绝对加速度，因而在应用牛顿第二定律研究物体运动时，计算加速度 $\boldsymbol{a}$ 所选取的参考坐标系不能是任意的，而必须是某种特定的参考坐标系。

经典力学认为，要选取一个绝对静止或做匀速直线运动的参考坐标系来考察加速度 $\boldsymbol{a}$，牛顿第二定律才能成立。在研究惯性敏感器和惯性系统的力学问题时，参考系应选在惯性空间。所谓惯性空间是指原点取在不动点且无转动的参考系。但是，由于绝对静止的物体或者空间是不存在的，而且也不可能找到一个绝对作匀速直线运动的物体，因此，要找到完全符合牛顿定律的参照物是不可能的。

但是，在现实应用中，牛顿运动定律是否成立，依赖于所能达到的或者所要求达到的测量精度。因此，决定一个参考系是否是惯性系将依赖于当时的测量水平和实际工作的需要。由此，日心系和地心系都被人们作为惯性系而得到应用。

1. 日心惯性系

日心惯性系常记为$Ox_Iy_Iz_I$。牛顿运动定律出现时，人们曾以太阳中心为原点，以指向任意恒星的直线为坐标轴组成日心坐标系。根据当时的测量条件和水平，牛顿运动定律是成立的。因此，把这样的参考系视为惯性参考系。后来人们发现太阳连同太阳系一起还在围绕银河系运动，因此这个空间也不是绝对空间。但是，经计算，太阳相对银河系中心的向心加速度为$2.4\times10^{-11}g$，太阳相对银河系中心的转动角速度为0.001″/a。而目前研究惯性导航的加速度计精度为$10^{-5}\sim10^{-6}g$，陀螺仪漂移率为$10^{-2}\sim10^{-3}$(°)/h，因此，太阳对银河系的运动对研究惯性导航的精度影响完全可以忽略不计，人们仍然将日心系作为惯性系用于惯性导航的测量和位置计算。

2. 地心惯性系

地心惯性系常记为$Ox_iy_iz_i$。现实应用中，大多数的载体都是在地球附近运动，因此人们考虑在地球上建立一个惯性坐标系，取地球中心为坐标系的原点O，3根轴分别与日心惯性坐标系的3根轴平行，这样有一根轴Oz_i沿地球自转轴方向，而另外两根轴在地球赤道平面内，其中一根轴Ox_i是地球绕太阳公转的黄道平面与地球赤道平面的交线，另一个轴Oy_i按右手规则定义。这样3个轴都指向空间固定的方向，不随地球一起转动。但是，地球总有相对太阳的公转运动，并且地球相对太阳的运动也不是匀速直线运动，计算得到，地球相对太阳转动的向心加速度为$6.05\times10^{-4}g$，地球相对太阳转动的角速度为0.041°/h，与加速度计、陀螺仪测量精度相比，这两个数字显然是大了。但是，在地球附近运动的载体，都有和地球一样的相对太阳的公转运动，所以也都具有同样的向心加速度和转动角速度，这些都可以在导航计算时予以忽略。因此，用地心惯性系作为惯性导航计算中的惯性系是可以满足导航要求的。

3. 非惯性坐标系

在航空航天领域的实际应用中，人们常用的坐标系有十多个。表2.1给出了航空航天技术中常用坐标系的定义(包括惯性坐标系)。这些非惯性坐标系不是本书的重点，本书仅列写于此，不作进一步的介绍。

表 2.1　航空航天中常用的坐标系

名称	原点	基面	直角坐标系			球面坐标系		用途
			x 轴	y 轴	z 轴	经度	纬度	
日心黄道坐标系	太阳中心	黄道面	指向春分点	*	指向北黄极	沿黄道从春分点起	从黄道面量起向北为正	星际航行的导航和星体观测
地心赤道坐标系	地球中心	赤道面	指向春分点	*	指向地球北极	沿赤道从 x 轴量起	从赤道面量起向北为正	天文观测、卫星定位和天文导航
地球坐标系	地球中心	赤道面	赤道面与本初子午面交线	*	指向地球北极			描述地球形状，确定地球任何点位置，与地球固连
大圆坐标系	地球中心	预定大圆面				从大圆面与赤道交线量起	从大圆面量起	确定近地面航行轨迹
地平坐标系	观察点	水平面	指向水平面内任意点	*	沿铅垂线向上	沿观察点为中心的地平圈从北点量起	从水平面量起	飞行器姿态控制和其他以水平面为基准的测量、天文观测、天文导航
经纬度坐标系	观察点	赤道面				沿赤道本初子午面量起	赤道到参考椭球法线	描述物体相对地球的方向和导航
地理坐标系	运载体位置	水平面	水平面内指北向	水平面内指西向	沿铅垂线向上			确定物体相对地球的方向和导航
发射(起飞)坐标系	飞行器质心	水平面	轨道面(航迹面)与水平面交线	沿铅垂线向上	*			确定导航发射(飞机起飞)方向
航迹坐标系	飞行器位置	水平面	水平面内航迹前向	沿铅垂线向上	*			航迹控制
轨道参考坐标系	飞行器质心	轨道平面	轨道面运动方向	轨道面内垂直于 x 轴	*			航天器飞行控制
飞行器本体坐标系	本体质心	对称面	沿纵轴向前	对称面内垂直于 x 轴	*			结构布局和飞行控制
速度坐标系	飞行器质心	对称面	与速度矢量重合	对称面内垂直于 x 轴	*			飞行器速度和飞行轨迹的分析、设计与控制

*：与其他两轴构成右手坐标系。

2.2.2 地球坐标系

地球坐标系也称地固坐标系，常记为 $Ox_ey_ez_e$。地球坐标系的原点 O 取在地心，Ox_e 取赤道平面和本初子午面的交线，Oz_e 与地球自转轴重合，Oy_e 则与其构成右手坐标系，如图 2.1 所示。很明显，这个坐标系与地球固连，是固定在地球上与地球一起旋转的坐标系，它与地球一起相对惯性坐标系以地球的自转角速度进行转动。如果忽略地球潮汐和板块运动，地面上点的坐标值在地球坐标系中是固定不变的。

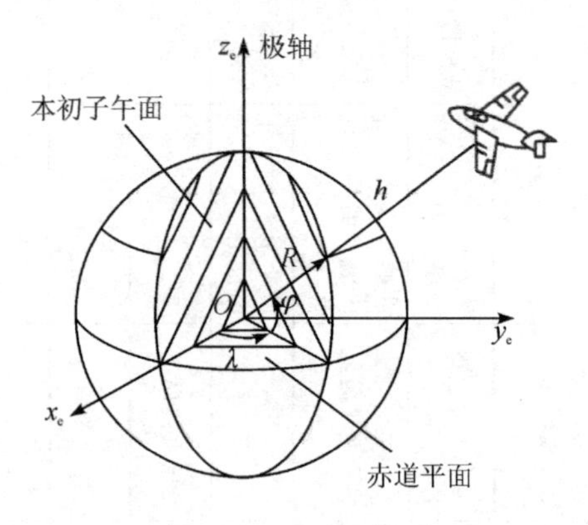

图 2.1　地球坐标系

根据坐标系原点位置的不同，地球坐标系分为地心坐标系（原点与地球质心重合）和参心坐标系（原点与参考椭球中心重合），前者以参考椭球为基准，后者以总地球椭球为基准。以地心为原点的地球坐标系也称为地心地固坐标系（Earth-centered，Earth-fixed，ECEF）。无论是参心坐标系还是地心坐标系均可分为空间直角坐标系和大地坐标系两种形式，它们都与地球体固连在一起，与地球同步运动。

在导航定位中，运载体相对地球的位置通常不用它在地球坐标系中的直角坐标来表示，而是用经度 λ、纬度 φ 和高度（或深度）h 来表示。

2.2.3 地理坐标系

地理坐标系常记为 $Ox_ty_tz_t$。在地理坐标系中，原点 O 在载体的重心，或者在地球表面的某一点上，Ox_t 轴在当地水平面内指向正东，Oy_t 轴与当地子午线一致，指向正北，Oz_t 轴沿当地垂线指天向上，形成右手坐标系，如图 2.2 所示。原点在地球上的位置通常用经纬度来确定。

需要注意的是，地理坐标系各轴的取向在惯性导航系统中有不同的定义。常用的定义有按“东-北-天”顺序构成 x_t-y_t-z_t 直角坐标系、按“北-西-天”顺序构成

x_t-y_t-z_t 直角坐标系、或按“北-东-地”顺序构成 x_t-y_t-z_t 直角坐标系。

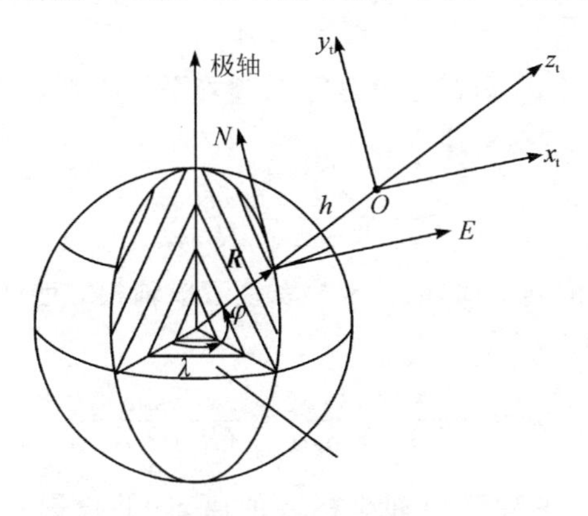

图 2.2　地理坐标系

地理坐标系是跟随运载体运动的。不管运载体运动到哪里，3 根坐标轴的方向总是按上述规定来确定。因此，不仅地球自转要带着地理坐标系一起相对惯性空间旋转，而且载体的运动也将引起地理坐标系相对地球产生转动。

当运载体在地球上航行时，运载体相对地球的位置不断发生改变；而地球上不同地点的地理坐标系，其相对地球坐标系的角位置是不相同的。也就是说，运载体相对地球运动将引起地理坐标系相对地球坐标系转动，如图 2.3 所示。这时，地理坐标系相对惯性参考系的转动角速度应包括两个部分：一个是地理坐标系相对地球坐标系的转动角速度，另一个是地球坐标系相对惯性参考系的转动角速度。

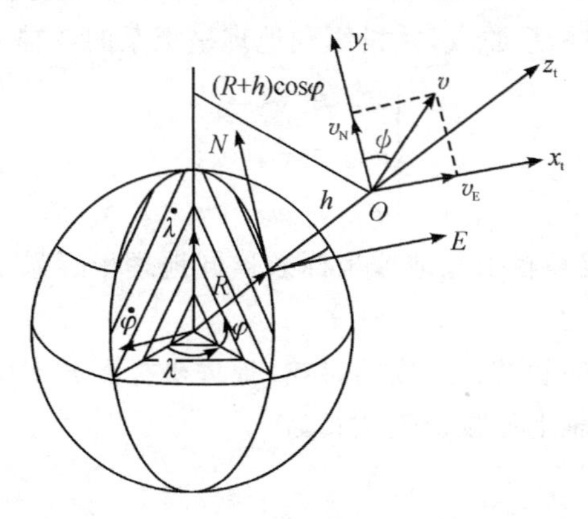

图 2.3　运载体运动引起地理坐标系转动

以运载体水平航行的情况进行讨论。参看图 2.3，设运载体所在地的纬度为 φ，航行高度为 h，速度为 v，航向角为 ϕ。把航行速度 v 分解为沿地理北向和东向的两个分量，有

$$\begin{cases} v_{\mathrm{N}} = v\cos\psi \\ v_{\mathrm{E}} = v\sin\psi \end{cases} \tag{2.1}$$

航行速度北向分量 v_{N} 引起地理坐标系绕着平行于地理东西方向的地心轴相对地球坐标系转动，其转动角速度为

$$\dot{\varphi} = \frac{v_{\mathrm{N}}}{R+h} = \frac{v\cos\psi}{R+h} \tag{2.2}$$

航行速度东向分量 v_{E} 引起地理坐标系绕着极轴相对地球坐标系转动，其转动角速度为

$$\dot{\lambda} = \frac{v_{\mathrm{E}}}{(R+h)\cos\varphi} = \frac{v\sin\psi}{(R+h)\cos\varphi} \tag{2.3}$$

把角速度 $\dot{\varphi}$ 和 $\dot{\lambda}$ 平移到地理坐标系的原点，并投影到地理坐标系的各轴上，得

$$\begin{cases} \omega_{\mathrm{et}x}^{\mathrm{t}} = -\dot{\varphi} = -\dfrac{v\cos\psi}{R+h} \\ \omega_{\mathrm{et}y}^{\mathrm{t}} = \dot{\lambda}\cos\varphi = \dfrac{v\sin\psi}{R+h} \\ \omega_{\mathrm{et}z}^{\mathrm{t}} = \dot{\lambda}\sin\varphi = \dfrac{v\sin\psi}{R+h}\tan\varphi \end{cases} \tag{2.4}$$

上式表明，航行速度将引起地理坐标系绕地理东向、北向和垂线方向相对地球坐标系转动。

地球坐标系相对惯性参考系的转动是由地球自转引起的。参看图 2.4，把角速度 ω_{ie} 平移到地理坐标系原点，并投影到地理坐标系的各轴上，得

$$\begin{cases} \omega_{\mathrm{ie}x}^{\mathrm{t}} = 0 \\ \omega_{\mathrm{ie}y}^{\mathrm{t}} = \omega_{\mathrm{ie}}\cos\varphi \\ \omega_{\mathrm{ie}z}^{\mathrm{t}} = \omega_{\mathrm{ie}}\sin\varphi \end{cases} \tag{2.5}$$

上式表明，地球自转将引起地球坐标系连同地理坐标系绕地理北向和垂线方向相对惯性参考系转动。

综合考虑地球自转和航行速度的影响，地理坐标系相对惯性参考系的转动角速度在地理坐标系各轴上的投影表达式为

$$\begin{cases} \omega_{\mathrm{it}x}^{\mathrm{t}} = -\dfrac{v\cos\psi}{R+h} \\ \omega_{\mathrm{it}y}^{\mathrm{t}} = \omega_{\mathrm{ie}}\cos\varphi + \dfrac{v\sin\psi}{R+h} \\ \omega_{\mathrm{it}z}^{\mathrm{t}} = \omega_{\mathrm{ie}}\sin\varphi + \dfrac{v\sin\psi}{R+h}\tan\varphi \end{cases} \tag{2.6}$$

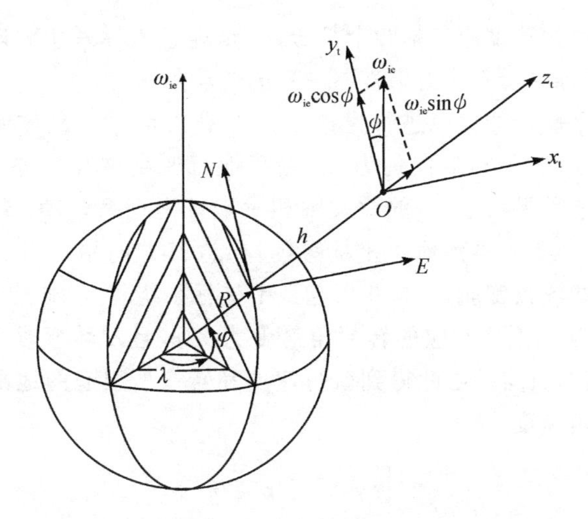

图 2.4　地球自转角速度在地理坐标系上的投影

2.2.4　地平坐标系

地平坐标系 $Ox_ny_nz_n$ 如图 2.5 所示。其原点与运载体所在的点重合；一轴沿当地垂线方向；另外两轴在当地水平面内。图中所示为 x_n 和 y_n 轴在当地水平面内，且 y_n 轴沿运载体的航行方向；z_n 轴沿当地垂线指上；三轴构成右手直角坐标系。地平坐标系的各轴也可按其他顺序构成。因这里水平轴的取向与运载体的航迹有关，故又称航迹坐标系。

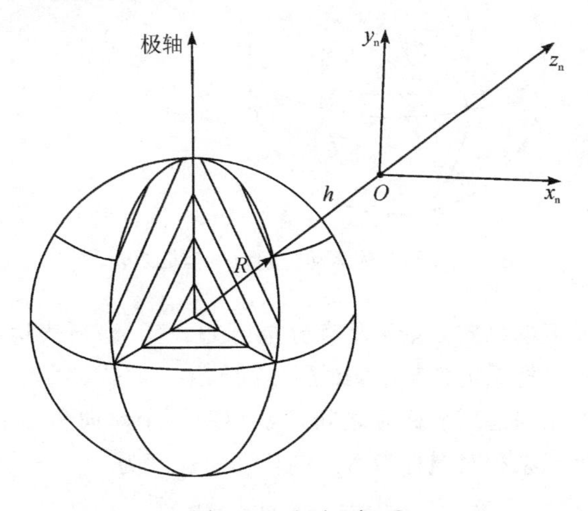

图 2.5　地平坐标系

地平坐标系也是跟随运载体运动的，所以又称为当地地平坐标系。当运载体在地球上航行时，将引起地平坐标系相对地球坐标系转动。这时地平坐标系相对惯性参考系的转动角速度应包括两个部分：一是地平坐标系相对地球坐标系的转动角速度；二是地球坐标系相对惯性参考系的转动角速度。

以运载体水平航行的情况进行讨论。参看图 2.6，设运载体所在地的纬度为 φ，航行高度为 h，速度为 v，航向角为 ψ。由于航行速度沿着 y_n 轴方向，所以它将引起地平坐标系绕着平行于 x_n 的地心轴相对地球坐标系转动，转动角速度为 $v/(R+h)$。把该角速度平移到地平坐标系的原点，其方向始终沿着 x_n 轴的负向。如果运载体做转弯或盘旋航行，还将引起地平坐标系绕着 z_n 轴相对地球坐标系转动。设转弯半径为 ρ，则所对应的转弯角速度为 v/ρ，且左转弯时沿 z_n 轴的正向，右转弯时沿 z_n 轴的负向。由此得到航行速度和转弯所引起的地平坐标系相对地球坐标系的转动角速度为

$$\begin{cases} \omega_{enx}^{n} = -\dfrac{v}{R+h} \\ \omega_{eny}^{n} = 0 \\ \omega_{enz}^{n} = \pm\dfrac{v}{\rho} \end{cases} \tag{2.7}$$

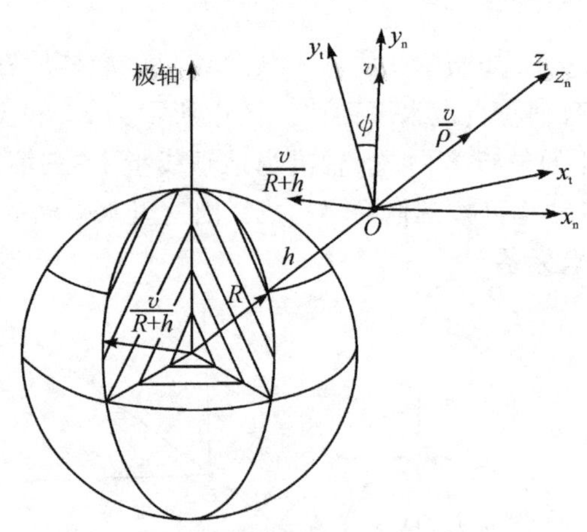

图 2.6 运载体运动引起地平坐标系转动

地球自转角速度的北向分量和垂直分量已如式(2.5)所表达。把这两个角速度分量投影到地平坐标系的各轴上，如图 2.7 所示。

由于地平坐标系与地理坐标系之间只是相差一个航向角 ψ，故此得到地球自转所引起的地平坐标系相对惯性参考系的转动角速度为

$$\begin{cases} \omega_{iex}^{n} = -\omega_{ie}\cos\varphi\sin\psi \\ \omega_{iey}^{n} = \omega_{ie}\cos\varphi\cos\psi \\ \omega_{iez}^{n} = \omega_{ie}\sin\varphi \end{cases} \tag{2.8}$$

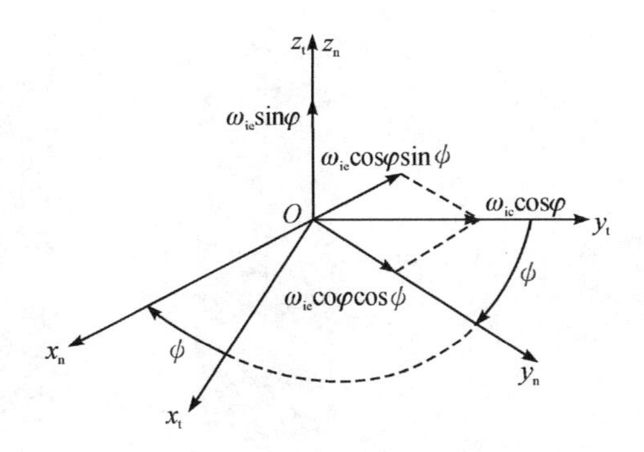

图 2.7　地球自转角速度在地平坐标上的投影

综合考虑地球自转和航行速度及转弯的影响，地平坐标系相对惯性参考系的转动角速度在地平坐标系各轴上的投影表达式为

$$\begin{cases} \omega_{\text{in}x}^{\text{n}} = -\omega_{\text{ie}}\cos\varphi\sin\psi - \dfrac{v}{R+h} \\ \omega_{\text{in}y}^{\text{n}} = \omega_{\text{ie}}\cos\varphi\cos\psi \\ \omega_{\text{in}z}^{\text{n}} = \omega_{\text{ie}}\sin\varphi \pm \dfrac{v}{\rho} \end{cases} \tag{2.9}$$

在有些惯性系统的分析中，所采用的地平坐标系的定义与上述略有不同。其 x_{n} 和 y_{n} 轴仍在当地水平面内，但与运载体的航迹无关。例如，在自由方位的平台式惯性系统中，就采用这样的地平坐标系来进行分析。

2.2.5　载体坐标系

载体坐标系又称为运载体坐标系，或称为本体坐标系，一般记为 $Ox_{\text{b}}y_{\text{b}}z_{\text{b}}$。以机器人、无人驾驶汽车、飞机、舰船以及人类自身等移动载体本体的角度来观察和估计外部或内部信息时，运载体坐标系是最直观的坐标系。

载体坐标系与载体固连，坐标原点是载体中心。载体坐标系的 3 个坐标轴一般有两种不同的取法：一种是 Ox_{b} 轴沿载体横轴向右，Oy_{b} 轴沿载体纵轴向前，Oz_{b} 轴沿载体立轴向上，如图 2.8(a)所示；另一种是 Ox_{b} 轴沿载体纵轴向前，Oy_{b} 轴沿载体横轴向左，Oz_{b} 轴沿载体立轴向上，如图 2.8(b)所示；也可以是 Ox_{b} 沿纵轴方向，即载体前进方向，Oz_{b} 轴沿载体侧轴方向，指向右侧，Oy_{b} 沿载体竖轴方向，是由右手坐标系而成(即指向天)，如图 2.8(c)所示。载体坐标系也可以有其他多种不同的设定方法，但无论怎样设定坐标系，基本的原则都是为了描述载体坐标转换和运动计算的方便，而载体的坐标转换和运动计算的方便性通常是一致的。

运载体的俯仰(纵摇)角、滚动(横摇、倾斜)角和偏航(航向)角统称为姿态角。运载体的姿态角就是根据运载体坐标系相对地理坐标系或地平坐标系的转角来确

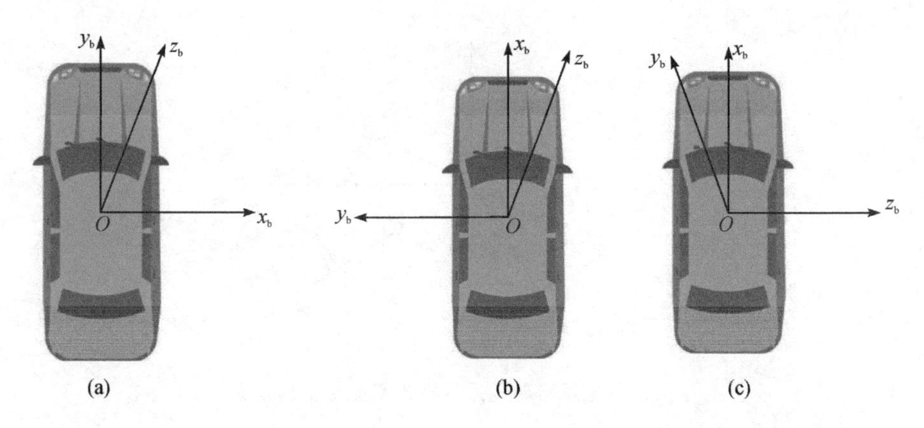

图 2.8 载体坐标系图

定的。如果在运载体上用陀螺仪建立一个人工地理坐标系，并将运载体坐标系与它比较，则可测量出运载体的航向角、俯仰角和倾斜角。同理，如果在运载体上用陀螺仪建立一个人工地平坐标系，并将运载体坐标系与地平坐标系比较，则可测出运载体的俯仰角和倾斜角。总的来说，载体坐标系相对于地理坐标系的关系就是载体的姿态。在实际控制当中，人们关心的显然是载体坐标系相对于地理坐标系之间的变化，所以通常使用的旋转矩阵是把“地理”坐标系转到“载体”坐标系的矩阵，从而实现对控制目标(载体)的姿态控制。由地理坐标系到载体坐标系的转换常用的有三种方式：四元数、欧拉角、方向余弦矩阵。这些将在 2.3 节中介绍。

2.2.6 传感器坐标系

导航传感器的主要作用，是敏感载体相对外界环境的位置、速度和方向等信息。因此传感器坐标系的定义同样需要考虑描述载体与外界环境之间的坐标转换与运动计算的方便性，这在很大程度上取决于使用者的目的和要求。一般最简便的是传感器坐标系原点与载体坐标系原点重合、传感器三轴与载体坐标系三轴分别平行一致。但由于安装空间有限，通常做不到传感器坐标系原点与载体坐标系原点重合，需要在完成观测后进行坐标平移，以得到相对载体本体的导航信息。下面介绍几个主要的传感器坐标系。

1. 相机坐标系

相机是移动机器人最典型的传感器。相机成像的基本机制是外界环境在成像平面上的投影，或者说，相机成像就是将相机坐标系下的空间点，投影到相机的像素点。

相机坐标系又称为摄影机坐标系，一般记为 $Ox_Cy_Cz_C$，如图 2.9 所示。讨论成像关系时，除了相机坐标系，还需要引入世界坐标系、图像坐标系和像素坐标系的

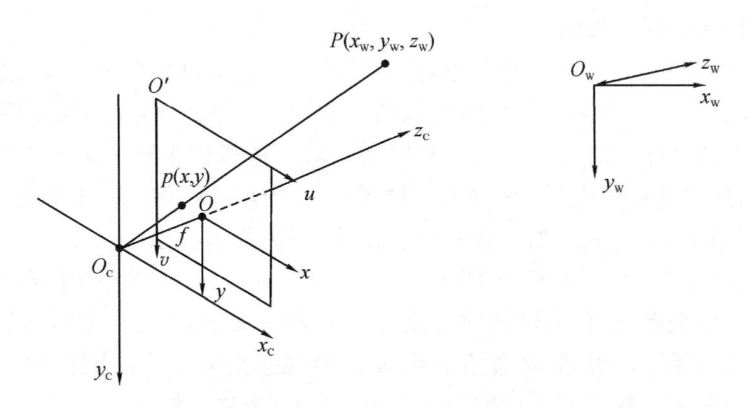

图 2.9　4 个坐标系之间的关系
（图中下标"W"表示的是世界坐标系，下标"C"表示的是相机坐标系；
xOy 为图像坐标系，$uO'v$ 为像素坐标系）

概念。在相机模型中，三维世界中的某一点和其对应的像素点是通过坐标系的转换得到的。

首先，用图 2.9 来直观表示 4 个坐标系之间的空间关系。在图中，$O_Cx_Cy_Cz_C$ 为相机坐标系，其原点为相机的光心，O_Cz_C 轴为相机光轴，与成像平面垂直并且向前。O_Cx_C 轴和 O_Cy_C 轴与成像平面的 x 轴和 y 轴平行，O_Cx_C 轴水平向右，O_Cy_C 轴垂直向下。其中，图中的方框就是成像平面，在相机成像过程中，成像平面本来是在 z 轴负方向上的。为便于描述，在图中将其翻转到正方向，这与常规坐标系是不一致的。

$O_Wx_Wy_Wz_W$ 为世界坐标系。严格地说，世界坐标系的概念不属于定位与导航领域，而是在计算机视觉研究中引入的。在计算机视觉研究中，人们在环境中选择一个参考坐标系来描述相机和物体的位置，该坐标系称为世界坐标系。在世界坐标系中，带有小圆的圆心为原点 O_W，x_W 轴水平向右，y_W 轴向下，z_W 由右手法则确定。画面上所有点的坐标都是以该坐标系的原点来确定各自的位置的。当设一个基准坐标系 $O_Wx_Wy_Wz_W$ 为世界坐标系，$P(x_W, y_W, z_W)$为空间点 P 在世界坐标系中的坐标。

像素坐标系为 $x_uO'y_v$，不过像素坐标系更常用的表示是 $u-v$。在计算机视觉领域，人们一致采用的图像是像素坐标系。像素坐标系是二维直角坐标系，是为了标记图片中像素点的坐标。其中，原点位于图片左上角，u 轴（$O'x_u$ 轴）向右，v 轴（$O'y_v$）轴向下。像素坐标系轴坐标的单位是像素。相机采集的数字图像在计算机内可以存储为数组，数组中的每一个元素（像素，pixel）的值即是图像点的亮度（灰度）。在图像上定义直角坐标系 $u-v$，(u,v)为 p 点在图像直角坐标系下的坐标。每一像素的坐标(u,v)分别是该象素在数组中的列数和行数。故(u,v)是以像素为单位的图像坐标系坐标。

图 2.9 中的 xOy 为图像坐标系，坐标轴的单位通常为毫米(mm)，原点是相机光轴的相面的焦点(称为主点)，即图像的中心点。x 轴、y 轴分别与 u 轴、v 轴平行。引入图像坐标系的原因是像素坐标系只表示像素位于数字图像的列数和行数，并没有用物理单位表示出该像素在图像中的物理位置，因而需要再建立以物理单位[例如厘米(cm)]表示的成像平面坐标系，即图像坐标系。用(x,y)表示以物理单位度量的成像平面坐标系的坐标。在 xOy 坐标系中，原点定义在摄像机光轴和图像平面的交点处，称为图像的主点(principal point)，该点一般位于图像中心处，但由于相机制作的原因，可能会有些偏离，在像素坐标系下的坐标为(u_0,v_0)，每个像素在 x 轴和 y 轴方向上的物理尺寸为 d_x、d_y，像素坐标系表示为(u,v)，其中原点为图像左上角，u 轴水平向右，v 轴竖直向下；故两个坐标系实际上是平移关系，图像坐标系可平移到像素坐标系。

下面简单描述四个坐标系之间的关系：世界坐标系通过平移和旋转得到相机坐标系；相机坐标系通过成像模型中的相似三角形原理得到图像坐标系；图像坐标系通过平移和缩放得到像素坐标系。具体的数学过程如下。

(1)从世界坐标系到相机坐标系

从世界坐标系到相机坐标系包括了旋转和平移，首先来看旋转过程。

图 2.10 表示了世界坐标系绕 z 轴旋转模型。

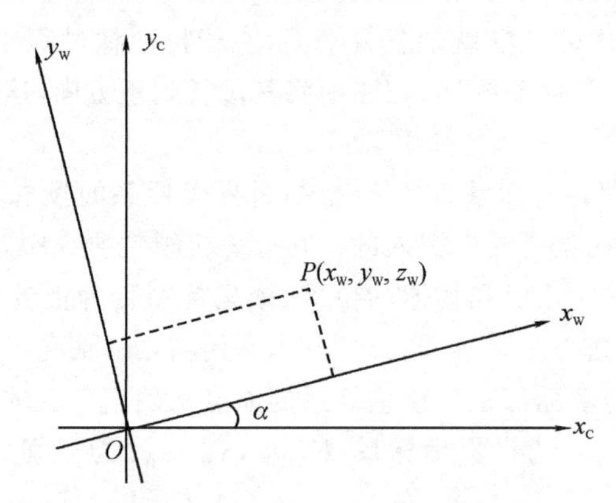

图 2.10 世界坐标系绕 z 轴旋转

从图 2.10 中可知，对于世界坐标系中的一点 $P(x_W,y_W,z_W)$，对应相机坐标系中 x_C 的坐标为 $x_W\cos\alpha-y_W\sin\alpha$。同理可得，$y_C$ 的坐标为 $x_W\sin\alpha+y_W\cos\alpha$，由于围绕 z 轴旋转，故 $z_C=z_W$。

写成矩阵的形式可得

$$\begin{bmatrix} x_C \\ y_C \\ z_C \end{bmatrix} = \begin{bmatrix} \cos\alpha & -\sin\alpha & 0 \\ \sin\alpha & \cos\alpha & 0 \\ 0 & 0 & 1 \end{bmatrix} \begin{bmatrix} x_W \\ y_W \\ z_W \end{bmatrix} \tag{2.10}$$

其中,3×3 的变换矩阵称为 $\boldsymbol{R}_1$。

同样地,可以得到关于 x 轴、y 轴旋转的变换矩阵 $\boldsymbol{R}_2$、$\boldsymbol{R}_3$。而总的旋转矩阵为 $\boldsymbol{R}=\boldsymbol{R}_1\boldsymbol{R}_2\boldsymbol{R}_3$。

平移则相对简单,只需在旋转后的基础上加上一个平移量 $[t_1 \quad t_2 \quad t_3]^{\mathrm{T}}$ 即可。

综上,即可得世界坐标系到相机坐标系的变换为

$$\begin{bmatrix} x_C \\ y_C \\ z_C \end{bmatrix} = \boldsymbol{R} \begin{bmatrix} x_W \\ y_W \\ z_W \end{bmatrix} + \begin{bmatrix} t_1 \\ t_2 \\ t_3 \end{bmatrix} \tag{2.11}$$

令

$$\boldsymbol{T} = \begin{bmatrix} t_1 \\ t_2 \\ t_3 \end{bmatrix}$$

可得其增广形式

$$\begin{bmatrix} x_C \\ y_C \\ z_C \\ 1 \end{bmatrix} = \begin{bmatrix} \boldsymbol{R} & \boldsymbol{T} \\ \boldsymbol{0}^{\mathrm{T}} & 1 \end{bmatrix} \begin{bmatrix} x_W \\ y_W \\ z_W \\ 1 \end{bmatrix} \tag{2.12}$$

(2)从相机坐标系到图像坐标系

从相机坐标系到图像坐标系满足小孔成像模型,通过简单的相似三角形原理即可得到,如图 2.11 所示。

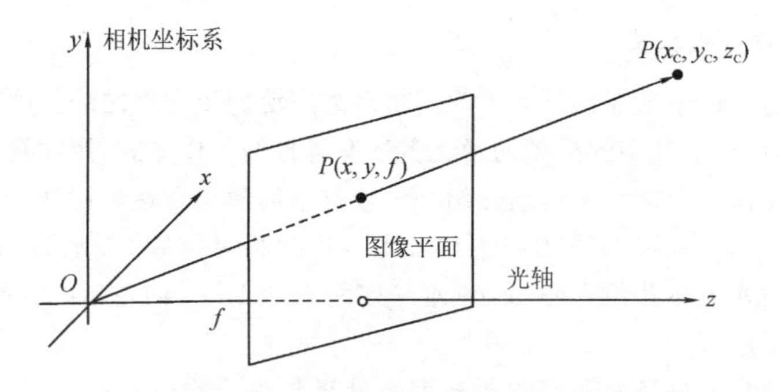

图 2.11　相机光轴通过图像坐标系的原点

从图中可知，$\frac{x_C}{x}=\frac{y_C}{y}=\frac{z_C}{f}$，其中 f 为焦距。通过变换可得 $x=\frac{x_C}{z_C}f,y=\frac{y_C}{z_C}f$，由此可得其增广形式

$$\begin{bmatrix} x \\ y \\ 1 \end{bmatrix}=\frac{1}{z_C}\begin{bmatrix} f & 0 & 0 & 0 \\ 0 & f & 0 & 0 \\ 0 & 0 & 1 & 0 \end{bmatrix}\begin{bmatrix} x_C \\ y_C \\ z_C \\ 1 \end{bmatrix} \tag{2.13}$$

(3)从图像坐标系到像素坐标系

由于图像坐标系和像素坐标系处于同一平面，故两者之间的差异在于坐标原点的位置和单位。像素坐标系的原点在图像坐标系的左上角，同时像素坐标系的单位为像素。

从图 2.9 中可直观地观察到 xOy 坐标系和 $uO'v$ 坐标系的关系，两个坐标系之间的变换满足 $u=\frac{x}{d_x}+u_0,v=\frac{y}{d_y}+v_0$。其中，$d_x$、$d_y$ 表示像素坐标系中每个像素点的宽和高，而图像坐标系原点在像素坐标系中的横纵坐标分别为 u_0、v_0。

同样可得其增广形式：

$$\begin{bmatrix} u \\ v \\ 1 \end{bmatrix}=\begin{bmatrix} 1/d_x & 0 & u_0 \\ 0 & 1/d_y & v_0 \\ 0 & 0 & 1 \end{bmatrix}\begin{bmatrix} x \\ y \\ 1 \end{bmatrix} \tag{2.14}$$

至此，4 个坐标系之间的变换关系已知，即可求得世界坐标系到像素坐标系的关系：

$$z_C\begin{bmatrix} u \\ v \\ 1 \end{bmatrix}=\begin{bmatrix} 1/d_x & 0 & u_0 \\ 0 & 1/d_y & v_0 \\ 0 & 0 & 1 \end{bmatrix}\begin{bmatrix} f & 0 & 0 & 0 \\ 0 & f & 0 & 0 \\ 0 & 0 & 1 & 0 \end{bmatrix}\begin{bmatrix} \boldsymbol{R} & \boldsymbol{T} \\ \boldsymbol{0}^{\mathrm{T}} & 1 \end{bmatrix}\begin{bmatrix} x_W \\ y_W \\ z_W \\ 1 \end{bmatrix} \tag{2.15}$$

2. 激光雷达坐标系

激光雷达是近年来在机器人上应用得最为广泛的传感器之一。由于激光雷达有不同的安装方式，且不同类型的激光雷达有各自的工作方式，因此需要根据实际情况建立激光雷达坐标系。这里介绍一种较典型的激光雷达坐标系。

激光雷达坐标系可以描述物体与激光雷达的相对位置，表示为(x_L,y_L,z_L)，其中原点为激光雷达几何中心，x_L 轴水平向前，y_L 轴水平向左，z_L 轴竖直向上，符合右手坐标系规则。

激光雷达是通过发射和接收激光束来计算与观测物体精确距离。如图 2.12 所示，激光雷达通过飞行时间(time of flight, TOF)方法计算外部环境相对于激光传感器的位置。首先激光发射器发射激光脉冲，计时器记录发射时间；脉冲经物体

反射后由接收器接收，计时器记录接收时间；时间差乘光速即得到距离的 2 倍。

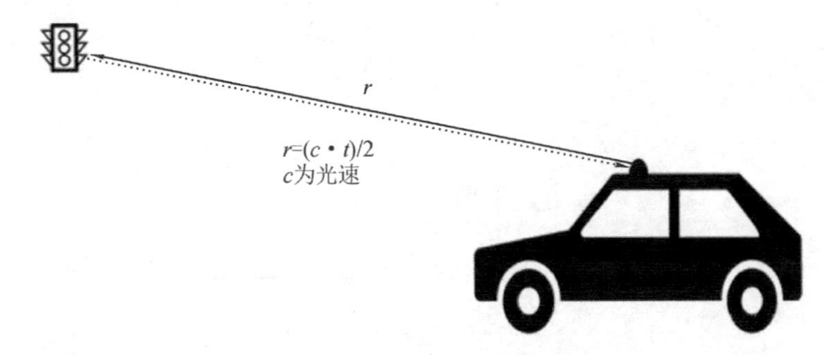

图 2.12　激光雷达的距离测量

如图 2.13 所示，为了方便起见，假定激光雷达被安装为 x_L 轴向前、y_L 轴向左、z_L 轴向上的右手坐标系，坐标系各轴与图 2.8(b)所示的载体坐标系各轴平行一致。

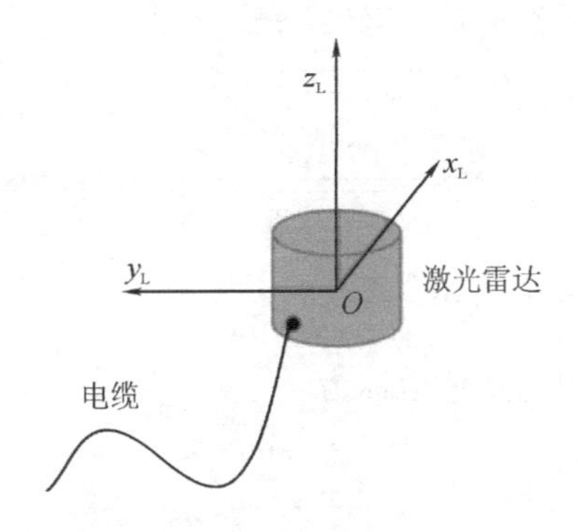

图 2.13　激光雷达的坐标系

如图 2.14 所示，在三维扫描获取点的云数据时，激光雷达通过 TOF 时间差获得距离，通过水平旋转扫描测角度获取方位角，并根据这两个参数建立二维的极坐标系，再通过获取不同俯仰角度获得三维的高度信息（对于单线激光雷达，通常激光束是水平发射，只能通过距离和方位角获取二维信息）。

因此，初始获得的激光雷达数据是用球面坐标数据表达的。在球面坐标系中，点是由距离 r 和两个角度（方向角 φ 和仰角 θ）定义。方向角 φ 是 $x_L O y_L$ 平面上的水平罗盘方向。仰角 θ 用来描述被观察物体相对于观测点的角度。

与方向角和仰角息息相关的是角分辨率，分为水平分辨率和垂直分辨率。水平分辨率指水平方向上扫描线之间的最小间隔度数。由于 1 s 打出激光束的频率固定，所以转速越快，水平方向上扫描线的间隔越大，水平角分辨率越大，两条线的间隔度数越大。垂直分辨率指的是垂直方向上两条扫描线的间隔度数。不同的激

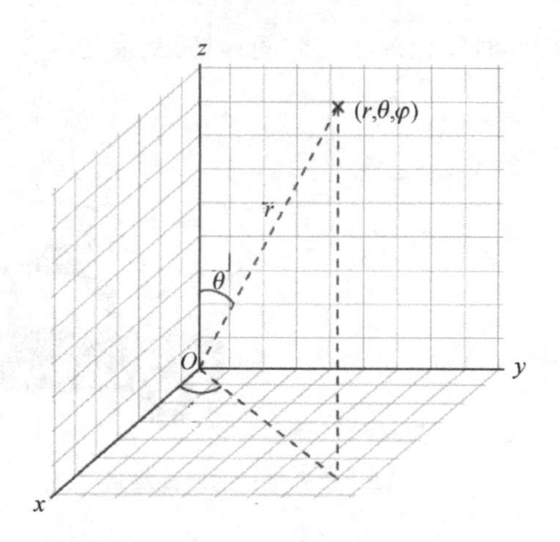

图 2.14 激光雷达的方向角与仰角

光雷达,其角分辨率可能相差很大。

从直角坐标系到球面坐标系,其转换表达式为

$$\begin{cases} r = \sqrt{x_{\mathrm{L}}^2 + y_{\mathrm{L}}^2 + z_{\mathrm{L}}^2} \\ \theta = \arccos \dfrac{z_{\mathrm{L}}}{\sqrt{x_{\mathrm{L}}^2 + y_{\mathrm{L}}^2 + z_{\mathrm{L}}^2}} = \arccos \dfrac{z_{\mathrm{L}}}{r} \\ \varphi = \arctan \dfrac{y_{\mathrm{L}}}{x_{\mathrm{L}}} \end{cases} \tag{2.16}$$

则目标物在激光传感器中的直角坐标为

$$\begin{cases} x_{\mathrm{L}} = r\sin\theta\cos\varphi \\ y_{\mathrm{L}} = r\sin\theta\sin\varphi \\ z_{\mathrm{L}} = r\cos\theta \end{cases} \tag{2.17}$$

3. IMU 坐标系

惯性测量组合(inertial measurement unit, IMU)主要应用于导弹、飞机、舰船等大型运载体上。在地面的移动机器人和小型无人机上使用的 IMU 一般是指基于 MEMS 的惯性测量组合。本书也沿用此概念。

IMU 最基本的构成是 3 个陀螺仪和 3 个加速度计,目前市场上的 IMU 大都还配置了三轴磁力计。如果严格地按照惯性导航理论进行导航解算,可以利用 IMU 的 3 个陀螺仪和 3 个加速度计获得载体全部的导航信息。这被称为捷联式惯性导航解算。但捷联式惯性导航解算的算法非常复杂,普通移动机器人上使用的基于 MEMS 的 IMU 的陀螺仪和加速度计的精度也远远不能达到捷联式导航算法的需求。因此在普通的移动机器人上,一般只是利用 IMU 提供的部分能力,例如陀螺仪对载体角运动的敏感能力和加速度对载体线运动的敏感能力。

在这种情况下，IMU 一般固连在机器人中心点或中心线上，IMU 坐标系也与载体坐标系相固连且一致。如图 2.15 所示是某型惯性测量单元的坐标系。加速度计传感器用来测量 x、y、z 轴的加速度，陀螺仪用来测量 x、y、z 轴与水平面的夹角，磁力计用来测量和地球的磁北夹角，得到这些数据需要公式根据原始值解算。IMU 坐标系为直角坐标系，其坐标原点就是陀螺仪和加速度计的坐标原点，其 3 个轴方向分别与陀螺仪和加速度计的对应轴向平行。在不考虑安装误差角的情况下，通常载体坐标系即为 IMU 坐标系。

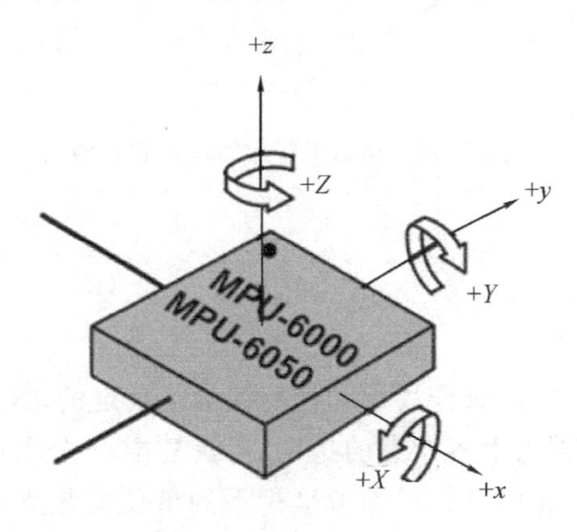

图 2.15　IMU 坐标系

关于惯性导航和 IMU 的知识将在第 3 章中进一步介绍。

2.3　移动机器人的坐标变换

当机器人进行运动时，要描述机器人自身的运动信息及其相关环境信息，必然涉及信息在不同坐标系之间的转换表述。因此，必须解决移动机器人的坐标变换问题。

2.3.1　移动机器人的位姿

通常将移动机器人在空间中相对参考坐标系的位置和姿态简记为位姿。这里注意到移动机器人的姿态包括偏航、俯仰、滚动（航向、俯仰和倾斜）3 个量。

令 $Oxyz$ 为标准正交参考坐标系，假定机器人的中心点为 O'，$\boldsymbol{x}$、$\boldsymbol{y}$、$\boldsymbol{z}$ 为坐标轴的单位向量。为如图 2.16 所示，机器人的中心点 O'相对坐标系 $Oxyz$ 的位置可以表示为关系式

$$\boldsymbol{o}' = o'_x\boldsymbol{x} + o'_y\boldsymbol{y} + o'_z\boldsymbol{z}$$

其中 o'_x、o'_y、o'_z表示向量 $\boldsymbol{o}'$在坐标轴上的分量。O'的位置可以简写为 3×1 向量

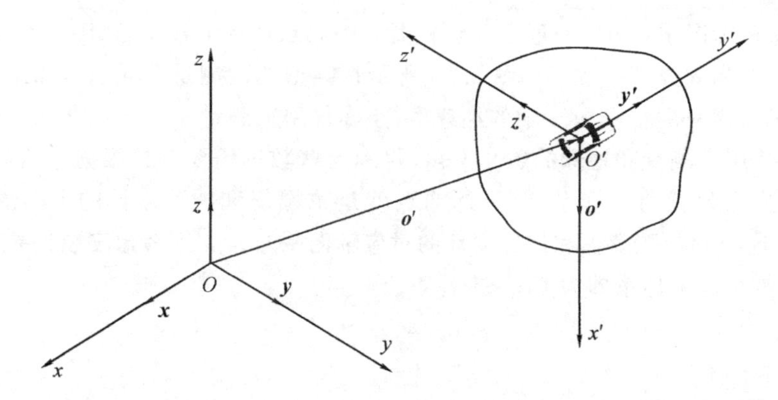

图 2.16 移动机器人的位置和方向

$$\boldsymbol{o}' = \begin{bmatrix} o'_x \\ o'_y \\ o'_z \end{bmatrix} \tag{2.18}$$

由于除了方向和模长，其作用点和作用线都是规定的，因此 $\boldsymbol{o}'$ 是有界向量。

为了描述移动机器人上各个点的指向，考虑建立一个固连于移动机器人本体上的标准正交坐标系，并由其相对参考坐标系的单位向量来表示。令此坐标系为 $O'x'y'z'$，其原点为 O'，坐标轴的单位向量为 $\boldsymbol{x}'$、$\boldsymbol{y}'$、$\boldsymbol{z}'$。这些向量在参考坐标系 $Oxyz$ 中的表达式为

$$\begin{aligned} \boldsymbol{x}' &= x'_x\boldsymbol{x} + x'_y\boldsymbol{y} + x'_z\boldsymbol{z} \\ \boldsymbol{y}' &= y'_x\boldsymbol{x} + y'_y\boldsymbol{y} + y'_z\boldsymbol{z} \\ \boldsymbol{z}' &= z'_x\boldsymbol{x} + z'_y\boldsymbol{y} + z'_z\boldsymbol{z} \end{aligned} \tag{2.19}$$

每一单位向量的分量都是坐标系 $O'x'y'z'$ 的轴相对参考坐标系 $Oxyz$ 的方向余弦。

2.3.2 旋转矩阵

为使描述简便起见，式(2.19)中描述移动机器人相对参考坐标系的指向的三个单位向量可以组合为一个 3×3 矩阵。

$$\boldsymbol{R} = [\boldsymbol{x}' \quad \boldsymbol{y}' \quad \boldsymbol{z}'] = \begin{bmatrix} x'_x & y'_x & z'_x \\ x'_y & y'_y & z'_y \\ x'_z & y'_z & z'_z \end{bmatrix} \begin{bmatrix} \boldsymbol{x} \\ \boldsymbol{y} \\ \boldsymbol{z} \end{bmatrix} = \begin{bmatrix} \boldsymbol{x}'^{\mathrm{T}}\boldsymbol{x} & \boldsymbol{y}'^{\mathrm{T}}\boldsymbol{x} & \boldsymbol{z}'^{\mathrm{T}}\boldsymbol{x} \\ \boldsymbol{x}'^{\mathrm{T}}\boldsymbol{y} & \boldsymbol{y}'^{\mathrm{T}}\boldsymbol{y} & \boldsymbol{z}'^{\mathrm{T}}\boldsymbol{y} \\ \boldsymbol{x}'^{\mathrm{T}}\boldsymbol{z} & \boldsymbol{y}'^{\mathrm{T}}\boldsymbol{z} & \boldsymbol{z}'^{\mathrm{T}}\boldsymbol{z} \end{bmatrix} \tag{2.20}$$

定义 $\boldsymbol{R}$ 为旋转矩阵。

需要注意矩阵 $\boldsymbol{R}$ 的列向量相互正交，原因在于它们表示的是正交坐标系的单位向量，即

$$\boldsymbol{x}'^{\mathrm{T}}\boldsymbol{y}' = 0 \quad \boldsymbol{y}'^{\mathrm{T}}\boldsymbol{z}' = 0 \quad \boldsymbol{z}'^{\mathrm{T}}\boldsymbol{x}' = 0$$

同时，其模长均为1，即

$$\boldsymbol{x}'^{\mathrm{T}}\boldsymbol{x}' = \mathbf{1} \quad \boldsymbol{y}'^{\mathrm{T}}\boldsymbol{y}' = \mathbf{1} \quad \boldsymbol{z}'^{\mathrm{T}}\boldsymbol{z}' = 1$$

因此，$\boldsymbol{R}$ 是一个正交矩阵，即

$$\boldsymbol{R}^{\mathrm{T}}\boldsymbol{R} = \boldsymbol{I}_3 \tag{2.21}$$

其中，$\boldsymbol{I}_3$ 表示 3×3 单位矩阵。

如果在式(2.21)的两边同时右乘逆矩阵 $\boldsymbol{R}^{-1}$，可以得到以下有用的结论：

$$\boldsymbol{R}^{\mathrm{T}} = \boldsymbol{R}^{-1} \tag{2.22}$$

即旋转矩阵的转置与其逆矩阵相等。进一步地，注意到如果坐标系满足右手法则，则 $\det(\boldsymbol{R})=1$，如果满足左手法则，则 $\det(\boldsymbol{R})=-1$。

1. 基本旋转

考虑一个坐标系可以通过参考坐标系相对某一坐标轴的基本旋转得到。如果相对坐标轴作逆时针方向旋转，则旋转为正。

假设参考坐标系 $Oxyz$ 绕 z 轴旋转角度 α（如图2.17所示），令 $Ox'y'z'$ 为旋转后的坐标系。新坐标系的单位向量可以通过其相对参考坐标系的分量来描述，即

$$\boldsymbol{x}' = \begin{bmatrix} \cos\alpha \\ \sin\alpha \\ 0 \end{bmatrix} \quad \boldsymbol{y}' = \begin{bmatrix} -\sin\alpha \\ \cos\alpha \\ 0 \end{bmatrix} \quad \boldsymbol{z}' = \begin{bmatrix} 0 \\ 0 \\ 1 \end{bmatrix}$$

从而，坐标系 $Ox'y'z'$ 关于坐标系 $Oxyz$ 的旋转矩阵为

$$\boldsymbol{R}_z(\alpha) = \begin{bmatrix} \cos\alpha & -\sin\alpha & 0 \\ \sin\alpha & \cos\alpha & 0 \\ 0 & 0 & 1 \end{bmatrix} \tag{2.23}$$

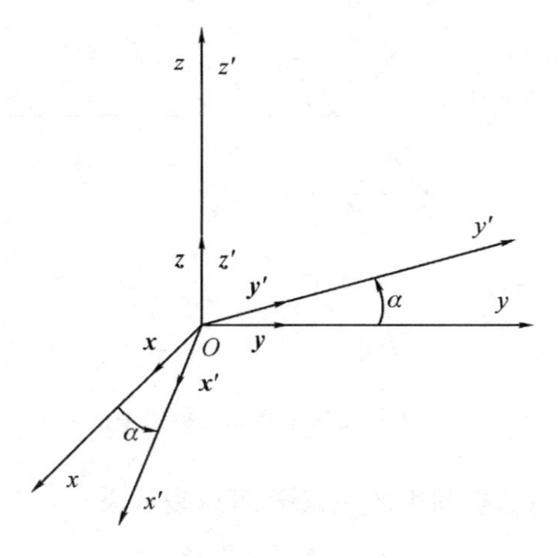

图2.17　坐标系 $Oxyz$ 绕 z 轴旋转 α 角

类似地，绕 y 轴旋转 β 角及绕 x 轴旋转 γ 角的旋转可以分别由下列式子给出

$$\boldsymbol{R}_y(\beta)=\begin{bmatrix}\cos\beta & 0 & \sin\beta\\ 0 & 1 & 0\\ -\sin\beta & 0 & \cos\beta\end{bmatrix} \tag{2.24}$$

$$\boldsymbol{R}_x(\gamma)=\begin{bmatrix}1 & 0 & 0\\ 0 & \cos\gamma & -\sin\gamma\\ 0 & \sin\gamma & \cos\gamma\end{bmatrix} \tag{2.25}$$

这些矩阵将有助于描述绕空间中任一轴的旋转。

容易验证，式(2.23)到式(2.25)中的基本旋转具有如下性质：

$$\boldsymbol{R}_k(-\theta)=\boldsymbol{R}_k^{\mathrm{T}}(\theta) \qquad k=x,y,z \tag{2.26}$$

考虑式(2.23)到式(2.25)中，旋转矩阵可以被赋予几何意义，即矩阵 $\boldsymbol{R}$ 描述了在空间中将参考坐标系的坐标轴调整到与机器人本体坐标系相应的坐标轴相一致时，需要绕单个坐标轴进行的旋转。

2. 向量的表示

为更深入理解旋转矩阵的几何含义，考虑本体坐标系原点与参考坐标系原点重合的情况(如图 2.18 所示)，此时，$\boldsymbol{o}'=\boldsymbol{0}$，其中 $\boldsymbol{0}$ 代表 3×1 零向量。

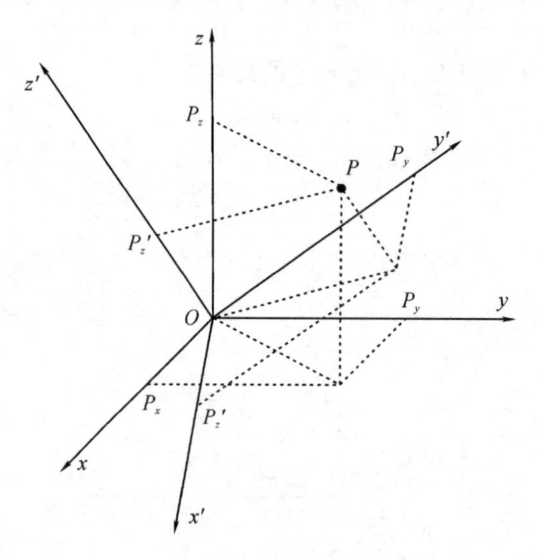

图 2.18 点 P 在两个不同坐标系中的表示

相对于坐标系 $Oxyz$，空间中的一点 P 可以表示为

$$\boldsymbol{p}=\begin{bmatrix}p_x\\ p_y\\ p_z\end{bmatrix}$$

或相对于坐标系 $Ox'y'z'$，点 P 可以表示为

$$\boldsymbol{p}' = \begin{bmatrix} p'_x \\ p'_y \\ p'_z \end{bmatrix}$$

由于 $\boldsymbol{p}$ 和 $\boldsymbol{p}'$ 表示的是同一点 P，有

$$\boldsymbol{p} = p'_x\boldsymbol{x}' + p'_y\boldsymbol{y}' + p'_z\boldsymbol{z}' = \begin{bmatrix} \boldsymbol{x}' & \boldsymbol{y}' & \boldsymbol{z}' \end{bmatrix}\boldsymbol{p}'$$

而且，根据式(2.20)，有

$$\boldsymbol{p} = \boldsymbol{R}\boldsymbol{p}' \tag{2.27}$$

旋转矩阵 $\boldsymbol{R}$ 表示坐标系 $Ox'y'z'$ 中的向量坐标转换为同一向量在坐标系 $Oxyz$ 中的坐标的变换矩阵(transformation matrix)。由式(2.21)的正交性质，逆变换可简单地由下式给出：

$$\boldsymbol{p}' = \boldsymbol{R}^{\mathrm{T}}\boldsymbol{p} \tag{2.28}$$

例 2.1　考虑坐标原点相同的两个坐标系，这两个坐标系相互之间是通过绕 z 轴旋转 α 角得到的。令 $\boldsymbol{p}$ 和 $\boldsymbol{p}'$ 分别为点 P 在坐标系 $Oxyz$ 和坐标系 $Ox'y'z'$ 下的坐标向量(如图 2.19 所示)。基于简单的几何学知识，点 P 在两个坐标系下的坐标之间的关系为

$$\begin{aligned} p_x &= p'_x\cos\alpha - p'_y\sin\alpha \\ p_y &= p'_x\sin\alpha + p'_y\cos\alpha \\ p_z &= p'_z \end{aligned}$$

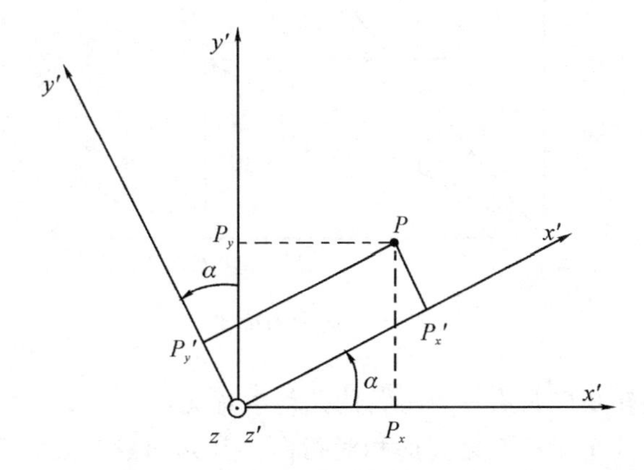

图 2.19　点 P 在旋转后坐标系中的表示

从而，矩阵(2.23)不仅表示一个坐标系相对另一坐标系的指向关系，同时还描述了当原点重合时，一个向量从一个坐标系中到另一个坐标系的转换关系。

3. 向量的旋转

旋转矩阵也可视为使某一向量绕空间中任一轴旋转给定角度的矩阵算子。事实上，令 $\boldsymbol{p}'$为参考坐标系 $Oxyz$ 中的一个向量，由于矩阵 $\boldsymbol{R}$ 的正交性，乘积 $\boldsymbol{R}\boldsymbol{p}'$得到的向量 $\boldsymbol{p}$ 与 $\boldsymbol{p}'$的模相等，但是按照矩阵 $\boldsymbol{R}$ 关于 $\boldsymbol{p}'$进行了旋转。模相等这一点可以通过 $\boldsymbol{p}^{\mathrm{T}}\boldsymbol{p}=\boldsymbol{p}'^{\mathrm{T}}\boldsymbol{R}^{\mathrm{T}}\boldsymbol{R}\boldsymbol{p}'$并利用式(2.21)加以证明。后面还将对旋转矩阵的这一解释进行讨论。

例 2.2 考虑 xOy 平面上的向量 $\boldsymbol{p}'$绕参考坐标系的 z 轴旋转 α 角(见图 2.20)得到向量 $\boldsymbol{p}$。令(p_x',p_y',p_z')为向量 $\boldsymbol{p}'$的坐标。向量 $\boldsymbol{p}$ 的分量为

$$
\begin{aligned}
p_x &= p'_x\cos\alpha - p'_y\sin\alpha \\
p_y &= p'_x\sin\alpha + p'_y\cos\alpha \\
p_z &= p'_z
\end{aligned}
$$

易知 $\boldsymbol{p}$ 可以被表示为

$$\boldsymbol{p} = \boldsymbol{R}_z(\alpha)\boldsymbol{p}'$$

其中 $\boldsymbol{R}_z(\alpha)$为式(2.23)中相同的旋转矩阵。

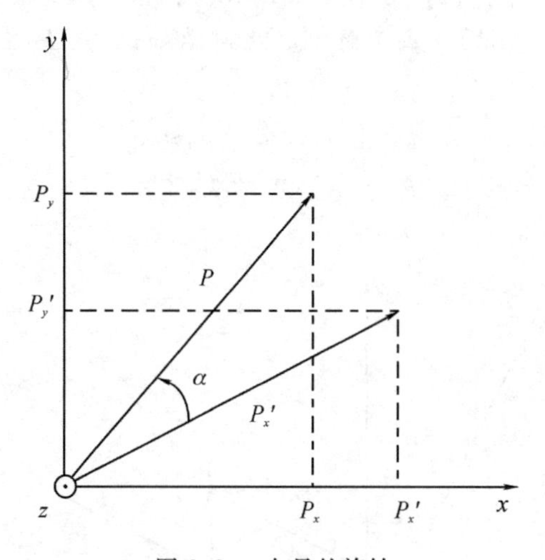

图 2.20 向量的旋转

总之，一个旋转矩阵具有三个等价的几何学意义：

(1)它描述了两个坐标系之间的相对指向。其列向量为旋转后坐标系中的轴关于原坐标系中的轴的方向余弦。

(2)它表示了同一点在两个不同坐标系(坐标原点重合)下坐标之间的变换关系。

(3)它是将向量在同一坐标系下进行旋转的算子。

2.3.3　旋转矩阵的合成

为了推导旋转矩阵的合成规则，有必要考虑一个向量在两个不同参考坐标系下的表示。因此，令 $Ox_0y_0z_0$、$Ox_1y_1z_1$、$Ox_2y_2z_2$ 为三个具有同一原点 O 的坐标系。描述空间中任一点位置的向量 $\boldsymbol{p}$ 可以在上述三个坐标系中进行表示。令 $\boldsymbol{p}^0$、$\boldsymbol{p}^1$、$\boldsymbol{p}^2$ 分别代表向量 $\boldsymbol{p}$ 在三个坐标系中的表示，在此向量或矩阵的上标表示其分量在其中进行表示的坐标系。

首先，考虑向量 $\boldsymbol{p}$ 在坐标系2中的表达式 $\boldsymbol{p}^2$ 与同一个向量在坐标系1中的表达式 $\boldsymbol{p}^1$ 之间的关系。如果 $\boldsymbol{R}_i^j$ 代表由坐标系 i 向坐标系 j 的旋转矩阵，有

$$\boldsymbol{p}^1 = \boldsymbol{R}_2^1\boldsymbol{p}^2 \tag{2.29}$$

类似地，有

$$\boldsymbol{p}^0 = \boldsymbol{R}_1^0\boldsymbol{p}^1 \tag{2.30}$$

$$\boldsymbol{p}^0 = \boldsymbol{R}_2^0\boldsymbol{p}^2 \tag{2.31}$$

将式(2.29)代入式(2.30)，并利用式(2.31)得到

$$\boldsymbol{R}_2^0 = \boldsymbol{R}_1^0\boldsymbol{R}_2^1 \tag{2.32}$$

式(2.32)中的矩阵关系可以解释为连续旋转的合成。

由 $\boldsymbol{p}^2$ 左乘 $\boldsymbol{R}_2^1$，得到同一向量在坐标系1的表达式 $\boldsymbol{p}^1$；再由 $\boldsymbol{p}^1$ 左乘 $\boldsymbol{R}_1^0$，得到同一向量在坐标系0的表达式 $\boldsymbol{p}^0$。另一方面，$\boldsymbol{R}_2^0=\boldsymbol{R}_1^0\boldsymbol{R}_2^1$ 中，$\boldsymbol{R}_1^0$ 右乘 $\boldsymbol{R}_2^1$，也可以解释为两个坐标系的旋转过程(**注意：**同一向量在不同坐标系中的表达关系和不同坐标系的旋转关系的区别)。

考虑一个坐标系，其初始状态与坐标系 $Ox_0y_0z_0$ 对齐。用矩阵 $\boldsymbol{R}_2^0$ 表示的旋转可以看作是通过两步得到的：

首先根据 $\boldsymbol{R}_1^0$，对给定坐标系进行旋转，使其与坐标系 $Ox_1y_1z_1$ 对齐。

然后根据 $\boldsymbol{R}_2^1$，将现在已与坐标系 $Ox_1y_1z_1$ 对齐的坐标系进行旋转，使之与坐标系 $Ox_2y_2z_2$ 对齐。

注意到完整的旋转可以表示成一系列的部分旋转，每一个部分旋转均相对前一个旋转进行定义，进行旋转的参考坐标系定义为当前坐标系。从而按给定的旋转顺序右乘旋转矩阵，进行连续旋转的合成，如式(2.32)。

采用式(2.22)中的记法，有

$$\boldsymbol{R}_i^j = (\boldsymbol{R}_j^i)^{-1} = (\boldsymbol{R}_j^i)^{\mathrm{T}} \tag{2.33}$$

连续旋转也可以一直相对于初始坐标系来进行解释。在此情形下，旋转是相对固定坐标系进行的。令 $\boldsymbol{R}_1^0$ 为坐标系 $Ox_1y_1z_1$ 相对固定坐标系 $Ox_0y_0z_0$ 的旋转矩阵，然后令 $\bar{\boldsymbol{R}}_2^0$ 表征坐标系 $Ox_2y_2z_2$ 相对坐标系0的矩阵关系，它由坐标系1根据矩阵 $\bar{\boldsymbol{R}}_2^1$ 进行旋转得到。由于式(2.32)给出了绕当前坐标系的轴进行连续旋转的合成规则，整体旋转可以被看作是通过以下步骤得到的：

首先通过旋转 $\boldsymbol{R}_0^1$ 将坐标系 1 与坐标系 0 重新对齐；

然后，用 $\overline{\boldsymbol{R}}_2^1$ 表示相对于当前坐标系的旋转；

最后，通过逆旋转 $\boldsymbol{R}_1^0$，对重新对齐坐标系的旋转进行补偿。

由于上述旋转是关于当前坐标系进行描述的，应用式(2.32)的合成规则可得

$$\overline{\boldsymbol{R}}_2^0 = \boldsymbol{R}_1^0 \boldsymbol{R}_0^1 \overline{\boldsymbol{R}}_2^1 \boldsymbol{R}_1^0$$

考虑式(2.33)，有

$$\overline{\boldsymbol{R}}_2^0 = \overline{\boldsymbol{R}}_2^1 \boldsymbol{R}_1^0 \tag{2.34}$$

其中，得到的 $\overline{\boldsymbol{R}}_2^0$ 不同于式(2.32)中的矩阵 $\boldsymbol{R}_2^0$。由此可知，关于固定坐标系连续旋转的合成，可以通过按照给定的旋转顺序，左乘单个旋转矩阵进行。

回顾当前坐标系相对固定坐标系的方向旋转矩阵的含义，可以意识到，旋转矩阵的列为当前坐标系相对固定坐标系的轴向方向余弦，而其行(其转置矩阵和逆矩阵的列)则为固定坐标系相对于当前坐标系的轴向方向余弦。

旋转合成中的一个重要问题，是矩阵乘法不满足交换律。考虑到这一点，可以得出这样的结论，即一般说来两个旋转不可交换顺序，并且其合成关系依赖于单个旋转的顺序。

例 2.3 考虑一个对象及固连于其上的坐标系。图 2.21 显示出改变对象关于当前坐标系的两次连续旋转的顺序所带来的影响。显然，在两种情形下，对象的最终指向是不同的。图 2.22 显示，在相对固定坐标系进行旋转的情形中，其最终指向也是不同的。有趣的是，可以发现，相对固定坐标系的旋转顺序带来的影响与相对当前坐标系的旋转顺序带来的影响是互换的。这一点可以通过固定坐标系下的旋转顺序与当前坐标系下的旋转顺序是互换的得到解释。

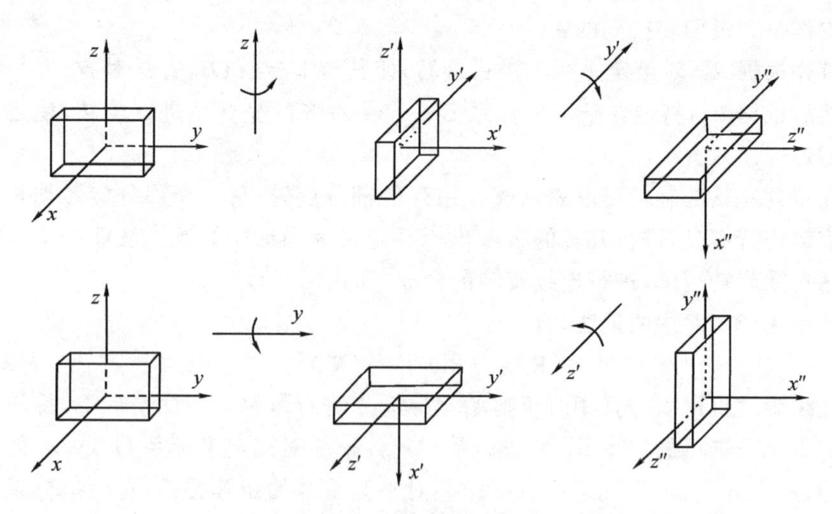

图 2.21 物体绕当前坐标系的轴的连续旋转

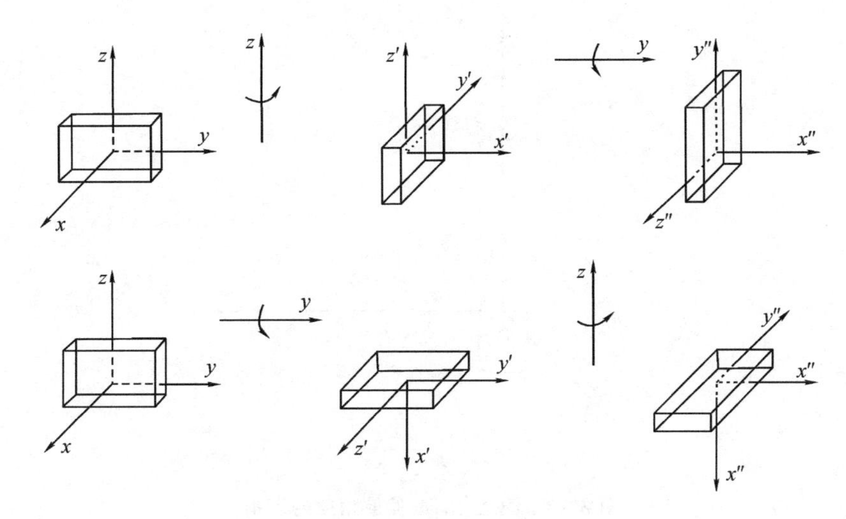

图 2.22　物体绕固定坐标系的轴的连续旋转

2.3.4　欧拉角

旋转矩阵对于坐标系指向的描述是冗余的。旋转矩阵用了 9 个元素来刻划其特征，而事实上，由于式(2.4)给出的正交性条件带来 6 个约束，这 9 个元素之间不是独立的，而是相关的。这就意味着，只要 3 个参数就足以描述一个刚体在空间中的指向。由 3 个独立的参数对指向进行描述，构成最简表示式。

指向的最简表示可以通过 3 个角度的集合 $\boldsymbol{\phi}=[\varphi \quad \theta \quad \psi]^{\mathrm{T}}$ 得到。将表示绕一个坐标轴进行基本旋转的旋转矩阵看成是单个角度的函数。这样，一般的旋转矩阵就可以通过 3 个基本旋转的一个适当序列的合成来实现，在此过程中需要保证两个连续旋转不是绕平行轴进行的。这就意味着在 27 种可能的组合中，只有 12 种不同的角度集合是可行的，每一集合表示 3 个一组的欧拉角。下面，将对两组欧拉角进行分析，即 RPY 角(roll-pitch-yaw angles，滚动-俯仰-偏航角)和 *ZYZ* 角。

1. RPY 角(*ZYX* 角)

RPY 欧拉角来源于(航空)航海领域中方向的表示，也即 *ZYX* 角，用来指示飞行器姿态的典型改变。在这种情形下，角 $\boldsymbol{\phi}=[\varphi \quad \theta \quad \psi]^{\mathrm{T}}$ 表示相对固连于飞行器质心的固定坐标系定义的旋转(如图 2.23 所示)。

按照滚动-俯仰-偏航角得到的旋转结果可以按照如下步骤获得：

(1)将参考坐标系绕 x 轴旋转角度 ψ(偏航角)，这一旋转由如式(2.25)定义的矩阵 $\boldsymbol{R}_x(\psi)$描述。

(2)将参考坐标系绕 y 轴旋转角度 θ(俯仰角)，这一旋转由如式(2.24)定义的

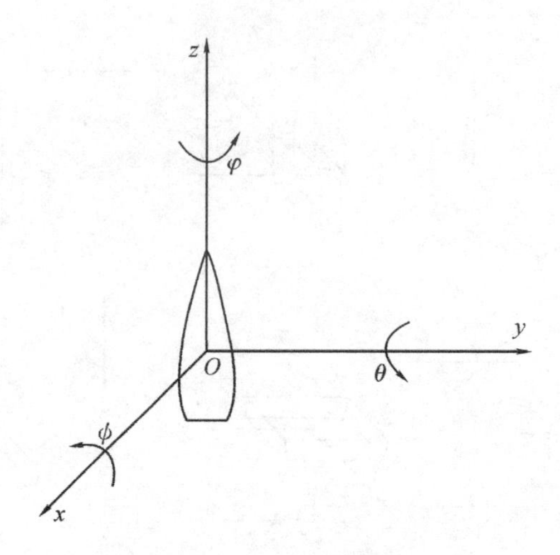

图 2.23 滚动-俯仰-偏航角度的表示

矩阵 $\boldsymbol{R}_y(\theta)$ 描述。

(3)将参考坐标系绕 z 轴旋转角度 φ(滚动角),这一旋转由如式(2.23)定义的矩阵 $\boldsymbol{R}_z(\varphi)$ 描述。

坐标系的最终指向由相对固定坐标系旋转的合成得到,因此可以通过左乘基本旋转矩阵计算得到,即

$$\boldsymbol{R}(\boldsymbol{\phi}) = \boldsymbol{R}_z(\varphi)\boldsymbol{R}_y(\theta)\boldsymbol{R}_x(\psi)$$
$$= \begin{bmatrix} \cos\varphi\cos\theta & \cos\varphi\sin\theta\sin\psi - \sin\varphi\cos\psi & \cos\varphi\sin\theta\cos\psi + \sin\varphi\sin\psi \\ \sin\varphi\cos\theta & \sin\varphi\sin\theta\sin\psi + \cos\varphi\cos\psi & \sin\varphi\sin\theta\cos\psi - \cos\varphi\sin\psi \\ -\sin\theta & \cos\theta\sin\psi & \cos\theta\cos\psi \end{bmatrix} \tag{2.35}$$

可以注意到,按顺序排列的绕固定坐标系轴的 XYZ 旋转序列与绕当前坐标系轴的 ZYX 旋转序列是等价的。

而欧拉角 ZYZ 是如下给定旋转矩阵的逆解:

$$\boldsymbol{R} = \begin{bmatrix} r_{11} & r_{12} & r_{13} \\ r_{21} & r_{22} & r_{23} \\ r_{31} & r_{32} & r_{33} \end{bmatrix}$$

可以通过将其与式(2.35)中 $\boldsymbol{R}(\boldsymbol{\phi})$ 的表达式相比较得到。

当 θ 属于区间$(-\pi/2,\pi/2)$时,有

$$\begin{cases} \varphi = \mathrm{atan2}(r_{21}, r_{11}) \\ \theta = \mathrm{atan2}\left(-r_{31}, \sqrt{r_{32}^2 + r_{33}^2}\right) \\ \psi = \mathrm{atan2}(r_{32}, r_{33}) \end{cases} \tag{2.36}$$

当 θ 属于区间$(\pi/2,3\pi/2)$时，其等价的解为

$$\begin{cases}\varphi = \mathrm{atan2}(-r_{21}, -r_{11}) \\ \theta = \mathrm{atan2}\left(-r_{31}, -\sqrt{r_{32}^2 + r_{33}^2}\right) \\ \psi = \mathrm{atan2}(-r_{32}, -r_{33})\end{cases} \tag{2.37}$$

当 $\cos\theta=0$ 时，得到式(2.36)和式(2.37)中的退化解。此时，有可能只能确定 φ 和 ψ 的和或差。

其中，atan2 是一个函数，返回的是指方位角，返回以弧度表示的 (y/x) 的反正切，也可以理解为计算复数 $x+y\mathrm{i}$ 的辐角。y 和 x 的值的符号决定了正确的象限。

$$\mathrm{atan2}(y,x) = \begin{cases}\arctan(y/x) & x > 0 \\ \arctan(y/x) + \pi & y \geqslant 0, x < 0 \\ \arctan(y/x) - \pi & y < 0, x < 0 \\ +\pi/2 & y > 0, x = 0 \\ -\pi/2 & y < 0, x = 0 \\ \text{未定义} & y = 0, x = 0\end{cases}$$

2. *ZYZ* 角

用 ZYZ 角描述的旋转可以通过如下的基本旋转合成得到(如图 2.24 所示)。

(1)将参考坐标系绕 z 轴旋转角度 φ，这一旋转可以用式(2.6)定义的矩阵 $\boldsymbol{R}_z(\varphi)$来描述。

(2)将当前坐标系绕 y' 轴旋转角度 θ，这一旋转可以用式(2.7)定义的矩阵 $\boldsymbol{R}_y{}'(\theta)$来描述。

(3)将当前坐标系绕 z'' 轴旋转角度 ψ，这一旋转同样可以用式(2.6)定义的矩阵 $\boldsymbol{R}_z{}''(\psi)$来描述。

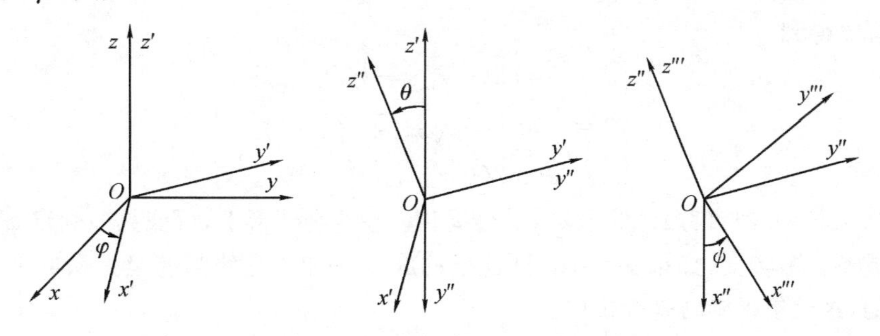

图 2.24　欧拉角的 ZYZ 表示

最终坐标系的指向通过相对当前坐标系旋转的合成得到，因此可以通过右乘基本旋转矩阵来计算，即

$$\boldsymbol{R}(\boldsymbol{\phi}) = \boldsymbol{R}_z(\varphi)\boldsymbol{R}_{y'}(\theta)\boldsymbol{R}_{z''}(\psi)$$

$$= \begin{bmatrix} \cos\varphi\cos\theta\cos\psi - \sin\varphi\sin\psi & -\cos\varphi\cos\theta\sin\psi - \sin\varphi\cos\psi & \cos\varphi\sin\theta \\ \sin\varphi\cos\theta\cos\psi + \cos\varphi\sin\psi & -\sin\varphi\cos\theta\sin\psi + \cos\varphi\cos\psi & \sin\varphi\sin\theta \\ -\sin\theta\cos\psi & \sin\theta\sin\psi & \cos\theta \end{bmatrix} \tag{2.38}$$

确定相应于给定旋转矩阵的欧拉角集合，对逆运动学问题求解很有用。假定旋转矩阵为

$$\boldsymbol{R} = \begin{bmatrix} r_{11} & r_{12} & r_{13} \\ r_{21} & r_{22} & r_{23} \\ r_{31} & r_{32} & r_{33} \end{bmatrix}$$

将此表达式与式(2.38)中 $\boldsymbol{R}(\boldsymbol{\phi})$ 的表达式相比较。考虑元素[1，3]和[2，3]，假定 $r_{13} \neq 0$ 及 $r_{23} \neq 0$，有

$$\varphi = \operatorname{atan2}(r_{23}, r_{13})$$

然后，求元素[1，3]和[2，3]的平方和并利用元素[3，3]，得到

$$\theta = \operatorname{atan2}\left(\sqrt{r_{13}^2 + r_{23}^2}, r_{33}\right)$$

选择 $\sqrt{r_{13}^2 + r_{23}^2}$ 项的系数为正，将 θ 的取值范围限定在 $(0,\pi)$。基于这样的假设，考虑元素[3，1]和 [3，2]，有

$$\psi = \operatorname{atan2}(r_{32}, -r_{31})$$

故，所求解为

$$\begin{cases} \varphi = \operatorname{atan2}(r_{23}, r_{13}) \\ \theta = \operatorname{atan2}\left(\sqrt{r_{13}^2 + r_{23}^2}, r_{33}\right) \\ \psi = \operatorname{atan2}(r_{32}, -r_{31}) \end{cases} \tag{2.39}$$

也有可能得到其他的解，这些解与式(2.39)中的解效果是一样的。在 $(-\pi,0)$ 中选择 θ 得到

$$\begin{cases} \varphi = \operatorname{atan2}(-r_{23}, -r_{13}) \\ \theta = \operatorname{atan2}\left(-\sqrt{r_{13}^2 + r_{23}^2}, r_{33}\right) \\ \psi = \operatorname{atan2}(-r_{32}, r_{31}) \end{cases} \tag{2.40}$$

当 $\sin\theta=0$ 时，解(2.39)、(2.40)会退化。在这种情形下，可能只能确定 φ 和 ψ 的和或差。事实上，如果 $\theta=0$、π，则连续的旋转 φ 和 ψ 是绕当前坐标系的平行轴进行的，这就使得旋转是等价的。

2.3.5 角轴

绕空间中某一轴旋转指定角度的指向的非最简表达式，可以采用 4 个参数表示。

令 $\boldsymbol{r}=[r_x \quad r_y \quad r_z]^{\mathrm{T}}$ 为关于参考坐标系 $Oxyz$ 的旋转轴的单位向量。为了导

出表示绕轴 $\boldsymbol{r}$ 旋转角度 θ 的旋转矩阵 $\boldsymbol{R}(\theta,\boldsymbol{r})$，方便的做法是对绕参考坐标系的坐标轴的基本旋转进行合成。如果旋转是绕轴 $\boldsymbol{r}$ 逆时针方向进行的，则角度为正。

如图 2.25 所示，一个可能的解决方案是首先将轴 $\boldsymbol{r}$ 旋转必要的角度，使之与 z 轴对齐，然后绕 z 轴旋转 θ 度，最后旋转必要的角度使单位向量与初始方向对齐。具体地，旋转序列如下所示，其中旋转始终是相对固定坐标系的轴进行的：

(1)使得 $\boldsymbol{r}$ 与 z 对齐，方法是先绕 z 转 $-\alpha$ 角，再绕 y 转 $-\beta$ 角；

(2)绕 z 转 θ 角；

(3)与 $\boldsymbol{r}$ 的初始方向重新对齐，方法是先绕 y 转 β 角，再绕 z 转 α 角。

归纳起来，最终的旋转矩阵为

$$\boldsymbol{R}(\theta,\boldsymbol{r}) = \boldsymbol{R}_z(\alpha)\boldsymbol{R}_y(\beta)\boldsymbol{R}_z(\theta)\boldsymbol{R}_y(-\beta)\boldsymbol{R}_z(-\alpha) \tag{2.41}$$

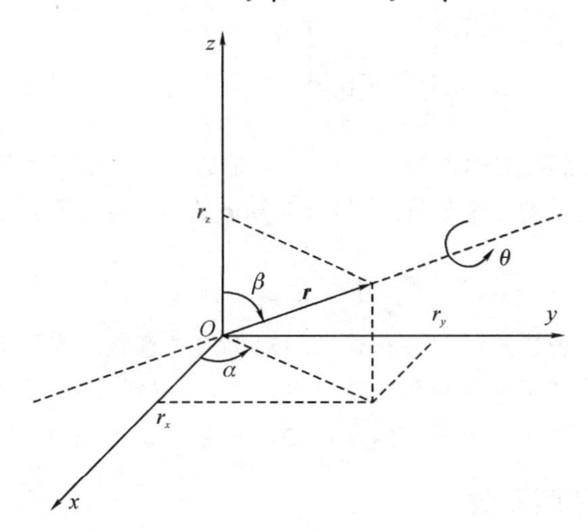

图 2.25　绕一轴旋转一定的角度

通过单位向量 $\boldsymbol{r}$ 的分量，可以提取出需要用于计算式(2.41)中旋转矩阵的超越函数，以便消除对 α 和 β 的依赖。实际上，有

$$\sin\alpha = \frac{r_y}{\sqrt{r_x^2 + r_y^2}} \qquad \cos\alpha = \frac{r_x}{\sqrt{r_x^2 + r_y^2}}$$

$$\sin\beta = \sqrt{r_x^2 + r_y^2} \qquad \cos\beta = r_z$$

于是可以发现相应于给定角度和轴的旋转矩阵为

$$\boldsymbol{R}(\theta,\boldsymbol{r}) = \begin{bmatrix} r_x^2(1-\cos\theta)+\cos\theta & r_xr_y(1-\cos\theta)-r_z\sin\theta & r_xr_z(1-\cos\theta)+r_y\sin\theta \\ r_xr_y(1-\cos\theta)+r_z\sin\theta & r_y^2(1-\cos\theta)+\cos\theta & r_yr_z(1-\cos\theta)-r_x\sin\theta \\ r_xr_z(1-\cos\theta)-r_y\sin\theta & r_yr_z(1-\cos\theta)+r_x\sin\theta & r_z^2(1-\cos\theta)+\cos\theta \end{bmatrix} \tag{2.42}$$

该矩阵具有如下的性质：

$$\boldsymbol{R}(-\theta, -\boldsymbol{r}) = \boldsymbol{R}(\theta, \boldsymbol{r}) \tag{2.43}$$

即，绕$-\boldsymbol{r}$旋转$-\theta$与绕$\boldsymbol{r}$旋转θ没有区别，因此，这种表示是不唯一的。

如果需要求问题的逆解以计算相应于如下给定旋转矩阵的轴和角度：

$$\boldsymbol{R} = \begin{bmatrix} r_{11} & r_{12} & r_{13} \\ r_{21} & r_{22} & r_{23} \\ r_{31} & r_{32} & r_{33} \end{bmatrix}$$

可以得到以下有用的结论：

$$\theta = \arccos\left(\frac{r_{11} + r_{22} + r_{33} - 1}{2}\right) \tag{2.44}$$

$$\boldsymbol{r} = \frac{1}{2\sin\theta}\begin{bmatrix} r_{32} & -r_{23} \\ r_{13} & -r_{31} \\ r_{21} & -r_{12} \end{bmatrix} \tag{2.45}$$

其中$\sin\theta \neq 0$。注意表达式(2.44)、式(2.45)是通过4个变量来描述旋转的，即角度量和轴的单位向量的3个分量。但是，易知$\boldsymbol{r}$的3个分量不是独立的，而是受到以下条件的约束：

$$r_x^2 + r_y^2 + r_z^2 = 1 \tag{2.46}$$

如果$\sin\theta = 0$，表达式(2.44)和式(2.45)将失去意义。为了求解逆问题，有必要直接参考通过旋转矩阵$\boldsymbol{R}$得到的特定表达式，并找到$\theta = 0$及$\theta = \pi$情形下的求解公式。**注意：**当$\theta = 0$(不旋转)时，单位向量r是任意的(奇异的)。

2.3.6 单位四元数

角度/轴表达式的不足可以通过一个不同的四参数表达式加以克服。即单位四元数(unit quaternion)，也就是欧拉参数，定义为$Q = \{\eta, \boldsymbol{\varepsilon}\}$，其中：

$$\eta = \cos\frac{\theta}{2} \tag{2.47}$$

$$\boldsymbol{\varepsilon} = \sin\frac{\theta}{2}\boldsymbol{r} \tag{2.48}$$

式中，η称为四元数的标量部分，而$\boldsymbol{\varepsilon} = [\varepsilon_x \quad \varepsilon_y \quad \varepsilon_z]^{\mathrm{T}}$称为四元数的向量部分。它们受到以下条件的约束：

$$\eta^2 + \varepsilon_x^2 + \varepsilon_y^2 + \varepsilon_z^2 = 1 \tag{2.49}$$

从而将其称为单位四元数。值得一提的是，与角轴表达式不同，绕$-\boldsymbol{r}$旋转$-\theta$的四元数与绕$\boldsymbol{r}$旋转θ的四元数是不一样的。这就解决了角轴表达不唯一的问题。考虑到式(2.42)、式(2.47)、式(2.48)和式(2.49)，相应于给定四元数的旋转矩阵有以下形式：

$$\boldsymbol{R}(\eta,\boldsymbol{\varepsilon})=\begin{bmatrix}2(\eta^2+\varepsilon_x^2)-1 & 2(\varepsilon_x\varepsilon_y-\eta\varepsilon_z) & 2(\varepsilon_x\varepsilon_z+\eta\varepsilon_y)\\ 2(\varepsilon_x\varepsilon_y+\eta\varepsilon_z) & 2(\eta^2+\varepsilon_y^2)-1 & 2(\varepsilon_y\varepsilon_z-\eta\varepsilon_x)\\ 2(\varepsilon_x\varepsilon_z-\eta\varepsilon_y) & 2(\varepsilon_y\varepsilon_z+\eta\varepsilon_x) & 2(\eta^2+\varepsilon_z^2)-1\end{bmatrix} \tag{2.50}$$

如果要求解逆问题，以计算相应于如下给定旋转矩阵的四元数：

$$\boldsymbol{R}=\begin{bmatrix}r_{11} & r_{12} & r_{13}\\ r_{21} & r_{22} & r_{23}\\ r_{31} & r_{32} & r_{33}\end{bmatrix}$$

有以下有用的结论：

$$\eta=\frac{1}{2}\sqrt{r_{11}+r_{22}+r_{33}+1} \tag{2.51}$$

$$\boldsymbol{\varepsilon}=\frac{1}{2}\begin{bmatrix}\operatorname{sgn}(r_{32}-r_{23})\sqrt{r_{11}-r_{22}-r_{33}+1}\\ \operatorname{sgn}(r_{13}-r_{31})\sqrt{r_{22}-r_{22}-r_{11}+1}\\ \operatorname{sgn}(r_{21}-r_{12})\sqrt{r_{33}-r_{11}-r_{22}+1}\end{bmatrix} \tag{2.52}$$

其中，按照惯例，当 $x\geqslant 0$ 时 $\operatorname{sgn}(x)=1$，当 $x<0$ 时 $\operatorname{sgn}(x)=-1$。注意到在式(2.51)中已经隐含了假定 $\eta\geqslant 0$，这相当于角度 $\theta\in[-\pi,\pi]$，这样就可以描述所有的旋转。同时，与式(2.44)和式(2.45)中关于角度和轴的表达式的逆解相比，没有式(2.51)和式(2.52)中的奇点现象。

从 $\boldsymbol{R}^{-1}=\boldsymbol{R}^{\mathrm{T}}$ 提取的四元数记为 $\boldsymbol{Q}^{-1}$，可以进行如下计算

$$\boldsymbol{Q}^{-1}=\{\eta,-\boldsymbol{\varepsilon}\} \tag{2.53}$$

令 $\boldsymbol{Q}_1=\{\eta_1,\boldsymbol{\varepsilon}_1\}$ 和 $\boldsymbol{Q}_2=\{\eta_2,\boldsymbol{\varepsilon}_2\}$ 分别表示相应于旋转矩阵 $\boldsymbol{R}_1$ 和 $\boldsymbol{R}_2$ 的四元数。相应于乘积 $\boldsymbol{R}_1\boldsymbol{R}_2$ 的四元数为

$$\boldsymbol{Q}_1*\boldsymbol{Q}_2=\{\eta_1\eta_2-\boldsymbol{\varepsilon}_1^{\mathrm{T}}\boldsymbol{\varepsilon}_2,\eta_1\boldsymbol{\varepsilon}_2+\eta_2\boldsymbol{\varepsilon}_1+\boldsymbol{\varepsilon}_1\times\boldsymbol{\varepsilon}_2\} \tag{2.54}$$

其中 $*$ 为四元数乘积算子。易知，如果 $\boldsymbol{Q}_2=\boldsymbol{Q}_1^{-1}$，则通过式(2.37)得到四元数 $\{1,0\}$，这是乘积的单位元。

2.3.7　齐次变换

如本章开头所述，刚体在空间中的位置可以通过刚体上某一适当的点相对参考坐标系的位置来表示(平移)，而其指向可以通过固连在刚体上的坐标系——以上述点为原点——相对同一参考坐标系的单位向量的分量来表示(旋转)。

如图 2.26 所示，考虑空间中的任一点 P。令 $\boldsymbol{p}^0$ 为点 P 相对参考坐标系 $O_0x_0y_0z_0$ 的坐标向量。然后考虑空间中的另一坐标系 $O_1x_1y_1z_1$。令 $\boldsymbol{o}_1^0$ 为描述坐标系 1 原点相对坐标系 0 原点的向量，$\boldsymbol{R}_1^0$ 为坐标系 1 相对坐标系 0 的旋转矩阵。同时令 $\boldsymbol{p}^1$ 为点 P 相对坐标系 1 的坐标向量。基于简单的几何知识，点 P 关于参考坐标系的位置可以表示为

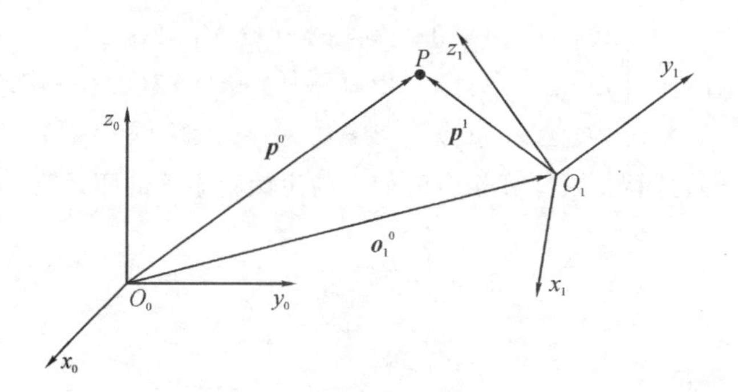

图 2.26 点 P 在不同坐标系中的表示

$$\boldsymbol{p}^0 = \boldsymbol{o}_1^0 + \boldsymbol{R}_1^0 \boldsymbol{p}^1 \tag{2.55}$$

从而,式(2.55)表达了一个有界向量在两个坐标系之间的坐标变换(平移+旋转)。

可以通过在式(2.55)两端同时左乘 $\boldsymbol{R}_1^{0\mathrm{T}}$ 来得到逆变换。考虑到式(2.41),有

$$\boldsymbol{p}^1 = -\boldsymbol{R}_1^{0\mathrm{T}} \boldsymbol{o}_1^0 + \boldsymbol{R}_1^{0\mathrm{T}} \boldsymbol{p}^0 \tag{2.56}$$

根据式(2.33),上式可以写为

$$\boldsymbol{p}^1 = -\boldsymbol{R}_0^1 \boldsymbol{o}_1^0 + \boldsymbol{R}_0^1 \boldsymbol{p}^0 \tag{2.57}$$

为了得到同一点在两个不同坐标系下坐标之间的关系的紧凑表示,在一般向量 $\boldsymbol{p}$ 中加上第 4 个单位元素,构成 $\widetilde{\boldsymbol{p}}$,引入齐次表示(homogeneous representation),即

$$\widetilde{\boldsymbol{p}} = \begin{bmatrix} \boldsymbol{p} \\ 1 \end{bmatrix} \tag{2.58}$$

通过采用式(2.55)中向量 $\boldsymbol{p}^0$ 和 $\boldsymbol{p}^1$ 的表达式,坐标变换可以写为以下的 4×4 矩阵

$$\boldsymbol{A}_1^0 = \begin{bmatrix} \boldsymbol{R}_1^0 & \boldsymbol{o}_1^0 \\ \boldsymbol{0}^\mathrm{T} & 1 \end{bmatrix} \tag{2.59}$$

根据式(2.58),将这一矩阵称为齐次变换矩阵。

由式(2.59)易知,向量从坐标系 1 到坐标系 0 的变换由一个矩阵表示,这个矩阵包含坐标系 1 相对于坐标系 0 的旋转矩阵和从坐标系 0 的原点到坐标系 1 的原点的平移向量[从式(2.59)可以看出,矩阵 $\boldsymbol{A}$ 第 4 行的前 3 个元素的值非零产生透视效应,而与第 4 个元素不统一将产生缩放效应]。从而,式(2.55)的坐标变换可以简洁地写为

$$\widetilde{\boldsymbol{p}}^0 = \boldsymbol{A}_1^0 \widetilde{\boldsymbol{p}}^1 \tag{2.60}$$

坐标系 0 与坐标系 1 之间的坐标变换可以通过齐次变换矩阵 $\boldsymbol{A}_1^0$ 描述,矩阵 $\boldsymbol{A}_1^0$ 满足方程

$$\widetilde{\boldsymbol{p}}^1 = \boldsymbol{A}_0^1 \widetilde{\boldsymbol{p}}^0 = (\boldsymbol{A}_1^0)^{-1} \widetilde{\boldsymbol{p}}^0 \tag{2.61}$$

该矩阵用分块矩阵的形式表示为

$$\boldsymbol{A}_0^1 = \begin{bmatrix} \boldsymbol{R}_1^{0\mathrm{T}} & -\boldsymbol{R}_1^{0\mathrm{T}}\boldsymbol{o}_1^0 \\ \boldsymbol{0}^{\mathrm{T}} & \boldsymbol{1} \end{bmatrix} = \begin{bmatrix} \boldsymbol{R}_0^1 & -\boldsymbol{R}_0^1\boldsymbol{o}_1^0 \\ \boldsymbol{0}^{\mathrm{T}} & \boldsymbol{1} \end{bmatrix} \tag{2.62}$$

这就给出了式(2.56)、式(2.57)所建立的结论的齐次表达式。

注意，齐次变换矩阵不再保持正交性，因此，一般地有

$$\boldsymbol{A}^{-1} \neq \boldsymbol{A}^{\mathrm{T}} \tag{2.63}$$

总之，齐次变换矩阵将两个坐标系之间的坐标变换用简洁的形式加以表示。如果两个坐标系坐标原点相同，其退化为先前定义的旋转矩阵。反之，如果坐标系原点不相同，将继续使用具有上标和下标的记号来直接表征当前坐标系和固定坐标系。

类似于旋转矩阵的表示，容易验证一系列的坐标变换可以通过如下乘积构成：

$$\widetilde{\boldsymbol{p}}^0 = \boldsymbol{A}_1^0\boldsymbol{A}_2^1\cdots\boldsymbol{A}_{\mathrm{n}}^{n-1}\widetilde{\boldsymbol{p}}^{\mathrm{n}} \tag{2.64}$$

其中，$\boldsymbol{A}_i^{i-1}$ 为某一点在坐标系 i 中的表示和同一点在坐标系 $i-1$ 中的表示之间的齐次变换。

第3章 移动机器人的导航系统

导航信息是依靠导航系统输出的。适用于移动机器人的导航系统多种多样，但总体上可以分为自主式导航系统和非自主式导航系统，自主式导航系统是指装在运载体上的设备可以单独地产生导航信息的导航系统，例如惯性导航系统，本章3.1～3.3节介绍这类导航系统；非自主式导航系统是指除了要有装在运载体上的导航设备之外，还需要有设在其他地方的一套或多套设备与其配合工作，才能产生导航信息的导航系统，典型的是卫星导航系统，本章3.4～3.6节介绍非自主式导航系统。除了适用于地面移动机器人、无人机等运载体的导航系统，还有很多专门用于军事领域和航空、航海、航天等用途的导航系统。

3.1 里程计定位与导航

里程计是移动机器人最典型、传统的相对定位传感器，它为机器人提供实时的位姿信息。移动机器人里程计模型取决于移动机器人的结构和运动方式，即移动机器人运动学模型。里程计最典型的应用是在双轮差动移动机器人上，根据安装在左右两个驱动轮电机上的光电编码器来检测车轮在一定时间内转过的弧度，进而推算机器人相对位姿的变化。

3.1.1 里程计与电子罗盘

为了提高定位精度，里程计大多数时候不单独使用。在以平面运动为主的移动机器人研究中，一般以里程计和电子罗盘配合使用，构成航位推算系统，来计算短距离内机器人位姿的变化。

里程计（如图3.1所示）是由安装在机器人轮系直流电动机上的光电编码器进行积分构成。它的主要工作原理是通过装在电机轴上的光电编码器对电机转动进行计数，测量电机轴转过的圈数，然后应用航迹推算估计机器人位姿。

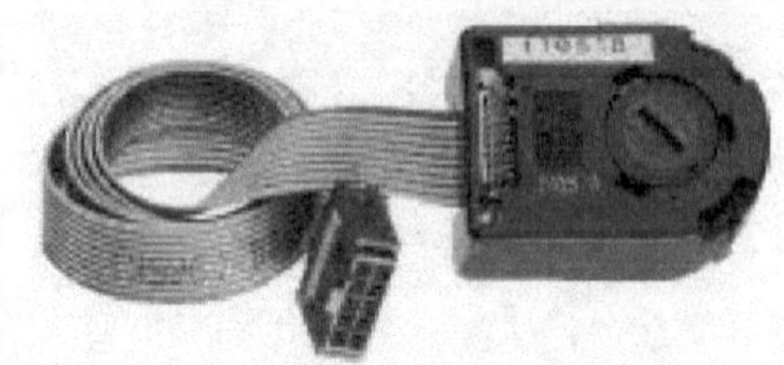

图3.1 里程计

电子罗盘是广泛应用的低成本方向测量传感器，它相当于指南针，主要依靠对当地的地球磁场的敏感为机器人提供朝向角度信息。电子罗盘没有运动部件，响应快，能经受冲击和震动，广泛应用于雷达定向、姿态参照、无人设备、机器人系统等。电子罗盘对方向角的测量非常重要，因为它将影响自定位过程中航位计算的累积误差。电子罗盘的种类非常多，其参数也有很大差异。如图3.2所示是一款平面电子罗盘，其主要特点是通过两轴磁阻传感器测量平面地磁场，解算航向角度，它具有高速高精度A/D转换，磁场测量精度100 μG(1×10^{-8} T)，采用内置微处理器计算传感器与磁北夹角，输出RS232格式数据帧，响应速率为3次/s，测量精度为±1°，分辨率为±2°。

图3.2　电子罗盘

在微机电系统(micro-electro-mechanical system，MEMS)得到广泛应用后，由于其价格低廉、体积小、反应快，所以人们也经常采用基于MEMS技术的微型陀螺仪代替电子罗盘，与里程计组成航位推算系统。MEMS陀螺仪将在3.2节中介绍。

3.1.2　航位推算的基本原理

航位推算(dead-reckoning，DR)的基本原理是利用方向和速率传感器来推算移动机器人的位置。航位推算系统一般由里程计、电子罗盘或陀螺仪等传感器组合。应用航位推算的主要原因在于其如下的独特优点。

(1)可不受干扰地随时定位。航位推算系统不像无线电导航和卫星导航系统，在需要精确定位时可能因接收不到信号而无法定位。

(2)相对高动态性。GPS接收机一般只有1 Hz的位置更新，因此只能用于有限的动态范围，而航位推算法的位置更新速率可以在20 Hz以上。

(3)能直接给出移动机器人等载体的距离和方向信息。

(4)造价低。

上述四点使航位推算在移动机器人定位中具有较好的应用。

这里以两轮差动驱动移动机器人为例，简单描述航位推算的基本原理。

设驱动轮的轮子半径为r，光电码盘为m线/转，Δt时间内光电码盘输出的脉冲数为n，则该车轮的相对速率v_e为

$$v_e = (2\pi nr/m)/\Delta t = 2\pi nr/(m\Delta t) \tag{3.1}$$

假定由里程计(码盘)得到移动机器人左轮速率为 v_{e_1},右轮速率为 v_{e_2},则可得移动机器人的速率为

$$v_r = \frac{1}{2}(v_{e_1} + v_{e_2}) \tag{3.2}$$

机器人的旋转速度 $\dot{\theta}_r$ 与移动机器人左右轮之间的轮距 H 相关,如式(3.3)所示:

$$\dot{\theta}_r = \frac{v_{e_2} - v_{e_1}}{H} = \frac{2(v_r - v_{e_1})}{H} \tag{3.3}$$

相应地,机器人的转弯半径 $R(k)$同样与左右轮之间的轮距 H 相关,如式(3.4)所示:

$$R(k) = \frac{v_{e_1} H}{v_{e_2} - v_{e_1}} \tag{3.4}$$

若记在 $k-1$ 时刻,移动机器人在世界坐标系的位置为$(x_r(k-1), y_r(k-1), \theta_r(k-1))$,经过时间 Δt 到达时刻 k 时,移动机器人的位置为$(x_r(k), y_r(k), \theta_r(k))$,则得到航位推算的运动模型(里程计定位模型)为

$$\begin{bmatrix} x_r(k) \\ y_r(k) \\ \theta_r(k) \end{bmatrix} = \begin{bmatrix} x_r(k-1) \\ y_r(k-1) \\ \theta_r(k-1) \end{bmatrix} + \begin{bmatrix} v_r \Delta t \cos(\theta_r(k-1) + \Delta\theta_r(k)) \\ v_r \Delta t \sin(\theta_r(k-1) + \Delta\theta_r(k)) \\ \Delta\theta_r(k) \end{bmatrix} \tag{3.5}$$

其中:

$$\Delta\theta_r(k) = \dot{\theta}_r \Delta t \tag{3.6}$$

由式(3.5),航位推算系统开始工作时,首先要给出移动机器人在世界坐标系的初始位置和方向,然后根据方向和速率传感器的输出推算移动机器人的位置。事实上,由式(3.1)~式(3.5)的推导可以看出,航位推算系统也可以给出移动机器人在世界坐标系的速度信息 v_{xr}、v_{yr}。

3.1.3 航位推算的误差分析

航位推算系统的原理较为简单,但其误差模型存在较大的非线性与不确定。由于航位推算结果是积分得到的,因此航位推算结果的误差也是随时间而积累的。由于运动过程中存在机器人轮子打滑、地面不平整、碰撞、编码器解析度等限制,方位传感器也常常存在较大的误差,因此里程计与电子罗盘仅可提供短距离范围内机器人自定位所需的位姿信息,所组成的航位推算系统还不能单独长时间使用,常常和其他导航设备一起组合使用。在不作精确要求的情况下,其误差模型可写为式(3.7)的形式:

$$
\begin{bmatrix} \delta\dot{x}_{\mathrm{r}} \\ \delta\dot{y}_{\mathrm{r}} \\ \delta\dot{v}_{x\mathrm{r}} \\ \delta\dot{v}_{y\mathrm{r}} \\ \delta\dot{\theta}_{\mathrm{r}} \end{bmatrix} = \begin{bmatrix} 0 & 0 & 1 & 0 & 0 \\ 0 & 0 & 0 & 1 & 0 \\ 0 & 0 & 0 & 0 & 0 \\ 0 & 0 & 0 & 0 & 0 \\ 0 & 0 & 0 & 0 & 0 \end{bmatrix} \begin{bmatrix} \delta x_{\mathrm{r}} \\ \delta y_{\mathrm{r}} \\ \delta v_{x\mathrm{r}} \\ \delta v_{y\mathrm{r}} \\ \delta\theta_{\mathrm{r}} \end{bmatrix} + \begin{bmatrix} w_{x\mathrm{r}} \\ w_{x\mathrm{r}} \\ w_{vx\mathrm{r}} \\ w_{vy\mathrm{r}} \\ w_{\theta\mathrm{r}} \end{bmatrix} \tag{3.7}
$$

由于速度量与方位角本身存在耦合关系，但在误差方程中没有表示出来，且受到环境因素的影响较大。因此第 4 章卡尔曼滤波的应用中，式(3.7)中 $w_{vx\mathrm{r}}$、$w_{vy\mathrm{r}}$、$w_{\theta\mathrm{r}}$相应的方差量可以取其较大值。

3.2　惯性导航

惯性导航(inertial navigation)是通过测量移动载体的加速度(惯性)，并自动进行积分运算，获得载体瞬时速度和瞬时位置数据的技术。

实现惯性导航的设备称为惯性仪表。主要的惯性仪表有陀螺仪、加速度计，以及以陀螺仪和加速度计为核心构造的稳定平台。

惯性导航系统的 3 个陀螺仪用来测量移动载体 3 个轴向的角运动；3 个加速度计用来测量移动载体的 3 个平移运动的加速度。其工作原理是：由陀螺仪测量载体的角运动，并经转换、处理，输出载体的姿态和航向；由加速度计测量载体的加速度，并在给定运动初始条件下，由计算机算出载体的速度、距离和位置(或经纬度)。计算机根据测得的加速度信号计算出载体的速度和位置数据。

惯性导航系统主要有以下三个优点。

(1)工作自主性强。惯性导航系统仅依靠载体设备就可以敏感和测量加速度，不依靠任何其他信息而能独立地完成导航任务，是一种自主性最强的导航系统。

(2)能够提供最全面的导航参数。惯性导航系统可以为移动机器人、无人机、无人车、飞机、导弹、舰船等载体提供加速度、速度、位置、姿态和航向等最全面的导航参数。另外，光学瞄准系统、侦察照相系统、电视摄像系统以及雷达天线系统等设备都离不开惯性导航系统输出的有关稳定信号。

(3)抗干扰能力强，适用条件宽。惯性导航系统对磁、电、光、热及核辐射等形成的波、场、线的影响都不敏感，具有极强的抗干扰能力。同时不受气象条件、地面形状、沙漠或海面的影响或限制，能满足全天候、全球范围导航的要求。

惯性导航系统的突出缺点是，导航精度随时间增加而降低。由于惯性导航系统的核心部件陀螺仪存在漂移误差，致使由以陀螺仪为核心构造的物理稳定平台或数学稳定平台(见后面的介绍)随飞行时间的不断增加而偏离基准位置的角度不断增大，使加速度的测量和即时位置的计算误差不断增加，导航精度不断降低。

3.2.1 陀螺仪

陀螺仪(gyroscope)是用来测定移动载体姿态的一种仪表。经典陀螺仪具有高速旋转的刚体转子，能够不依赖任何外界信息而测出机器人、无人车、飞机、导弹等运载体的姿态。现在陀螺仪这一名称已推广到没有刚体转子而功能与经典陀螺仪等同的微机电仪表。

经典陀螺仪的一般结构是由转子、内外环和基座组成，如图 3.3 所示。通过轴承安装在内环上的转子作高速旋转。内环通过轴承与外环相连，外环又通过轴承与运动物体(基座)相连。转子相对于基座有 3 个角运动自由度，因而有 3 自由度陀螺仪之称。但转子实际上只能绕内环轴和外环轴转动，因而近代又称之为双自由度陀螺仪。它又因转子可自由转向任意方向而被称为自由转子陀螺仪。陀螺仪的转子一般就是电动机的转子。为了保证陀螺仪的性能良好，转子的角动量要尽可能大，为此电动机的转子放在定子的外部。此外，为使转子的转速不变而用同步电机作为陀螺电机。在控制系统中的陀螺仪应有输出姿态角信号的元件(角度传感器)。

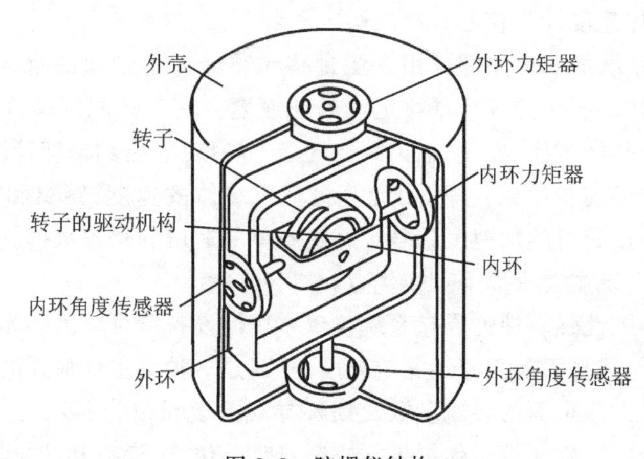

图 3.3 陀螺仪结构

图 3.3 中陀螺仪的两个输出轴(内环轴和外环轴)上均装有角度传感器。为使陀螺仪工作于某种特定状态(如要求陀螺仪保持水平基准)，在内环轴和外环轴上应装力矩器，以便对陀螺仪加以约束或修正。

陀螺仪是利用惯性原理工作的，它有两个重要特性。

(1)定轴性。高速旋转的转子具有力图保持其旋转轴在惯性空间内的方向稳定不变的特性。转子角动量即矢量 $\boldsymbol{H}$ 是转子绕自转轴的转动惯量 J 和自转角速度 $\boldsymbol{\Omega}$ 的乘积($\boldsymbol{H}=J\boldsymbol{\Omega}$)。定轴性是指矢量 $\boldsymbol{H}$ 力图保持指向不变。

(2)进动性。在外力矩作用下，旋转的转子力图使其旋转轴沿最短的路径趋向外力矩的作用方向。如图 3.4 所示，陀螺仪转子在重力 **G** 作用下不从支点掉下，而以角速度 ω 绕垂线不断转动，这就是进动。进动角速度 $\boldsymbol{\omega}=\boldsymbol{M}/\boldsymbol{H}$，其中 **M** 为外加力矩，这里指重力产生的力矩。干扰力矩引起转子的进动角速度称为陀螺仪的漂移率，单位为(°)/h(度/时)，是衡量陀螺仪性能的主要指标。

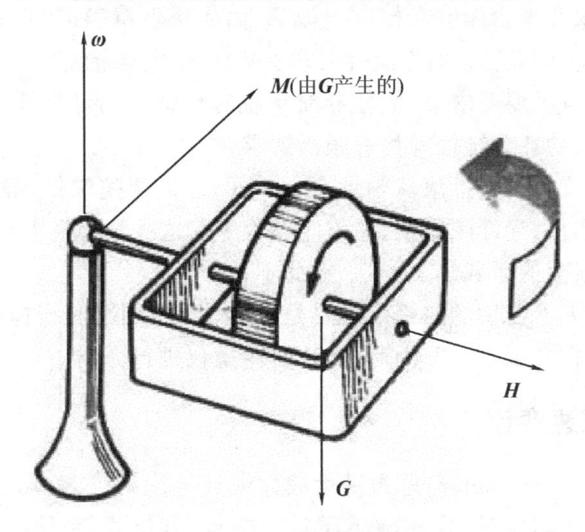

图 3.4　陀螺仪的进动现象

按照转子转动的自由度，陀螺仪分成双自由度陀螺仪(也称三自由度陀螺仪)和单自由度陀螺仪(也称二自由度陀螺仪)。前者用于测定运载体的姿态角，后者用于测定姿态角速度，因此常称单自由度陀螺仪为速率陀螺仪。但通常多按陀螺仪中所采用的支承方式分类。

惯性导航对陀螺仪的要求主要有如下几点。

(1)测量精度。陀螺仪的精度直接决定惯性导航系统的精度，陀螺仪的漂移是最主要的影响因素。陀螺仪的误差会 1∶1 地传给惯性平台，因此要求用于惯导导航系统的陀螺仪，漂移率要尽可能低。目前应用于飞机、导弹等运载体的惯性导航对陀螺仪随机漂移率要求为 0.01°/h，这种精度以上的陀螺仪被称为“惯性级陀螺仪”。

(2)测量范围。对速率陀螺仪而言，其测量范围是指最大测量角速度 $\omega_{\max}$ 与最小测量角速度 $\omega_{\min}$ 的比值。它表示速率陀螺仪能够敏感并正确响应输入角速度的范围。用于平台式惯导系统的速率陀螺仪，要求 $\omega_{\max}/\omega_{\min}=(75°/\text{h})/(0.001°/\text{h})$，其测量范围大于 7.5×10^4；用于捷联式惯性导航系统的速率陀螺仪，$\omega_{\min}$ 可能低于 0.0000001°/h，$\omega_{\max}$ 可能高达 400°/h，其测量范围高达 $10^9\sim10^{10}$。

(3)指令速率刻度因数稳定性。在水平方位平台式惯导系统中，为了使惯性平台跟踪当地地理坐标系，平台必须随地球自转和载体运动而缓慢转动。控制平台这一运动过程，是通过施加给陀螺仪力矩器的控制力矩 $\boldsymbol{M}_t$ 来实现的。在 $\boldsymbol{M}_t$ 的作用下，陀螺仪进动，平台转动。这个进动速率 ω_C 称为指令速率，$\omega_C=\frac{M_t}{H}=\frac{K_t I_C}{H}=K_C I_C$。$K_C$ 即为指令速率刻度因数，它表示单位控制电流作用下的施矩速率。K_C 稳定，表明陀螺仪和平台能够在控制电流 I_C 的作用下精确进动，故平台式惯导系统对指令速率刻度因数 K_C 的稳定性要求在 $10^{-4}\sim10^{-5}$ 量级。

除了上述三点主要要求外，惯性导航系统对陀螺仪的可靠性、启动时间、环境条件、体积、重量、功耗及维修等均有很高要求。

典型的陀螺仪主要包括滚珠轴承自由陀螺仪、液浮陀螺仪、静电陀螺仪、挠性陀螺仪、激光陀螺仪、光纤陀螺仪、速率陀螺仪等。这些陀螺仪主要使用在飞机、导弹、潜艇等要求很高的运载体上，本书在此不作介绍。

目前在机器人上使用的陀螺仪主要是 MEMS 陀螺仪，其指标要求可以远低于上述指标。本书在 3.2.5 小节中对 MEMS 陀螺仪进行介绍。

3.2.2 加速度计

加速度计(accelerometer)是测量运载体线加速度的仪表。如图 3.5 所示，传统的加速度计由检测质量(也称敏感质量)、支承、电位器、弹簧、阻尼器和壳体组成。检测质量受支承的约束只能沿一条轴线移动，这个轴常称为输入轴或敏感轴。当仪表壳体随着运载体沿敏感轴方向做加速运动时，根据牛顿定律，具有一定惯性的检测质量力图保持其原来的运动状态不变。它与壳体之间将产生相对运动，使弹簧变形，于是检测质量在弹簧力的作用下随之加速运动。当弹簧力与检测质量加速运动时产生的惯性力相平衡时，检测质量与壳体之间便不再有相对运动，这时弹簧的变形反映被测加速度的大小。电位器作为位移传感元件把加速度信号转换为电信号，以供输出。加速度计本质上是一个一自由度的振荡系统，须采用阻尼器来改善系统的动态品质。

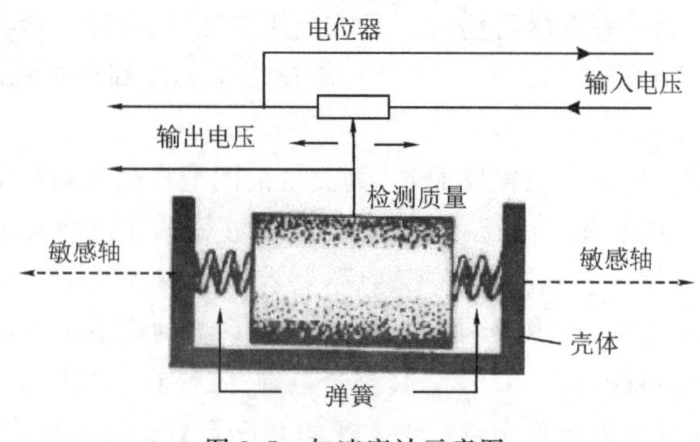

图 3.5 加速度计示意图

加速度计的类型较多。按检测质量的位移方式分类有线性加速度计(检测质量作线性位移)和摆式加速度计(检测质量绕支承轴转动);按支承方式分类有宝石支承、挠性支承、气浮、液浮、磁悬浮和静电悬浮等;按测量系统的组成形式分类有开环式和闭环式;按工作原理分类有振弦式、振梁式和摆式积分陀螺加速度计等;按输入轴数目分类,有单轴、双轴和三轴加速度计;按传感元件分类,有压电式、压阻式和电位器式等。通常综合几种不同分类法的特点来命名一种加速度计。

加速度测量的精度直接影响惯性导航系统的精度,作为惯性级加速度计,必须满足如下要求。

(1)灵敏限小。最小加速度的测量值,直接影响载体运动速度与位置的测量精度。灵敏限以下的值不能被测量到,因此其本身就是误差,而且形成的速率误差和位置误差随时间积累。用于惯性导航的加速度计灵敏限要求必须达到 $10^{-5}g$,有的达到 $10^{-7}g \sim 10^{-8}g$。

(2)摩擦干扰小。根据灵敏限的要求,如灵敏限为 $1\times10^{-5}g$,则对摆质量 m 与摆长 L 的乘积为 1 g·cm 的摆来说,要敏感到这样的加速度并绕输出轴转动,则必须保证摆轴中的摩擦力矩小于 0.98×10^{-9} N·m。这个要求是任何精密的仪表轴承所无法达到的。而且除了静摩擦外,在支承中还存在着具有非线性及随机性的干扰力矩。

(3)量程大。在各类运载体的飞行试验中,加速度计是研究运载体颤振和疲劳寿命的重要工具。在飞行控制系统中,加速度计是重要的动态特性校正元件。在惯性导航系统中,高精度的加速度计是最基本的敏感元件之一。高精度的惯性导航系统要求加速度计的分辨率高达 $10^{-9}g$,但量程不大;测量运载体过载的加速度计则可能要求有 $10^{2}g$ 的量程,而精度要求不高。通常飞机上要求加速度的测量范围为 $10^{-5}g$ 到 $6g$,最大 $12g$ 甚至 $20g$,导弹上要求的加速度测量范围还要更大。

典型的加速度计包括闭环液浮摆式加速度计、挠性摆式加速度计、振弦式加速度计、摆式积分陀螺加速度计等。这些加速度计主要使用在飞机、导弹、潜艇等要求很高的运载体上。

目前在机器人上使用的陀螺仪主要是 MEMS 加速度计。其指标要求可以远低于上述指标。本书在 3.2.5 节中对 MEMS 加速度计进行介绍。

3.2.3 平台式惯性导航

惯性平台(inertial platform)是利用陀螺仪在惯性空间使台体保持方位不变的装置,又称陀螺稳定平台。它是惯性导航系统中的重要部件。用它可在运载体上建立一个不受运载体运动影响的参考坐标系,用以测量运载体的姿态角和加速度。在这个相对于惯性空间不变的物理平台上运载体相对导航坐标系(如地理坐标系)的加速度,经过一次积分即得到载体移动的速度,经两次积分得到载体移动的距离，从而提供载体所在的速度和位置信息，并由陀螺仪提供载体的姿态信息。由惯性平台组成的导航系统称为平台式惯性导航系统。

如图 3.6 所示，惯性平台由台体 1、3 个单轴陀螺仪、内框架 2、外框架 3、力矩电机、角度传感器和伺服电子线路等组成。台体通过内框架和外框架支承在基座上，基座与运载体固连。如果沿 X 轴存在干扰力矩，就会使内框架和台体绕 Y 轴转动。台体上的 y 单轴陀螺仪感受转动角速度，单轴陀螺仪处于积分陀螺的工作状态，输出与台体转角成正比的信号，通过 y 伺服电子线路加给 y 力矩电机。y 力矩电机输出与干扰力矩相反方向的力矩，使台体向原来的方向转动。当 y 力矩电机输出的力矩与干扰力矩相互抵消时，台体不再转动，在惯性空间的方位保持不变。当 X、Z 轴存在干扰力矩时，其原理相同。运载体转动时，台体在惯性空间的方位保持不变，装在 X、Y、Z 轴上的角度传感器即输出运载体相对于惯性坐标系的转角。惯性平台也可用两个双轴陀螺仪(双自由度陀螺仪)等构成。

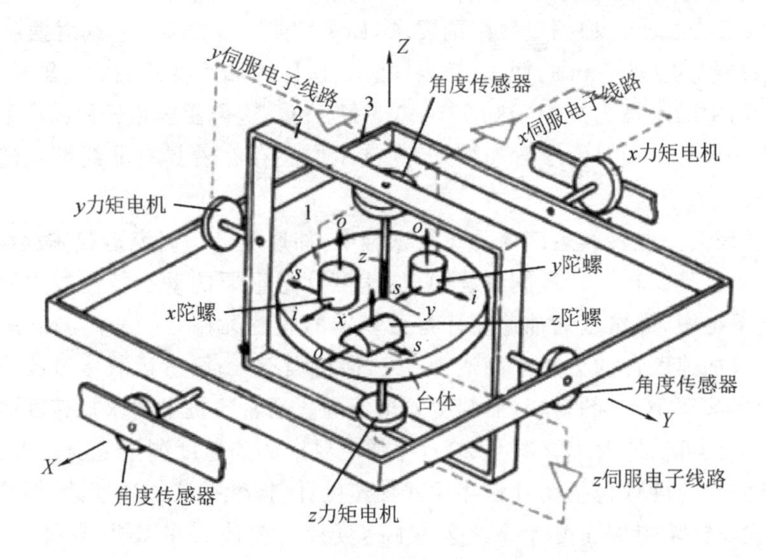

图 3.6 惯性平台的结构

对于平台式惯性导航系统，根据建立的坐标系不同，又分为空间稳定和本地水平两种工作方式。空间稳定平台式惯性导航系统的台体相对惯性空间稳定，用以建立惯性坐标系。地球自转、重力加速度等影响由计算机加以补偿。这种系统多用于运载火箭、战略导弹和一些航天器上。本地水平平台式惯性导航系统的特点是台体上的两个加速度计输入轴所构成的基准平面能够始终跟踪运载体所在点的水平面(利用加速度计与陀螺仪组成舒勒回路来保证)，因此加速度计不受重力加速度的影响。这种系统多用于沿地球表面做等速运动的运载体(如飞机、巡航导弹等)。惯性平台一般采用引入式对准和自主式对准两种方式对准北向(方位对准)。

引入式对准是将外部基准(如罗盘的北向)引入平台并与台体的方位比较,其偏差信号经放大后输到方位陀螺力矩器,驱使台体绕方位轴转动,直到偏差信号为零,于是台体的方位与外部基准方位一致。自主式对准是利用陀螺仪感受地球角速度的效应,驱使平台自主地找到地球北向。

当台体有倾角时,加速度计测出重力的分量并输出信号,经电子线路(积分器)和单轴积分陀螺加给力矩电机,使台体反向转动,恢复水平。运载体的加速度对台体水平位置的影响可利用舒勒摆的原理加以排除。

当运载体的姿态角变化很大时,外框架和内框架会发生重合现象,称为框架自锁。这时回路不能正常工作,平台不能继续用作参考坐标系。增加一个随动框架可以解决自锁问题。另一种方法是将台体做成球形并悬浮在液体中而避免使用框架。

在平台式惯性导航系统中,框架能隔离运载体的角振动,仪表工作条件较好。平台能直接建立导航坐标系,计算量小,容易补偿和修正仪表的输出,但结构复杂,尺寸大。总体上,平台式惯性导航系统的精度高于捷联式惯性导航系统。由于其尺寸大、结构复杂、造价高,所以在民用领域的应用相对较少。

理解平台式惯性导航系统的工作原理,有助于更容易地理解和分析惯性导航的误差机理,也有助于更容易地理解和实现捷联式惯性导航。

3.2.4　捷联式惯性导航

捷联式惯性导航(strap-down inertial navigation)是惯性测量元件(陀螺仪和加速度计)直接装在运载体上,用计算机把测量信号变换为导航参数的一种导航技术。

捷联式惯性导航系统与平台式惯性导航系统的主要区别在于平台的构建方式上,前者采用数学方式构建平台,后者采用物理方式。在本质上,两种系统是一样的。根据应用对象和目的的不同,捷联式惯性导航系统常用于跟踪地理坐标系或惯性坐标系。

捷联式惯性导航系统在工作时不依赖外界信息,也不向外界辐射能量,不易受到干扰破坏,是一种自主式导航系统。捷联式惯性导航系统与平台式惯性导航系统比较有两个主要的区别:①省去了惯性平台,陀螺仪和加速度计直接安装在运载体上,使系统体积小、重量轻、成本低、维护方便,但陀螺仪和加速度计直接承受运载体的振动、冲击和角运动,因而会产生附加的动态误差。这对陀螺仪和加速度计就有更高的要求。②需要用计算机对加速度计测得的运载体加速度信号进行坐标变换,再进行导航计算得出需要的导航参数(航向、地速、航行距离和地理位置等)。

如图 3.7 所示是捷联式惯性导航系统原理框图。这种系统需要进行坐标变换,而且必须进行实时计算,因而要求计算机具有很高的运算速度和较大的容量。

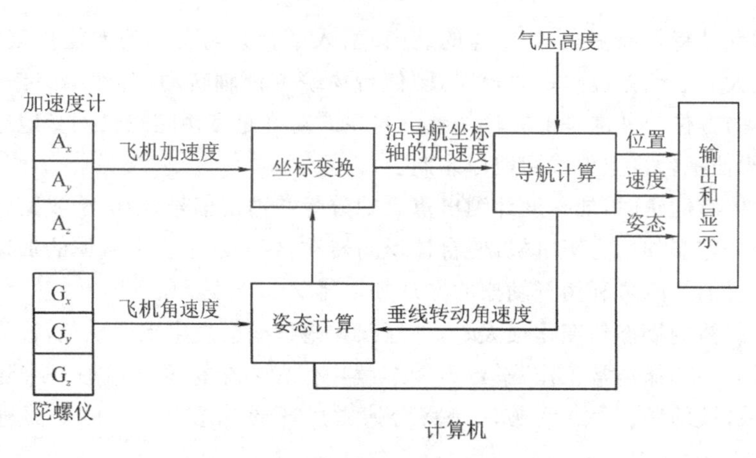

图 3.7 捷联式惯性导航系统原理图

捷联式惯性导航系统根据所用陀螺仪的不同分为两类:一类采用速率陀螺仪,如单自由度挠性陀螺仪、激光陀螺仪等,它们测得的是运载体的角速率,这种系统称为速率型捷联式惯性导航系统;另一类采用双自由度陀螺仪,如静电陀螺仪,它测得的是运载体的角位移大小,这种系统称为位置型捷联式惯性导航系统。通常所说的捷联式惯性导航系统是指速率型捷联式惯性导航系统。

捷联式惯性导航系统需要完成矩阵变换和姿态、航向信息的计算。惯性导航的实质是测出运载体相对导航坐标系(如地理坐标系)的加速度大小,经过两次积分得到飞过的距离,从而确定运载体所在的位置。在捷联式惯性导航系统中测得的是沿运载体机体轴向的加速度,因而需要利用数学方法把机体坐标系轴向的加速度信号换算成地理坐标系轴向的加速度信号。常用的坐标换算方法有欧拉角法、方向余弦法和四元数法三种。欧拉角法用动坐标系相对参考坐标系依次绕 3 个不同坐标轴转动的 3 个角度来描述它们之间的方位关系。这 3 个角度称为欧拉角。方向余弦法用动坐标系 3 个坐标轴和参考坐标系 3 个轴之间的方向余弦来描述这两个坐标系相对的方位关系。四元数法用动坐标系相对参考坐标系转动的等效转轴上的单位矢量和转动角度构成四元数来描述动坐标系相对参考坐标系的方位关系。用这三种方法都可以算出两种坐标系之间的变换矩阵,进行坐标变换并提取姿态和航向信息。

捷联式惯性导航系统初始对准的任务是给定导航参数的初始值,计算初始时刻的变换矩阵。捷联式加速度计测量的重力加速度信号和捷联式陀螺仪测得的地球自转角速度信号经计算机计算即可得出初始变换矩阵。

捷联式惯性导航系统可以采用余度配置。采用多余部件来提高系统可靠性的方法称为余度技术。在捷联式惯性导航系统中,由于惯性元件直接安装在运载体上而有利于采用余度配置。测量运载体沿坐标系各轴的加速度和角速度大小,一般只须分别沿 3 个坐标轴配置 3 个加速度计和 3 个单自由度陀螺仪。但只要一个元件发生故障,系统便不能正常工作。如果在运载体上适当配置 6 个加速度计和 6 个单自由度陀螺仪,使它们的几何位置构成斜置布局,再用计算机适当处理各元件的输出信息,那么即使有 2 个加速度计和 2 个单轴陀螺仪损坏,系统也仍能正常工作,这就使得系统的可靠性大大提高。

最近十多年,基于 MEMS 技术的惯性仪表得到了很大发展。在应用中有很多基于 MEMS 的惯性测量组合(inertial measurement unit, IMU),这些 IMU 上基本采用的都是捷联式惯性导航的方式。

3.2.5　MEMS 微惯导系统

MEMS 微惯性导航系统是以微机电系统为基础的微型惯性导航(简称微惯导)系统。有时候人们为了简便,直接将微惯导系统称为 MEMS 系统。但严格地讲两者是不一样的。

微惯导系统的外观多种多样,如图 3.8 所示是一种典型的微惯导系统。该型微惯导系统通过内部微处理器的处理,输出姿态和航向信息,以及校核过的三维加速度、三维角速度、三维地磁场信息。该型微惯导系统的角度分辨率为 0.05°,横滚纵倾静态精度小于 0.5°,航向静态精度小于 1°,动态精度小于 2°(RMS),最大更新速度为 120 Hz。MEMS 微惯导系统在理论上可以作为自主导航系统使用,但由于其误差积累较大,因此通常在移动机器人上只作为辅助导航系统使用。

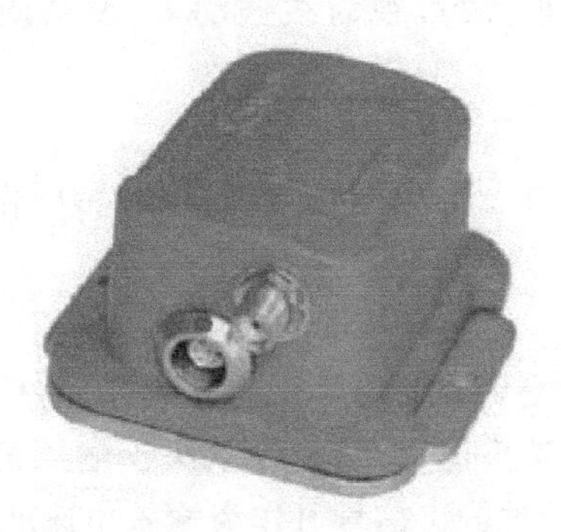

图 3.8　微惯导系统

与平台式惯性导航系统和捷联式惯性导航系统相同,微惯导系统上也相应地配置了微机械陀螺仪和微机械加速度计,分别敏感三个方向上的角速度和线加速度。

微机械陀螺仪是利用振动质量在被基座带动旋转时的科里奥利(Coriolls)效应来感测角速度的,因此微机械陀螺仪实质上是振动式陀螺仪。根据振动构件的不同,微机械陀螺仪有音叉振动式和框架振动式两种典型方案。

音叉振动式微机械陀螺仪采用石英晶体作为音叉的材料，并由化学蚀刻制成，然后再用激光修刻调整平衡。

单音叉振动式微机械陀螺仪方案如图 3.9 所示。在这种方案中，音叉的基部仅仅作为支承，与仪表壳体相固连。在音叉双臂的表面上设置激振电极和读取电极，这些电极是在音叉表面先沉积一薄层铬再沉积一薄层金而成。音叉的激振由石英晶体的逆压电效应实现，信号的读取由石英晶体的压电效应实现。

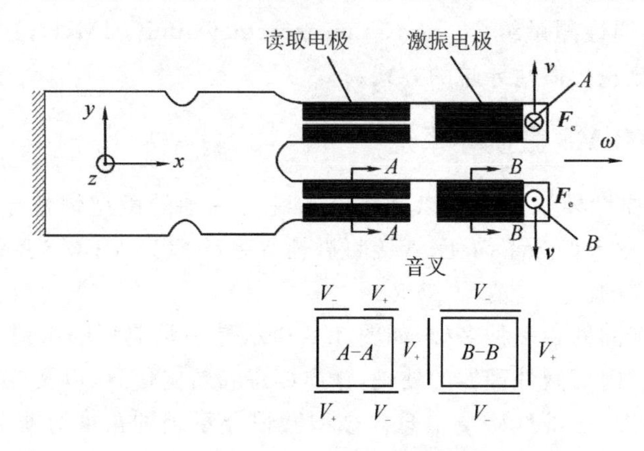

图 3.9 单音叉振动式微机械陀螺仪方案

在激振电极上施加交变电压使音叉双臂以谐振频率振动，音叉双臂上各质点就沿 y 轴振动(因振幅很小，故可视为线振动)。设某质点的质量为 m_i，振动规律为

$$s = s_0 \sin\omega_n t$$

当仪表壳体绕 x 轴以角速度 ω 相对惯性空间转动时，则作用在该质点上的科氏惯性力为

$$F_e = 2m_i\omega s_0\omega_n \cos\omega_n t$$

音叉双臂上各质点均受到交变的科氏惯性力作用，使各质点产生沿二轴的振动。其振幅正比于输入角速度的大小，相位取决于输入角速度的方向。这一振动由读取电极检测，经解调后的输出信号可作为输入角速度的量度。

双音叉振动式微机械陀螺仪的方案如图 3.10 所示。在这种方案中，有一呈“H”形的双端音叉，音叉的中部由支承与仪表壳体连接。

激振音叉双臂以谐振频率沿 y 轴振动，当仪表壳体绕 z 轴相对惯性空间转动时，由于各质点受到交变的科氏惯性力作用，激振音叉双臂产生沿 z 轴的振动。这一振动传递到读取音叉，使其双臂产生同方向振动。与读取音叉连接的电极的输出信号，可作为输入角速度的量度。

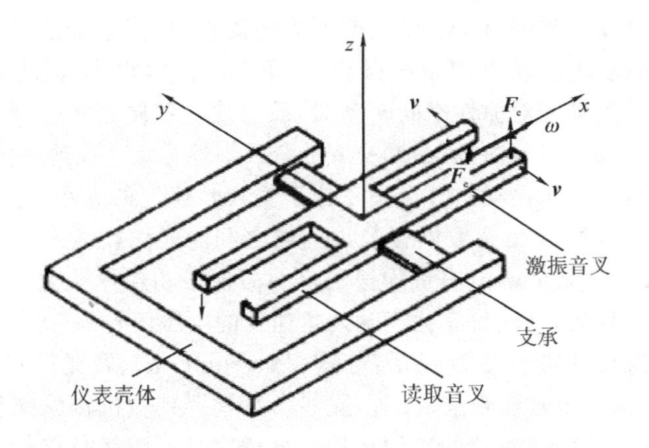

图 3.10　双音叉振动式微机械陀螺仪方案

框架振动式微机械陀螺仪的方案如图 3.11 所示。在这种方案中，有 2 个框架，即内框架和外框架，并由挠性轴来支承。在内框架上固定一质量块，该质量块与内框架平面相垂直；在外框架两侧的仪表壳体上设置一对激振电极，在内框架两侧的仪表壳体上设置一对读取电极。

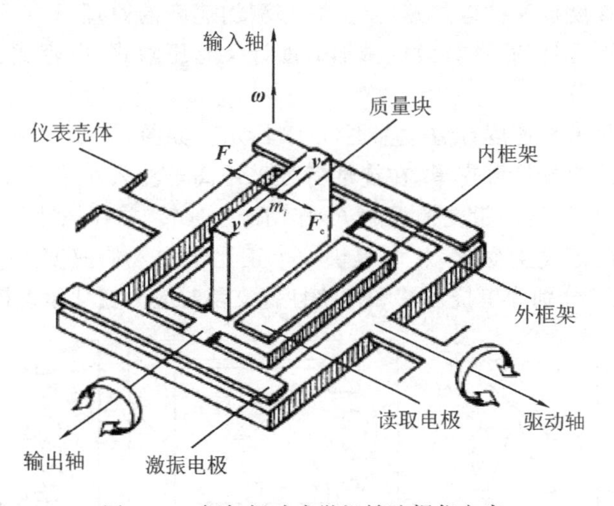

图 3.11　框架振动式微机械陀螺仪方案

这里的框架和框架轴是在单晶硅上采用半导体加工工艺制作的。利用各向异性的化学蚀刻获得所需的几何形状，利用可选择的硼掺杂获得所需的物理特性（如框架轴的低扭转刚度）质量块由光电抗蚀材料镀金而成。激振电极和读取电极是在玻璃板表面上溅射沉积一层金属而成。与各电极相对的硅制框架表面上也需进行金属化处理，以便起到极板的作用。

在 2 个激振电极上施加带直流偏置但相位相反的交变电压，由于交变的静电吸力所产生的绕驱动轴(外框架轴)的交变力矩的作用,使整个框架系统绕驱动轴做角振动。质量块上各质点则做线振动(因角振动振幅很小,故可视为线振动)。当仪表壳体绕输入轴相对惯性空间转动时,质量块上各质点将受到交变的科氏惯性力作用,形成绕输出轴(内框架轴)交变的科氏惯性力矩。在这一力矩作用下,内框架产生绕输出轴的角振动。其振幅正比于输入角速度的大小,相位取决于输入角速度的方向。这样,2 个读取电极与内框架之间的间隙就按一定的简谐振动规律变化,亦即 2 对极板间的电容量均按一定的简谐振动规律变化。交变的电容信号经电子线路处理后,可获得正比于输入角速度的电压信号。

微机械陀螺仪的重要参数包括:分辨率(resolution)、零角速度输出(零位输出)、灵敏度(sensitivity)和测量范围。这些参数是评判微机械陀螺仪性能好坏的重要标志,同时也决定陀螺仪的应用环境。分辨率是指陀螺仪能检测的最小角速度,该参数与零角速度输出其实是由陀螺仪的白噪声决定。这 3 个参数主要说明了该陀螺仪的内部性能和抗干扰能力。对使用者而言,灵敏度更具有实际的选择意义。测量范围是指陀螺仪能够测量的最大角速度。不同的应用场合对陀螺仪的各种性能指标有不同的要求。同时,微机械陀螺仪也同样存在漂移特性。这是影响微机械系统的重要误差源。

微机械加速度计又称硅加速度计,它感测加速度的原理仍与一般的加速度计相同。根据读取元件的不同,微机械加速度计又有压阻式、电容式、静电力平衡式和石英振梁式之分。

压阻式微机械加速度计方案如图 3.12 所示。如图 3.12(a)所示,硅制检测质量由单挠性臂或双挠性臂支承,在挠性臂处采用离子注入法形成压敏电阻。当有加速度 $\boldsymbol{a}$ 输入时,检测质量受惯性力 $\boldsymbol{F}_e$ 作用产生偏转,并在挠性臂上产生应力,使压敏电阻的电阻值发生变化,从而提供一个正比于输入加速度大小的输出信号。图 3.12(b)和(c)分别为单挠性臂和双挠性臂支承时应力变化示意图。

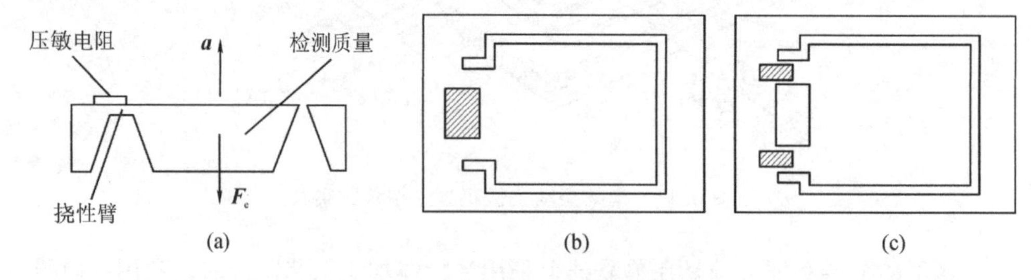

图 3.12 压阻式微机械加速度计方案

电容式微机械加速度计则是在图 3.12(a)所示的检测质量下面设置一读取电极。当加速度输入使检测质量偏转时,由读取电极与检测质量所构成电容器的电容量发生变化,从而提供一个正比于输入加速度大小的输出信号。为了提高测量灵敏度，可采用差动电容式方案。

差动电容式微机械加速度计方案如图 3.13 所示。硅制检测质量由双挠性臂（图 3.13(a)）或四挠性臂（图 3.13(b)）支承，在检测质量两侧的仪表壳体上各设置 l 个电极。这些电极也是在玻璃板表面上溅射沉积一层金属而成。在硅制检测质量的表面上也需进行金属化处理，它与 2 个电极之间便形成具有公共电极的 2 个电容器。当加速度输入使检测质量偏转（对双挠性臂支承方案）或平移（对四挠性臂支承力方案）时，2 个电容器的电容量发生差动变化，从而提供一个正比于输入加速度大小的输出信号。

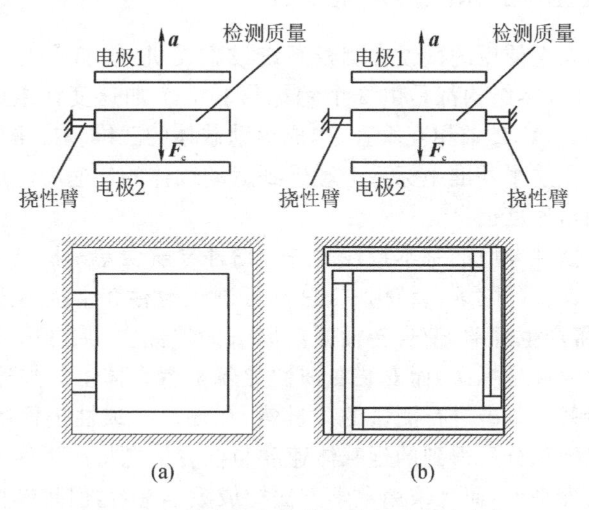

图 3.13　差动电容式微机械加速度计方案

压阻式或电容式微机械加速度计均采用开环工作方式。当沿输入轴的加速度使检测质量产生偏转时，还将敏感沿交叉轴的加速度而引起交叉耦合误差，影响加速度计的测量精度。采用闭环工作方式可以克服这一不足。静电力平衡式微机械加速度计即属于此种类型。它利用力平衡回路产生的静电力（或力矩）来平衡加速度引起的作用在检测质量上的惯性力（或力矩）。施加在用以产生静电力（或力矩）的电极上的控制电压，可作为输入加速度大小的量度。

石英振梁式微机械加速度计可获得较高的测量精度。它有单振梁和双振梁两种结构形式。为了改善加速度计的偏值稳定性和信噪比，通常采用双振梁即双谐振器结构形式。在石英振梁式微机械加速度中，利用石英振梁（或称谐振器）作为力的检测元件。石英振梁是在晶片上采用光刻工艺加工而成。长而薄的石英晶体以一定的频率振动，其谐振频率取决于它的几何形状和物理特性。如果晶体不受力时以某一谐振频率振动，则在受拉力作用时频率将增大，受压力作用时频率将减小。当有加速度输入时，加速度计中检测质量的惯性力将作用在谐振器上，使谐振频率上升或下降。

微机械加速度计所能达到的性能指标测量加速度的最大值、偏值误差稳定性、标度因数稳定性等 。

在移动机器人工程应用上较少利用MEMS微惯导系统实现完整的导航计算,而是利用其瞬时输出的各轴向加速度和角度值判断移动机器人的实时运动状态。随着MEMS技术的不断提升,微机械陀螺仪和微机械加速度计的精度不断提高,MEMS微型惯性导航系统的计算能力也在不断提高,有一些研究者已经在探索采用捷联式惯性导航的方式来进行移动机器人的导航解算。

3.2.6 惯性导航系统的误差分析

在移动机器人上使用的微惯性测量系统或在飞机、舰船等大型载体上使用的惯性导航系统,其基本结构都是由3个陀螺仪和3个加速度计组成。3个陀螺仪的敏感轴分别沿X、Y、Z轴相互垂直,构成运动载体的三维基准坐标系。3个相互正交的加速度计在这个基准坐标系上敏感到运动载体的加速度。从而为载体提供完整的加速度和角速度信息。

误差累积是惯性导航的基本特性之一。惯性导航误差累积最重要的根源在于陀螺仪的漂移。在实际陀螺仪结构中,总不可避免地存在干扰力矩。在干扰力矩作用下,陀螺仪将产生进动,使自转轴偏离原来的惯性空间方位,从而使惯性导航平台偏离原来的惯性坐标系,而安装在惯性导航平台台体上的加速度计是以实际的惯性平台坐标系为基准进行测量的。显然,在偏离了惯性坐标系的平台坐标系上测量的加速度经积分后得到的运载体速度与位置信息将产生误差。捷联式惯性导航系统没有物理平台,而是采用数学方法构成数学平台,但陀螺仪漂移对捷联式惯性导航系统影响的原理是相同的。

由于平台上3个陀螺仪的安装定向不同。但无论何时,陀螺仪的输出轴上总是或多或少地存在一部分或全部干扰力矩。只要在输出轴上存在干扰力矩,陀螺仪就会输出相应的信号,该信号经伺服回路作用,就会使平台相应轴以一定的角速度偏离初始位置,并且这种偏离随时间的持续而增大,这就是平台漂移。

惯性导航系统误差模型的推导很复杂,在此仅对其作简单的介绍。

1. 陀螺仪的漂移

在实际工作中,由于平台的漂移是由陀螺仪的漂移引起的,因此通常说平台的漂移就是陀螺仪的漂移。

陀螺仪漂移的模型可表示为

$$\delta K_{gi} = \delta K_{g1i} + \delta K_{gbi} + \delta K_{gri} + w_{gi}, i = x, y, z \tag{3.8}$$

其中,δK_{g1i}为陀螺仪刻度因子误差,δK_{gbi}为陀螺仪逐次启动漂移,δK_{gri}为陀螺仪工作过程中的慢变漂移,白噪声过程w_{gi}是为陀螺仪工作过程中快变漂移的综合。

2. 加速度计误差

加速度计误差是惯导系统的另一项主要误差源。加速度计误差也主要包括刻度因子误差和加速度计漂移。一般地,刻度因子误差和安装误差可由测试得到,并在导航方程中予以补偿。但因为从测试过程到使用过程中,刻度因子会发生漂移,因此往往需要考虑刻度因子误差 δK_{a1x}、δK_{a1y}、δK_{a1z}。加速度计刻度因子误差也是一个确定性漂移,可以用一个随机常数描述,同样将加速度计漂移归入加速度计零位误差中,因而加速度误差一般只考虑偏置误差和快变漂移。因此将加速度计误差模型考虑为

$$\delta K_{a0i} = \delta K_{ab0i} + \delta K_{aw0i} \tag{3.9}$$

为简便起见,可以继续将加速度计偏置误差视为零位误差,并将加速度计漂移的误差模型记为

$$\delta K_{ai} = \delta K_{a0i} + w_{ai}, i = x, y, z \tag{3.10}$$

其中:

$$\delta \dot{K}_{a0i} = 0, i = x, y, z$$

$$E[w_{ai}(t)w_{ai}(\tau)] = q_{ai}\delta(t-\tau) \quad w_{ai} \triangleq \delta K_{aw0i}, i = x, y, z$$

w_{ai}为白噪声过程。

3. 解析式陀螺稳定平台的误差模型

在解析式陀螺稳定平台中,平台台体相对惯性空间具有恒定不变的方位。在解析式陀螺稳定平台中,得到的速度与位置是相对惯性坐标系的,如果要得到相对于其他坐标系的制导信息,则需要进行坐标变换。

在工程上,由于陀螺仪的漂移,平台台体实际上不可能保持相对惯性空间恒定不变的方位。因此得到的速度与位置信息将出现误差累积。下面不作详细推导,仅对陀螺稳定平台的误差传递过程进行简单描述,并给出其误差模型。

记惯性坐标系为 $Oxyz$,载体在惯性坐标系中的位置为(X,Y,Z),速度为(V_X, V_Y, V_Z)。记 X、Y 和 Z 方向上的速度和位置分别存在误差 δV_X、δV_Y、δV_Z 和 δX、δY、δZ,记理想的平台坐标系 $Ox_T y_T z_T$(即惯性坐标系 $Oxyz$)为 T,实际建立的平台坐标系 $Ox_P y_P z_P$ 为 P,由于平台漂移的存在,P 坐标系对 T 坐标系有偏差角 φ(显然,φ 是以 T 坐标系为基准观测到的)。当 X、Y 和 Z 方向上的加速度和速度分别存在误差 δK_{a0X}、δK_{a0Y}、δK_{a0Z} 和 δV_X、δV_Y、δV_Z 时,则平台式惯导系统误差方程可列写如式(3.11)所示,为了与其他导航系统误差模型相区别,在方程中及 δV_X、δV_Y、δV_Z 和 δX、δY、δZ 的下标中加入惯性导航系统 INS 的标记,则这些方程为

$$\delta \dot{\boldsymbol{x}}_{INS} = F_{INS}\delta \boldsymbol{x}_{INS} + G_{INS}\boldsymbol{w}_{INS} \tag{3.11}$$

其中:

$$\begin{aligned}\delta \boldsymbol{x}_{INS} = [&\delta X_{INS} \quad \delta Y_{INS} \quad \delta Z_{INS} \quad \delta V_{XINS} \quad \delta V_{YINS} \quad \delta V_{ZINS} \\ &\varphi_X \quad \varphi_Y \quad \varphi_Z \quad \delta K_{grX} \quad \delta K_{grY} \quad \delta K_{grZ} \\ &\delta K_{g1X} \quad \delta K_{g1Y} \quad \delta K_{g1Z} \quad \delta K_{a1X} \quad \delta K_{a1Y} \quad \delta K_{a1Z}\end{aligned}$$

$$\delta K_{gbX} \quad \delta K_{gbY} \quad \delta K_{gbZ} \quad \delta K_{a0X} \quad \delta K_{a0Y} \quad \delta K_{a0Z}]^{\mathrm{T}}$$

$$\boldsymbol{w}_{\mathrm{INS}} = [w_{aX} \quad w_{aY} \quad w_{aZ} \quad w_{gX} \quad w_{gY} \quad w_{gZ} \quad w_{rX} \quad w_{rY} \quad w_{rZ}]^{\mathrm{T}}$$

$$\boldsymbol{F}_{\mathrm{INS}} = \begin{bmatrix} \boldsymbol{O}_{3\times3} & \boldsymbol{I}_{3\times3} & \boldsymbol{O}_{3\times3} & \boldsymbol{O}_{3\times3} & \boldsymbol{O}_{3\times3} & \boldsymbol{O}_{3\times3} & \boldsymbol{O}_{3\times3} & \boldsymbol{O}_{3\times3} \\ \boldsymbol{O}_{3\times3} & \boldsymbol{O}_{3\times3} & \boldsymbol{F}_1 & \boldsymbol{O}_{3\times3} & \boldsymbol{O}_{3\times3} & \boldsymbol{I}_{3\times3} & \boldsymbol{O}_{3\times3} & \boldsymbol{F}_2 \\ \boldsymbol{O}_{3\times3} & \boldsymbol{O}_{3\times3} & \boldsymbol{F}_3 & \boldsymbol{I}_{3\times3} & \boldsymbol{I}_{3\times3} & \boldsymbol{O}_{3\times3} & \boldsymbol{F}_4 & \boldsymbol{O}_{3\times3} \\ \boldsymbol{O}_{3\times3} & \boldsymbol{O}_{3\times3} & \boldsymbol{O}_{3\times3} & \boldsymbol{O}_{3\times3} & \boldsymbol{O}_{3\times3} & \boldsymbol{O}_{3\times3} & \boldsymbol{O}_{3\times3} & \boldsymbol{O}_{3\times3} \\ \boldsymbol{O}_{3\times3} & \boldsymbol{O}_{3\times3} & \boldsymbol{O}_{3\times3} & \boldsymbol{O}_{3\times3} & \boldsymbol{F}_5 & \boldsymbol{O}_{3\times3} & \boldsymbol{O}_{3\times3} & \boldsymbol{O}_{3\times3} \\ \boldsymbol{O}_{3\times3} & \boldsymbol{O}_{3\times3} & \boldsymbol{O}_{3\times3} & \boldsymbol{O}_{3\times3} & \boldsymbol{O}_{3\times3} & \boldsymbol{O}_{3\times3} & \boldsymbol{O}_{3\times3} & \boldsymbol{O}_{3\times3} \\ \boldsymbol{O}_{3\times3} & \boldsymbol{O}_{3\times3} & \boldsymbol{O}_{3\times3} & \boldsymbol{O}_{3\times3} & \boldsymbol{O}_{3\times3} & \boldsymbol{O}_{3\times3} & \boldsymbol{O}_{3\times3} & \boldsymbol{O}_{3\times3} \\ \boldsymbol{O}_{3\times3} & \boldsymbol{O}_{3\times3} & \boldsymbol{O}_{3\times3} & \boldsymbol{O}_{3\times3} & \boldsymbol{O}_{3\times3} & \boldsymbol{O}_{3\times3} & \boldsymbol{O}_{3\times3} & \boldsymbol{O}_{3\times3} \end{bmatrix}$$

$$\boldsymbol{G}_{\mathrm{INS}} = \begin{bmatrix} \boldsymbol{O}_{3\times3} & \boldsymbol{O}_{3\times3} & \boldsymbol{O}_{3\times3} \\ \boldsymbol{I}_{3\times3} & \boldsymbol{O}_{3\times3} & \boldsymbol{O}_{3\times3} \\ \boldsymbol{O}_{3\times3} & \boldsymbol{I}_{3\times3} & \boldsymbol{O}_{3\times3} \\ \boldsymbol{O}_{3\times3} & \boldsymbol{O}_{3\times3} & \boldsymbol{O}_{3\times3} \\ \boldsymbol{O}_{3\times3} & \boldsymbol{O}_{3\times3} & \boldsymbol{I}_{3\times3} \\ \boldsymbol{O}_{3\times3} & \boldsymbol{O}_{3\times3} & \boldsymbol{O}_{3\times3} \\ \boldsymbol{O}_{3\times3} & \boldsymbol{O}_{3\times3} & \boldsymbol{O}_{3\times3} \\ \boldsymbol{O}_{3\times3} & \boldsymbol{O}_{3\times3} & \boldsymbol{O}_{3\times3} \end{bmatrix}$$

在 $\boldsymbol{F}_{\mathrm{INS}}$中,有

$$\boldsymbol{F}_1 = \begin{bmatrix} 0 & -\dot{W}_Z & \dot{W}_Y \\ \dot{W}_Z & 0 & -\dot{W}_X \\ -\dot{W}_Y & \dot{W}_X & 0 \end{bmatrix}$$

$$\boldsymbol{F}_2 = \begin{bmatrix} \dot{W}_X & 0 & 0 \\ 0 & \dot{W}_Y & 0 \\ 0 & 0 & \dot{W}_Z \end{bmatrix}$$

$$\boldsymbol{F}_3 = \begin{bmatrix} 0 & -\omega_Z & \omega_Y \\ \omega_Z & 0 & -\omega_X \\ -\omega_Y & \omega_X & 0 \end{bmatrix}$$

$$\boldsymbol{F}_4 = \begin{bmatrix} \omega_X & 0 & 0 \\ 0 & \omega_Y & 0 \\ 0 & 0 & \omega_Z \end{bmatrix}$$

$$\boldsymbol{F}_5 = \begin{bmatrix} -\beta_X & 0 & 0 \\ 0 & -\beta_Y & 0 \\ 0 & 0 & -\beta_Z \end{bmatrix} = \begin{bmatrix} -\dfrac{1}{\tau_{gX}} & 0 & 0 \\ 0 & -\dfrac{1}{\tau_{gY}} & 0 \\ 0 & 0 & -\dfrac{1}{\tau_{gZ}} \end{bmatrix}$$

除了解析式陀螺稳定平台，应用较多的是当地水平式惯性平台。当地水平式惯性平台又称为半解析式陀螺稳定平台，它在结构上与解析式陀螺稳定平台一致。但当地水平式惯性平台可以按照给定的指令信号，使平台台体跟踪某一参考坐标系。当载体在地球表面运动时，水平面将连续地转动，同时，地球的自转运动会带动当地水平面相对惯性空间旋转。所以，要使惯性平台模拟当地水平面，平台的修正回路必须控制平台跟踪地球的自转运动和载体在地球表面运动时水平面相对地球的旋转运动，即惯性平台的施矩角速度必须与这两种旋转运动的角速度相等。而要使平台旋转，只有通过对控制平台的相应陀螺施矩才能实现。除陀螺力矩器之外的任何地方的输入作用都将被平台稳定回路视为干扰而隔离掉。

根据平台跟踪地球自转角速度和跟踪水平坐标系类型的不同，当地水平式惯导系统又可分为三种：若平台跟踪地理坐标系（必然要跟踪地球自转角速度），则系统称指北方位系统；若平台跟踪地球自转角速度和当地水平面，则系统称游移方位系统；若平台跟踪地球自转角速度的水平分量和当地水平面，则系统称为自由方位系统。为控制平台旋转而馈入陀螺力矩器的控制量（具体为电流）称为平台的指令角速度。指北方位系统、自由方位系统和游移方位系统的惯性平台模拟的当地水平坐标系是不一样的，所以各系统的指令角速度也不相同。

3.3　天文导航

天文导航是根据天体来测定运载体位置和航向的航行技术。由于天体的坐标位置和它的运动规律是已知的，测量天体相对于运载体参考基准面的高度角和方位角就可算出运载体的位置和航向。天文导航系统是自主式系统，不需要地面设备，不受人工或自然形成的电磁场的干扰，不向外辐射电磁波，隐蔽性好，定向定位精度、定位误差与时间无关，因而天文导航得到广泛应用。

航空和航天的天文导航都是在航海天文导航基础上发展起来的。航空天文导航跟踪的天体主要是亮度较强的恒星，航天中则要用到亮度较弱的恒星或其他天体。以天体作为参考点，可确定运载体在空中的真航向。使星体跟踪器中的望远镜自动对准天体方向，可以测出运载体前进方向（纵轴）与天体方向（即望远镜轴线方向）之间的夹角（称为航向角）。由于天体在任一瞬间相对于南北子午线之间的夹角（即天体方位角）是已知的，这样，从天体方位角中减去航向角就得到运载体的真航向。通过测量天体相对于运载体参考面的高度就可判定运载体的位置。以地平坐标系在运载体上测得某星体 C 的高度角 h，$90°-h$ 可得天顶距 z，以星下点(天体在地球上的投影点)为圆心，以天顶距 z 所对应的地球球面距离 R 为半径作一圆，称为等高圆。在这个圆上测得的天体高度角都是 h。同时测量两个天体 C_1、C_2，便得到两个等高圆。由这两个圆的交点得出运载体的实际位置 M 和虚假位置 M'，再用运载体位置的先验信息或第三个等高圆来排除虚假位置，经计算机解算即得出运载体所在的经度和纬度。

根据跟踪的星体数，天文导航分为单星、双星和三星导航。单星导航由于航向基准误差大而定位精度低，双星导航定位精度高，在选择星对时，两颗星体的方位角差越接近 90°，定位精度越高。三星导航常利用第三颗星的测量来检查前两次测量的可靠性。在航天中，则用来确定航天器在三维空间中的位置。

航空常用的天文导航仪器有星体跟踪器、天文罗盘和六分仪等。自动星体跟踪器(星敏感器)能从天空背景中搜索、识别和跟踪星体，并测出跟踪器瞄准线相对于参考坐标系的角度。天文罗盘通过测量太阳或星体方向来指示运载体的航向。六分仪通过对恒星或行星的测量而指示出运载体的位置和距离。天文导航系统通常由星体跟踪器、惯性平台、计算机、信息处理电子设备和标准时间发生器等组成。星体跟踪器是天文导航系统的主要设备，一般由光学望远镜系统、星体扫描装置、星体辐射探测器、星体跟踪器信号处理电路和驱动机构等组成。它通过扫描对星体进行搜索，搜索到星体后立即转入跟踪状态，同时测出星体的高度角和方位角。星体跟踪器的辐射探测器在运载体上较多采用光电倍增管和光导摄像管，在航天器上较多采用光导摄像管和析像管。电荷耦合器件(charge coupled device, CCD)是 20 世纪 70 年代发展起来的一种探测器，它体积小、灵敏度高、寿命长，不用高压供电，能直接获得精确的空间信息。近年来在飞机、导弹、航天飞机和卫星上得到广泛应用，并为星体跟踪器小型化创造了条件。

天文导航经常与惯性导航、多普勒导航系统组成组合导航系统。这种组合式导航系统有很高的导航精度。适用于大型高空远程飞机和战略导弹的导航。把星体跟踪器固定在惯性平台上并组成天文/惯性导航系统时，可为惯性导航系统的状态提供最优估计并进行补偿，从而使得一个中等精度和低成本的惯性导航系统能够输出高精度的导航参数。

在低空飞行时因受能见度的限制，较少采用天文导航，但对于高空远程轰炸机、运输机和侦察机作跨越海洋、通过极地、沙漠上空的飞行，天文导航则很适用。对于远程弹道导弹，天文导航能修正发射点的初始位置和瞄准角误差，所以特别适用于机动发射的导弹。弹道导弹可在主动飞行段的后期使用天文导航，也可借天文导航完成再入后的末制导用以修正风的影响。星体跟踪器对星体的瞄准能建立精确的几何参考坐标，并且在空间没有云的干扰，因而天文导航(星光制导)在航天器上得到更广泛的应用。

由于天文导航系统较少应用于地面移动机器人，因此本书不对天文导航系统作更多的介绍。

3.4　无线电定位与导航

3.4.1　无线电定位与导航概述

移动机器人的非自主导航是指导航信息主要来自机器人本体之外的导航设备。移动机器人的导航一般要求定位精度在米级或以上。一般来说能够满足米级定位精度的无线电定位技术，从规模化推广角度来看，由易到难依次为 Wi-Fi、地磁、RFID、ZigBee、超声波、蓝牙、计算机视觉、激光、超宽带（ultra wide band，UWB）等。图 3.14 列出了几种主要无线定位技术的比较。

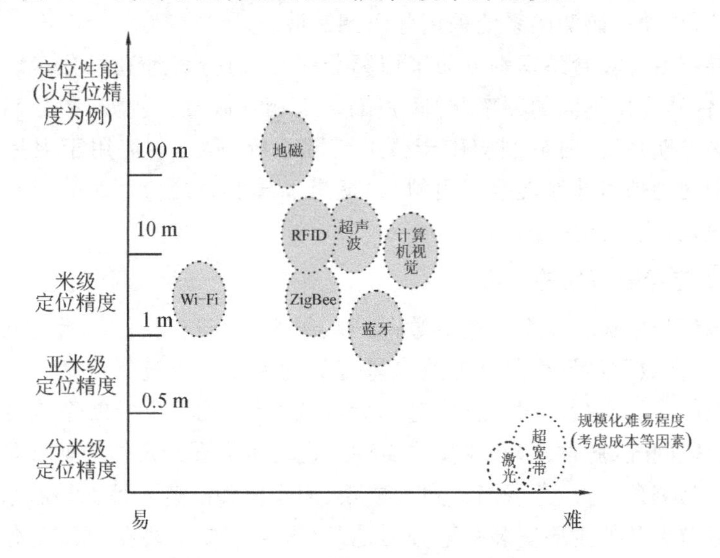

图 3.14　几种主要定位方法比较

其中，卫星导航、超宽带、ZigBee 等在原理上都属于无线电定位技术。无线电导航是在定位的基础上，利用无线电引导运动载体沿规定航线、在规定时间到达目的地的航行技术。利用无线电波的传播特性可测定运载体的导航参量（方位、距离和速率）算出与规定航线的偏差，由驾驶员或自动驾驶设备操纵运载体消除偏差，以保持航线。

1. 无线电导航信号

无线电导航信号指含有导航信息的无线电信号。无线电导航主要是利用电磁波传播的三个基本特性:电磁波在自由空间沿直线传播,电磁波在自由空间的传播速度是恒定的,电磁波在传播路线上遇到障碍物时会发生反射。

导航信号与导航系统所需要的频带宽度、信噪比和抗干扰能力等有关,它对系统的导航功能、定位准确度和设备的繁简都有直接或间接的影响。因此,导航信号与导航的几何原理和工作频率一样,成为导航系统的重要因素之一。连续波与脉冲波、调制波与未调波等各种信号波形,频分多址、时分多址和码分多址等信号格式,在导航中都得到广泛的应用。

连续波是最简单的导航信号。例如,无线电罗盘应用方向性天线,以接收信号的幅度测定来波的方位;台卡导航系统应用主副台相关连续波信号的比相来定位。调制的正弦信号也常被应用,如接收的伏尔台的可变信号就是调幅的,在机载接收机中与参考信号比相而获得方位信息;调频高度表则应用反射回波与部分发射信号混合产生同高度成比例的差频信号进行测高。脉冲波的应用也比较广泛。例如,导航雷达采用脉冲波,塔康导航系统采用脉幅调制波,罗兰-C导航系统采用脉相调制波,伪随机码测距系统采用脉码调制波。

各种导航系统在台站识别方面采用频分多址、时分多址和码分多址的信号格式,即不同台站采用不同的频率、时间和编码来相互区分。例如,频分制应用于台卡和塔康等导航系统,时分制应用于微波着陆系统,码分制应用于卫星导航系统等。也有把两种信号体制混合使用的,如奥米加导航系统应用时分-频分制,用多频进行巷识别,用时间区分台站。

2. 无线电导航系统的分类

无线电信号中包含4个电气参数:振幅、频率、时间和相位。无线电波在传播过程中,某一参数可能发生与某导航参量有关的变化。通过测量这一电气参数就可得到相应的导航参量。根据所测电气参数的不同,无线电导航系统可分为振幅式、频率式、时间式(脉冲式)和相位式4种。也可根据要测定的导航参量将无线电导航系统分为测角(方位角或高低角)、测距、测距差和测速4种。导航系统还可根据无线电导航设备的主要安装基地分为地基(设备主要安装在地面或海面)、空基(设备主要安装在飞行的飞机上)和卫星基(设备主要安装在导航卫星上)3种。根据作用距离分为近程、远程、超远程和全球定位4种。下面按无线电导航所导航参量分类进行简要介绍。

1)无线电导航测角系统

无线电导航测角系统工作原理如图3.15所示。无线电导航测角系统是利用无线电波直线传播的特性,将运载体上的环形方向性天线转到使接收的信号幅值为最小的位置,从而测出电台航向(如无线电罗盘),这属于振幅式导航系统。同样,也可利用地面导航台发射迅速旋转的方向图,根据运载体不同位置接收到的无线电信号的不同相位来判定地面导航台相对飞机的方位角(见下面介绍的伏尔导航系统)，这属于相位式导航系统。测角系统可用于飞机返航(保持某导航参量不变，例如保持电台航向为零，引导运载体飞向导航台)。几何参数(角度、距离等)相等点的轨迹称为位置线，测角系统的位置线是直线(角度参量保持恒值的飞机所在锥面与地平面的交线)，测出两个电台的航向就可得到两条直线位置线的交线，这交线就是运载体的位置。

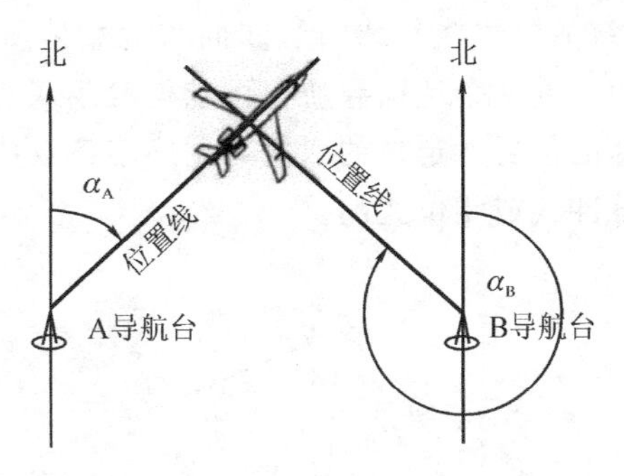

图3.15　测角法确定运载体位置

2)无线电导航测距系统

无线电导航测距系统工作原理如图3.16所示。无线电导航测距系统利用无线电波恒速直线传播的特性，在运载体和地面导航台上各安装一套接收-发射机，运载体向地面导航台发射询问信号，地面导航台接收并向运载体转发回答信号，运载体接收机收到的回答信号比询问信号滞后一定时间，测出滞后时间就可算出运载体与导航台的距离。利用电波的反射特性，测定由地面导航台或运载体的反射信号的滞后时间，也可求出距离。无线电导航测距系统的位置线是一个圆周，它由地面导航台等距的圆球位置面与运载体所在高度的地心球面相交而成。利用测距系统可引导运载体在航空港作等待飞行，或由两条圆位置线的交点确定运载体的位置。定位的双值性(有两个交点)可用第三条圆位置线来消除。测距系统可以是脉冲式的、相位式的或频率式的。

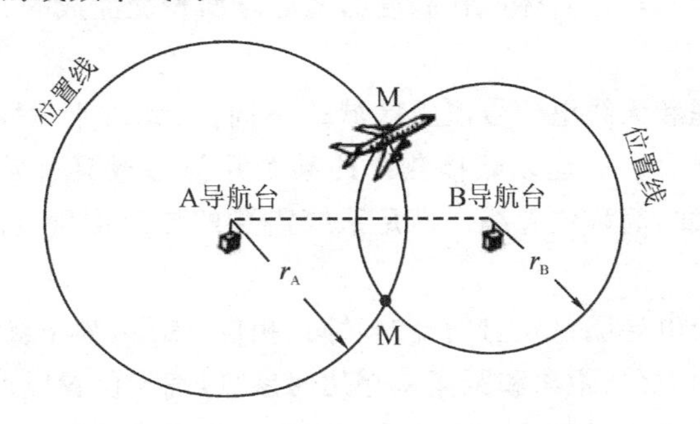

图3.16　测距法确定运载体位置

3)无线电导航测距差系统

无线电导航测距差系统工作原理如图 3.17 所示。在运载体上安装一台接收机,地面设置 2～4 个导航台。各导航台同步地(时间同步或相位同步)发射无线电信号,各信号到达运载体接收机的滞后时间与导航台到运载体的距离成比例。测出它们到达的时间差就可求得距离差。与两个定点保持等距离差的点的轨迹是球面双曲面,因此这种系统的位置线是球面双曲面与运载体所在高度的地心球面相交而成的双曲线。利用 3 或 4 个地面导航台可求得两条双曲线。根据两条双曲线的交点即可定出运载体的位置。定位的双值可用第三条双曲线来消除。现代使用的测距差系统大多是脉冲式或相位式的。

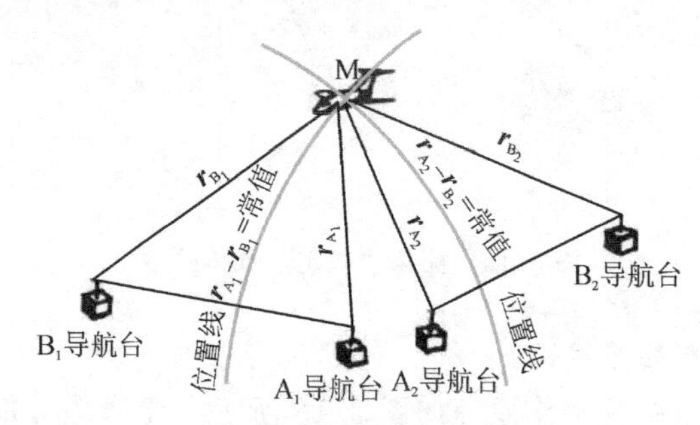

图 3.17 测距差法确定运载体位置

4)无线电导航测速系统

这种系统大多是利用多普勒效应工作的。安装在运载体上的多普勒导航雷达以窄波束向地面发射厘米波段的无线电信号。由于存在多普勒效应,运载体接收到由地面反射回来的信号频率与发射信号频率不同,存在一个多普勒频移。测出多普勒频移就可求出运载体相对于地面的速度。再利用运载体上垂直基准和航向基准给出的俯仰角和偏航角,将径向速度分解出东向速度和北向速度,分别对时间求积分即可得出运载体当时的位置。多普勒测速系统的位置也是双曲线,它是由等多普勒频移的锥面与运载体所在高度的地心球面相交而成的。多普勒导航测速属于频率式。

由于导航原理和无线电信号覆盖区域的不同,因此对于无线电导航系统有位置线和工作区的概念。对运动载体测出的某个几何参量具有同样数值的点的轨迹,称为几何位置线,简称位置线。满足系统需要的导航准确度时,系统能覆盖的区域称为工作区。

通过测量无线电导航台发射信号的时间、相位、幅度、频率参量,可确定运动载体相对于导航台的方位、距离和距离差等几何参量,确定位置线即可确定运动载体与导航台之间的相对位置关系。运动载体就处在位置线的某一点上。最常见的位置线有直线、圆和双曲线等。

等方位线即直线位置线，如图 3.18 所示。等方位线与通过导航台或运动载体的参考方向线保持不变。对于导航台 A，运动载体 M 的方位为 α_M，对于运动载体 M，导航台的方位为 α_A。AM 就是一条等方位的直线位置线。具有不同方位的位置线是一组通过导航台或运动载体的辐射形直线族。

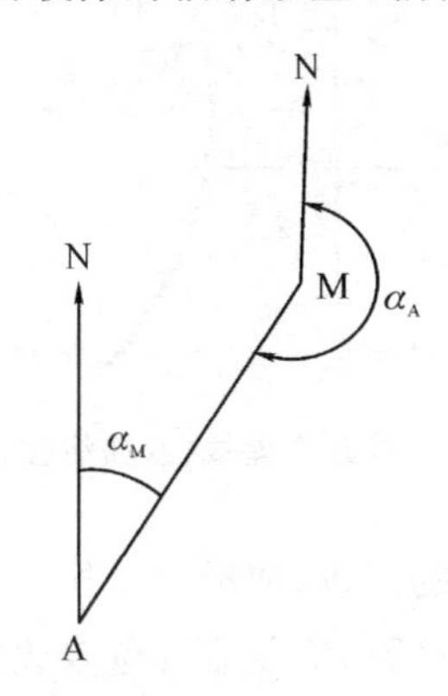

图3.18　等方位线（直线位置线）

等距离线即与导航台保持恒定距离的位置线，是一条以导航台为中心的圆位置线，如图 3.19 所示。具有不同距离的圆位置线是一组以导航台为中心的圆族。

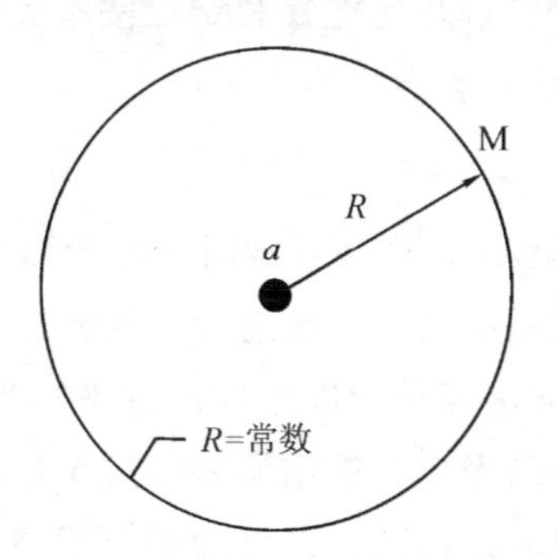

图 3.19　等距离线（圆位置线）

从运动载体 M 测量到两个导航台 A、B 的距离差 R_d，R_d 保持恒值的等距离差线是一条双曲线位置线，如图 3.20 所示。具有不同距离差值的位置线是一组以两个导航台位置为焦点的共焦双曲线族。

为了单值地确定运动载体的位置，必须确定出运动载体相对于导航台的两条或两条以上的位置线，而这两条位置线的交点就是运动载体的位置。

等方位位置线与等距离位置线相交的定位法称为极坐标定位法，或称 $\rho-\theta$ 定位法。等距离位置线与等距离位置线相交的定位法称为圆-圆定位法，或称 $\rho-\rho$ 定位法。双曲线位置线与双曲线位置线相交的定位法称为双曲线定位法。

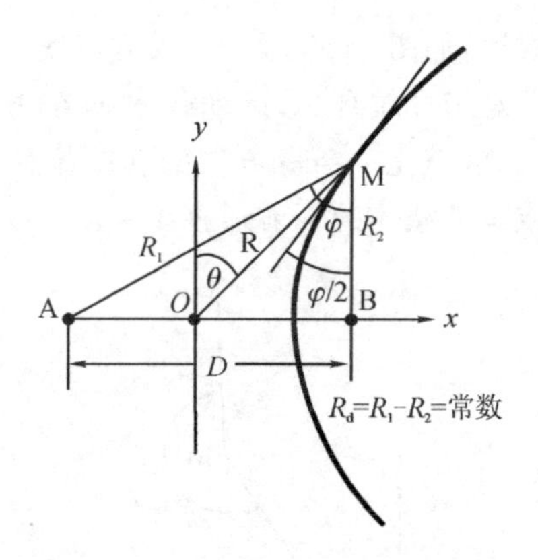

图 3.20 等距离差线(双曲线位置线)

为了确定运动载体在空间的位置,如以卫星作为导航台时,则上述位置线的概念可以扩展到位置面。与直线、圆和双曲线等位置线相对应的位置面是平面、球面和双曲面,“子午仪”卫星导航系统中的位置面就是双曲面。

工作区反映导航系统服务的范围。同一系统,根据准确度要求的不同,工作区的范围有所不同。不同的导航系统因采用的定位法不同,工作区的图形也不相同。工作区除与准确度要求、导航台几何配置和定位法有关外,还与工作频率、工作地区、发射功率、天线方向图和环境噪声等因素有关。

3. 导航准确度与误差

在某一时刻测得的导航参量读出值与同一时刻该参量的真值之间的符合程度,称为导航准确度。导航系统的准确度通常用预测准确度、重复准确度和相对准确度三种方法表示。预测准确度是指以地球地理坐标为依据的位置准确度,也称绝对准确度;重复准确度是指用户在使用同一导航系统时能回到上一次测得的位置坐标的精确度;相对准确度是指同一系统的两个用户在同一时间测得的一个用户相对于另一用户位置的准确度,可用两个用户之间的距离的函数表示。相对准确度有时也指用户测得的相对于用户自己最近一次位置的准确度。

导航误差是导航准确度的量度,表示偏离真值的量。造成导航误差可能的因素有以下三点:

(1)测量方法不够完善或依据理论的近似性所引起的误差;

(2)设备性能不完善引起的误差;

(3)环境条件(大气噪声干扰、温度、地形、地物和电磁波传播条件的变化等)引起的误差。

在规定导航系统的准确度时,通常不把操作中的人为误差包括在内。

除故障和错误外，导航误差分为系统误差和随机误差两类。

(1)系统误差：测量时数值和符号都按一定规律重复出现的误差。产生误差的原因是完全一定的，而且能够估计出来。因此，可以用引入修正量的办法对系统误差进行补偿。通常把必须增补到测量结果中的数值称为修正量。

(2)随机误差：在测量过程中由于大量不能精确预计的并在各次测量中起不同作用的因素所引起的误差。它是一个可正可负、时大时小的随机变量。随机误差服从统计规律，大气噪声、接收机噪声和电磁波传播不规则的变化都是引起随机误差的原因。

如果误差统计分布是正态分布，那么随机误差落在 $\pm\sigma$（σ 表示标准偏差）以内的概率为 68.27%，称为 1 倍 $\sigma(1\sigma)$ 的误差。导航中多数采用标准偏差的 2 倍，即 2 倍 $\sigma(2\sigma)$ 来表示，此时表明随机误差落在 $\pm 2\sigma$ 以内的概率为 95.45%。通常规定 3 倍 $\sigma(3\sigma)$ 为最大误差。此时，随机误差落在 $\pm 3\sigma$ 以内的概率为 99.73%。

在二维情况下，常用来表示导航误差的特征值是圆概率误差。它的意义是：以平均位置为中心，定位测量值落在以 R 为半径的圆以内的概率 P 为 50%。若测量值与平均值之间的距离为 r，则 $P(r\leqslant R)=0.5$。

在二维情况下，表示导航误差的另一种特征值是径向误差或距离均方根误差(distance root mean square，DRMS)。当两条位置线不是正交，并且每条位置线均具有独立的误差概率时，合成误差的分布图形是椭圆。但误差椭圆在实际使用中没有重要的意义，所以采用“等概率误差圆”，如图 3.21 所示，其半径是根据定位点落在该圆内的概率与落在椭圆内的概率相等（或成比例）的原则计算确定的。这个误差圆的半径 DRMS 即为沿误差椭圆长轴和短轴的 1 倍 σ 误差分量的平方和的平方根，用 2σ 值就得出 2DRMS 概率圆半径。DRMS 和 2DRMS 的圆概率取决于误差的椭圆度，DRMS 常用 67%的概率，而 2DRMS 则常用 95%的概率。

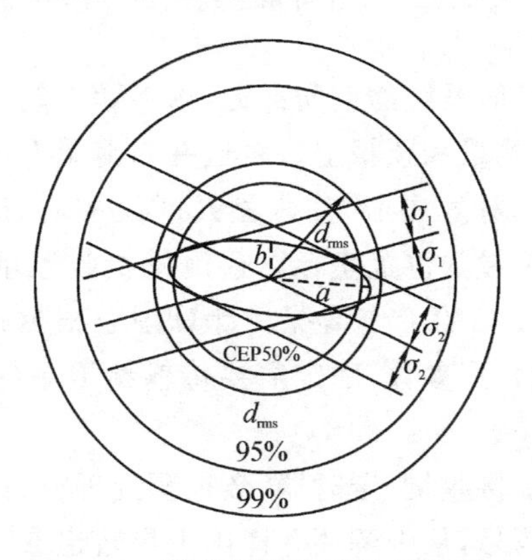

图 3.21　误差椭圆和等概率误差圆

3.4.2 卫星定位与导航系统

卫星导航是采用导航卫星对地面、海洋、空中和空间用户进行导航定位的技术。利用太阳、月球和其他自然天体导航已有数千年历史，由人造天体导航的设想虽然早在19世纪后半期就有人提出，但直到20世纪60年代才开始实现。

卫星定位与导航系统本质上也是一种无线导航系统。但因为其广泛的应用及其重要性，因此常常将其单列介绍。目前最常用的卫星导航系统是中国的北斗导航系统、美国的GPS系统、俄罗斯的GLONASS(格洛纳斯)系统和欧洲的Galileo(伽利略)导航系统。

卫星导航系统综合了传统导航系统的优点，真正实现了各种天气条件下全球高精度被动式导航定位。特别是时间测距卫星导航系统，不但能提供全球和近地空间连续立体覆盖、高精度三维定位和测速，而且抗干扰能力强。

卫星导航系统由导航卫星、地面台站和用户定位设备三个部分组成，如图3.22所示。

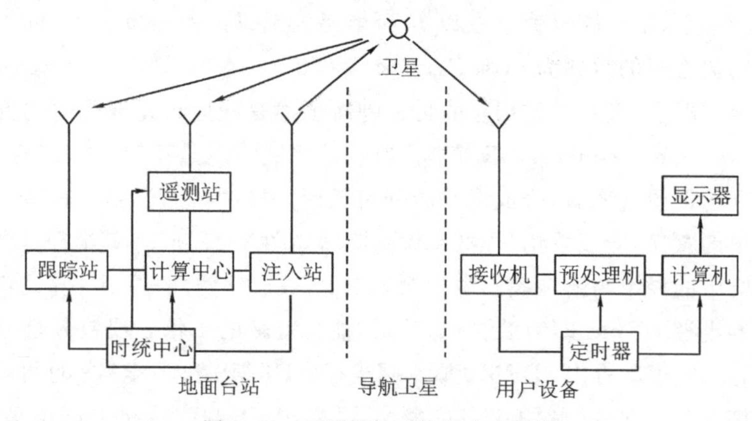

图3.22 卫星导航系统组成方框图

(1)导航卫星：卫星导航系统的空间部分，由多颗导航卫星构成空间导航网。

(2)地面台站：跟踪、测量和预报卫星轨道并对卫星上设备工作进行控制管理，通常包括跟踪站、遥测站、计算中心、注入站及时统中心(时间统一系统)等部分。跟踪站用于跟踪和测量卫星的位置坐标。遥测站接收卫星发来的遥测数据，以供地面监视和分析卫星上设备的工作情况。计算中心根据这些信息计算卫星的轨道，预报下一段时间内的轨道参数，确定需要传输给卫星的导航信息，并由注入站向卫星发送。

(3)用户设备：通常由接收机、定时器、数据预处理机、计算机和显示器等组成。它接收卫星发来的微弱信号，从中解调并译出卫星轨道参数和定时信息等，同时测出导航参数(距离、距离差和距离变化率等)，再由计算机算出用户的位置坐标(二维坐标或三维坐标)和速度矢量分量。用户定位设备分为船载、机载、车载和单人背负等多种类型。

卫星导航系统按测量导航参数的几何定位原理分为测角、时间测距、多普勒测速和组合法等,其中测角法和组合法因精度较低等原因没有实际应用。

卫星导航系统采用时间测距导航定位体制。用户接收设备精确测量由系统中4颗卫星发来的信号传播时间,然后完成一组包括4个方程式的模型数学运算,就可算出用户位置的三维坐标以及用户钟与系统时间的误差。

用户利用导航卫星所测得的自身地理位置坐标与其真实的地理位置坐标之差称为定位误差,它是卫星导航系统最重要的性能指标。定位精度主要决定于轨道预报精度、导航参数测量精度及其几何放大系数和用户动态特性测量精度。轨道预报精度主要受地球引力场模型影响和其他轨道摄动力影响;导航参数测量精度主要受卫星和用户设备性能、信号在电离层、对流层折射和多路径等误差因素影响,它的几何放大系数由定位期间卫星与用户位置之间的几何关系图形决定;用户的动态特性测量精度是指用户在定位期间的航向、航速和天线高度测量精度。

导航定位分二维和三维。二维定位只能确定用户在当地水平面内的经、纬度坐标;三维定位还能给出高度坐标。多普勒导航卫星的均方定位精度在静态时为20～50 m(双频)及80～400 m(单频)。在动态时,受航速等误差影响较大,定位精度会降低。时间测距导航卫星的三维定位精度可达米级,粗定位精度为100 m左右,测速精度优于0.1 m/s,授时精度优于1 μs。

卫星导航的发展趋势是实现全球连续、实时、高精度导航,降低用户设备价格,建立导航与通信、海空交通管制、授时、搜索营救、大地测量及气象服务等多用途的综合卫星系统。

1. 卫星导航系统的定位与测速原理

卫星导航系统的定位过程可描述为:已知卫星的位置[广播描述卫星运动的星历参数(ephemeris parameter, EPH)和历书参数(almanac parameter, ALM)实现],测量得到卫星和用户之间的相对位置(伪距PR或伪距变化率PPR),用导航算法(最小二乘法或卡尔曼滤波法)解算得到用户的最可信赖位置。

如果用户到卫星S_1的真实距离为R_1,那么用户的位置必定在以S_1为球心,R_1为半径的球面C_1上;同样,若用户到卫星S_2的真实距离为R_2,那么,用户的位置也必定在以S_2为球心,R_2为半径的另一球C_2上,用户的位置既在球C_1上,又在球C_2上,那它必定处在C_1和C_2这两球面的交线L_1上。类似地,如果再有一个以卫星S_3为球心,R_3为半径的球C_3,卫星用户的位置也必定在C_2和C_3这两个球面的交线L_2上。用户的位置既在交线L_1上,又在交线L_2上,它必定在交线L_1和L_2的交点上。这个交点就是要求的用户位置。这就是卫星导航系统定位的几何原理。

从原理上讲,卫星导航系统观测的是距离。通过所测量到的距离与位置之间的关系，反推出所要确定的位置在相应坐标系中的三维坐标。对于距离的测量，是通过测量信号的传输时间，或测量所收到的卫星导航系统卫星信号与接收机内部信号的相位差而导出。由于卫星导航系统使用所谓的单向方法，需要使用两台钟，一台在卫星上，而另一台在接收机内部。由于两台钟（接收机钟和卫星钟）存在着误差，所测量的距离也有误差，因此，这种距离称为“伪距”。

若令(X_i,Y_i,Z_i)为观测点的坐标，(X^j,Y^j,Z^j)是卫星的坐标，则显然观测点与卫星的距离为

$$R_i^j=\sqrt{(X^j-X_i)^2+(Y^j-Y_i)^2+(Z^j-Z_i)^2} \tag{3.12}$$

卫星的坐标可以由卫星电文计算得到。若令τ^j为卫星s^j发射信号时的理想GPS时刻，τ_i为接收机T_i收到该卫星信号时的理想GPS时刻，则可以计算得到

$$R_i^j=c\Delta\tau_i^j \tag{3.13}$$

其中c为光速，$\Delta\tau_i^j=\tau_i-\tau^j$。

因此，如果观测点的接收机可以同时观测到3颗导航卫星，则可以得到如下的方程组：

$$\begin{cases}R_i^1=\sqrt{(X^1-X_i)^2+(Y^1-Y_i)^2+(Z^1-Z_i)^2}\\R_i^2=\sqrt{(X^2-X_i)^2+(Y^2-Y_i)^2+(Z^2-Z_i)^2}\\R_i^3=\sqrt{(X^3-X_i)^2+(Y^3-Y_i)^2+(Z^3-Z_i)^2}\end{cases} \tag{3.14}$$

联解方程组(3.14)，在理论上即可计算得到观测点的坐标(X_i,Y_i,Z_i)。

但是，τ^j、τ_i都是理想的导航系统时刻，导航系统的卫星和用户接收机与理想导航系统时钟之间总是存在钟差的。导航系统卫星上有高精度的铷原子钟和铯原子钟，其与理想的导航系统时之间的钟差，通常可从卫星播发的导航电文中获得。经钟差改正后，各卫星钟之间的同步差，可保持在20 ns以内。而大多数GPS接收机是石英钟，它们与理想的导航系统时钟之间存在的钟差较大，范围也不尽相同。因此，还不能直接利用上式计算观测点的坐标。

令t^j为卫星s^j发射信号时的卫星钟时刻，δt^j为卫星钟相对理想导航系统时的钟差，t_i接收机T_i收到该卫星信号时的接收机钟时刻，δt_i为接收机钟相对理想导航系统时的钟差，Δt_i^j为卫星s^j信号到达观测点T_i的传播时间，则有

$$t^j=\tau^j+\delta t^j$$

$$t_i=\tau_i+\delta t_i$$

故信号从卫星传播到观测点的时间为

$$\Delta t_i^j=t_i-t^j=(\tau_i+\delta t_i)-(\tau^j+\delta t^j)=\tau_i-\tau^j+\delta t_i-\delta t^j$$

由此获得的用户接收机与卫星之间的距离称为伪距。假设卫星至观测点的伪距为ρ_i^j，则有

$$\rho_i^j=c\Delta t_i^j=c(\tau_i-\tau^j+\delta t_i-\delta t^j)=R_i^j+c\delta t_i^j \tag{3.15}$$

其中：

$$\delta t_i^j = \delta t_i - \delta t^j$$

因此，若卫星钟与接收机钟严格同步，即 $\Delta t_i^j = 0$，则伪距即为卫星与观测点之间的几何距离。

在许多实际应用中，伪距是一种优先选择的方法。导航系统卫星位置可以从导航电文中计算得到。事实上，在用户接收机设计过程中，在伪距计算还考虑了电离层、对流层对电波传播的延迟以及观测噪声对钟差的影响。考虑到卫星钟由地面控制中心监督并保持与导航系统时间同步，卫星钟与导航系统的时间偏差用一个时间二次多项式近似并作为导航电文的一部分发射给用户；电离层、对流层延迟可通过它们各自的模型计算。经过上面的校正处理，最后要计算的就只剩下 3 个接收机坐标和 1 个接收机钟误差。因此，如果观测点的接收机经观测得到到 4 颗卫星的伪距，就可以联立如下的方程组：

$$\begin{cases} \rho_i^1 = \sqrt{(X^1 - X_i)^2 + (Y^1 - Y_i)^2 + (Z^1 - Z_i)^2} + cT_{\mathrm{d}} \\ \rho_i^2 = \sqrt{(X^2 - X_i)^2 + (Y^2 - Y_i)^2 + (Z^2 - Z_i)^2} + cT_{\mathrm{d}} \\ \rho_i^3 = \sqrt{(X^3 - X_i)^2 + (Y^3 - Y_i)^2 + (Z^3 - Z_i)^2} + cT_{\mathrm{d}} \\ \rho_i^4 = \sqrt{(X^4 - X_i)^2 + (Y^4 - Y_i)^2 + (Z^4 - Z_i)^2} + cT_{\mathrm{d}} \end{cases} \tag{3.16}$$

其中，T_{d} 为接收机钟差。求解非线性联立方程组(3.16)，便可得到每一时刻接收机的钟误差与位置。很明显，要求解上式，要求在任意时刻至少有 4 颗卫星是可观测的。

卫星导航系统提供的信息，不仅可以利用伪随机码测量伪距，还可以利用载波信号进行载波相位测量和积分多普勒测量来定位。载波相位测量具有很高的定位精度，广泛用于高精度测量定位。积分多普勒测量所需观测时间一般较长，精度并不很高，故未获广泛应用。

卫星导航系统的定位还可以分为绝对定位和相对定位。绝对定位也叫单点定位，通常是指在协议地球坐标系中，直接确定观测站相对于坐标系原点(地球质心)绝对坐标的一种定位方法。“绝对”一词，主要是为了区别于相对定位方法。

绝对定位与相对定位在观测方式、数据处理、定位精度以及应用范围等方面均有原则区别。利用卫星导航系统进行绝对定位的基本原理，是以导航卫星和用户接收机天线之间的距离(或距离差)观测量为基础。并根据已知的卫星瞄时坐标，来确定用户接收机天线所对应的点位，即观测站的位置。由于卫星导航系统采用了单程测距原理，同时卫星钟与用户接收机钟又难以保持严格同步，所以，实际观测的测站至卫星之间的距离，均含有卫星钟和接收机钟同步差的影响(故习惯上称之为伪距)。对于卫星钟差，可以应用导航电文中所给出的有关钟差参数加以修正，而接收机的钟差，一般难以预先准确地确定。所以，通常均把它作为一个未知参数，与观测站的坐标在数据处理中一并求解。因此，在每个观测站上，为了实时求解 4 个未知参数(3 个点位坐标分量和 1 个钟差参数),便至少需要 4 个同步伪距观测值。也就是说,至少必须同时观测 4 颗卫星,如图 3.23 所示。

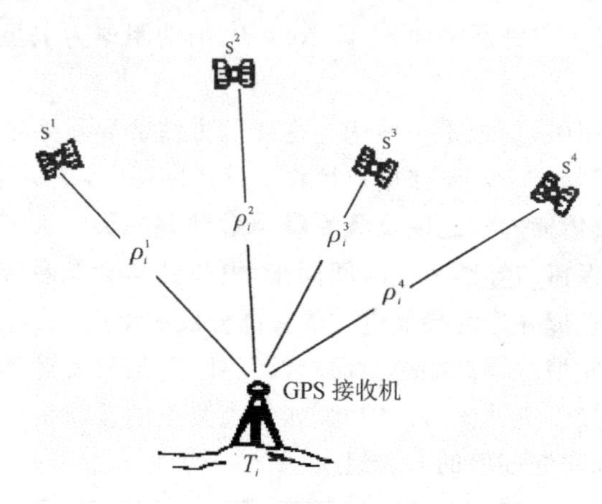

图 3.23 卫星导航系统的伪距观测

应用卫星导航系统进行绝对定位,根据用户接收机天线所处的状态不同,又可分为动态绝对定位和静态绝对定位。

在用户接收设备安置在运动的载体上并处于动态的情况下,用以确定载体瞬时绝对位置的定位方法,称为动态绝对定位。动态绝对定位一般只能得到没有(或很少)多余观测量的实时解。这种定位方法,被广泛应用于飞机、船舶以及陆地车辆等运动裁体的导航。另外,在航空物探和卫星遥感等领域也有着广泛的应用前景。

在接收机天线处于静止状态的情况下,用以确定观测点绝对坐标的方法,称为静态绝对定位。这时,由于可以连续地测定卫星到观测站的伪距,所以可以获得充分的多余观测量,以便在观测后,通过数据处理提高定位的精度。静态绝对定位方法主要用于大地测量,以精确测定观测站在协议地球坐标系中的绝对坐标。

目前,无论是动态绝对定位或静态绝对定位,所依据的观测量都是所测卫星至观测站的伪距,所以相应的定位方法通常也称为伪距法。

绝对定位的优点是,只需一台接收机即可独立定位,观测的组织与实施简便,数据处理简单。其主要问题是,受卫星星历误差和卫星信号在传播过程中的大气延迟误差的影响显著,定位精度较低。但这种定位模式在航船、飞机、车辆导航、地质矿产勘探、陆军和空降兵等作战中仍有着广泛的用途。

在两个或若干个测量站上设置卫星导航系统接收机、同步跟踪观测相同的导航卫星,测定它们之间的相对位置,称为相对定位。在相对定位中,至少其中一个点或几个点的位置是已知的,即其在坐标系的坐标为已知,称之为基准点。

由于相对定位是用几点同步观测导航卫星的数据进行定位,因此可以有效地消除或减弱许多相同的或基本相同的误差,如卫星钟的误差、卫星星历误差、卫星信号在大气层的传播延迟误差的影响等，从而可获得很高的相对定位精度。但相对定位要求各观测点的接收机必须同步跟踪观测相同的卫星，因而其作业组织和实施较为复杂，观测点间的距离受到限制，一般限制在 1000 km 以内。

相对定位是高精度定位的基本方法，广泛应用于高精度大地控制网、精密工程测量、地球动力学、地震监测点和导弹火箭等外弹道测量方面。

卫星导航系统有两种基本的测速方法，一种是基于定位的测速方法，一种是基于多普勒效应的测速方法。

基于定位的测速方法，实质上是利用运载体在两个时刻 t_1、t_2 上的位置信息，求取运载体在时间区间[t_1，t_2]上的平均速度。即假定运载体在时刻 t_1 的坐标为(X_{t_1}，Y_{t_1}，Z_{t_1})，在时刻 t_2 的坐标为(X_{t_2}，Y_{t_2}，Z_{t_2})，则在时间区间[t_1，t_2]上的平均速度为

$$\begin{bmatrix} \dot{V}_X \\ \dot{V}_Y \\ \dot{V}_Z \end{bmatrix} = \frac{1}{t_2 - t_1} \begin{bmatrix} X_{t_2} - X_{t_1} \\ Y_{t_2} - Y_{t_1} \\ Z_{t_2} - Z_{t_1} \end{bmatrix} \tag{3.17}$$

这种测定运动速度的方法不需要其他新的观测量，计算简单。在动态定位中，实时定位与测速可同时实现。但如果计算中所取时间间隔过短或过长，则难以正确地描述载体的实际运行速度。

基于多普勒效应的测速方法是通过观测卫星信号载波的多普勒频移量来实时地测定运载体运行的速度。

由于卫星导航系统用户接收机的载体和导航卫星之间的相对运动，所以接收机收到的载波信号与卫星发射的载波信号的频率是不同的，两者之间的频率差即为多普勒频移。多普勒效应是指当机械波或电磁波的发射源与接收点沿两者连线方向存在相对速度时，接收频率与发射频率并不相同，这一频率差称为多普勒频移。多普勒频移与这一相对速度成正比，因此根据发射频率和多普勒频移就能求出这一相对速度。

2. 北斗卫星导航系统

2000 年 10 月和 12 月，中国两次成功发射“北斗”导航试验卫星，为中国北斗导航系统建设奠定了基础。北斗一代导航系统为全天候、全天时提供卫星导航信息的区域导航系统，主要为公路、铁路交通及海上作业等领域提供导航定位服务。北斗一代导航系统属于双星导航系统。双星导航系统具有卫星数量少、投资小、用户设备简单价廉、能实现一定区域的导航定位、通信等多用途，可部分满足当时我国陆、海、空运输导航定位的需求；缺点是不能覆盖两极地区，赤道附近定位精度差，只能二维主动式定位，且需提供用户高程数据，不能满足高动态和保密的军事

用户要求,用户数量受一定限制。

2007 年,中国连续发射了第三颗、第四颗北斗导航卫星,并开始第二代北斗导航系统的建设。到了 2012 年,中国已成功发射了 16 颗卫星,对亚太地区实施了全覆盖。尤其是在 2012 年 4 月 30 日 4 时 50 分,我国突破了技术的限制,首次以"一箭双星"的方式发射了两颗卫星。相较于北斗一号,北斗二号不仅囊括了北斗一号原有的系统技术,还增加了许多性能,最重要的是由北斗一号的有源定位体制变为无源定位体制。

2009 年在北斗二号第二颗卫星发射的同时,北斗三号正式启动建设。2017 年 11 月 5 日北斗三号进行了首次发射,北斗导航系统开始全球组网。2018 年 12 月 27 日,北斗三号系统基本建设完成,预备开始提供全球服务。2020 年 6 月 23 日 9 时 43 分发射的最后一颗北斗组网卫星,是北斗三号第 32 颗卫星,同时也是第 55 颗北斗全球组网卫星。至此,整个北斗系列共发射了 59 颗卫星,它们分别分布在地球静止轨道(geostationary Earth orbit, GEO)、倾斜地球同步轨道(inclined geosynchronous satellite orbit, IGSO)和中地球轨道(medium Earth orbit, MEO)。目前在轨服务的卫星共计 45 颗,包括北斗二号卫星 15 颗,北斗三号卫星 30 颗,健康状态良好,在轨运行稳定。北斗导航系统的国际化称谓也最终统一为 BDS(BeiDou Navigation Satellite System)。

目前在轨服务的 30 颗北斗三号卫星中,包括 24 颗 MEO 卫星、3 颗 GEO 卫星、3 颗 IGSO 卫星。其轨道分布示意如图 3.24 所示。

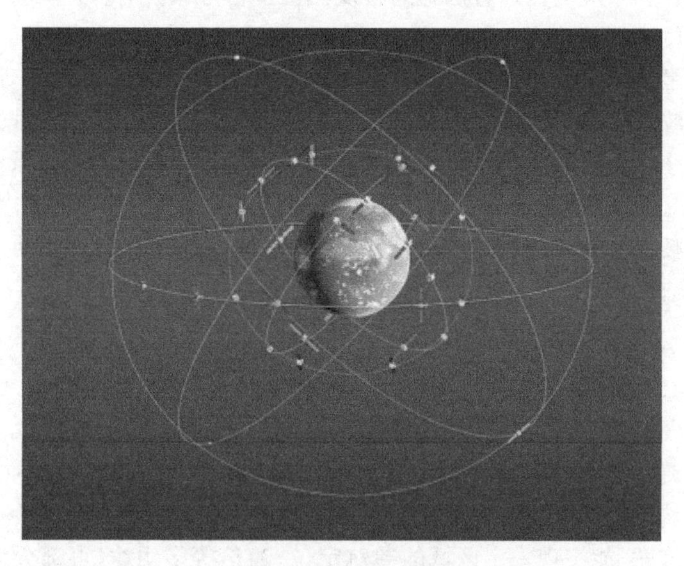

图 3.24 北斗三号卫星轨道分布示意图

北斗卫星导航系统采用 2000 年中国大地坐标系(CGCS2000)。CGCS2000 大地坐标系的定义如下:

原点位于地球质心;

Z 轴指向国际地球自转服务组织(International Earth Rotation Service, IERS)定义的参考极(IERS reference pole, IRP)方向;

X 轴为 IERS 定义的参考子午面(IERS reference meridian, IRM)与通过原点且同 Z 轴正交的赤道面的交线;

Y 轴与 Z、X 轴构成右手直角坐标系。

CGCS2000 原点也用作 CGCS2000 椭球的几何中心,Z 轴用作该旋转椭球的旋转轴。CGCS2000 参考椭球定义的基本常数为:

长半轴:$a=6378137.0$ m

地球(包含大气层)引力常数:$G_M=398600.4418\times10^9\ m^3/s^2$

扁率:$f=1/298.257222101$

地球自转角速度:$\omega=7.2921150\times10^{-5}$ rad/s

目前,北斗导航系统已经迈入全球服务新时代。截至 2021 年 3 月,空间信号质量方面,北斗卫星实测信号功率谱包络与预期保持一致,信号质量良好,符合接口控制文件要求。空间信号精度方面,北斗系统空间信号测距误差(signal-in-space range error, SISRE)均值为 0.42 m。坐标基准与时间基准方面,北斗时与国际 UTC 时差偏差保持在 26 ns 以内,北斗坐标框架与国际 ITRF2014 坐标参数精度一致性保持在 3 cm 以内。

目前,北斗系统提供导航定位和通信数传两大类、七种服务,包括:面向全球范围,提供定位导航授时(positioning navigation and timing, PNT)、全球短报文通信(global short message communication, GSMC)和国际搜救(search and rescue, SAR)三种服务;在中国及周边地区,提供星基增强(satellite-based augmentation, SBA)、地基增强(ground-based augmentation, GA)、精密单点定位(precise point positioning, PPP)和区域短报文通信(regional short message communication, RSMC)四种服务。

定位导航授时服务,全球范围实测定位精度水平方向优于2.5 m,垂直方向优于5.0 m;测速精度优于 0.2 m/s,授时精度优于 20 ns。系统连续性提升至 99.996%,可用性提升至 99%。

全球短报文服务,通过 14 颗 MEO 卫星,可为全球用户提供试用服务,最大单次报文长度 560 bit,约 40 个汉字。

国际搜救服务,6 颗 MEO 卫星及其搜救载荷在轨测试已经完成。在符合国际标准的基础上,提供北斗特色的 B2b 返向链路确认功能,为全球用户提供遇险报警服务。

区域短报文服务，面向中国及周边地区用户提供服务，最大单次报文长度14000 bit，约1000个汉字。

精密单点定位服务，目前已通过3颗地球静止轨道卫星播发精密单点定位信号，提供精密单点定位服务。定位精度实测值水平优于20 cm，高程精度优于35 cm，收敛时间为15～20 min。

星基增强服务，覆盖中国及周边地区用户，支持单频及双频多星座两种增强服务模式，满足国际民航组织对于定位精度、告警时间、完好性风险等指标要求。目前星基增强系统服务平台已基本建成，正面向民航、海事、铁路等高完好性用户提供试运行服务。

地基增强服务，利用在中国范围内建设的框架网基准站和区域网基准站，面向行业和大众用户提供实时厘米级、事后毫米级定位增强服务。

相比其他几个主要的卫星导航系统，北斗导航系统不仅具备其他系统都有的功能，还具有自己鲜明的特征，即它由3种轨道组成，通过3种轨道上的卫星相互配合，北斗导航系统不仅能够覆盖全球，还提供了高精度的定位和导航服务。近年来我国及周边地区相继增加了IGSO卫星，这不仅可以使局部区域导航功率信号增强，还能进一步提高我国周边及亚太地区的导航精度。3种不同轨道的卫星各司其职、优势互补，形成具有中国特色的卫星导航系统。同时，北斗导航系统没有像美国的GPS那样在全球建立地面站来解决境外卫星的数据传输通道问题，而是最先采用了一个独特的星间链路模式。它不仅解决了在全球建地面站的难题，还大幅提高了其精度。

下一个阶段，北斗导航系统可能的发展规划是，按照聚焦核心、重塑结构、赋能融合的思路，在2035年前，建成更加泛在、更加融合、更加智能的国家综合定位导航授时(positioning，nevigation and timing，PNT)体系。

在下一代综合PNT体系发展方面，将采用标准化解决方案，综合利用多种PNT手段，以满足用户最大共性需求。进一步提升卫星导航能力，实现分米级高精度定位能力以及全球完好性服务；利用通信系统资源实现新质PNT能力，通过相互赋能，实现通信可达区域即可导航；微自主PNT，实现自主获取导航定位授时信息。同时，在供给侧与需求侧同步发力，打通PNT能力生成链条，让PNT真正好用又能用好。

聚焦标准化解决方案、融合各项技术与系统、借力科技革命，为全球用户提供基准统一、覆盖无缝、安全可靠、便捷高效的PNT服务，为未来智能化发展提供核心支撑。

3. GPS 卫星导航系统

1957 年,苏联成功地将世界上第一颗人造地球卫星发射到近地轨道后,美国约翰霍普金斯大学应用物理实验室的研究人员通过观测发现,在卫星通过接收站视野的时间内,接收机接收的卫星频率和卫星发射的频率之间存在着一定的频差,这就是多普勒频移。而且发现多普勒频移曲线和卫星轨道之间存在着一一对应的关系。这意味着,置于地面确知位置的接收站,只要能够测得卫星通过其视野期间的多普勒频移曲线,就可以确定卫星运行的轨道;反之,若卫星轨道(位置)已知,那么,根据接收站测得的多普勒频移曲线,也能确定接收站的地理位置。这便是世界上第一个投入运行的美国海军导航卫星系统(Navy Navigation Satellite System, NNSS),亦称子午仪(Transit)系统的理论基础。该系统 1964 年建成投入使用,并于 1967 年对全球民用开放。子午仪系统开辟了世界卫星导航的历史,回答了远的作用距离和高的定位精度统一的可行性问题。但是,由于覆盖上存在着时间间隙,使用户得不到连续定位(平均每 1.5 h,最长 12 h 定位一次),而且由于单星多点测量多普勒频移,使每次定位时间长(几分钟至十几分钟),加之定位精度仍不尽人意,促使人们寻找新的更理想的卫星导航系统。GPS 正是在这种背景下应运而生的。

研究人员首先从原理上改进子午仪系统,提出了用伪码测距来代替多普勒测速的构想。美国海军分别于 1967 年、1969 年和 1974 年相继发射了 3 颗中高度 TIMATION 卫星,用铯原子钟代替石英钟获得成功,又于 1977 年发射了 2 颗导航技术卫星 NTS-2 和 NTS-3。实际上,后者就是 GPS 系统的第一颗卫星,星钟仍用铯钟。GPS 系统时标准是美国海军天文台的铯原子频标组。海军还在 NOVA 卫星上试验了伪码测距技术,取得了相同的定位精度,并将时间同步精度提高到微秒量级。与此同时,美国空军也开始了代码为“621B”的“导航开发卫星”星座卫星导航系统的试验:先发射 1 颗“静止”卫星,再发射 3～4 颗具有一定轨道倾角的准同步轨道卫星,试验获得成功。后来,美国国防部综合了两军对导航定位的要求,吸取 TIMATION 和 621B 的优点,于 1973 年决定联合开发 NAVSTAR/GPS 系统。整个系统的建设分三阶段实施。第一阶段为 1973—1979 年,主要进行系统原理、方案研究(含设备研制);第二阶段为 1979—1983 年,主要进行系统试验研究(对系统设备进行试验);第三阶段为 1983—1988 年,主要进行系统应用研究(设备定型投产)。

GPS 设计有两种工作能力:初始工作能力(initial operational capability, IOC)和军用完全工作能力(full operational capability, FOC)。到 1993 年 7 月,系统才达到初始工作能力,星座中已布满 24 颗 GPS 卫星(Block Ⅰ、Block Ⅱ、Block ⅡA)供导航使用。但直到 1993 年 12 月 8 日,美国国防部才正式宣布 GPS 具有 IOC 能力。当 24 颗工作卫星(Block Ⅱ、Block ⅡA)在指定的轨道正常运行而且经过军事实践证实后，才能达到FOC能力。美国国防部已在1995年公布系统具有FOC能力。

GPS系统1993年初始运行，1995年具备完全运行能力，2000年取消选择可用性(selective availability, SA)政策。GPS服务性能标准由美国国防部批准发布，截至目前共发布了5个版本的《GPS标准定位服务性能标准》(*GPS Standard Positioning Service Performance Standard*, *GPS-SPS-PS*)和1个版本的《GPS精密定位服务性能标准》(*GPS Precise Positioning Service Performance Standard*, *GPS-PPS-PS*)。截至2022年12月，GPS系统共有36颗在轨卫星，其中30颗卫星在轨服务(包括8颗Block ⅡR、7颗Block ⅡR-M、12颗Block ⅡF和3颗GPS Ⅲ卫星)。

GPS系统由三部分组成：

(1)广播信号的卫星组成的空间部分；

(2)控制整个系统运行的控制部分；

(3)各种类型的GPS接收机组成的用户部分。

GPS系统的空间部分包括由多颗卫星组成的星座。在空间星座布满卫星以后可在全天任何时间为全球任何地方提供4～8颗仰角在15°以上的同时可观测卫星。卫星可见的地球表面示意如图3.25所示，它与图中所示的卫星离地面高度H、地球半径R以及AB弧所对中心角相关。仰角在15°以上时的同时可观测卫星示意如图3.26所示。如果将遮蔽仰角降到10°，有时则最多可观测到10颗卫星。若将遮蔽仰角进一步下降到5°，那么，最多可同时见到12颗卫星。这是由卫星运行在地球表面以上约20230 km的近圆轨道和约12 h的运行周期来保证的。目前的星座和所用的卫星数目是从早期的相对赤道面倾角为63°的3个轨道平面上的24颗卫星星座演变而来的。现在该星座由24颗工作卫星组成，均匀分布在6个

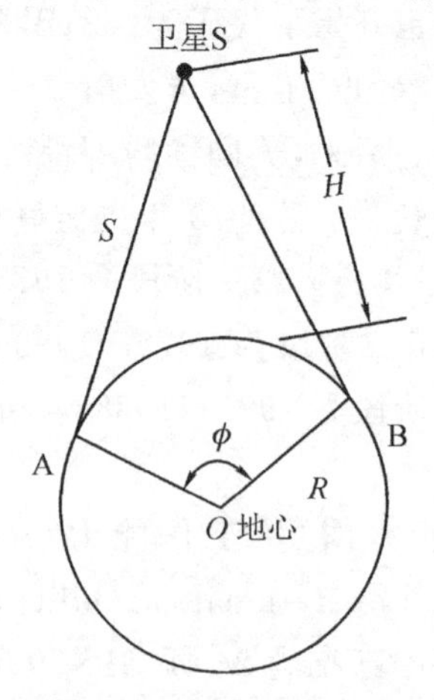

H— 卫星离地面高度；R— 地球半径；ϕ—AB 弧所对中心角

图3.25　卫星可见的地球表面

倾角为55°的轨道面上，每个轨道有4颗卫星。此外，还有4颗有源备份卫星在轨运行。其卫星分布见图3.27。

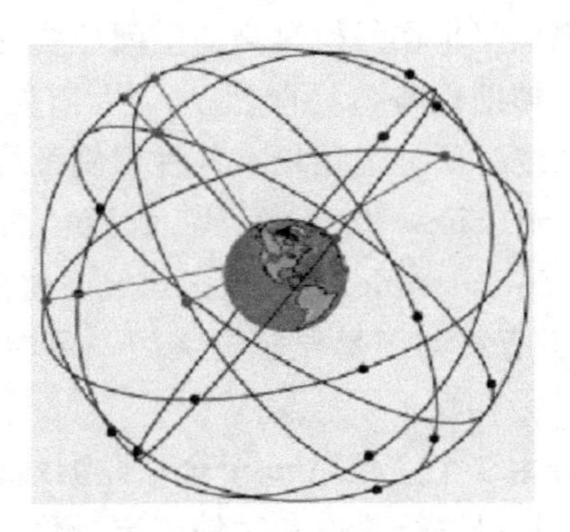

图3.26 仰角在15°以上时的同时可观测卫星

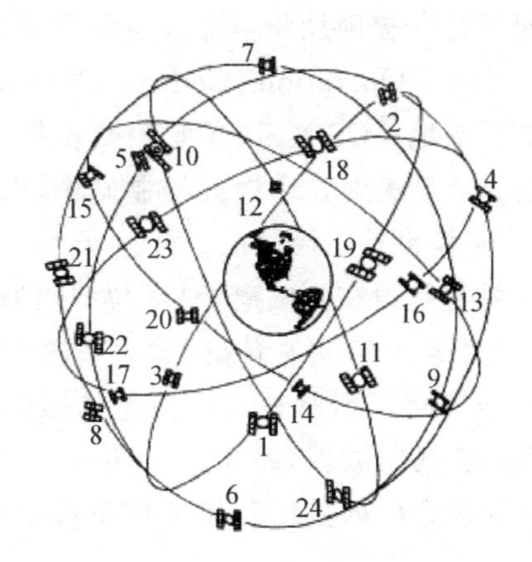

图3.27 GPS卫星分布

GPS所采用的坐标系统是WGS(World Geodical System，世界大地坐标系)-84坐标系，由美国国防部制图局建立。GPS所发布的星历参数就基于此坐标系统。

WGS-84坐标系统是一个地心地固坐标系统，其坐标原点位于地球的质心，Z轴指向BIH1984.0定义的协议地球极方向，X轴指向BIH1984.0的启始子午面和赤道的交点，Y轴与X轴和Z轴构成右手系。它是一个地固(地心固连)坐标系。WGS-84坐标系的基本参数为：

长半轴：$a=6378137\pm2$ m

地球(包含大气层)引力常数：$G_M=(3986005\pm0.6)\times10^8\ \mathrm{m^3/s^2}$

扁率：$f=1/298.257223563$

地球自转角速度：$\omega=(7292115\pm0.150)\times10^{-11}$ rad/s

GPS 卫星为无线电收/发信机、原子钟、计算机及系统工作的各种辅助装置提供了一个平台。24 颗卫星的电子设备支持用户测量该卫星的伪距，而每颗卫星广播的信号则可使用户测定该卫星在任何时刻的空间位置，据此，用户便能确定他们自己的位置。每颗卫星的辅助设备包括两块 7 m^2 太阳能电源帆板和用于轨道调整与稳定性控制的推进系统。所有卫星均有各种识别系统：发射序号、分配的伪随机噪声码（pseudo random noise，PRN）编码、轨道位置编号、NASA（National Aeronautics and Space Administration，美国国家航空航天管理局）产品编号和国际命名等。为避免混乱，并保持与卫星导航电文的一致性，主要使用 PRN 这种识别形式。

GPS 系统的控制部分由 1 个主控站、5 个全球监测站和 3 个地面控制站组成，主要任务是跟踪所有的卫星以进行轨道和时钟测定、预测修正模型参数、卫星时间同步和为卫星加载数据电文等。

GPS 系统的主控站早期位于美国加州范登堡空军基地，现在早已迁到联合空间执行中心（Consolidated Space Operations Centre，CSOC）。该中心位于科罗拉多州斯普林斯的福尔肯空军基地。CSOC 从各监测站收集跟踪数据，计算卫星的轨道和钟参数，然后，将这些结果送到 3 个地面控制站中，以便最终向卫星加载数据。此外，卫星控制和系统工作也是主控站的责任。

GPS 系统的 5 个监测站分别设在夏威夷、科罗拉多州斯普林斯、阿森松岛（南大西洋）、迪戈加西亚岛（印度洋）和夸贾林环礁（中太平洋马绍尔群岛）。监测站均配装有精密的铯钟和能够连续测量到所有可见卫星伪距的接收机。所测伪距每 1.5 s 更新一次，利用电离层和气象数据，每 15 min 进行一次数据平滑，然后发送给主控站。上述跟踪网是为确定广播星历和星钟校正模型的系统。对精密星历，要用另外 5 个地点的数据。

GPS 系统的地面控制站有时也称作地面天线（ground antenna，GA），它们分别与设在阿森松岛、迪戈加西亚岛和夸贾林环礁的监测站共置。地面控制站与卫星之间有通信链路，主要由地面天线组成。由主控站传来的卫星星历和钟参数以 S 波段射频链上行注入各个卫星。以前上行注入是每天 3 次，现在则是每天 1 次或 2 次。如果某地面站发生故障，那么，在各卫星中预存的导航信息还可用一段时间，但导航精度却会逐渐降低。

由于 GPS 具有全天候、全球覆盖和高精度的优良性能，可广泛用于陆、海、空、天各类军民载体的导航定位、精密测量和授时服务，在军事和国民经济各部门，乃至个人生活中，都有着极其广阔的应用前景。实际上，随着微电子和计算机技术的飞速发展，GPS 应用已迅速扩展到国民经济的各行各业，不再局限于传统的导航定位。

近年来，GPS 系统建设的主要进展是：

(1)GPS 系统能力不断提升。随着 GPS 卫星不断升级换代,空间信号精度不断提升,目前达到 0.52 m。

(2)启动新一代 GPS Ⅲ 部署。2020 年 11 月 5 日,成功发射第 4 颗 GPS Ⅲ卫星。共计划发射 10 颗 GPS Ⅲ 和 22 颗 GPS ⅢF 卫星,2034 年完成全面部署。计划 2023 年发射导航技术卫星试验卫星(NTS－3,GEO 卫星),验证弹性 PNT 新概念以及新型原子钟、高增益天线、高功率放大器等新技术,以及基于星间链路的本土操控和自主运行能力,并考虑在 GPS ⅢF 卫星上实施验证后的新技术。

(3)加快广域增强系统(wide area augmentation system, WAAS)升级换代。计划用 3 颗新 GEO 卫星替代 WAAS,同时通过在卫星上提供双频多星座服务、接收机采用先进接收机自主完好性监测(advanced receiver autonomous integrity monitoring, ARAIM)技术实现能力升级。

(4)更加注重 GPS 频谱保护以及兼容与互操作。为保护 GPS 用户免受有害干扰,美国将频谱保护为 ICG 重要议题积极推动,持续推动 GPS 与其他 GNSS 兼容共用。

(5)通过政策发布和更新保障其定位、导航和授时体系发展。2020 年 2 月 12 日,美国总统签署第 13905 号行政命令《通过负责任地使用定位、导航与授时服务来增强国家弹性》,旨在确保 PNT 服务的中断或操纵不会破坏其关键基础设施的可靠性和有效运行。2021 年 1 月 15 日,特朗普政府在卸任前 5 天发布 7 号航天政策令《美国天基定位、导航与授时政策》,用于取代 2004 年版同一名称的政策令,为美国天基 PNT 计划和活动制定行动指南。

GPS 系统已经广泛应用在美国交通部、国土安全局、国防部、国家安全维护等方面。在民用领域,GPS 提供 L1 C/A、L1C、L2C、L5 信号服务,并在门户网站上持续公开发布服务信息,超过 95% 的设备支持 GPS 系统。另外,GPS 注重星基增强系统的建设和应用,已有超过 131000 架美国飞机配备 WAAS 系统。总体来看,GPS 系统通过保持连续可靠服务、鼓励与其他系统互操作、发布和更新保护民用信号及安全使用的系列政策,保持其在 GNSS 应用领域的领导和优势地位。

4. GLONASS 卫星导航系统

GLONASS 是俄罗斯的卫星导航系统。GLONASS 系统 1993 年初始运行,1996 年完成 24 颗卫星的组网部署工作,具备完全运行状态,同年 7 月,俄罗斯交通部提出"民用航空至少 15 年可免费使用",被国际民航组织正式接受。后续由于卫星寿命过短和财务预算削减,卫星数持续走低而系统无法提供正常服务。2001 年后开始对系统进行现代化改造,2011 年后基本恢复完全运行能力。在此期间,俄罗斯分别于 2006 年和 2009 年向 ICAO 提交了 GLONASS 作为全球卫星导航系统核心星座的性能参数。

GLONASS 卫星分布在 3 个轨道面上,每个轨道面上 8 颗卫星。GLONASS

系统的轨道倾角为64.8°,比GPS的(55°)略大。两个系统的轨道都是近圆形的,半径也差不多。

GLONASS和GPS有相似的信号结构。二者皆发射两种频率的信号L1和L2;皆在L1频率上有伪随机码,GPS是C/A码,GLONASS是S码;二者皆用50 b/s发射历书与星历。二者的伪随机码的重复周期为1×10^{-6} s。

GLONASS与GPS的不同之处在于以下两方面。

(1)信号结构有所不同。GPS卫星使用的信号频率相同,而伪随机码不同[码分多址(code division multiple access, CDMA)];GLONASS系统的卫星使用相同的伪随机码,但是频率不同(频分多址, frequency division multiple access, FDMA)。GPS卫星由各自的伪随机码区别开来,它的伪随机码用1~32排号,其中24个由卫星使用;GLONASS卫星由它们各自的轨道信号频率区分,有24个间隔点,用1~24命名。

(2)执行的政策不同。GPS是人为地抖动发射时间来降低C/A码的精度,把P码加密在L1和L2上,密码是保密的,这就是A-S(反电子欺骗)。GLONASS无人为误差,没有加密码。GPS和GLONASS均用历书携带卫星的轨道参数,它告诉接收机每颗卫星的位置。GPS卫星由伪随机码号数通过历书来区分,而GLONASS卫星通过轨道间隔数目来区分。每颗GPS卫星用L1频率1575.42 MHz和L2频率1227.6 MHz发射信号。而GLONASS系统卫星发射信号的L1频率为1602 MHz$+K\times0.5625$ MHz,L2频率为1246 MHz$+K\times0.4375$ MHz,K为频道号数,由历书给出,范围为1~24。

目前,GLONASS系统共有30颗MEO在轨卫星(26颗GLONASS-M和4颗GLONASS-K),其中24颗在轨服务(均为GLONASS-M)。

近年来,GLONASS系统建设的主要进展如下。

(1)加速MEO卫星换代和能力升级。2022年7月7日,俄罗斯成功发射第四颗GLONASS-K卫星,原计划2021年至2023年发射8颗该系列卫星。同步研制GLONASS-K2卫星,计划到2030年完成新一代卫星部署。GLONASS-K2卫星采用2个相控阵天线播发FDMA/CDMA信号,播发3个频点CDMA民用信号,强化与其他系统兼容互操作;配置激光和无线电星间链路以及更高精度原子钟;搭载激光发射器、搜救等载荷。

(2)构建GLONASS混合星座,强化区域能力。计划增加IGSO和GEO卫星,2020年开始拟用3颗Luch-5M GEO卫星,替代差分改正与监测系统SDCM)现有3颗卫星,并在东经160°增加1颗GEO卫星,实现双频多星座区域增强;2025年前,发射6颗IGSO轨道的GLONASS-B卫星,播发3个频点民用CDMA信号,东半球服务性能提高25%,GLONASS-B和GLONASS-K2卫星还将增加精密单点定位服务能力。

(3)地面站数量大幅拓展。GLONASS地面段包括控制中心、8个监测站、3个处理中心、5个注入站和3个激光测距站,同时还建立了全球监测网,包括26个国内站和12个国外站;区域增强站由77个交通部站点和4104个测绘局等站点组成。

GLONASS系统未来的规划主要包括:2020—2030年接收机抗干扰/抗欺骗能力提升路线图,更加注重接收机的抗干扰/抗欺骗能力。以专用接收机为例,从2020年到2030年,抗干扰能力从40 dB提升到90 dB,抗欺骗成功率从0提升至100%。此外,西方因乌克兰事件对俄实施制裁,GLONASS-K系列卫星继2015年发射后,因电子元器件禁运导致该系列卫星发射推迟5年,直到2020年才再次发射,但这从另一侧面证明了俄罗斯积极推动导航卫星电子部件国产化进程取得一定成效。

GLONASS系统应用主要在于其规划的4类不同精度的民用服务,包括5 m的基本开放服务、1 m的星基增强服务、0.1 m的星基精密单点定位服务、0.03 m的地面增强服务。当前,GLONASS已经在俄罗斯得到广泛应用,例如基于GLONASS的联邦汽车运输应急系统(ERA-GLONASS)自2017年起被广泛应用于新的交通设备,大大降低了事故发生率,商业前景广泛;基于GLONASS的货物运输收费系统(PLATON)自2015年开始运行,广泛应用于所有境内高速公路,超过百万辆卡车注册使用,创造了极大的经济价值。未来,随着精度和服务性能的进一步提升,其应用领域将更为广泛和深入,主要包括海上导航、密集市区内的港口航行、精准建筑施工与工程无人机、精准农业、智能交通、智慧城市、内部水路测绘、海/陆架钻探科技等。

5. Galileo卫星导航系统

Galileo(伽利略)卫星导航系统(Galileo satellite navigation system),是由欧盟研制和建立的全球卫星导航定位系统,该计划于1999年2月由欧洲委员会公布,欧洲委员会和欧空局共同负责。该系统原计划2008年建成并投入使用,但实际于2016年12月宣布具备全球初始服务能力。

Galileo卫星导航系统由星座部分、有效载荷、地面监控系统以及区域控制部分组成。它的卫星轨道高度约为2.4×10^4 km,位于3个倾角为56°的轨道平面内。它由30颗同步卫星组成定位网络,能使任何人准确确定自己在地球上的位置,误差不超过1 m。与美国GPS系统不同的是,Galileo卫星导航系统是民用系统,设计目的是广泛地应用于汽车、船只、飞机的导航,以及紧急营救等行动。此外,Galileo卫星导航系统还可兼容美国的GPS系统和俄罗斯的GLONASS系统。

Galileo卫星导航系统体系结构如下。

(1)星座。Galileo卫星导航系统的卫星星座是由分布在3个轨道上的30颗中等高度轨道卫星构成。具体参数:每轨道卫星个数10(9颗工作,1颗备用)、卫星分布轨道面数 3，轨道倾斜角 56°，轨道高度 23616 km，运行周期 14.067 min，卫星寿命 20 a，卫星质量 625 kg，电量供应 1.5 kW，射电频率 1202.025 MHz、1278.750 MHz、1561.098 MHz、1589.742 MHz。

Galileo 卫星导航系统卫星个数与卫星的布置和美国 GPS 系统的星座有一定的相似之处。Galileo 卫星导航系统的工作寿命为 20 年，中等高度轨道卫星星座工作寿命设计为 15 年。这些卫星能够被直接发送到运行轨道上正常工作。每一个 MEO 卫星在初始升空定位时，其位置都可以稍微偏离正常工作位置。

(2)有效荷载。中等轨道卫星装有的导航有效载荷包括如下。Galileo 卫星导航系统所载时钟有铷钟和被动氢脉塞时钟 2 种类型。在正常工作状况下，氢脉塞时钟将被用作主要振荡器，铷钟也同时运行作为备用，并时刻监视被动氢脉塞时钟的运行情况；天线设计基于多层平面技术，包括螺旋天线和平面天线 2 种，直径为 1.5 m，可以保证低于 1.2 GHz 和高于 1.5 GHz 频率的波段顺利发送和接收；Galileo 卫星导航系统利用太阳能供电，用电池存储能量，并且采用了太阳能帆板技术，可以调整太阳能板的角度，保证吸收足够阳光，既减轻卫星对电池的要求，也便于卫星对能量的管理；射频部分通过 50～60 W 的射频放大器将 4 种导航信号放大，传递给卫星天线。

(3)地面部分。地面部分主要完成两个功能：导航控制和星座管理功能以及完好性数据检测和分发功能。

导航控制和星座管理部分由地面控制部分(ground control station, GCS)完成，主要由导航系统控制中心(navigation systems control center, NSCC)、开放时空服务(open spatial service, OSS)工作站和遥测遥控中心(telemetry and telecontrol center, TTC)3 部分构成；其中：OSS 工作站共 15 个，无人监管并且只能接收星座发出的导航电文和星座运行环境数据，并把数据传送到导航系统控制中心，由导航系统控制中心检测和处理；分布在 4 点的遥测遥控系统接收导航系统控制中心中卫星控制设备(satellite control facilities, SCF)提供的导航数据信息，并上传到星座。

完好性数据检测和分发功能主要由欧洲完好性决策系统(European integrity decision-making system, EIDS)完成，EIDS 主要由完好性监视站(integrity monitoring station, IMS)、完好性注入站(integrity upload station, IULS)和完好性控制中心(integrity control center, ICC)3 部分组成。其中，无人照管的完好性监视站网络接收来自星座的 L 波段，用来计算 Galileo 卫星导航系统完好性的原始卫星测量数据；完好性控制中心包括完好性控制设备、完好性处理设备和完好性服务接口，用来接收完好性监视站的数据，并发送数据到完好性注入站，由完好性注入站将数据以 S 波段发送到星座上。GCS 和 EIDS 之间，通过 ICC 和 NSCC 可进行数据通信。

Galileo 卫星导航系统可以为用户提供多种服务。

(1)公开服务。Galileo 卫星导航系统的公开服务能够免费提供用户使用的定位、导航和时间信号。此服务对于大众化应用,比如车载导航和移动电话定位,是很适合的。当用户处在固定的地方时,此服务也能提供精确时间[即协调世界时(coordinated universal time, UTC)]。

(2)商业服务。商业服务相对于公开服务提供了附加的功能,大部分与以下内容相关联:分发在开放服务中的加密附加数据;非常精确的局部微分应用,使用开放信号覆盖 PRS 信号 E6;支持 Galileo 卫星导航系统定位应用和无线通信网络的良好性领航信号。

(3)生命保险服务。生命保险服务的有效性超过 99.9%。Galileo 卫星导航系统和当前的 GPS 系统相结合,或者将来新一代的 GPS 和 EGNOS 相结合,将能满足更高的要求。应用还将包括船舶进港、机车控制、交通工具控制、机器人技术等等。

(4)公众控制服务。公众控制服务将以专用的频率向欧盟提供更广的连续性服务,主要包括用于欧洲国家安全,如一些紧急服务、GMES、其他政府行为和执行法律;一些控制或紧急救援,运输和电信应用;对欧洲有战略意义的经济和工业活动。

(5)局部组件提供的导航服务。局部组件能对单频用户提供微分修正,使其定位精度值小于±1 m,利用 TCAR 技术可使用户定位的偏差在±10 cm 以内;公开服务提供的导航信号,能增强无线电信定位网络在恶劣条件下的服务。

(6)寻找救援服务。Galileo 卫星导航系统寻找救援服务应该和已经存在的 COSPAS - SARSAT 服务对等,和 GMDSS 以及贯穿欧洲运输网络方针相符。Galileo 卫星导航系统将会提高目前的寻找救援工作的定位精度和确定时间。

Galileo 卫星导航系统尚未完全建成。截至 2022 年底,Galileo 卫星导航系统共有 28 颗在轨卫星,全部建成后将有在轨卫星 30 颗,包括 24 颗完全运行能力卫星和 6 颗在轨验证(in-orbit validation, IOV)卫星。

2016 年提供全球初始运行服务以来,Galileo 卫星导航系统的服务能力稳中有升,空间信号精度目前已达 0.25 m。但 Galileo 卫星导航系统及其服务稳定性已经出现多次异常,如 2017 年 1 月,Galileo 卫星导航系统组网卫星上的原子钟出现大规模故障,曾一度对系统安全产生极大威胁;2019 年 7 月,Galileo 卫星导航系统服务中断 117 h;2020 年 12 月,Galileo 卫星导航系统时间发生异常,持续约 3 h。

近年 Galileo 卫星导航系统建设的主要进展在于:

(1)加快发展第二代 Galileo 卫星导航系统(G2G)。2025 年开始发射过渡卫星或第二代卫星,2035 年完成第二代系统部署。届时,将提供更多特色服务,包括高级授时服务、太空服务、高级接收机自主完好性检测服务、紧急警告服务、基于返向链路的创新搜救服务、电离层预测服务等。同时,考虑通过引入低轨“开普勒”

(Kepler)星座去地面化,提升星座自主授时能力和系统服务精度。

(2)管理机构进一步调整强化。欧盟新成立国防工业和太空总司,全面管理伽利略计划,并将Galileo卫星导航系统及其增强系统欧洲地球静止导航重叠服务(European geostationary navigation overlay service, EGNOS)系统列为世界级的太空计划;同时,新成立了欧盟航天计划机构(European Union Agency for the Space Programme, EUSPA),以替代之前的欧洲全球导航卫星系统管理局(European Global Navigation Satellite System Agency, GSA),进一步强化管理。

Galileo卫星导航系统的主要应用特点是系统服务的多样化。Galileo卫星导航系统已提供公开服务、公共特许服务、搜救服务,2020年后逐步增加公开服务信息认证、商业授权服务信息认证、紧急告警、全球20 cm精密单点定位服务等,覆盖高安全、高精度、高效信息播发等不同范畴,以满足各类用户多样化需求。Galileo卫星导航系统已经应用于各行各业,包括航空航天、航海、无人机、汽车、智能手机等。在搜救服务方面,国际搜救组织于2016年12月宣布Galileo卫星导航系统具备搜救早期服务能力。Galileo卫星导航系统可提供基于SAR信标远程激活渔船的服务,即如果一艘渔船在一段时间内未与其船队进行通信,此船就会被远程激活,以便获取此渔船的位置。未来,其搜救服务还将进一步升级,具备返向链路功能。

6. 卫星导航系统的误差分析

目前全球有北斗(BDS)、GPS、GLONASS、Gelileo四大卫星导航系统。它们之间的性能参数对比如表3.1所示。

表3.1 全球四大卫星导航系统对比

名称	BDS	GPS	GLONASS	Galileo
所属国家(地区)	中国	美国	俄罗斯	欧洲
初始运行时间	2020年	1994年	1996年	2016年
组网卫星数量	30颗	24颗	24颗	30颗
功能	定位、导航、授时、短报文、通信、国际搜救	导航、测量、授时	定位、导航、测速、授时	定位、导航、授时、搜救
抗干扰性	强	弱	强	强
覆盖范围	全球	全球(98%)	全球	全球
优势	短报文通信	民用市场占有率高	北极附近定位性能强	非军方控制,实时高精度定位

在北斗导航系统、GPS、GLONASS、Galileo四大卫星导航系统之外,有一定影响力的导航系统还有日本的准天顶卫星系统(quasi-zenith satellite system,

QZSS)、印度的区域导航卫星系统(Indian regional navigation satellite system, IRNSS/Nav IC)等。目前,日本的 QZSS 系统由 3 颗 IGSO 卫星和 1 颗 GEO 卫星提供服务,主要在日本及周边实现对 GPS 的补充和增强,2018 年 11 月开通服务。印度的 Nav IC 系统由 3 颗 GEO 卫星和 4 颗 IGSO 卫星提供服务,覆盖印度及其岛屿周边地区,2016 年已开通服务。

与其他导航系统一样,卫星导航系统也存在误差。卫星导航系统通过测量伪距与伪距率确定载体的位置与速度,与测量过程相关,其主要误差源可分为三类:空间运载体部分的星历误差和星上设备延迟误差,用户系统部分的用户接收机的测量误差、用户计算机的量化误差、用户计算机的计算误差和用户时钟误差,信号传播路径部分的电离层信号传播延迟、对流层信号传播延迟和多路径效应。

在此采用等效测距误差来描述各误差源对伪距测量的影响。

1)空间运载体部分

空间运载体主要是指用来播发基本导航信号的卫星发射机。由于在导航计算中,采用了卫星星历表以及相对于标准时间的时钟,因此在用户的导航定位解算中,将包括卫星星历表误差、卫星设备延迟和时钟误差。

一般地,可将该部分的等效测距误差 δR_s 视为一白噪声。

2)用户系统部分

用户系统部分的误差可以分为测量误差、量化误差、计算误差和时钟误差几种。伪距测量是由用户导航接收机的码跟踪环路提供的。在码跟踪环路设备中,接收机产生的复制码的相位在由一个码位间隔分开的前后两次采样之间抖动,计算复制码互相关函数的差值,这些差值就是对码跟踪的误差测量,而利用这种码跟踪误差的测量可以建立总的相位校正量。然后,把相位校正量送入码跟踪环路的环路滤波器。用户接收机伪噪声码的测量与所选择的码调制方式及其信号品质有关。测量噪声也可视为一白噪声,其方差为

$$\frac{\sigma_m^2}{\Delta^2} = \frac{K_1 B_n}{(C/N_0)} + \frac{K_2 B_i B_n}{(C/N_0)^2} \tag{3.18}$$

式中,σ_m^2 为测量噪声的方差;Δ 为码调制的码元宽度;C/N_0 为载波功率和噪声谱密度之比;B_n 为码跟踪环路的单边噪声带宽;B_i 为非相干码跟踪环路设备的单边中频带宽;K_1、K_2 为码跟踪环路常数,随选择的设计方案而改变。

接收机伪距量化参数的选择是可变的,但所选择的这可变参数对误差不会造成影响。同样可将其视为白噪声。

在任何专用导航计算机上求导航解的计算处理中,都可能引入伪距计算处理误差。计算机计算处理误差源包括有限的计算机码位鉴别能力、数学近似、算法误差以及在计算中执行或固有的计时延迟等。这部分误差可视为白噪声。

用户接收机时钟的误差将会随时间增大,从而使得伪距测量误差随时间增大。

接收机时钟的时间误差表达式为

$$\Delta T(t) = \frac{1}{2}Kt^2 + A_\alpha t + T_0 \tag{3.19}$$

式中，K 为频率漂移率，A_α 为初始频率准确度，T_0 为初始时间偏差。由于弹道导弹的飞行时间很短，接收机时钟的漂移很小可忽略，则用户时钟误差所引起的等效测距误差 δR_{clock} 为

$$\delta R_{clock} = c\Delta T(t) = cA_\alpha t + cT_0$$

式中，c 为光速。

因而用户部分的等效测距误差为 ΔR_u，有

$$\Delta R_u = \delta R_{clock} + v_u \tag{3.20}$$

$$\delta \dot{R}_{clock} = cA_\alpha, \delta R_{clock}(0) = cT_0$$

式中，v_u 为白噪声。

3)信号传播路径部分

信号传播误差可分为电离层引起的码调制延迟、对流层传播延迟误差和多路径传播误差几种。

电离层引起的码调制延迟与沿着卫星和用户接收机之间视线方向分布的电子密度有关。电离层信号传播延迟的典型表达式为

$$\Delta R_d = \frac{-b}{4\pi^2 f^2} I_v \left[\csc(E^2 + 20.3^2)\right]^{1/2} \tag{3.21}$$

式中，ΔR_d 为电离层信号传播延迟(m)，$b=1.6\times10^3$(m-kg-s 单位制常数)，f 为载波频率(Hz)，I_v 为垂直分布的电子密度(电子数/m^2)，E 为仰角(°)。

采用先验的电离层传播延迟数学模型对电离层误差进行补偿后残余误差可视为白噪声。

因未知的折射指数的变化会使信号传播速度与光的传播速度不同，因此对流层有限的传播媒介将引起码的相位延迟误差。这种效应有如下确定的函数关系：

$$D_t = kN(h)\csc(E)$$

式中，k 为环境条件常数，$N(h)$ 为用户对卫星折射函数的线积分，E 为卫星仰角。

采用一种和高度有关的数学模型来补偿基本对流层传播延迟效应，则可以消除绝大部分的传播延迟误差而只留下残余误差项。该误差项可视白噪声。

接收机的伪噪声码调制可以对多路径干扰信号进行非相干抑制(在直接信号传播延迟的一个码元宽度时间内，不出现多路径干扰信号，这是抑制多路径干扰信号的条件)。如果对具体的多路径信号强度、时间延迟以及有关接收机的详细处理功能的相位关系都作分析的话，一般来说太麻烦，而且事实上也难以考虑动态多路径的瞬时或偶尔发生的变化，所以通常将其视为一白噪声。

因而，信号传播路径所引起的等效测距误差可视为一白噪声。

4)卫星测速误差

卫星导航测定速度的基本原理是多普勒效应。多普勒频移与接收机至卫星的距离变化率(径向速度)的关系为

$$\dot{r}^j = c\frac{f_d}{f^j} \tag{3.22}$$

式中,c 为光速,f_d 为多普勒频移量,f^j 为卫星 j 信号的频率。卫星测速的误差与卫星伪距定位的误差有所不同。对于卫星测速,卫星钟差影响非常小,电离层和对流层延迟的影响也很小。卫星测速的主要误差来自卫星三维速度(卫星星历)和频率误差。卫星三维速度的误差对卫星测速的影响与恒星坐标对定位的影响规律相同,直接影响测速精度,即

$$\sigma_{\dot{\rho}_j} = \sigma_{\dot{S}_j} \tag{3.23}$$

式中,$\sigma_{\dot{S}_j}$ 为卫星三维速度的平均均方差,$\sigma_{\dot{\rho}_j}$ 为由 $\sigma_{\dot{S}_j}$ 引起的距离变化误差即速度误差。

伪距误差对定位误差的影响可以用几何误差因子(geometric dilution of precision, GDOP)表示,定位误差为几何误差因子与伪距测量误差的乘积。GDOP 的值与接收机的位置有关。在 GPS 的三种系统误差中,卫星钟差、星历误差与中心站站址误差可归入系统误差中,信号传播误差和各类设备延迟误差可归入测量误差中。系统误差可以在导航电文中给出并予以解算,信号传播误差、用户机的设备延迟及多径效应则难以精确建模获得,只能通过滤波过程予以消除。因此在卫星导航系统定位误差模型中要考虑的量主要是信号传播中的残差和用户接收机观测随机误差,以及与中心站远距离相关的 3 个定位项。卫星导航系统测速的主要误差来自卫星三维速度(卫星星历)和频率误差。与卫星星历相关的误差基本可以从导航电文中消除。不能消除的主要来自卫星接收机时钟和当载体离中心站甚远时,卫星频率稳定度所带来的误差,它可以归结到速度项噪声 $w_{VX\text{GNSS}}$、$w_{VY\text{GNSS}}$、$w_{VZ\text{GNSS}}$ 中。故卫星导航系统的误差模型如下所示:

$$\delta\dot{\boldsymbol{x}}_{\text{GNSS}} = \boldsymbol{F}_{\text{GNSS}}\boldsymbol{\delta x}_{\text{GNSS}} + \boldsymbol{G}_{\text{GNSS}}\boldsymbol{w}_{\text{GNSS}}$$

即

$$\begin{bmatrix} \delta\dot{X}_{\text{GNSS}} \\ \delta\dot{Y}_{\text{GNSS}} \\ \delta\dot{Z}_{\text{GNSS}} \\ \delta\dot{V}_{X\text{GNSS}} \\ \delta\dot{V}_{Y\text{GNSS}} \\ \delta\dot{V}_{Z\text{GNSS}} \end{bmatrix} = \begin{bmatrix} 0 & 0 & 0 & \frac{\Delta r_i}{\rho_i} & 0 & 0 \\ 0 & 0 & 0 & 0 & \frac{\Delta r_i}{\rho_i} & 0 \\ 0 & 0 & 0 & 0 & 0 & \frac{\Delta r_i}{\rho_i} \\ 0 & 0 & 0 & 0 & 0 & 0 \\ 0 & 0 & 0 & 0 & 0 & 0 \\ 0 & 0 & 0 & 0 & 0 & 0 \end{bmatrix} \begin{bmatrix} \delta X_{\text{GNSS}} \\ \delta Y_{\text{GNSS}} \\ \delta Z_{\text{GNSS}} \\ \delta V_{X\text{GNSS}} \\ \delta V_{Y\text{GNSS}} \\ \delta V_{Z\text{GNSS}} \end{bmatrix} + \boldsymbol{G}_{\text{GNSS}} \begin{bmatrix} w_{X\text{GNSS}} \\ w_{Y\text{GNSS}} \\ w_{Z\text{GNSS}} \\ w_{VX\text{GNSS}} \\ w_{VY\text{GNSS}} \\ w_{VZ\text{GNSS}} \end{bmatrix} \tag{3.24}$$

式中，$\boldsymbol{G}_{\mathrm{GNSS}}=\boldsymbol{I}_{6\times 6}$，$\Delta\boldsymbol{r}$ 为载体与中心站之间的距离，ρ 为卫星与中心站之间的距离。

有时为了考虑系统包括接收机部分本身有一定的漂移变化，可以将系统定位误差假定为在一个白噪声分量的基础上，随着工作过程中各种条件发生的慢速漂移。因此，在较为复杂的应用情况下，也可以将卫星系统误差模型写成如下形式：

$$
\begin{bmatrix} \delta\dot{X}_{\mathrm{GNSS}} \\ \delta\dot{Y}_{\mathrm{GNSS}} \\ \delta\dot{Z}_{\mathrm{GNSS}} \\ \delta\dot{V}_{X\mathrm{GNSS}} \\ \delta\dot{V}_{Y\mathrm{GNSS}} \\ \delta\dot{V}_{Z\mathrm{GNSS}} \end{bmatrix} = \begin{bmatrix} -\frac{1}{\tau_{\mathrm{GNSS}}} & 0 & 0 & \frac{\Delta r_i}{\rho_i} & 0 & 0 \\ 0 & -\frac{1}{\tau_{\mathrm{GNSS}}} & 0 & 0 & \frac{\Delta r_i}{\rho_i} & 0 \\ 0 & 0 & -\frac{1}{\tau_{\mathrm{GNSS}}} & 0 & 0 & \frac{\Delta r_i}{\rho_i} \\ 0 & 0 & 0 & -\frac{1}{\tau_{\mathrm{GNSS}}} & 0 & 0 \\ 0 & 0 & 0 & 0 & -\frac{1}{\tau_{\mathrm{GNSS}}} & 0 \\ 0 & 0 & 0 & 0 & 0 & -\frac{1}{\tau_{\mathrm{GNSS}}} \end{bmatrix} \begin{bmatrix} \delta X_{\mathrm{GNSS}} \\ \delta Y_{\mathrm{GNSS}} \\ \delta Z_{\mathrm{GNSS}} \\ \delta V_{X\mathrm{GNSS}} \\ \delta V_{Y\mathrm{GNSS}} \\ \delta V_{Z\mathrm{GNSS}} \end{bmatrix} + \boldsymbol{G}_{\mathrm{GNSS}} \begin{bmatrix} w_{X\mathrm{GNSS}} \\ w_{Y\mathrm{GNSS}} \\ w_{Z\mathrm{GNSS}} \\ w_{VX\mathrm{GNSS}} \\ w_{VY\mathrm{GNSS}} \\ w_{VZ\mathrm{GNSS}} \end{bmatrix} \tag{3.25}
$$

当采用差分导航时，可以得到高精度的观测信息，则可认为卫星导航系统的误差仅来自系统噪声和观测噪声。则此时的卫星导航系统误差模型如下：

$$
\begin{bmatrix} \delta\dot{X}_{\mathrm{GNSS}} \\ \delta\dot{Y}_{\mathrm{GNSS}} \\ \delta\dot{Z}_{\mathrm{GNSS}} \\ \delta\dot{V}_{X\mathrm{GNSS}} \\ \delta\dot{V}_{Y\mathrm{GNSS}} \\ \delta\dot{V}_{Z\mathrm{GNSS}} \end{bmatrix} = \begin{bmatrix} 0 & 0 & 0 & 0 & 0 & 0 \\ 0 & 0 & 0 & 0 & 0 & 0 \\ 0 & 0 & 0 & 0 & 0 & 0 \\ 0 & 0 & 0 & 0 & 0 & 0 \\ 0 & 0 & 0 & 0 & 0 & 0 \\ 0 & 0 & 0 & 0 & 0 & 0 \end{bmatrix} \begin{bmatrix} \delta X_{\mathrm{GNSS}} \\ \delta Y_{\mathrm{GNSS}} \\ \delta Z_{\mathrm{GNSS}} \\ \delta V_{X\mathrm{GNSS}} \\ \delta V_{Y\mathrm{GNSS}} \\ \delta V_{Z\mathrm{GNSS}} \end{bmatrix} + \boldsymbol{G}_{\mathrm{GNSS}} \begin{bmatrix} w_{X\mathrm{GNSS}} \\ w_{Y\mathrm{GNSS}} \\ w_{Z\mathrm{GNSS}} \\ w_{VX\mathrm{GNSS}} \\ w_{VY\mathrm{GNSS}} \\ w_{VZ\mathrm{GNSS}} \end{bmatrix} \tag{3.26}
$$

3.4.3 UWB 定位

UWB 和后面介绍的 ZigBee 等几种定位方法都属于基于无线传感器网络的定位方法。因此下面首先对无线传感器网络作一简要介绍。

1. 无线传感器网的测距与定位

无线传感器网络（wireless sensor networks，WSN）是一类智能网络系统，是由大量尺寸小、价格低廉、通信和计算能力有限的传感器部署于特定区域，通过自组织的方式形成的监测网络。它能够实时采集环境信息，将观测数据回传至互联网或者用户终端。无线传感器网络具有无线信息传输和节点自组织建网等功能，能够在复杂的环境下，远程、智能地获取大量数据。随着传感器管理技术、无线通信技术和目标协同探测与跟踪等技术的不断发展，无线传感器网络的应用扩大了人类感知环境的范围和增强对信息的处理能力，加深了物理世界、信息世界和人类社会之间的联系。

无线传感器网络主要采用基于测距的定位方法。其主要原理是，通过测量信号传播时间、信号接收角度、接收信号强度等相关参数，利用映射关系将测量参数转化为节点间的距离，实现距离估算，采用合适的定位算法完成定位。当前无线定位算法测距阶段的测量方法有 TOA、TDOA、AOA、RSSI 等，本质上这些方法与 3.4.1 节中介绍的方法是一致的。而常用的定位算法有最小二乘法、极大似然估计法、DV-Hop 定位算法、几何加权质心定位算法、APIT 定位算法等。

基于到达时间(time of arrival，TOA)的定位方法主要通过测距信号的传播时延来测算未知节点与信标节点之间的距离。根据信号传播方向，TOA 又可以分为单向和双向两种方式。测量过程中记录信号发送时间为 T_1，到达时间为 T_2，信号的传播时间即为接收时间与发送时间之差 $\Delta T = T_2 - T_1$。在得到信号传播时间之后，利用速度、时间与距离之间的关系，可以求出两节点间的距离：$R = \Delta T c$。

通过上述方法获取到节点间距离，然后通过计算即可求出未知节点的坐标。以三边定位算法为例，在已知 3 个信标节点位置的情况下，以信标节点为圆心，以节点间距离为半径作圆，可以用 3 个圆的交点确定未知节点位置，这种定位算法被称为三边测量法。三边测量法是无线定位系统常用的算法之一。

TOA 方式需要节点之间实现严格的时间同步，会增加设备的能耗和成本，因此在无线传感器网络定位中的应用并不广泛，更多应用在对精度要求较高的场景。

在基于到达时间差(time difference of arrival, TDOA)的测距技术中，发射端设备同时发射两种不同传播速度的信号，接收端设备在接收到两种信号后，根据到达时间差异和已知信号各自的传播速度，把时间转化为距离，计算出信号的传播距离，实现测距的目的。与 TOA 相比，利用时间差的 TDOA 无需进行节点间的时间同步，降低了实现难度，是一种在无线传感器网络中应用较多的方法。通常在无线传感器节点上集成 RF 收发模块和超声波发生装置两种信号发生器，利用电磁波与超声波的巨大速度差实现定位。

TDOA 定位在 TOA 基础上做出了改进，精度较高，能够达到厘米级别，但是引入新的硬件设备，增加了部署定位系统的成本，并且超声波受到非视距(non-line of sight, NLOS)传播影响严重，在障碍物较多的环境中定位精度会降低。

基于 RSSI 测距也是测距技术的一种实现方式。接收信号强度(received signal strength indication，RSSI)是无线物理层用于判断链路质量的指标。通常是在一定时间内对接收信号的功率进行积分，得到一个平均值作为信号强度，CC2530 无线模块中一般取 128 μs 内的平均值。信号强度与距离 d 之间存在一定的对应关系：距离越远信号强度越小，且曲线降低的趋势越来越平缓。这种关系可以通过无线信号路径损耗模型加以描述。

RSSI定位的基本过程是：首先采集信号强度值，然后根据 d_0 信号传输模型和RSSI值估计距离，再根据距离和参考节点坐标，最后利用算法对未知节点进行定位。在定位中，基于 RSSI 测距需要事先建立可以准确反映信号强度-距离关系的信号传输模型。研究人员通过观察 RSSI 随距离的变化情况，提出了很多路径损耗模型。大量研究表明，在实际环境中比较符合无线信号传播损耗规律的是对数-正态分布损耗模型：

$$P_{\mathrm{r}}(d) = P_{\mathrm{r}}(d_0) - 10\eta \lg \frac{d}{d_0} + X_{\delta} \tag{3.27}$$

式中，$P_{\mathrm{r}}(d)$ 是在距离信号源 d 处的接收信号强度，单位为 dB；$P_{\mathrm{r}}(d_0)$ 是在参考点 d_0 处的信号强度；η 是路径衰减系数；X_{δ} 是以 δ 为方差的正态分布，表示环境对接收信号强度的影响。由于环境对无线信号的干扰，测量的 RSSI 值通常具有较大误差，因此，通过三边测量法，难以求解准确的位置坐标，所以，基于 RSSI 定位算法更多采用的是最小二乘法、质心法和加权质心法来估算未知节点的位置。

RSSI具有测距原理简单，算法易于实现，硬件成本低等优点。但是由于 RSSI 测量数值的精确程度有限，目前在实际场景中应用 RSSI 定位技术，仍然面临着如何进一步提高定位精度的问题。

对 WSN 定位的评价体系主要包括以下几项。

(1)精度。通常利用计算得出的位置坐标与实际坐标的接近程度来表示精度，它是定位系统的关键评价指标之一，可以用坐标距离误差值的大小来表示。

(2)规模。定位系统的规模指定位信号覆盖区域的范围大小，在实际应用场景中，可能需要在一个房间、一个停车场、一栋大楼内部署定位系统，定位系统可以在不同环境下实现定位。通常来讲，在硬件设施不增加的情况下，规模扩大会导致精度降低，所以在给定精度的情况下可以覆盖的范围也是需要考虑的系统评价指标。

(3)节点密度。通常用网络节点平均连通度来表示节点密度。对于特定算法来说，定位精度一般会随着节点密度的增大而提高，但是节点密度的增加也意味着系统成本提高，不利于定位系统的大规模部署应用。所以，目前面临的一个重要问题是如何在不影响定位精度的前提下尽可能降低节点密度。

(4)功耗和代价。WSN 节点使用电池供电，在定位系统研究设计过程中需要考虑到整体功耗，尽量延长电池使用时间。代价可以从不同角度分为资金代价、时间代价和空间代价。资金代价表示部署设备的总成本，时间代价表示系统从建设到运行所需的时间，空间代价表示所需硬件节点的总数量。

2. UWB 的基本概念

超宽带(ultra-wideband，UWB)技术是一种使用 1 GHz 以上带宽且无需载波的无线通信技术。虽然是无线通信，但其通信速度可以达到几百 Mb/s 以上。由于不需要价格昂贵、体积庞大的中频设备，UWB 冲激无线电通信系统的体积小且成本低。而 UWB 系统发射的功率谱密度可以非常低，甚至低于美国联邦通信委员会 (Federal Communications Commission, FCC)规定的电磁兼容背景噪声电平，因此短距离 UWB 无线电通信系统可以与其他窄带无线电通信系统共存。

超宽带无线电中的信息载体为脉冲无线电。脉冲无线电是指采用冲激脉冲(超短脉冲)作为信息载体的无线电技术。这种技术的特点是，通过对非常窄(往往小于 1 ns)的脉冲信号进行调制，以获得非常宽的带宽来传输数据。

UWB 的定义经历了三个阶段。第一阶段：1989 年前，UWB 信号主要是通过发射极短脉冲获得，这种技术广泛用于雷达领域并使用脉冲无线电这个术语，属于无线载波技术。第二阶段：1989 年，美国国防高级研究计划署(Defense Advanced Research Projects Agency, DARPA)首次使用 UWB 这个术语，并规定若一个信号在衰减 20 dB 处的绝对带宽大于 1.5 GHz 或相对带宽大于 25%，则这个信号就是 UWB 信号。第三阶段：为了促进并规范 UWB 技术的发展，2002 年 4 月 FCC 发布了 UWB 无线设备的初步规定，并重新对 UWB 作了定义。按此定义，UWB 信号的带宽应大于或等于 500 MHz，或其相对带宽大于 20%。这里相对带宽的定义为

$$\frac{f_H - f_L}{f_c}$$

式中，f_H、f_L 分别为功率较峰值功率下降 10 dB 时所对应的高端频率和低端频率，f_c 是信号的中心频率，$f_c = (f_H + f_L)/2$，如图 3.28 所示。

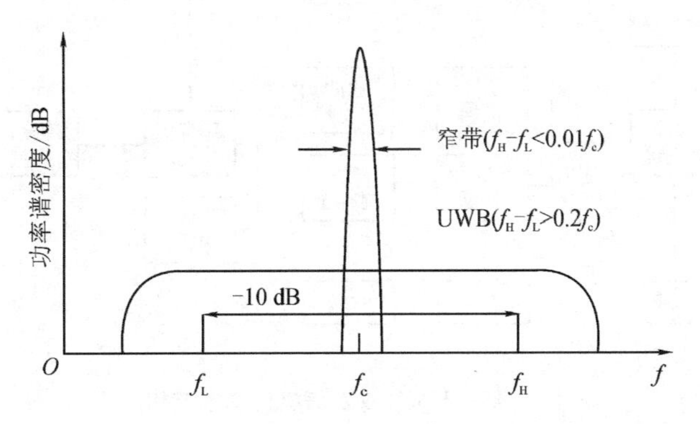

图 3.28　超宽带信号与窄带信号的比较

UWB 的主要特点是：

(1)结构简单；

(2)隐蔽性好，保密性强；

(3)功耗低；

(4)多径分辨力强；

(5)数据传输率高；

(6)穿透能力强,定位精确；

(7)抗干扰能力强。

UWB无线通信的调制方式有两种:传统的基于脉冲无线电方式和非传统的基于频域处理方式。其中传统的基于脉冲无线电的调制方式又包括脉冲位置调制、脉冲幅度调制等。

UWB系统中,通常使用的是面天线,它的特点是能产生对称波束,可平衡UWB馈电,因此它能够保证比较好的波形。目前,UWB系统天线设计还处于研究阶段,没有形成有效的统一数学模型。

3. UWB的定位原理与方法

基于接收信号时间(time of arrival, TOA/time difference of arrival, TDOA)的方法是UWB定位的主要方法。相对于其他两种方法,TOA方法的优势在于其定位精度高,可以充分利用UWB超宽带宽的优势,而且最能体现出UWB信号时间分辨率高的特点。

UWB信号的传播延时是发射信号到信号被接收后的时间差。UWB系统的收发信机设计如图3.29所示。

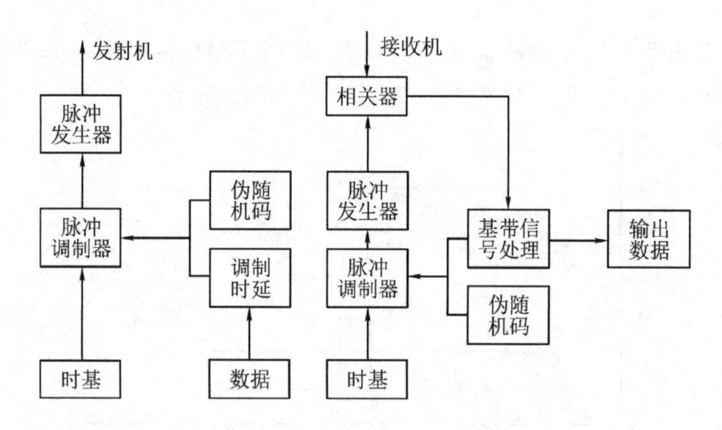

图3.29 UWB收发信机的基本结构

UWB信号的时延估计主要是相关函数法。相关函数法是最基本的时延估计算法,用来检测两路信号的相关程度。在UWB系统中,相关接收机中会保留一定时长的脉冲信号,用来检测接收的信号。当接收机与发射机时钟同步时,就可以用相关函数法来检测信号的时延值。用相关函数法估计信号到达时间的系统框图如图3.30所示。

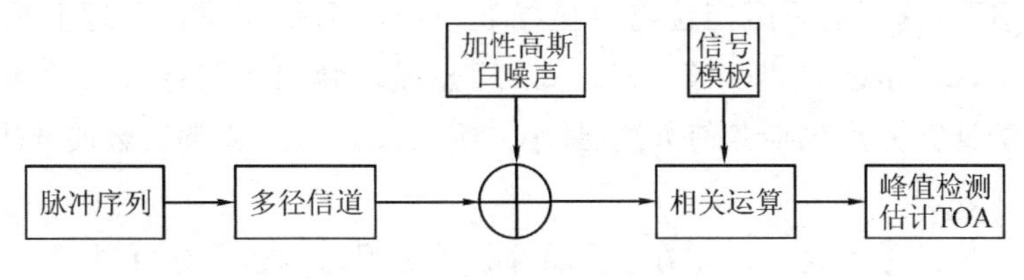

图 3.30　相关函数法系统框图

如果发送的脉冲序列为

$$s_{tx}(t) = \sum_{j=0}^{N-1} p(t - jT_f)$$

式中，$p(t)$ 为 UWB 脉冲，T_f 为帧周期，N 为发送序列中脉冲个数，则经过多径信道后，接收信号表示为

$$s_{rx}(t) = s_{tx}(t) * h(t) + w(t)$$

式中，$w(t)$ 为零均值加性高斯白噪声，通常情况下，认为在一个符号周期内信道是非时变的。

在传统的相关函数算法中，对接收信号作相关运算，有

$$R(t) = \int_0^{T_f} s_{rx}(t) p(t - \tau) d\tau$$

对该式进行峰值检测，即检测信号 $R(t)$ 的最大值所对应的时间，即为所要的时延估计值。由于存在噪声，所以要进行多次试验，最后对每次估计的时延结果进行平均计算来提高估计性能。

UWB 信号时延估计方法还有三阶累积量方法、四阶累积量方法、MUSIC 方法等。三阶累积量方法可以解决相关函数法对高斯噪声敏感的问题，而且对相关高斯噪声同样有效，这主要是因为高斯噪声的三阶累积量理论上为 0。MUSIC 方法是一种高分辨率的信号到达时间估计方法，实验证明，使用 MUSIC 方法能够在多径成分密集的情况下，解决传统相关算法中多径分辨率低的问题，也能解决三阶累积量法和四阶累积量法不能分辨更多多径的问题。

UWB 定位算法中位置的估计就是求解定位方程组以获得目标所在位置坐标的过程。在获得信号的传输时间 TOA 后，可以根据球型定位模型建立方程组，三维定位至少需要 4 个参考节点，从而需要建立 4 个方程。在笛卡儿坐标系中，设参考节点 i 的坐标位置为(x_i, y_i, z_i)，目标节点坐标位置为(x, y, z)，则根据每个参考节点到目标节点的距离可得出 4 个方程：

$$\sqrt{(x - x_i)^2 + (y - y_i)^2 + (z - z_i)^2} = ct_i \quad i = 1,2,3,4$$

式中，c 是光速，t_i 为信号传输到第 i 个参考节点的传输时间，也就是 TOA。

可以看到，这里的测距定位与卫星导航系统的测距定位在原理上是一致的。因为(x_i,y_i,z_i)是已知的，求解出(x,y,z)，也就求解出了目标节点的坐标位置。可以采用的计算方法包括几何方法、最小二乘法、DFP 法、泰勒级数展开法等。

1)几何方法

几何方法又称为直接计算方法。将非线性方程组两边平方可得

$$\begin{cases}(x-x_1)^2+(y-y_1)^2+(z-z_1)^2=c^2t_1^2\\(x-x_2)^2+(y-y_2)^2+(z-z_2)^2=c^2t_2^2\\(x-x_3)^2+(y-y_3)^2+(z-z_3)^2=c^2t_3^2\\(x-x_4)^2+(y-y_4)^2+(z-z_4)^2=c^2t_4^2\end{cases}$$

根据方程组可解得两组解，但是其中仅有一个点为待定位的目标节点，如果其中一个点坐标无物理意义或超出了待定位区域，可以舍去该点；如果求出的两个点坐标都是合理的且距离较近，可以选取该两点的中心位置作为待定位的目标节点的坐标值。

2)最小二乘法

当时延估计中存在误差时，几何方法仍然适用，因为目标节点的位置是通过直接计算获得的。但此时需要一种更好的定位方法中进行统计。当存在测量误差时，多个球面、多个双曲面相交时存在多个交点，因此，通过统计方法能够获得比较理想的解。

一般而言，从 N 个参考节点接收到的信号向量$\boldsymbol{r}_m$可以建模为

$$\boldsymbol{r}_m=C(\boldsymbol{\theta}_s+\boldsymbol{n}_m)$$

其中，$\boldsymbol{n}_m$为测量的噪声向量，并设该噪声向量均值为 $\mathbf{0}$，协方差矩阵为待估计的参数向量。

求解上式的一种典型方法为最小二乘估计方法：

$$f(\hat{\boldsymbol{\theta}}_\mathrm{s})=[\boldsymbol{r}_\mathrm{m}-C(\hat{\boldsymbol{\theta}}_\mathrm{s})]^\mathrm{T}[\boldsymbol{r}_\mathrm{m}-C(\hat{\boldsymbol{\theta}}_\mathrm{s})]$$

$C(\boldsymbol{\theta}_\mathrm{s})$为未知参数向量 $\boldsymbol{\theta}_\mathrm{s}$ 的非线性函数，一种比较直接的求解方法为使用梯度下降法迭代搜索函数的最小值。使用该方法需要给出目标位置的初始估计，然后根据下式进行更新：

$$\hat{\boldsymbol{\theta}}_\mathrm{s}^{(k+1)}=\hat{\boldsymbol{\theta}}_\mathrm{s}^{(k)}-\boldsymbol{\delta}\nabla f(\hat{\boldsymbol{\theta}}_\mathrm{s}^{(k)})$$

其中 $\boldsymbol{\delta}=\mathbf{diag}(\delta_x,\delta_y,\delta_z)$为步长矩阵，$\hat{\boldsymbol{\theta}}_\mathrm{s}^{(k)}$ 为第 k 次估计值，$\nabla=\partial/\partial\boldsymbol{\theta}$ 指对向量进行求导。

3)DFP 法

DFP 法(Davidon-Fletcher-Powell algorithm)是一种拟牛顿算法，是由戴维敦(Davidon)、弗莱彻尔(Fletcher)、鲍威尔(Powell)三个人的名字的首字母命名的，

是求解非线性优化问题最有效的方法之一。

设目标函数定义为

$$f(p) = \sum_{i=1}^{k} \left(\sqrt{(x-x_i)^2+(y-y_i)^2+(z-z_i)^2}-r_i\right)^2$$

式中，k 为参考节点数日，r_i 为第 i 个参考节点到目标节点的距离，(x,y,z) 为目标节点的位置坐标。显然，目标函数为所有参考节点到目标节点测距误差的 2 次方和。优化的目标是求目标函数的最小值。

4)泰勒级数展开法

为了将式 $\boldsymbol{r}_{\mathrm{m}}=C(\boldsymbol{\theta}_{\mathrm{s}}+\boldsymbol{n}_{\mathrm{m}})$ 表示的问题转换为最小二乘问题，可以通过泰勒级数展开法将非线性函数 $C(\boldsymbol{\theta}_{\mathrm{s}})$ 线性化，将 $C(\boldsymbol{\theta}_{\mathrm{s}})$ 在初始位置 $\boldsymbol{\theta}_0$ 处进行泰勒级数展开得到

$$C(\boldsymbol{\theta}_{\mathrm{s}}) \approx C(\boldsymbol{\theta}_0) + H(\boldsymbol{\theta}_{\mathrm{s}} - \boldsymbol{\theta}_0)$$

式中，H 为矩阵 $C(\boldsymbol{\theta}_{\mathrm{s}})$ 的雅可比行列式。则得到 $\boldsymbol{\theta}_{\mathrm{s}}$ 的最小二乘解为

$$\hat{\boldsymbol{\theta}}_{\mathrm{s}} = \boldsymbol{\theta}_0 + (\boldsymbol{H}^{\mathrm{T}}\boldsymbol{H})^{-1}\boldsymbol{H}^{\mathrm{T}}[\boldsymbol{r}_{\mathrm{m}} - C(\boldsymbol{\theta}_0)]$$

在下一次递归中，令 $\boldsymbol{\theta}_0=\boldsymbol{\theta}_0+\hat{\boldsymbol{\theta}}_{\mathrm{s}}$，重复以上过程，直到 $\hat{\boldsymbol{\theta}}_{\mathrm{s}}$ 足够小，满足设定的门限：

$$\| \hat{\boldsymbol{\theta}}_{\mathrm{s}} \| < \varepsilon$$

其他形式的 UWB 定位还包括：24 GHz UWB 定位、调频连续波 UWB 定位、声学超宽带定位及其推广等。在此不再赘述。

目前主要的 UWB 定位系统有 Ubisense 7000 系统、Localizers 系统、Sapphire 系统等。UWB 系统在定位应用研究的主要方向包括 UWB 定位的精确性和实时性、高精度定位时的压缩感知、复杂场景下的 UWB 定位与通信功能集成、认知 UWB 定位与无缝定位等。

4. UWB 测距与定位的误差分析

与其他无线电定位方式相同，UWB 系统的定位误差也主要来自其测距的误差。在此仅讨论基于 TOA 的 UWB 测距与定位技术的误差来源。它主要包括以下几种。

(1)时钟同步精度：TOA 估计需要目标节点与参考节点之间精确的时间同步，TDOA 估计需要参考节点之间精确的时钟同步。因此，非精确的时间同步将导致 UWB 系统的定位误差。但由于硬件的局限，完全精确的时钟同步不可能。

(2)多径传播：TOA 估计算法中，经常用匹配滤波器输出最大值的时刻或相关最大值的时刻作为估计值。由于多径的存在，使相关峰值的位置有了偏移，从而估计值与实际值之间存在很大误差。

(3)非视距传播(NLOS)：视距(LOS)传播是得到准确的信号特征测量值的必

要条件，当两个点之间不存在直接传播路径时，只有信号的反射和衍射成分能够到达接收端，此时第一个到达的脉冲的时间不能代表 TOA 的真实值，存在非视距误差。

(4)多址干扰：在多用户环境下，其他用户的信号会干扰目标信号，从而降低了估计的准确性。减小这种干扰的一种方法就是把来自不同用户的信号从时间上分开，也即对不同节点使用不同的时隙进行传输。

3.4.4 ZigBee 定位

ZigBee 一词来源于蜜蜂，蜜蜂通过 Zig Zag 字形舞蹈与同伴通信传递花粉的位置、方向、距离等信息，由于蜜蜂体积小，所需能量小，能传输信息等特点与该技术相吻合，所以将其命名为 ZigBee。

ZigBee 是一种新兴的短距离、低功耗、低速率、低成本、低复杂度的无线网络技术，具有 IEEE 802.15.4 强有力的无线物理层所规定的全部优点：省电、简单、成本低。ZigBee 增加了逻辑网络、网络安全和应用层；它的主要应用领域包括无线数据采集、无线工业控制、消费性电子设备、汽车自动化、家庭和楼宇自动化、医用设备控制、远程网络控制等场合。并且 ZigBee 无线可使用的频段有 3 个，分别是 2.4 GHz 的 ISM 频段、欧洲的 868 MHz 频段以及美国的 915 MHz 频段，而不同频段可使用的信道分别是 16、1、10 个。在中国采用 2.4 GHz 频段，是免申请和免使用费的频率。ZigBee 技术优势在于：

(1)数据传输速率低：数据传输率为 10 kb/s～250 kb/s，适用于低传输应用。

(2)功耗低：在低功耗待机模式下，两节普通五号电池可使用 6～24 个月。

(3)成本低：ZigBee 数据传输速率低，协议简单，所以大大降低了成本。

(4)网络容量大：网络可容纳 65000 多个设备。

(5)时延短：典型搜索设备时延为 30 ms，休眠激活时延为 15 ms，活动设备信道接入时延为 15 ms。

(6)网络的自组织、自愈能力强，通信可靠。

(7)数据安全。

(8)工作频段灵活：使用频率为 2.4 GHz、868 MHz 和 915 MHz，均为免执照的频段。

1. ZigBee 定位系统的组成

为了能够在实际环境中使用算法完成精确定位，需要完成基于 ZigBee 的 WSN 系统设计，或在基本 ZigBee 网络配置的基础上进行改进。下面是一种定位系统总体设计方案。

1) 系统设计要求及功能

(1) 实现网络中未知节点定位。通过节点间自组建的 ZigBee 网状网络，使用网络中的参考节点信息，结合改进定位算法，确定未知节点的具体位置。

(2) 突发事件处理。如果监测环境内发生突发事故，可根据节点定位系统上显示的位置，有针对性地采取措施，为事故的处理提供依据。

(3) 获取监测环境内的重要环境信息。通过定位系统实时检测环境中的温湿度、烟雾、PM2.5、甲醛、CO_2、VOCs(valatile organic compounds，挥发性有机物)等，了解分析环境变化情况，进行相应处理。

(4) 节点效用最大化。通过定位系统实时获取监测环境内节点的分布情况，并根据具体的任务需求调整节点的配置，使资源利用最大化。

(5) 信息存储及查看。该系统能够存储一个月内检测的重要数据，且控制中心可以随时查看并提取数据，为环境分析提供依据。

2) 定位系统总体架构

ZigBee 定位系统总体架构如图 3.31 所示。

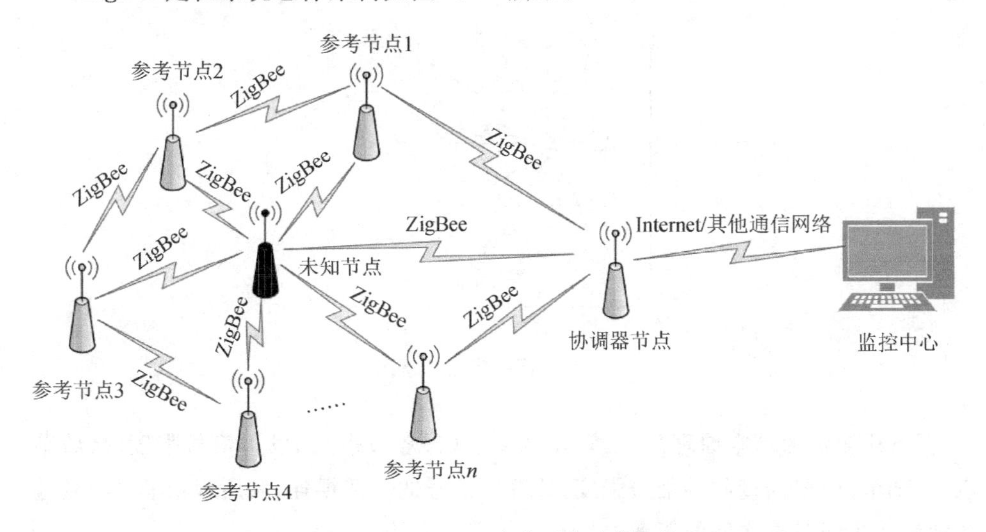

图 3.31　ZigBee 定位系统总体架构

基于 ZigBee 的 WSN 定位系统在整体结构上可以分为两个部分：一是 ZigBee 无线定位系统模块，主要包括未知节点、协调器节点和参考节点这三类节点，节点之间组成网状网络并通过 ZigBee 通信；二是监控中心模块，主要方便用户管理和实时监控。这两部分通过协调器连接起来，构成整个 WSN 定位网络系统。

3) 节点设计

节点是 WSN 定位系统的核心部分，主要根据 ZigBee 技术设计传感器节点硬件部分，再根据改进算法在 Z－Stack 协议栈中分别设计三类节点的软件部分。其中，硬件部分主要采用底板＋核心板模块组合设计，便于更换 PA 模块或天线模块；硬件部分需要有多种传感器接口，即插即用，有效避免了短路帽拔插的问题；硬件部分应能支持 OLED 显示，并可在线调试 LCD 显示；硬件部分还需要引出所有 I/O 口，方便调试和外接模块。软件部分主要依据 RSSI 定位改进算法的实现过程，按照三类节点的功能及所要完成的任务分别在 Z－Stack 中进行设计。

2. 基于 ZigBee 的 RSSI 测距原理

下面以 Chipcon 公司的 ZigBee 无线通信模块 CC2431 为例介绍基于 ZigBee 的 RSSI 测距原理。CC2431 模块集成了基于 RSSI 的定位引擎，采用了摩托罗拉(Motorola)基于 RSSI 的定位方法。图 3.32 为网络定位的简单示意图，这里用 *XOY* 表示全局坐标系。参考节点是位置已知的静态节点，用来发射信号；未知节点是 CC2431，它从参考节点接收信号，读出各自的 RSSI 值，并经定位引擎处理可得到未知节点的位置。

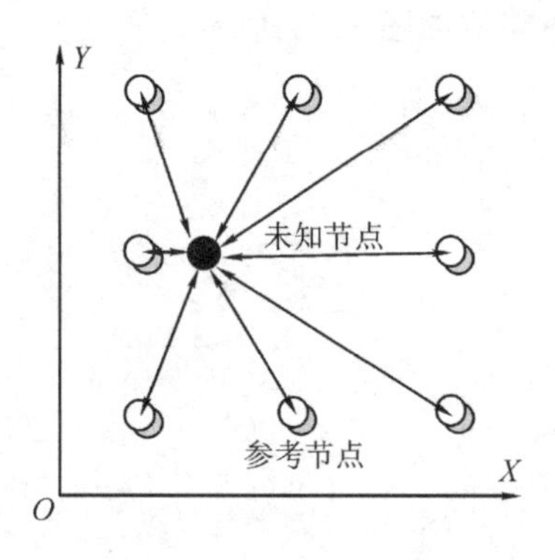

图 3.32　网络定位示意图

RSSI 测距的基本原理是：已知发射节点（参考节点）的发射信号强度，接收节点（未知节点）根据接收的信号强度，计算出信号的传播损耗，利用理论模型将传输损耗转化为两节点之间的距离。

接收信号强度是发射节点和接收节点之间距离的函数，且与发射节点发射能量有关，它随着距离的增加而减小。CC2431 的接收信号强度和距离的理论模型可以表示为

$$\mathrm{RSSI}=-(10n\lg d+A) \tag{3.28}$$

式中，RSSI 为接收信号强度；n 为信号传输常数，取值在 15～25 之间测距效果较好；d 为接收节点距发射节点的距离；A 为接收节点距发射节点 1 m 处的接收信号强度，通常取值为 -45。可以注意到，式(3.28)是式(3.27)的简化形式。

在得到未知节点和每一个参考节点之间相对精确的距离 d 后，利用测量学中的空间距离后方交会法，可以求得未知节点的位置。未知节点是在以参考节点为球心，以 d 为半径的球面上，当得到未知节点与 3 个参考节点之间的距离时，就可以求出 3 个球面相交的点，即未知节点。

在实际应用中，为了得到更为精确的定位结果，引入了传输距离误差 $\Delta\rho$，假设参考节点的空间位置为(x_i, y_i, z_i)，定位节点的空间位置为(x_u, y_u, z_u)，未知节点和参考节点之间的距离为 d_i，得到方程组：

$$\begin{cases} d_1 = \sqrt{(x_1 - x_u)^2 + (y_1 - y_u)^2 + (z_1 - z_u)^2} + \Delta\rho \\ d_2 = \sqrt{(x_2 - x_u)^2 + (y_2 - y_u)^2 + (z_2 - z_u)^2} + \Delta\rho \\ \vdots \\ d_n = \sqrt{(x_n - x_u)^2 + (y_n - y_u)^2 + (z_n - z_u)^2} + \Delta\rho \end{cases} \tag{3.29}$$

为求解方程，至少需要 4 个参考节点。对式(3.29)进行线性化处理，然后将式(3.29)在近似位置 $(\hat{x}_u, \hat{y}_u, \hat{z}_u)$ 处展开成线性方程，写成矩阵形式为

$$\begin{bmatrix} \Delta d_1 \\ \Delta d_2 \\ \vdots \\ \Delta d_n \end{bmatrix} = \begin{bmatrix} a_{x1} & a_{y1} & a_{z1} & 1 \\ a_{x2} & a_{y2} & a_{z2} & 1 \\ \vdots & \vdots & \vdots & \vdots \\ a_{xn} & a_{yn} & a_{zn} & 1 \end{bmatrix} \begin{bmatrix} \Delta x_u \\ \Delta y_u \\ \Delta z_u \\ -\Delta\rho \end{bmatrix} \tag{3.30}$$

式中：

$$\hat{\boldsymbol{r}}_i = \sqrt{(x_i - \hat{x}_u)^2 + (y_i - \hat{y}_u)^2 + (z_i - \hat{z}_u)^2};$$

$$a_{xi} = \frac{x_i - \hat{x}_u}{\hat{r}_i};$$

$$a_{yi} = \frac{y_i - \hat{y}_u}{\hat{r}_i};$$

$$a_{zi} = \frac{z_i - \hat{z}_u}{\hat{r}_i}。$$

令

$$\Delta \boldsymbol{d} = [\Delta d_1 \quad \Delta d_2 \quad \cdots \quad \Delta d_n]^{\mathrm{T}},$$

$$\Delta \boldsymbol{x} = [\Delta x_u \quad \Delta y_u \quad \Delta z_u \quad -\rho]^{\mathrm{T}},$$

$$\boldsymbol{H} = \begin{bmatrix} a_{x1} & a_{y1} & a_{z1} & 1 \\ a_{x2} & a_{y2} & a_{z2} & 1 \\ \vdots & \vdots & \vdots & \vdots \\ a_{xn} & a_{yn} & a_{zn} & 1 \end{bmatrix},$$

则式(3.30)可写成如下形式：

$$\Delta \boldsymbol{d} = \boldsymbol{H}\Delta \boldsymbol{x}, \text{即 } \Delta \boldsymbol{x} = \boldsymbol{H}^{-1}\Delta \boldsymbol{d} \tag{3.31}$$

当参考节点多于4个时，方程(3.31)为矛盾方程，计算方法改为

$$\Delta \boldsymbol{x} = [\boldsymbol{H}^{\mathrm{T}}\boldsymbol{H}]^{-1}\boldsymbol{H}^{\mathrm{T}}\Delta \boldsymbol{d} \tag{3.32}$$

式(3.32)是采用最小二乘法进行迭代计算，先从定位节点位置和传输距离误差的大概值开始，然后逐步精确到计算结果满足测量要求并将此值作为定位的最终结果。该方法求解的优点是在利用计算机求解时，可以尽可能多地利用各种有价值的信息，减小求解过程中引入的误差。

3. ZigBee 定位系统的误差分析

ZigBee 技术定位的原理是一种基于距离的定位方法，RSSI 值是影响 d 值的唯一因素，而 RSSI 值易受外界环境的干扰，实际中影响系统定位精度的因素包括温度、湿度、风速、参考节点间距离和网络的拓扑结构等。其中的温度、湿度和风速等是外界环境决定的，且这些条件相对稳定，所造成的影响几乎可以忽略不计。在室内环境中，射频传播信号中存在一些结构现象(如干扰、物体变化、多路径)，应仔细采集 RSSI_i，以尽量减小距离 $d_i(i = 1,2,\cdots,n)$ 计算的误差。因此，一般来说，主要的影响因素是网络的拓扑结构和参考节点间的距离。通常需要着重从这两个方面考虑优化系统的定位误差。为了简化模型和分析的复杂度，可以误差分解成横向和纵向，计算不同方向的误差趋势并提高其精度。

3.4.5 RFID 定位

射频识别技术(radio frequency identification，RFID)是20世纪90年代开始兴起的一种自动识别技术，它利用射频信号通过空间耦合(交变磁场或电磁场)实现无接触信息传递并通过所传递的信息达到识别的目的。基本的 RFID 系统至少包含阅读器(reader)和标签(tag)。RFID 标签由芯片与天线组成，每个标签具有唯一的电子编码。标签附着在物体上以标识目标对象。RFID 阅读器的主要任务是控制射频模块向标签发射读取信号。并接收标签的应答，对标签的识别信息进行处理。

1. RFID 定位的工作原理与系统组成

基本的 RFID 系统由三部分组成，分别是电子标签、阅读器以及计算机控制系统，如图3.33所示。用户通过计算机向阅读器发送读取信号命令后，阅读器通过天线向外发射射频信号。当电子标签进入阅读器的读写范围内时，标签内的内置电路会产生感应电流从而激活标签，将标签信息通过标签的内置天线发送出去。阅读器接收到标签信息后通过解调和解码将信息传送到计算机处理，计算机根据接收到的信息控制阅读器完成读写操作。

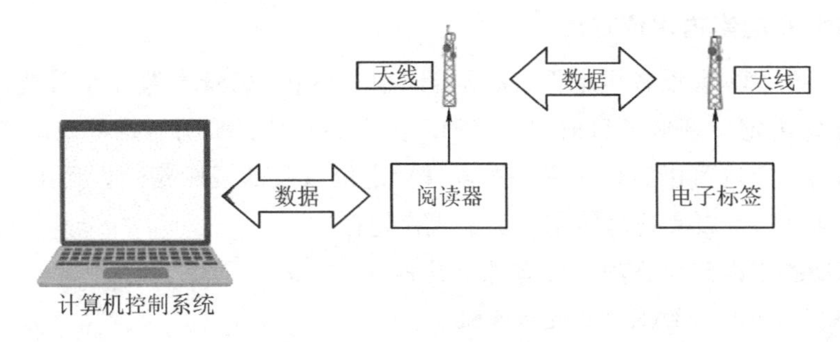

图 3.33　RFID 系统体系架构图

根据标签与阅读器之间的通信方式和能量感应方式的不同，RFID 系统可分为电感耦合（电磁耦合）系统和电磁反向散射耦合（电磁场耦合）系统。

电子标签作为目标对象的信息载体，通常包括天线、存储器、内置电路等。每个标签都有唯一的电子编码，保证了识别对象的唯一性。存储器用于系统运作以及存储用户写入的数据。而天线是用来接收来自阅读器的信号，并把需要的数据返回给阅读器。根据标签封装形式以及性能、载波频率的需求不同，天线分为线绕式和盘旋式等多种形式。内置电路则是用来提供能量以及解调、调制信号。电子标签有四种工作频率，分别是低频、高频、超高频和微波频段。

目前电子标签有很多种类，根据供电方式不同可将电子标签分为两种，即有源电子标签和无源电子标签。有源电子标签由于内置有电池，因而与无源电子标签相比，工作范围更大，但成本也较高。无源电子标签在接收到阅读器发出的微波信号后，将部分微波信号通过 AC/DC 电路转换为直流电供标签使用，具有更久的使用寿命，价格便宜且携带方便，但其工作范围较小。

阅读器是 RFID 系统的重要组件之一，因其工作模式一般是主动向外发送射频信号询问标签信息，所以也称为询问器，通常由天线、射频模块、控制模块和接口组成。阅读器的所有行为都是由应用程序控制的，软件负责控制系统的通信，包括开启和关闭天线，控制阅读器的工作模式和信号的传输。应用软件通过接口向阅读器发出指令，然后阅读器发送特定频率的无线电波，给电子标签提供能量以便标签将内部的数据发送出去，阅读器通过射频模块接收数据并由控制模块发送到应用程序处理，控制模块与应用程序直接的数据交换主要是通过接口来完成的，接口可以采用 RS－232、RS－485、RJ－45、USB 2.0 或 WLAN 接口。

计算机控制系统的作用是存储数据信息，并对数据进行处理，以及向阅读器发送指令，通过给阅读器下达用户指令，可以获取用户需要的标签信息，阅读器收到指令后将标签信息反馈给计算机，由计算机控制系统对数据进行存储和处理。计算机控制系统一般通过接口与阅读器相连接。

2. RFID的室内定位方法

RFID技术具有设备成本低、阅读器识别速度快、场景布置简单等优点，被广泛应用于室内定位领域。目前基于RFID的室内定位已成为常用的室内定位技术之一。RFID定位可以实现对室内的多目标定位以及非视距定位。而电子标签具有的唯一标识，可以实现对特定人员的跟踪定位。

RFID的室内定位方法主要有如下几种。

1)基于LANDMARC的定位系统

LANDMARC系统是由倪明选(Lionel M. Ni)在2003年提出的一种RFID室内定位系统，也是目前应用广泛的定位系统之一。在LANDMARC系统中引入了参考标签的理念。该系统需要在室内提前布置大量的参考标签，同时记录参考标签的坐标信息，通过比较阅读器实时接收到的参考标签与待测标签的RSSI值来估计待测标签的位置。RFID标签具有成本低廉、场景布置简单等优点，使得LANDMARC系统成为目前常用的RFID定位系统之一。

LANDMARC定位系统的场景布置首先需要布置参考标签和阅读器并记录它们的坐标，当阅读器读写范围内的标签接收到阅读器发送射频信号后会向阅读器返回应答信号，阅读器即可获得标签的RSSI值。假设待定位标签的RSSI值为Q，参考标签的RSSI值为$\boldsymbol{H}=(H_1,H_2,\cdots,H_n)$，$n$为参考标签的数量，则待定位标签与参考标签$H_i$之间的欧氏距离可表示为

$$D_i=\sqrt{(H_i-Q)^2}$$

取m个和待定位标签信号强度最近的参考标签，可以求得待定位标签的实际坐标为

$$(x,y)=\sum_{i=1}^{m}W_i(x_i,y_i) \tag{3.33}$$

式中：

$$W_i=\frac{\frac{1}{D_i^2}}{\sum_{i=1}^{m}\frac{1}{D_i^2}}。$$

2)基于VIRE的定位系统

VIRE定位系统是在LANDMARC系统的基础上改进而来的。该算法引入了虚拟标签的概念，通过在参考标签之间选取固定的标记点作为虚拟标签来辅助定位，同时利用近似图降低了计算量，在不增加额外参考标签的前提下提高了定位精度和定位的实时性。实验表明，VIRE定位算法在复杂的室内环境中也有较好的定位精度。

VIRE 算法的核心有两个：一是引入了虚拟标签，首先将参考标签有规则地放置到室内组成一个平面网格，而这个网格又可以分成由 4 个参考标签组成的 N 个小网格，每个小网格又可切割成 $m \times m$ 的网格单元，每个网格单元里覆盖一个虚拟标签，由线性插值法可以得到虚拟标签的 RSSI 值，虚拟标签在辅助定位的同时避免了射频信号的干扰，一定程度上提高了定位的精确度；二是 VIRE 算法引入了近似图的概念，将整个室内的二维平面当作一个近似图，这个近似图又可分为许多小的网格，当阅读器接收到某些网格的 RSSI 值与待定位标签的 RSSI 值的绝对值之差在阈值范围内后便将这些网格标记，过滤掉标签不可能出现的其他网格。

VIRE 算法所有的参考标签都在一个二维平面网格内，再将这个平面划分为 $N \times N$ 的小网格结构，参考标签放置在每个网格单元的 4 个角上，每个网格单元又可分为 $M \times M$ 的小区域，每个区域就是一个虚拟标签标记点，因此每个网格单元都有 4 个参考标签和若干个虚拟标签，通过线性内插法获得虚拟标签的 RSSI 值后即可标记待定位标签可能存在的小区域，经过加权计算后可得到待定位标签的实际坐标。

3)基于距离-损耗模型的定位系统

这种方法与前面介绍的基于 RSSI 定位算法本质上是相同的。它先采用经典信号传播模型(路径-损耗模型)，根据测量得到 RSSI 值，再结合路径损耗系数 n，得到待测标签到读写器的距离 d，最后根据最小二乘法等优化算法得到待测标签的坐标。在此不再赘述。

3. RFID 室内定位的误差分析

采用基本的基于路径-损耗模型的 RFID 定位算法时，需要将采集到的 RSSI 值代入公式中计算出标签与各个阅读器之间的距离从而实现定位。由于其参数通常通过经验确定，对室内环境的适应性较差，当室内环境改变时会有较大的定位误差。同时这种方法也存在定位精度不高、实时性较差等问题。

在 LANDMARC 定位系统中，首次引入了参考标签的概念，根据参考标签与目标标签之间的信号强度的差异来计算目标标签的实际坐标，提高了定位的准确性，同时 RFID 标签价格低廉，降低了系统的成本。在范围较小的室内定位中只需少量的参考标签即可进行定位。但是，当室内面积较大时，需要布置大量的参考标签才能保证定位的精确度，使场景布置具有一定难度，大量的参考标签也会增加算法的复杂度，降低定位的实时性；同时，距离阅读器较远的相邻参考标签也会影响最近邻居的选取；另外，参考标签的部署方式、数量都会影响最终的定位结果，因此在大面积的室内定位中误差较大。

在大范围的室内定位中，VIRE 算法中引入的虚拟标签可减少参考标签的数量，降低了定位系统的成本与复杂性，减少了因为参考标签过多而造成的射频干扰现象，定位精度比 LANDMARC 算法好。但 VIRE 算法也存在一些缺点，例如在计算虚拟标签的 RSSI 值时采用了线性内插的方法，而在实际定位中 RSSI 值与距离呈现的是复杂的曲线关系，直接用线性内插法会对定位结果造成一定的误差。

总体上，RFID 定位方法的主要缺点是受环境影响较大，每次定位所花费的时间也较长，在某些应用场景下不能满足实时性的要求，因此提高 RFID 定位系统的稳定性与实时性对于确保位置信息的准确性有着重要意义。

3.4.6 其他几种无线传感器网络定位方法

前面介绍的 UWB 定位、RFID 定位和 ZigBee 定位，在应用中都被归类为无线传感器网络（wireless sensor networks，WSN）定位。

无线传感器网络定位技术通过无线传感器网络采集、测量和感知目标节点信息，并结合定位算法获取目标节点的位置。除了 3.3.3 节～3.3.5 节介绍的几种方法，基于无线传感器网络定位的方法还有 WLAN 定位、蓝牙定位等。下面简要介绍几种。

1）WLAN 定位

WLAN 即无线局域网（wireless local area network），现已被广泛应用于各个领域中。WLAN 拥有很多的实现协议，其中最为著名的便是无线保真（wireless fidelity，Wi-Fi）技术。WLAN 网络在商场、校园、车站、图书馆等公共场所分布广泛，具有实施成本低、精度较高的优势。目前的 WLAN 无线定位系统可以分为两种：一种是利用接入热点定位，通过 WLAN 热点的物理地址与具体位置的对应关系，创建定位数据库，定位服务器根据移动终端提供的接入点物理位置查询数据库，返回热点位置作为移动终端位置。这种方法简单、成本低，但不够准确。另一种是利用信号强度信息，通过对多个 WLAN 网络的测量，利用指纹库、几何算法等确定位置信息。

2）蜂窝无线定位

蜂窝无线定位技术是利用现有的移动通信网络对终端设备实施无线定位。因为其基础设施完善、覆盖范围广，已经成为了应用最多的定位技术之一。传统的蜂窝无线定位方式是直接将基站位置作为终端设备的定位位置，因此精度与蜂窝小区的服务半径有关，在小区中精度很低。近年来逐渐出现了运用基于信号到达时间、信号传播方向等定位技术，需要基站对物理参数进行测量，再通过相关算法估算终端位置。由于在实际环境中，无线信号衰落较大，易受环境噪声影响，所以蜂窝无线定位精度一直不高。

3)蓝牙定位

蓝牙定位的定位原理类似于 WLAN,共优点在于蓝牙芯片的功耗和购买成本低。蓝牙定位的定位精度能够达到亚米级,以诺基亚公司和苹果公司的应用最为成熟。蓝牙定位技术通常在商场和大型购物超市应用较多,用户可以在手持终端上获取位置信息和周边商户的推送信息。蓝牙定位的应用依赖于蓝牙收发设备的大规模使用,目前还达不到广泛应用的条件,所以该项技术的推广还需要较长时间。

4)NFC 定位

NFC 即近距离无线通信(near field communication)技术,是由非接触式射频识别(radio frequency identification,RFID)及互联互通技术整合演变而来,在单一芯片上结合感应式读卡器、感应式卡片和点对点的功能,能在短距离内与兼容设备进行识别和数据交换,同时借由兼容设备完成定位。从定位的角度而言,NFC 与 RFID 区别主要在于 NFC 传输范围比 RFID 小。RFID 的传输范围可以达到几米,甚至几十米。但由于 NFC 采取了独特的信号衰减技术,相对于 RFID 来说,NFC 具有距离近、带宽高、能耗低等特点。此外,NFC 是将非接触读卡器、非接触卡和点对点功能整合进一块单芯片,而 RFID 必须有阅读器和标签。RFID 只能实现信息的读取以及判定,而 NFC 技术则强调的是信息交互。简单地说,NFC 就是 RFID 的演进版本,双方可以近距离交换信息。

5)超声波定位

超声波一般指频率大于 20 kHz 的机械振动波。超声波测距可以采用传播时间检测法进行,即测量超声波从发射换能器到接收换能器的传播时间 t,将 t 与传播速度 v 相乘,就得到此时的传播距离 s。由于超声波在空气中的传播速度与环境温度 T 有关,则传播距离为 $s=(331.45+0.607T)t$。完成超声波测距后,实现超声波定位的原理也和前面几种 WSN 定位原理相近。在局域环境中,其空间一般较小,对处于该空间中运动物体的定位采用超声波定位是一种不错的选择。基于无线局域网的超声波定位系统利用成熟的网络技术传递数据及用超声波测量距离,具有可靠性高、精度较高的优点。由于超声波在空气中的衰减较大,超声波在空气中的传播距离一般只有几十米,因此超声波定位只适用于较小的范围。短距离的超声波测距系统已经在实际中应用,测距精度为厘米级。超声波定位系统主要用于无人车间等场所中的移动物体的定位。

6)红外线定位。

红外线(infrared)是波长介于微波与可见光之间的电磁波,波长在 1 mm 到 760 nm 之间,比红光长的非可见光。红外定位技术分为两类:一类是定位目标配备具有唯一识别码的红外标识,标识中有红外发射器,红外发射器在规律的时间间隔内发射调制的红外信号，通过室内位置已知的光学传感器接收红外信号，检测 ID 并将其传送给定位软件计算目标位置；另一类是通过多对发射器和接收器将红外探测线交织组成网格覆盖待测空间，直接对运动目标进行定位，即红外织网定位。

红外织网定位结构是由 4 个红外信号发射器、左右两条红外信号接收条构成。红外信号发射器 1、2 发射探测红外信号，对应的红外信号接收条 B 接收。同理，红外信号发射器 3、4 和红外信号接收条 A 对应。将其矩形空间区域划分为 A、B、C、D 四个区域，对其建立数学坐标，定义点 1 为坐标原点 $O(0,0)$，线段 1 和线段 4 的长度为已知量 H，同理，线段 3 和线段 4 的长度为已知量 L。首先根据相应的接收条是否有阻挡判断目标物体大致处于 A、B、C、D 哪个区域。然后根据不同区域选择不同计算公式，求得目标物体的位置坐标。在实际使用中，会因为测试误差或者移动的物体体积过大，而导致有两个或两个以上的定位空间会检测到移动物体，可以对多个定位空间定位结果求平均值得出最终结果。使用红外定位的好处在于它的方法简单和成本低，主要问题是容易受到周围环境中的光的干扰，传输过程中不能有障碍物阻挡。此外，它射程短，作用范围在 5 m 左右。红外线常被用在对电磁干扰敏感的区域，如医院、工厂等场所。

3.5 激光测距与定位

3.5.1 激光测距系统

对环境进行距离测量是移动机器人探测环境的基本手段之一。机器人测量环境距离的方法有红外测距、超声测距和激光测距，其基本原理是测量红外线、超声波和激光束从发射到被物体反射回来后被接收装置检测到的时间，通过速度解算距离，从而完成测距。但红外测距和超声测距受目标、环境等因素的影响较大，存在较大的测距误差，因此目前移动机器人系统中越来越多地使用激光测距。

本节以德国 SICK 公司的 LMS200 激光测距系统为例进行介绍。LMS200 激光测距系统如图 3.34 所示。LMS200 激光测距系统的工作原理是基于对激光束飞行时间的测量。脉冲激光束发射后遇到物体被反射回来，被接收器记录，激光脉冲从发射到接收的时间与测距系统和被测物体间的距离成正比。激光束被测距系统内部的一个旋转光镜（旋转速度为 75 r/s）偏转，对周围环境形成一个扇面扫描区域。这样，从接收到的一系列脉冲序列就可以确定被测物体的轮廓线，并进而应用相应的算法检测环境特征，建立环境地图。

LMS200 激光测距系统一般采用水平安装，进行二维平面扫描。LMS200 的扫描区域为 180°（如图 3.35 所示），扫描方向为逆时针方向，扫描角度分辨率可在

0.25°、0.5°、1°三者间选择设置。LMS200 最大有限测距 80 m，距离分辨率为 10 mm，扫描频率为可在 18.7 Hz、37.5 Hz、75 Hz 三者间选择设置，系统误差为 ±35 mm。数据通过 RS232/RS422 接口以速率 9600 kb/s、19200 kb/s、38400 kb/s 输出。

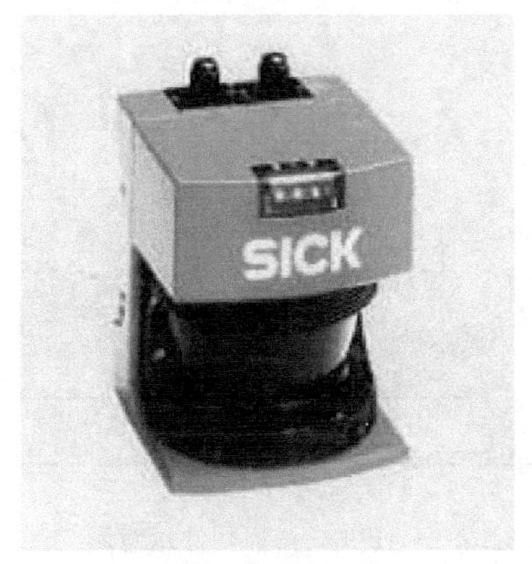

图 3.34　LMS200 激光测距系统

图 3.35　LMS 200 扫描区域

3.5.2　激光测距与定位的基本原理

LMS200 激光测距系统扫描区域如图 3.35 所示。假设设定机器人的角度分辨率为 0.5°，则激光扫描一周，得到 361 个采样点。

在激光测距系统传感器坐标系中，扫描输出数据可用极坐标表示为

$$s_n = (\rho_n, \varphi_n), \quad n = 1, \cdots, 361 \tag{3.34}$$

其中：

$$\varphi_n = (n-1) \times 0.5 \tag{3.35}$$

直角坐标表示为

$$s_n = (x_{sn}, y_{sn}), \quad n = 1, \cdots, 361 \tag{3.36}$$

其中：

$$x_{sn} = \rho_n \cos\varphi_n = \rho_n \cos[0.5(n-1)] \tag{3.37}$$

$$y_{sn} = \rho_n \sin\varphi_n = \rho_n \sin[0.5(n-1)] \tag{3.38}$$

如图 3.36 所示，在全局坐标系下，设机器人的位姿坐标为 (x_r, y_r, θ_r)，如果假定激光测距系统坐标系与机器人本体坐标系相重合，则激光测距系统所测得数据点对应的全局坐标为

$$x_n = x_r + \rho_n \cos(0.5(n-1) - 90 + \theta_r) \tag{3.39}$$

$$y_n = y_r + \rho_n \sin(0.5(n-1) - 90 + \theta_r) \tag{3.40}$$

激光测距系统模型如图 3.36 所示，LMS200 扫描特性示意图如图 3.37 所示。根据激光测距系统输出的扫描数据，经过相应的数据处理，可得到周围环境的特征点、特征线段以及轮廓曲线，用于地图创建与环境地图匹配。

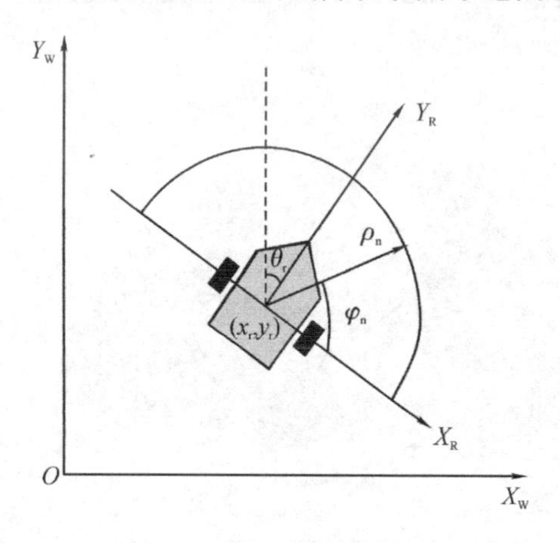

图 3.36 激光测距系统模型

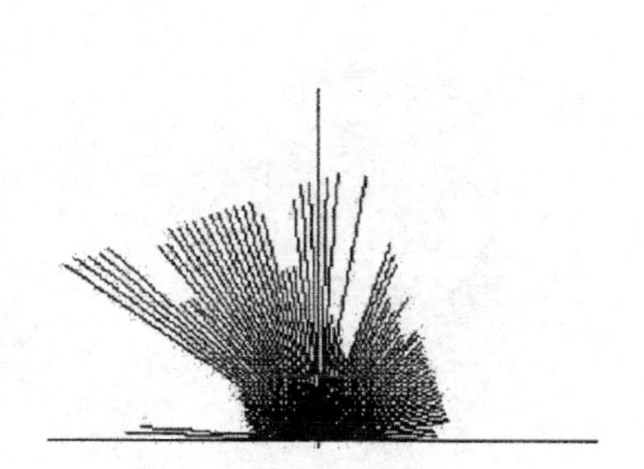

图 3.37 LMS200 扫描特性示意图

3.5.3 激光雷达数据的基本处理

从激光雷达数据中可以获取丰富的环境信息。基本的激光雷达数据处理主要包括从通信接口采集环境数据和从激光雷达数据中提取环境特征。

1. 激光雷达数据采集

LMS200 激光雷达可以采用 RS232 或 RS422 与上位机进行通信，其波特率可以设置为 9600 b/s、38400 b/s、19200 b/s、500 kb/s（仅支持 RS422）。为了保证激光雷达所采集数据的精确性，激光雷达采集数据的角度分辨率为 0.5°，扫描范围为 0°～180°。为了保证激光雷达采集的数据实时性，激光雷达为连续发送数据模式。激光雷达发送每帧数据的大小为 732 B，时间间隔为 26.64 ms，这就导致激光雷达和上位机的通信数据量较大，必须采用高速串口通信数据采集系统。当上位机串口不支持 500 kb/s 的通信速率时，可采用 MOXA 公司的 NPort6250 这一类串口服务器实现 500 kb/s 的通信速率。图 3.38 为数据采集系统的基本结构图，上位机和 NPort6250 之间通过 RJ45 通信，NPort6250 和激光雷达之间通过 RS422 通信。

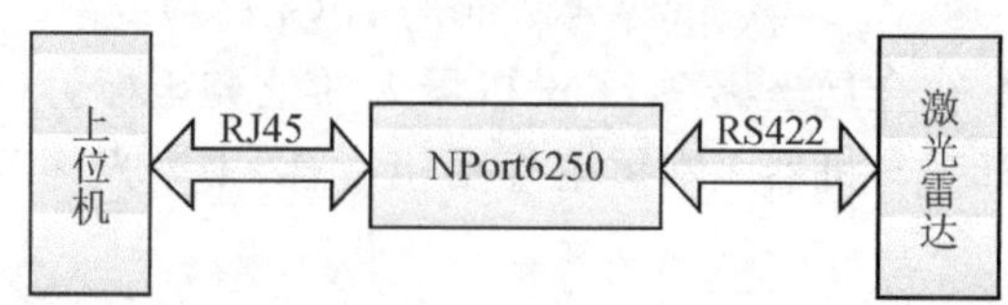

图 3.38 数据采集系统结构图

NPort6250 可以通过软件虚拟出真实串口，上位机可以直接对该串口进行操作。实时采集需要上位机实时监控串口，并读取串口数据，否则会造成接收缓冲区溢出，从而直接导致系统崩溃。因此可以通过开启一个线程专门负责串口的监测和数据的读取。激光雷达数据采集的基本思路是，根据激光雷达数据的特点，每隔 30 ms 读取一次激光数据，并更新缓存区中的数据，从缓存区中查找一帧完整的数据。图 3.39 为激光雷达数据采集流程，Time 为一精确定时变量，确保在采集数据线程中每隔 30 ms 采集更新一次缓存区数据，从而获得一帧完整的激光雷达数据。需要注意的是，根据一帧数据的大小，为了保证每次都能够采集一帧完整的数据，设置缓存区大小为 1500 B。

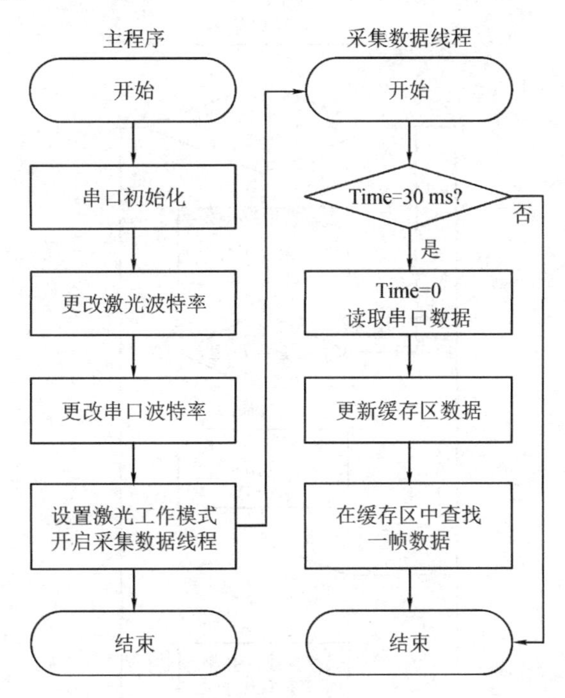

图 3.39 激光雷达数据采集流程

通过实验验证，利用该方法可以每隔 30 ms 采集一帧完整的激光雷达数据，这满足了在 EKF 定位中对传感器实时性的要求。

2. 环境特征提取

由激光雷达数据提取的环境特征是移动机器人定位中最常用的方法。在此采用随机 Hough 变换(randomized hough transform，RHT)与最小二乘法相结合的算法，提取激光原始数据点中的直线特征。

RHT 的基本思想是，随机选取 3 个点，由其中两点唯一确定参数空间的一条直线，根据一定准则判断另一个点是否在这条直线上，若在则判断其他点是否在直线上，达到一条直线上点的个数要求时，则是一条直线，否则重新选取 3 个点，直到所有的点被检测完毕，这避免了传统 Hough 变换穷尽式的搜索方式，提高了搜索的效率。图 3.40 为环境直线特征提取流程图。

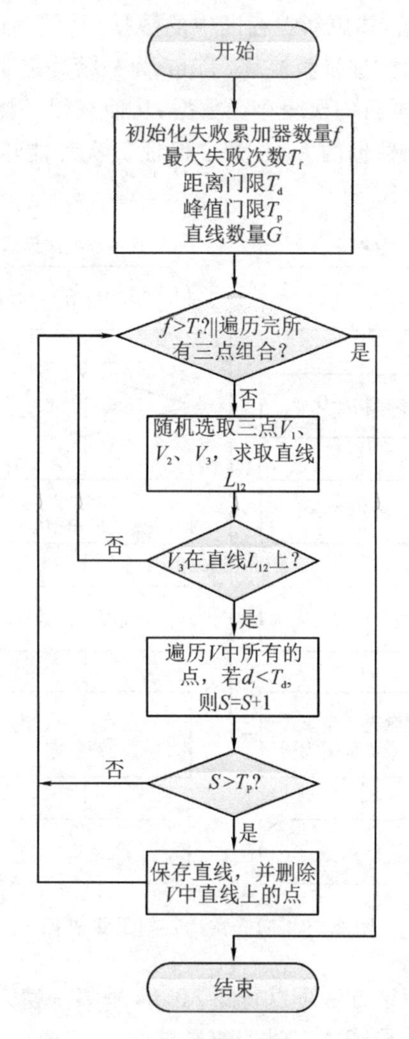

图 3.40　环境直线特征提取流程

图 3.41 为由激光雷达采集一帧数据的真实环境特征和经过 RHT 特征提取后的环境直线特征对比图。从图中可以看出，提取出环境直线特征可以很好地表示环境信息，因此该方法适合于激光雷达数据的环境直线特征提取。此外，在保存提取环境直线特征 (λ_j,δ_j) 时，为了区分在同一条直线上的两个环境直线特征，还保存了环境直线特征中的一个特征点坐标。

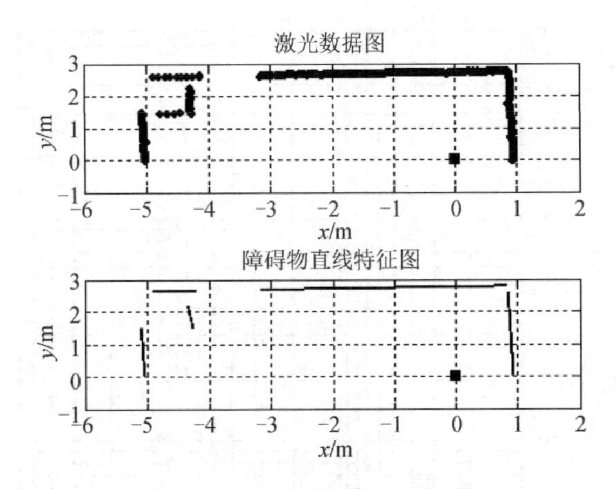

图 3.41　环境直线特征对比图

3.5.4　激光测距与定位的误差分析

LMS200 的测量数据主要受到目标物材料、动态测量、混合像素现象等影响，从而产生系统误差，影响环境探测和地图创建的精度。在激光测距系统的输出量中还常常包括不可靠的数据点，如噪声点、误测点，这些测量点的数据一方面给系统带来误差，另一方面增加系统的计算负担。对这些数据点进行处理，不仅可以减少分析的数据点的数量，而且可以提高运算速度，提高环境探测和地图创建的精度。

下面主要以 LMS200 激光雷达为例，对这些误差因素进行分析。

1. 目标物材料的影响

LMS200 的量程取决于目标物的反射率和激光发射的强度，LMS200 的激光发射强度是固定不变的，LMS200 的量程和目标物反射率的关系如图 3.42 所示。通过实验测得，激光数据在 7 m 以外易发生反射突变，因此目标物的反射率对测量的影响主要发生在距离较远处。

2. 动态测量的影响

在运动过程中应用 LMS200 激光雷达进行测量。设置激光传感器的分辨率为 0.5°，对应的扫描角度范围为 0°～180°，有效距离范围为 0～10 m，一帧数据包含 361 个点，波特率设置为 38400 Bd。激光发射点与目标点的距离 s 的计算公式为

$$s=(\Delta t\times c)/2$$

式中，c 为光速。

由于 LMS200 安装在运动的机器人本体上，所以测量是一个动态过程。机器人的运动将使激光测距系统在同一次扫描中得到与周围障碍物的距离和角度信息其实不是在同一个点测量到的，如图 3.43 所示。

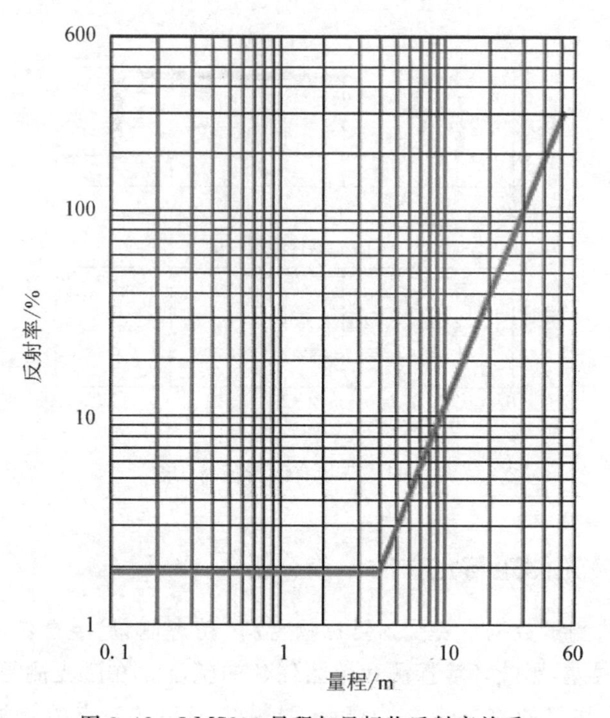

图 3.42　LMS200 量程与目标物反射率关系

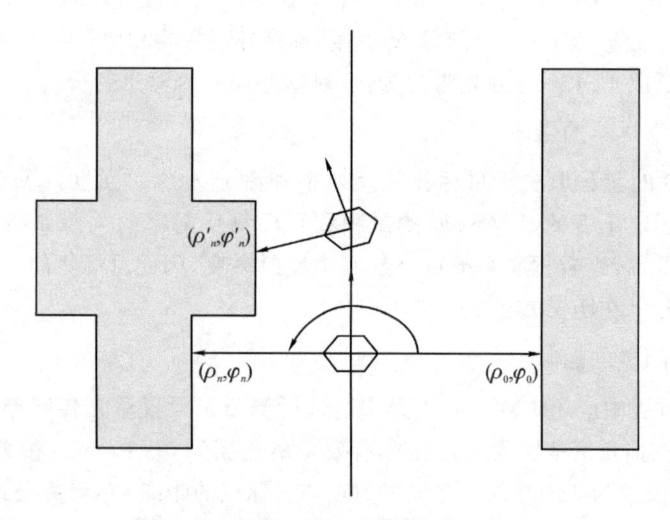

图 3.43　机器人运动对激光测量的影响

由机器人运动导致扫描基准误差带来的扫描误差，可以采用缩短每一次扫描所用时间和降低机器人行驶速度的方法进行部分解决。假定使机器人直线运动最高速度为 0.5 m/s，响应周期为 13 ms，则产生的 Δs 为

$$\Delta s = v \times \Delta t = 0.5\ \text{m/s} \times \frac{13\ \text{ms}}{1000} = 0.0065\ \text{m} \tag{3.41}$$

如果在工作中机器人运动速度为 0.5 m/s 甚至处于几乎静止状态，则所造成的误差很多时候是在可以接受的范围内(例如第 5 章中的介绍 SLAM 问题)；但当机器人运动速度更大时，则需要考虑提高其测量精度。

3. 混合像素现象的影响

混合像素现象是指当激光的锥形光束恰好穿过两个相距较远的目标，或者两个目标彼此距离很近但表面反射率相差很大时，由于激光测距是所有锥形区域内目标点的混合距离，测得的距离将无物理意义。

由于激光测距系统发射和接收的是锥形角范围内的光束，在理想状态下，光束照射在目标表面上的区域应该是圆形的，并且各区域之间有一定的间距。但是光束在传播的过程中，会发生发散现象。一方面，为了保证扫描的角度分辨率，光束的散射性必须很小；另一方面，为了防止出现较大的扫描盲区，光束的直径应该随传播距离的增加而相应增大。当被测物体的几何尺寸小于光束直径时，或者检测物体的边缘时，都会有一部分光斑投射在该物体的背景上，这时会出现混合像素现象。

混合像素现象对测距造成的影响主要是物体边缘的检测，由于混合像素点在测距数值上表现为前后两个测距点的平均值，对同一区域的多次扫描完全可以抵消混合像素的影响。因此，混合像素现象对环境检测的影响并不大，可以忽略不计。

综合 LMS200 测距仪的系统误差，在特定的工作条件(可见性好，温度 23℃，反射率 10%～10000%)下，系统误差模型与其工作模式的对应关系是：工作在 mm 模式，系统误差为±15 mm(量程 1～8 m)；工作在 cm 模式，系统误差为±4 cm(量程 1～20 m)。另外，在特定反射率、特定距离和特定光照强度下，通过获得至少 100 组同一目标的激光测量值来计算标准差，得到系统的统计误差是：工作在 mm 模式，LMS200 系统的误差为 5 mm(量程≤8 m，反射率≥10%)。

本书将在 4.2.3 节的第 5 部分中，以三轮移动机器人导航为例，详细说明激光雷达观测模型与误差模型的建立和应用。

3.6　磁导航系统

磁导航主要用于仓库、物流等环境中的自动搬运小车。

自动导引小车(automated guided vehicle，AGV)是可以按设定路线自动行驶的工业车辆，在行驶目的地自动或手工的装卸货物。AGV 满足了物流搬运作业的自动化、准时化、柔性化的要求，是可替代人力并拥有搬运功能的自动运输工具。

AGV 导航方式有很多种，常用的导航方式按是否预定路径可分为两类。第一类是磁导航（包括电磁导航、磁条导航、磁钉导航）和光学导航。这些导航方式需要预设路径，并在导航路径上放置待检测源，传感器通过感应待测源的信息来判断小车的偏移。第二类是激光导航、惯性导航、视觉导航等方式不需要预定路径，根据系统的调度通过方位识别路径进行纠偏和避障。磁导航技术相比于超声导航、激光导航、视觉导航等更为成熟，已经在烟草、汽车、民航、邮政、化工、食品加工等高自动化的物料运输和柔性生产线中得到了广泛应用，促进了自动化物流和柔性生产线的蓬勃发展。

磁导航需使用磁导航传感器。图 3.44 为磁导航传感器应用示意图。磁导航传感器作为 AGV 平稳运行的关键部件，被安装在 AGV 底部，车前有两个提供 AGV 运行动力的主动轮，车后有两个提供 AGV 转向控制的差速转向轮。当 AGV 偏离路径行驶，AGV 主控制器会获取到传感器反馈的 AGV 偏移信号，AGV 主控制器就会控制前后的主动轮和差速转向轮纠正 AGV 的运行方向直至消除偏移，使小车能够准确地沿着导引轨道平稳运行，因此 AGV 磁导航传感器的导航精度和灵敏度决定了 AGV 运行时的平稳性。

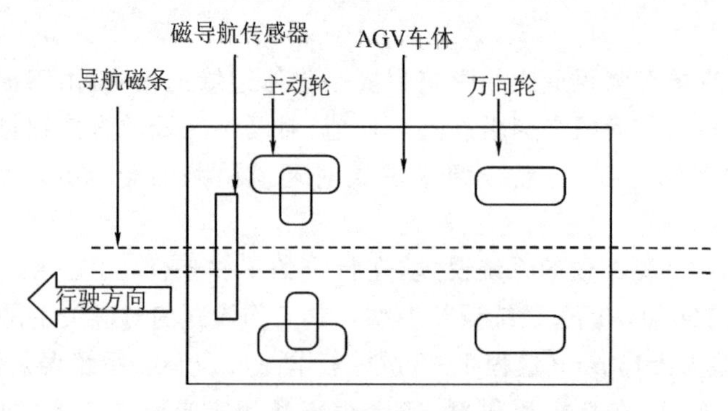

图 3.44　磁导航传感器应用示意图

电磁导航是 AGV 最早使用的磁导航方式，其导引源为埋设在地面的导线，在导线内通入一定的交变电流，由于电磁感应原理，在导线的周围会产生交变磁场，磁传感器通过感应导线周围的交变磁场来感应得出 AGV 相对于路径的坐标信息。

磁条导航是 AGV 导引中应用最广泛的磁导航方式。磁条需要预先规划导航路径，在地面粘贴磁条，安装在 AGV 车头下方的磁传感器通过感应磁条磁场的强弱来实现导航。磁条成本低，安装简单，导引可靠性高。

在磁条导航方式中，导航磁条是铁氧体料粉与合成橡胶的复合物。铁氧体材料具备硬磁材料的所有特性，不易退磁，能够长时间保留磁性，并且其低成本、磁性能优，广泛应用在录音器、拾音器等仪表中。磁条中的合成橡胶使磁条的延展性好、制作成本低。磁条成熟的制作工艺也使磁条导航方式成为最受欢迎的导航方式之一。

常见的导航磁条只有一面有磁性，有 N 级和 S 级两类，无磁性的一面可粘贴在地面上，方便工人们铺设。常用的导航磁条有 MGL－50－25、MGL－50D－L25 等型号，通常厚度 1 mm 左右、宽度 50 mm 以内。导航磁条有同性和异性两种产品，这两种产品在产品延压阶段加入了不同的磁场，同性磁条是延压时加入了同性磁场，异性磁条反之，其中性能较好的是同性磁条。因为处理后的材料磁性能较异性更优。

图 3.45 为磁条磁力线示意图，磁场越靠近磁条的中心轴方向磁场线更密集，磁条磁场线越密集处磁场强度越大。穿过“工”字型线圈内部的磁力线越多，磁场强度大，因而磁条中心轴的磁场强度最大。磁条中心处的感应元件线圈内部的磁力线最密集，远离磁条中心线圈中心的磁力线变稀疏。线圈元件在静磁场中产生增量电感，增量电感与磁场强度成正比。

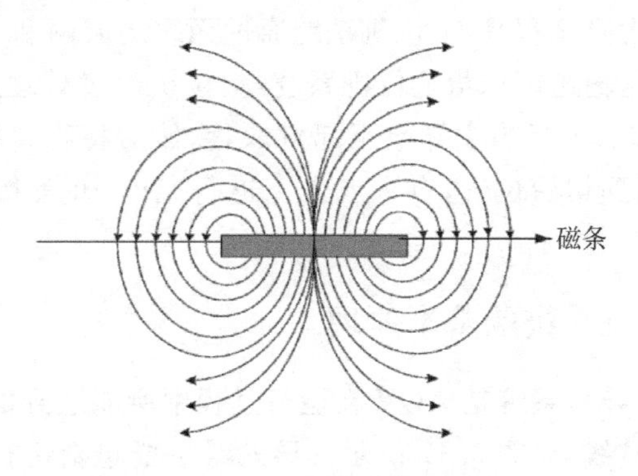

图 3.45　磁条磁力线示意图

磁钉也常常应用于 AGV 的导航。图 3.46 为磁条和磁钉实物图。磁条和磁钉在横向垂直路径方向上的磁力线分布相似。工程应用中常常以磁条和磁钉作为待检测磁装置，在坐标系上一般将路径方向设为 y 轴方向，待检测的偏移方向为 x 轴方向，与磁装置垂直高度为 z 轴方向。

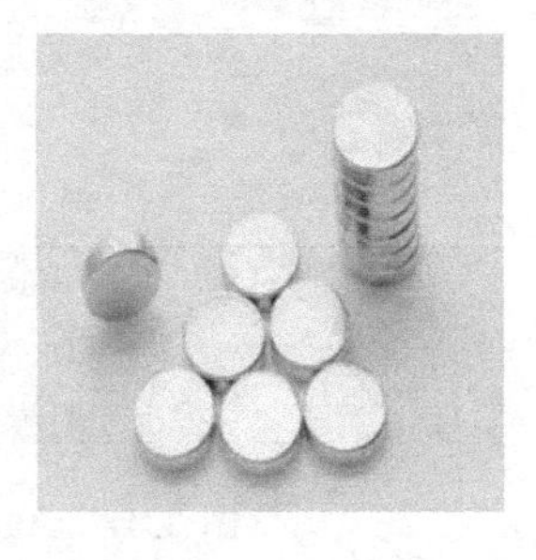

图 3.46　磁条和磁钉实物图

3.6.1 磁导航系统的组成

对于室内应用AGV而言，磁导航系统的主要组成包括以下几部分。

(1)上位机系统。该系统用来管理、监控小车的运行状态和相关参数，实时作出调度决策。

(2)网络数据传输。该部分是数据传输、共享的硬件保障。应根据实际场地环境选择相应的网络设备，覆盖全车间并支持大数据交换。

(3)全方位移动小车。AGV一般采用全方向麦克纳姆轮，通过无线信号与系统通信，接受调用命令并反馈位置信息，自主导航到达指定地点，行进过程中可自主避障，确保安全。

(4)路径识别线。AGV的自动导引轨迹，实现AGV的自主导航。

(5)定位地标。这是AGV在岔路选择、目标点定位的判断依据。

该系统工作的大致流程是，上位机系统通过无线局域网和AGV等进行通信；生产设备输出端发送输送请求给上位机系统，上位机经过处理后发送调度命令给AGV，派遣它去起点；AGV自主导航至起点取货，然后将物料循迹导航至终点各工位；最后，AGV回到初始位置，自主或人工进行充电，并等待下一条命令；以上动作依次循环。

3.6.2 磁导航系统的基本原理

AGV的地面磁导航系统是AGV在运行过程中所能达到的路径，导航系统最显著的标识就是导航线，如图3.47所示。导航线主要包括运行路径导航线、地标导航线和弯道导航线。采用磁条导航时，运行路径导航线由宽50 mm、厚度为1 mm的磁性橡胶铺设而成，根据路径的具体要求可以进行适当的裁剪；地标导航线由长150 mm、宽50 mm、厚度为1 mm的磁性橡胶铺设而成，在地图上地标是各个站点的标志；弯道导航线由路径导航线和地标导航线构成。

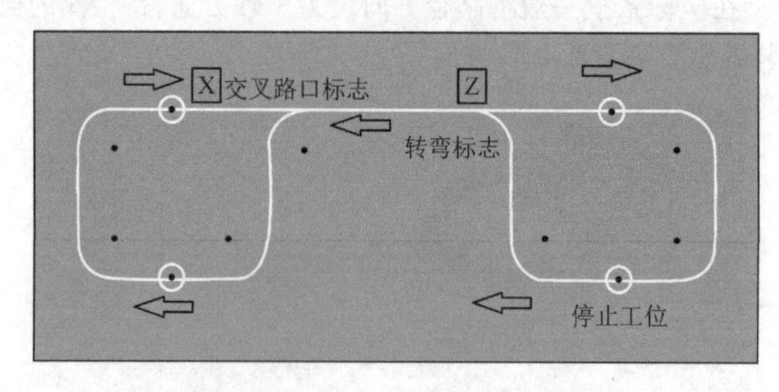

图3.47 AGV磁导航系统导航线

图 3.47 是一种典型的自主移动平台导引线铺设方式。白色部分是用于引导移动平台的磁条，移动平台根据磁条来确定行进路线；X 方块是 N 极磁条，作为交叉路口标志，告知移动平台到了交叉路口，需要根据预定的策略决定行进方向；Z 方块是 S 极磁条，作为转弯标志，提醒移动平台即将进入弯道以及弯道的方向。

磁导航传感器如图 3.48 所示。磁导航传感器一般配合磁条、磁钉或者电缆使用，不管是磁条、磁钉还是电缆，都是为了预先铺设 AGV 等自主导航设备的行进路线、工位或者其他动作区域。AGV 上具有多个磁导航传感器，用于检测磁条和地标的位置及极性。磁导航传感器具有一到多组微型磁场检测传感器，在磁导航传感器上，每个磁场检测传感器对应一个探测点。

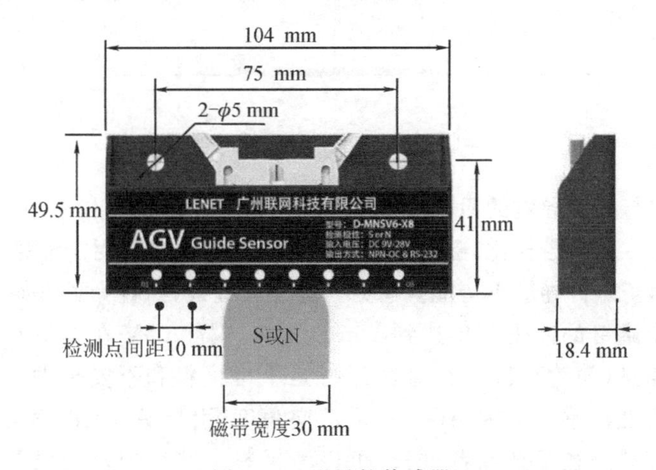

图 3.48　磁导航传感器

如图 3.49 所示，将路径方向，即移动机器人的前进方向设为 y 轴方向（即垂直于纸面，图中未画出）；待检测的偏移方向为 x 轴方向；与磁装置垂直高度为 z 轴方向。当磁导航传感器位于磁条上方时，每个探测点上的磁场传感器能够将其所在位置的磁带强度转变为电信号，并传输给磁导航传感器的控制芯片。控制芯片通过数据转换就能够测出每个探测点所在位置的磁场强度。根据磁条的磁场特性和传感器采集到的磁场强度信息，AGV 就能够确定磁条相对磁导航传感器的位置。磁条在周围产生磁场，越靠近磁条磁场强度越大。磁导航传感器正上方四个探测点所在位置的磁场最大，其他探测点所在位置的磁场强度相对较弱，特别是远离磁条的探测点所在位置的磁场强度几乎为零。磁导航传感器由此获得磁条的磁场分布，从而确定磁条在磁导航传感器第几个点的下方。AGV 控制器根据这个信息，就能够确定它的行进方向是否偏离预定航线。

由此，地标传感器和多点位的磁导航传感器相互配合，构成完整的磁导航感知系统。

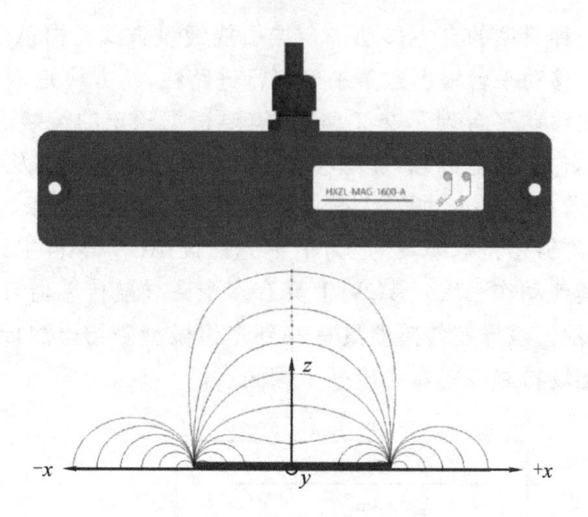

图 3.49 磁导航传感器原理

磁钉导航与磁条导航的原理是相同的，只是用磁钉来替代磁条为 AGV 行驶提供导航信息。和磁条相比，磁钉不容易损坏。磁钉导航相对于磁条导航，使用上要更复杂。由于磁钉导航不可能像磁条一样连续铺设，而且为了方便铺设和维护，一般相邻两个磁钉的间距至少达到 1 m 以上。这样 AGV 在磁钉与磁钉之间就失去了导航信息(简称盲区)，在盲区运行是不可预料和不安全的。因此磁钉导航需要采用角度传感器来为 AGV 提供航向角度，引导 AGV 正确运行在磁钉与磁钉之间。如果路径复杂或者过长，可以考虑整个路径中多铺设具有角度补偿功能的磁钉(必须成对出现)。如果路径简单或者较短，又或者角度传感器性能很好，那么整个路径只需要铺设一对具有角度补偿功能的磁钉即可，这需要视实际情况而定。

3.6.3 磁导航系统的优缺点

相比于基于光电传感器和视觉传感器的色条导航方式，磁导航可靠性更高，不受环境光和地面条件的影响；相比于激光导航方式，磁导航系统简单、实现容易、成本低廉。

磁导航的主要优点：AGV 定位精确；路径的铺设、变更或扩充相对电磁导航较容易；成本较低。

磁导航的主要缺点：磁条或磁钉容易破损，需要定期维护；路径变更需要重新铺设；AGV 只能按磁条或磁钉铺设的路径行走，无法实现智能避让，或通过控制系统实时更改任务；磁钉导航时存在盲区，运行不安全。

第4章　移动机器人的状态估计方法

在自动控制、通信、航空航天等学科和领域中，常常会遇到“估计”问题。所谓估计，就是从带有随机干扰的观测数据中，提取有用信息。估计问题可叙述为：

假设被估计量 $\boldsymbol{x}(t)$ 是一个 n 维向量，而 m 维向量 $\boldsymbol{z}(t)$ 是其观测量，并且观测量与被估计量之间具有如下关系：

$$\boldsymbol{z}(t)=\boldsymbol{h}[\boldsymbol{x}(t),\boldsymbol{v}(t),t]$$

其中，$\boldsymbol{h}$ 是已知的 m 维向量函数，它由观测方法决定；$\boldsymbol{v}(t)$ 是观测误差向量，它通常是一个随机过程。那么，所谓估计问题，就是在时间区间 $[t_0,t]$ 内对被估计量进行观测，从而在得到观测数据 $\boldsymbol{z}=\{\boldsymbol{z}(\tau),t_0\leqslant\tau\leqslant t\}$ 的情况下，要求构造一个观测数据的函数 $\hat{\boldsymbol{x}}(\boldsymbol{z})$ 去估计 $\boldsymbol{x}(t)$ 的问题，并称 $\hat{\boldsymbol{x}}(\boldsymbol{z})$ 是 $\boldsymbol{x}(t)$ 的一个估计量，或称 $\boldsymbol{x}(t)$ 的估计为 $\hat{\boldsymbol{x}}(z)$。

估计问题大致可分为两类：状态估计和参数估计。状态和参数的基本差别在于，前者是随时间变化的随机过程，后者是不随时间变化或只随时间缓慢变化的随机变量。估计理论所研究的对象是随机现象，它是根据受干扰的观测数据来估计关于随机变量、随机过程或系统的某些特性的一种数学方法。

因此，所谓估计问题，就是要构造一个观测数据 $\boldsymbol{z}$ 的函数 $\hat{\boldsymbol{x}}(\boldsymbol{z})$ 来作为被估计量 $\boldsymbol{x}(t)$ 的一个估计量。我们总希望估计出来的参数或状态变量愈接近实际值愈好。为了衡量估计的好坏，必须要有一个衡量的标准，这个衡量标准就是估计准则。估计常常是以“使估计的性能指标达到极值”作为准则的。估计准则可以是多种多样的。常用的估计准则有：最小方差准则、极大似然准则、极大验后准则、线性最小方差准则、最小二乘准则等。

所谓最优估计，就是指在某一确定的估计准则条件下，按照某种统计意义，使估计达到最优。因此，最优估计是针对某一估计准则而言的。某一估计对某一估计准则为最优估计，但换一个估计准则，这一估计值就不一定是最优的了。这就是说，最优估计不是唯一的。

所谓状态估计，是指根据可获取的观测数据估算动态系统内部状态的方法。状态空间法是现代控制理论中建立在状态变量描述基础上的对控制系统分析和综合的方法。状态变量是能完全描述系统运动的一组变量。对描述系统运动的这一组变量求其最优估计，就是状态估计。

状态估计包括对目标过去的运动状态进行平滑处理，对目标现在的运动状态进行滤波和对目标未来的运动状态进行预测。1960年，卡尔曼滤波的出现，使得系统状态估计理论取得了突破性的进展。卡尔曼滤波理论一经提出，立即受到工程界的重视，而工程应用中遇到的实际问题又使卡尔曼滤波的研究更深入更完善，卡尔曼滤波也被赋予最优估计的美誉。

本章主要介绍卡尔曼滤波和粒子滤波两种方法。在应用中有很多种优化估计或滤波方法，其中大都是这两种方法的衍生和变形。注意，这里的滤波是指从混合在一起的诸多信号中提取出所需要的信号，这是滤波更一般的意义。

4.1 系统的状态空间描述

状态空间法是现代控制理论中建立在状态变量描述基础上的对控制系统分析和综合的方法。状态变量是能完全描述系统运动的一组变量。如果系统的外输入为已知，那么由这组变量的当前值就能完全确定系统在未来各时刻的运动状态。通过状态变量描述能建立系统内部状态变量与外部输入变量和输出变量之间的关系。反映状态变量与输入变量间因果关系的数学描述称为状态方程，而输出变量与状态变量和输入变量间的变换关系则由观测方程来描述。

在状态空间法中，广泛用向量来表示系统的各种变量组，其中包括状态向量、输入向量和输出向量。变量的个数规定为相应向量的维数。用 $\boldsymbol{x}$ 表示系统的状态向量，用 $\boldsymbol{u}$ 和 $\boldsymbol{y}$ 分别表示系统的输入向量和输出向量，则系统的状态方程和输出方程可表示为如下的一般形式：

$$\begin{cases} \dot{\boldsymbol{x}} = \boldsymbol{f}(\boldsymbol{x},\boldsymbol{u},t) \\ \boldsymbol{y} = \boldsymbol{g}(\boldsymbol{x},\boldsymbol{u},t) \end{cases} \tag{4.1}$$

观测方程则一般表示为

$$\boldsymbol{z} = \boldsymbol{h}(\boldsymbol{x},\boldsymbol{u},t) \tag{4.2}$$

式中，$\dot{\boldsymbol{x}}=\mathrm{d}\boldsymbol{x}/\mathrm{d}t$，$\boldsymbol{f}(\boldsymbol{x},\boldsymbol{u},t)$ 和 $\boldsymbol{g}(\boldsymbol{x},\boldsymbol{u},t)$ 为自变量 $\boldsymbol{x}$、$\boldsymbol{u}$、t 的非线性向量函数，t 为时间变量。

对于线性定常系统，状态方程、输出方程和观测方程具有较为简单的形式：

$$\begin{cases} \dot{\boldsymbol{x}} = \boldsymbol{A}\boldsymbol{x} + \boldsymbol{B}\boldsymbol{u} \\ \boldsymbol{y} = \boldsymbol{C}\boldsymbol{x} + \boldsymbol{D}\boldsymbol{u} \\ \boldsymbol{z} = \boldsymbol{H}\boldsymbol{x} \end{cases} \tag{4.3}$$

式中，$\boldsymbol{A}$ 为系统矩阵，$\boldsymbol{B}$ 为输入矩阵，$\boldsymbol{C}$ 为输出矩阵，$\boldsymbol{D}$ 为直接传递矩阵，它们是由系统的结构和参数所定出的常数矩阵。

在状态空间法中，控制系统的分析是在状态空间中进行的。所谓状态空间就是以状态变量为坐标轴所构成的一个多维空间。状态向量随时间的变化在状态空间中形成一条轨迹。

理想条件下，如果已知 $\boldsymbol{f}(\boldsymbol{x},\boldsymbol{u},t)$ 和 $\boldsymbol{g}(\boldsymbol{x},\boldsymbol{u},t)$ 的形式或矩阵 $\boldsymbol{A}$、$\boldsymbol{B}$、$\boldsymbol{C}$、$\boldsymbol{D}$ 的表示，

以及状态量 $\boldsymbol{x}$ 的初值，就可以获取状态量 $\boldsymbol{x}$ 和输出量 $\boldsymbol{y}$ 的实时值。但现实中已知 $\boldsymbol{f}(\boldsymbol{x},\boldsymbol{u},t)$ 和 $\boldsymbol{g}(\boldsymbol{x},\boldsymbol{u},t)$ 以及 $\boldsymbol{A}$、$\boldsymbol{B}$、$\boldsymbol{C}$、$\boldsymbol{D}$ 通常都是近似、动态和不确定的，而且在系统方程和观测方程中还存在各种干扰的影响。从含有不确定信息的观测值中估计出状态量的真值，就是状态估计。因为滤波的概念也是从含有噪声的信息中获取信息的真值，因此状态估计方法也被称为滤波方法。

常用的滤波方法有很多。本书中仅介绍最常用的卡尔曼滤波和粒子滤波。事实上，当前应用的大多数滤波方法，都是这两种滤波方法的变形和推广。

4.2 卡尔曼滤波

卡尔曼滤波是对随机信号作估计的算法之一。与最小二乘、维纳滤波等诸多估计算法相比，卡尔曼滤波具有显著的优点：采用状态空间法在时域内设计滤波器，用状态方程描述任何复杂多维信号的动力学特性，避开了在频域内对信号功率谱作分解带来的麻烦，滤波器设计简单易行；采用递推算法，实时观测信息经提炼被浓缩在估计值中，而不必存储时间过程中的观测量。所以，卡尔曼滤波能适用于白噪声激励的任何平稳或非平稳随机向量过程的估计，所得估计在线性估计中精度最佳。随着计算机技术的发展，目前卡尔曼滤波已广泛应用于通信、导航、遥感、地震测量、石油勘探、经济和社会学研究等众多领域。

离散系统的卡尔曼滤波器是一种线性无偏递推滤波器。线性性质意味着滤波器的输出（即状态的滤波估计值）是观测值的线性函数；无偏性质意味着状态估值与实际状态具有相等的均值；而递推性质则要求任意一次估计值均可利用新的观测值修正前一次估计值来获得。递推性质对于在线实时估计是至关重要的。

卡尔曼滤波具有如下特点：

（1）由于它将被估计的信号看作在白噪声作用下一个线性系统的输出，并且其输入输出关系是由状态方程和输出方程在时间域内给出的，因此，这种滤波方法不仅适用于单输入单输出平稳序列的滤波，而且特别适用于多输入多输出非平稳或平稳马尔可夫序列或高斯-马尔可夫序列的滤波，因此，其应用范围是十分广泛的。

（2）由于滤波的基本方程是时间域内的递推形式，其计算过程是一个不断地“预测—修正”的过程，因此，在求解时，不需储存大量数据。并且一旦观测到了新的数据，随时就可算出新的滤波值，因此，这种滤波方法非常便于实时处理。

（3）由于滤波器的增益矩阵与观测无关，因此，它可以预先离线算出，从而减少实时的在线计算量；并且在求滤波器增益矩阵 $\boldsymbol{K}(k)$ 时，要求一个矩阵的逆，即要计算 $[\boldsymbol{H}(k)\boldsymbol{P}(k|k-1)\boldsymbol{H}^{\mathrm{T}}(k)+\boldsymbol{R}(k)]^{-1}$，这个方阵的阶数只取决于观测方程的维数 m，而 m 通常是很小的，例如在很多情况下 $m=1,2,3$，这样上述矩阵求逆计算是比较方便的；另外在求解滤波器增益矩阵过程中，随时可以算得滤波器的精度指标

$\boldsymbol{P}(k|k)$,其对角线上的元素就是滤波误差向量各分量的方差

4.2.1 卡尔曼滤波基本方程

在此首先给出离散型卡尔曼滤波基本方程与连续型卡尔曼滤波基本方程,然后再对离散型卡尔曼滤波方程进行直观解释。

1. 线性随机系统

对一般意义的随机线性系统,在进行状态估计时,可以不必考虑其输出方法。因此其状态方向和观测方程可用如下的线性微分方程表示:

$$\begin{cases}\dot{\boldsymbol{x}}(t)=\boldsymbol{A}(t)\boldsymbol{x}(t)+\boldsymbol{B}(t)\boldsymbol{u}(t)+\boldsymbol{F}(t)\boldsymbol{w}(t)\\ \boldsymbol{z}(t)=\boldsymbol{H}(t)\boldsymbol{x}(t)+\boldsymbol{v}(t)\end{cases}\tag{4.4}$$

式中,$\boldsymbol{x}(t)$为 n 维状态向量,$\boldsymbol{u}(t)$为 r 维控制向量,$\boldsymbol{z}(t)$为 m 维观测向量,$\boldsymbol{w}(t)$、$\boldsymbol{v}(t)$分别为 p 维、m 维的系统噪声和观测噪声,$\boldsymbol{A}(t)$、$\boldsymbol{B}(t)$、$\boldsymbol{F}(t)$、$\boldsymbol{H}(t)$分别为 $n\times n$、$n\times r$、$n\times p$、$m\times n$ 系数矩阵。

状态估计的任务是从含有噪声的观测信号 $\boldsymbol{z}(t)$中估计出状态向量 $\boldsymbol{x}(t)$,并希望估计值 $\hat{\boldsymbol{x}}(t)$与实际的 $\boldsymbol{x}(t)$越接近越好。卡尔曼滤波就是采用线性最小方差估计准则的最优估计方法。所谓线性最小方差估计,其主要含义是:

(1)估计值是观测值的线性函数;

(2)估计是无偏的,即 $E[\hat{\boldsymbol{x}}(t)]=E[\boldsymbol{x}(t)]$;

(3)估计误差 $\tilde{\boldsymbol{x}}(t)=\hat{\boldsymbol{x}}(t)-\boldsymbol{x}(t)$的方差为最小。即

$$E[\tilde{\boldsymbol{x}}(t)\tilde{\boldsymbol{x}}^{\mathrm{T}}(t)]=E\{[\hat{\boldsymbol{x}}(t)-\boldsymbol{x}(t)][\hat{\boldsymbol{x}}(t)-\boldsymbol{x}(t)]^{\mathrm{T}}\}=\min$$

为了满足计算和推导的要求,卡尔曼滤波对噪声和初始状态有如下要求:

(1)$\{\boldsymbol{w}(t);t\geqslant t_0\}$和$\{\boldsymbol{v}(t);t\geqslant t_0\}$为相互独立的零均值高斯白噪声过程,并且它们与 $\boldsymbol{x}(t_0)$不相关,亦即对于 $t\geqslant t_0$,有

$$\begin{aligned}&E[\boldsymbol{w}(t)]=\boldsymbol{0} \qquad \mathrm{cov}[\boldsymbol{w}(t),\boldsymbol{w}(\tau)]=\boldsymbol{Q}(t)\delta(t-\tau)\\ &E[\boldsymbol{v}(t)]=\boldsymbol{0} \qquad \mathrm{cov}[\boldsymbol{v}(t),\boldsymbol{v}(\tau)]=\boldsymbol{R}(t)\delta(t-\tau)\\ &\mathrm{cov}[\boldsymbol{w}(t),\boldsymbol{v}(\tau)]=\boldsymbol{0} \quad \mathrm{cov}[\boldsymbol{x}(t_0),\boldsymbol{w}(t)]=\mathrm{cov}[\boldsymbol{x}(t_0),\boldsymbol{v}(t)]=\boldsymbol{0}\end{aligned}\tag{4.5}$$

式中,$\delta(t-\tau)$为狄拉克 δ 函数,$\boldsymbol{Q}(t)$为对称的非负定矩阵,$\boldsymbol{R}(t)$为对称的正定矩阵。

(2)$\boldsymbol{x}(t)$的初值 $\boldsymbol{x}(t_0)$是一个随机变量。$\boldsymbol{x}(t_0)$的统计特性为

$$E[\boldsymbol{x}(t_0)]=\boldsymbol{\mu}_0 \quad \mathrm{var}[\boldsymbol{x}(t_0)]=E\{[\boldsymbol{x}(t_0)-\mu_0][\boldsymbol{x}(t_0)-\mu_0]^{\mathrm{T}}\}=\boldsymbol{P}(t_0)$$

在实际应用中,卡尔曼滤波的实现是一个递推算法过程,被估计对象主要针对如下的线性离散随机系统:

$$\begin{aligned}&\boldsymbol{x}(k)=\boldsymbol{\Phi}(k,k-1)\boldsymbol{x}(k-1)+\boldsymbol{G}(k,k-1)\boldsymbol{u}(k-1)+\boldsymbol{\Gamma}(k,k-1)\boldsymbol{w}(k-1)\\ &\boldsymbol{z}(k)=\boldsymbol{H}(k)\boldsymbol{x}(k)+\boldsymbol{v}(k)\end{aligned}\tag{4.6}$$

式中，$\boldsymbol{x}(k)$为 n 维状态向量；$\boldsymbol{u}(k)$为 r 维控制向量；$\boldsymbol{z}(k)$为 m 维观测向量；$\boldsymbol{w}(k)$、$\boldsymbol{v}(k)$分别为 p 维、m 维的系统噪声和观测噪声。$\boldsymbol{\Phi}(k,k-1)$、$\boldsymbol{G}(k,k-1)$、$\boldsymbol{\Gamma}(k,k-1)$、$\boldsymbol{H}(k)$分别为 $n\times n$、$n\times r$、$n\times p$、$m\times n$ 系数矩阵。

此外还假定：

(1) $\{w(k);k\geqslant 0\}$和$\{v(k);k\geqslant 0\}$为相互独立的零均值的白噪声或高斯白噪声序列，在采样间隔内 $\boldsymbol{w}(k)$和 $\boldsymbol{v}(k)$为常值；并且它们与 $x(0)$不相关。亦即

$$
\begin{aligned}
&E[\boldsymbol{w}(k)]=\boldsymbol{0} \qquad \mathrm{cov}[\boldsymbol{w}(k),\boldsymbol{w}(j)]=\boldsymbol{Q}(k)\delta_{kj}\\
&E[\boldsymbol{v}(k)]=\boldsymbol{0} \qquad \mathrm{cov}[\boldsymbol{v}(k),\boldsymbol{v}(j)]=\boldsymbol{R}(k)\delta_{kj}\\
&\mathrm{cov}[\boldsymbol{w}(k),\boldsymbol{v}(j)]=\boldsymbol{0} \quad \mathrm{cov}[\boldsymbol{x}(0),\boldsymbol{w}(k)]=\mathrm{cov}[x(0),\boldsymbol{v}(k)]=\boldsymbol{0}
\end{aligned}
\tag{4.7}
$$

式中，δ_{kj}为克罗内克 δ 函数，$\boldsymbol{Q}(k)$为非负定对称矩阵，是 $\boldsymbol{w}(k)$的方差阵，$\boldsymbol{R}(k)$为正定对称矩阵，是 $\boldsymbol{v}(k)$的方差阵。

(2)状态向量 $\boldsymbol{x}(k)$的初值 $\boldsymbol{x}(0)$的统计特性为

$$
E[\boldsymbol{x}(0)]=\boldsymbol{\mu}_0 \quad \mathrm{var}[\boldsymbol{x}(0)]=E\{[\boldsymbol{x}(0)-\boldsymbol{\mu}_0][\boldsymbol{x}(0)-\mu_0]^{\mathrm{T}}\}=\boldsymbol{P}(0)
$$

状态估计的任务就是含有噪声的观测序列 $\boldsymbol{z}(1),\boldsymbol{z}(2),\cdots,\boldsymbol{z}(k)$中求取出状态向量 $\boldsymbol{x}(j)$的最优估计值 $\hat{\boldsymbol{x}}(j|k)$。其中时刻 j 可以大于、等于或小于 k。$j>k$ 时的估计 $\hat{\boldsymbol{x}}(j|k)$称为预测，$j<k$ 时的估计 $\hat{\boldsymbol{x}}(j|k)$称为平滑，$j=k$ 时的估计 $\hat{x}(j|k)$称为滤波。在连续系统状态估计中也有同样的含义。

对于线性随机系统的卡尔曼滤波，有下面两点说明。

(1)在连续随机线性系统方程(4.4)和离散随机线性系统方程(4.6)的状态方程中分别包含了线性控制项 $\boldsymbol{B}(t)\boldsymbol{u}(t)$或 $\boldsymbol{G}(k,k-1)\boldsymbol{u}(k-1)$。但在卡尔曼滤波的推导中，由于 $\boldsymbol{B}(t)\boldsymbol{u}(t)$ 和 $\boldsymbol{G}(k,k-1)\boldsymbol{u}(k-1)$均为确定的叠加性信息，因此通常卡尔曼滤波方程均不包括 $\boldsymbol{B}(t)\boldsymbol{u}(t)$ 或 $\boldsymbol{G}(k,k-1)\boldsymbol{u}(k-1)$。这并不影响卡尔曼滤波的推导和应用。在含有线性控制项的被估计系统中应用卡尔曼滤波时，只需要将 $\boldsymbol{B}(t)\boldsymbol{u}(t)$ 或 $\boldsymbol{G}(k,k-1)\boldsymbol{u}(k-1)$这一项加入卡尔曼滤波方程即可。

(2)在实际应用中，状态估计基本上都是采用递推方式进行的，其估计对象主要是离散系统。因此各类系统的最优状态估计基本上都是针对离散型卡尔曼滤波方程进行讨论。

2. 连续型卡尔曼滤波基本方程

假定系统运动方程与观测方程为

$$
\begin{cases}
\dot{\boldsymbol{x}}(t)=\boldsymbol{A}(t)\boldsymbol{x}(t)+\boldsymbol{F}(t)\boldsymbol{w}(t)\\
\boldsymbol{z}(t)=\boldsymbol{H}(t)\boldsymbol{x}(t)+\boldsymbol{v}(t)
\end{cases}
\tag{4.8}
$$

$\boldsymbol{w}(t)$和 $\boldsymbol{v}(t)$为相互独立的零均值高斯白噪声过程，并且它们与 $\boldsymbol{x}(t_0)$不相关，其统计特性为如式(4.5)所示，则连续型卡尔曼滤波基本方程由式(4.9)～式(4.11)构成：

$$\dot{\hat{\boldsymbol{x}}}(t \mid t) = \boldsymbol{A}(t)\hat{\boldsymbol{x}}(t \mid t) + \boldsymbol{K}(t)[\boldsymbol{z}(t) - \boldsymbol{H}(t)\hat{\boldsymbol{x}}(t \mid t)] \tag{4.9}$$

$$\boldsymbol{K}(t) = \boldsymbol{P}(t \mid t)\boldsymbol{H}^{\mathrm{T}}(t)\boldsymbol{R}^{-1}(t) \tag{4.10}$$

$$\begin{aligned}\dot{\boldsymbol{P}}(t \mid t) =& \boldsymbol{P}(t \mid t)\boldsymbol{A}^{\mathrm{T}}(t) + \boldsymbol{A}(t)\boldsymbol{P}(t \mid t) - \\ & \boldsymbol{P}(t \mid t)\boldsymbol{H}^{\mathrm{T}}(t)\boldsymbol{R}^{-1}(t)\boldsymbol{H}(t)\boldsymbol{P}(t \mid t) + \boldsymbol{F}(t)\boldsymbol{Q}(t)\boldsymbol{F}^{\mathrm{T}}(t)\end{aligned} \tag{4.11}$$

3. 离散型卡尔曼滤波基本方程

假定被估计系统的方程为

$$\begin{cases}\boldsymbol{x}(k) = \boldsymbol{\Phi}(k,k-1)\boldsymbol{x}(k-1) + \boldsymbol{\Gamma}(k,k-1)\boldsymbol{w}(k-1) \\ \boldsymbol{z}(k) = \boldsymbol{H}(k)\boldsymbol{x}(k) + \boldsymbol{v}(k)\end{cases} \tag{4.12}$$

式中，$\boldsymbol{w}(k)$和$\boldsymbol{v}(k)$为相互独立的零均值的白噪声或高斯白噪声序列，在采样间隔内$\boldsymbol{w}(k)$和$\boldsymbol{v}(k)$为常值，并且它们与$\boldsymbol{x}(k)$不相关，如式(4.7)所示，则离散型卡尔曼滤波基本方程由式(4.13)～式(4.17)构成：

$$\hat{\boldsymbol{x}}(k \mid k-1) = \boldsymbol{\Phi}(k,k-1)\hat{\boldsymbol{x}}(k-1 \mid k-1) \tag{4.13}$$

$$\begin{aligned}\boldsymbol{P}(k \mid k-1) =& \boldsymbol{\Phi}(k,k-1)\boldsymbol{P}(k-1 \mid k-1)\boldsymbol{\Phi}^{\mathrm{T}}(k,k-1) + \\ & \boldsymbol{\Gamma}(k,k-1)\boldsymbol{Q}(k-1)\boldsymbol{\Gamma}^{\mathrm{T}}(k,k-1)\end{aligned} \tag{4.14}$$

$$\boldsymbol{K}(k) = \boldsymbol{P}(k \mid k-1)\boldsymbol{H}^{\mathrm{T}}(k)[\boldsymbol{H}(k)\boldsymbol{P}(k \mid k-1)\boldsymbol{H}^{\mathrm{T}}(k) + \boldsymbol{R}(k)]^{-1} \tag{4.15}$$

$$\boldsymbol{P}(k \mid k) = [\boldsymbol{I} - \boldsymbol{K}(k)\boldsymbol{H}(k)]\boldsymbol{P}(k \mid k-1)[\boldsymbol{I} - \boldsymbol{K}(k)\boldsymbol{H}(k)]^{\mathrm{T}} + \boldsymbol{K}(k)\boldsymbol{R}(k)\boldsymbol{K}^{\mathrm{T}}(k) \tag{4.16}$$

$$\hat{\boldsymbol{x}}(k \mid k) = \hat{\boldsymbol{x}}(k \mid k-1) + \boldsymbol{K}(k)[\boldsymbol{z}(k) - \boldsymbol{H}(k)\hat{\boldsymbol{x}}(k \mid k-1)] \tag{4.17}$$

式(4.13)～式(4.17)就是以后经常被用到的离散型卡尔曼滤波基本方程。为简便起见，以后在不引起误解的情况下，将$\hat{\boldsymbol{x}}(k|k)$、$\hat{\boldsymbol{x}}(k-1|k-1)$分别简记为$\hat{\boldsymbol{x}}(k)$、$\hat{\boldsymbol{x}}(k-1)$；将$\boldsymbol{P}(k|k)$、$\boldsymbol{P}(k-1|k-1)$分别简记为$\boldsymbol{P}(k)$、$\boldsymbol{P}(k-1)$。

4. 离散型卡尔曼滤波的直观解释

在工程上及在本书中，一般都只应用离散型卡尔曼滤波。在此对离散型卡尔曼滤波进行直观的解释。

离散型卡尔曼滤波的系统方程如式(4.12)所示，噪声统计方程如式(4.7)所示。假定在$k-1$时刻已经获得关于系统状态量$\boldsymbol{x}$的最优估计值$\hat{\boldsymbol{x}}(k-1)$，由于噪声本身是不可测量的，则此时只能依据系统方程来预测$\boldsymbol{x}$在下一时刻，即k时刻的值。因此系统状态量$\boldsymbol{x}$在k时刻的预测值为

$$\hat{\boldsymbol{x}}(k \mid k-1) = \boldsymbol{\Phi}(k,k-1)\hat{\boldsymbol{x}}(k-1) \tag{4.18}$$

显然，由于存在系统噪声，对k时刻的系统状态量$\boldsymbol{x}$的预测值$\hat{\boldsymbol{x}}(k|k-1)$是不准确的。当获得$k$时刻的系统状态量$\boldsymbol{x}$的观测值$\boldsymbol{z}(k)$时，由于存在观测噪声，$\boldsymbol{z}(k)$对$k$时刻的系统状态量$\boldsymbol{x}$的观测值也是不准确的。但在$\hat{\boldsymbol{x}}(k|k-1)$和$\boldsymbol{z}(k)$中都已包含了$k$时刻的系统状态量$\boldsymbol{x}$的信息，因此可以根据观测值$\boldsymbol{z}(k)$与预测值$\hat{\boldsymbol{x}}(k|k-1)$的差异，对$\hat{\boldsymbol{x}}(k|k-1)$进行修正，以获取在$k$时刻已经获得关于系统状态量$\boldsymbol{x}$的最

优估计值 $\hat{\boldsymbol{x}}(k)$。修正的方式是令

$$\hat{\boldsymbol{x}}(k)=\hat{\boldsymbol{x}}(k\mid k-1)+\boldsymbol{K}(k)[\boldsymbol{z}(k)-\boldsymbol{H}(k)\hat{\boldsymbol{x}}(k\mid k-1)] \tag{4.19}$$

因此，$\boldsymbol{K}(k)$的实质是一个修正系数矩阵，它被称为卡尔曼增益。显然 $\boldsymbol{K}(k)$需要求取。$\boldsymbol{K}(k)$的求取过程是一个递推过程，如下所示：

$$\boldsymbol{P}(k\mid k-1)=\boldsymbol{\Phi}(k,k-1)\boldsymbol{P}(k\mid k-1)\boldsymbol{\Phi}^{\mathrm{T}}(k,k-1)+\boldsymbol{\Gamma}(k,k-1)\boldsymbol{Q}(k-1)\boldsymbol{\Gamma}^{\mathrm{T}}(k,k-1) \tag{4.20}$$

$$\boldsymbol{K}(k)=\boldsymbol{P}(k\mid k-1)\boldsymbol{H}^{\mathrm{T}}(k)[\boldsymbol{H}(k)\boldsymbol{P}(k\mid k-1)\boldsymbol{H}^{\mathrm{T}}(k)+\boldsymbol{R}(k)]^{-1} \tag{4.21}$$

$$\boldsymbol{P}(k)=[\boldsymbol{I}-\boldsymbol{K}(k)\boldsymbol{H}(k)]\boldsymbol{P}(k\mid k-1)[\boldsymbol{I}-\boldsymbol{K}(k)\boldsymbol{H}(k)]^{\mathrm{T}}+\boldsymbol{K}(k)\boldsymbol{R}(k)\boldsymbol{K}^{\mathrm{T}}(k) \tag{4.22}$$

显然，经过式(4.18)～式(4.22)，就完成了一次关于系统状态量 $\boldsymbol{x}$ 的估计过程。因此，将式(4.18)～式(4.22)联合起来，得到卡尔曼滤波的方程组，也就是式(4.13)～式(4.17)的卡尔曼滤波方程。

式(4.18)～式(4.22)即式(4.13)～式(4.17)。由式(4.13)～式(4.17)可见，卡尔曼滤波的计算流程如图 4.1 所示。其中式(4.13)与式(4.17)称为滤波计算回路，式(4.14)、式(4.15)和式(4.16)称为增益计算回路。

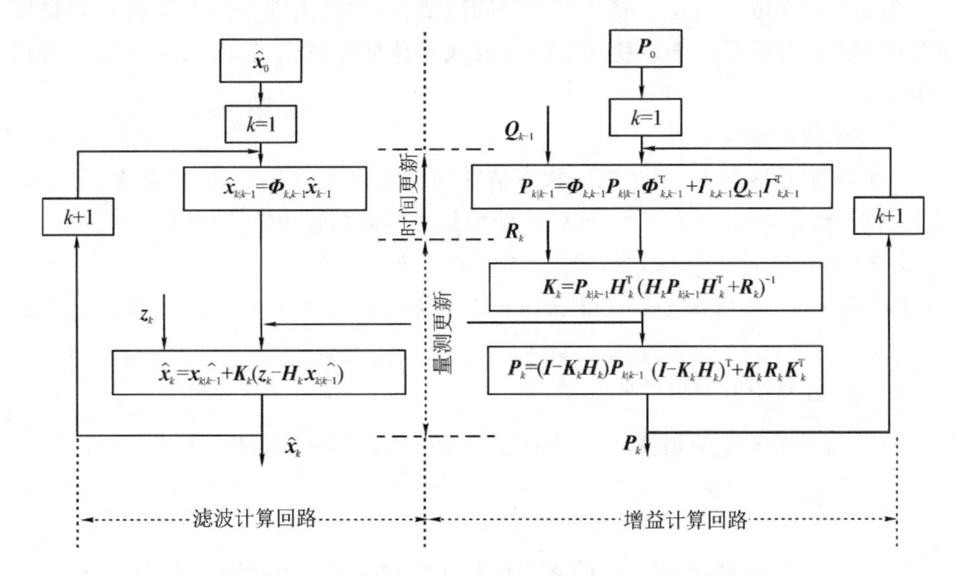

图 4.1　卡尔曼滤波计算流程

注：图中采用了简记法，如 $\hat{\boldsymbol{x}}(k)$记作 $\hat{\boldsymbol{x}}_k$，$\hat{\boldsymbol{x}}(k|k-1)$记作 $\hat{\boldsymbol{x}}_{k|k-1}$，$\boldsymbol{\Phi}(k,k-1)$记作 $\boldsymbol{\Phi}_{k,k-1}$，余类推。

在图 4.1 中，还根据是否应用了观测信息，将卡尔曼滤波分为时间更新过程和观测更新过程，如图 4.1 中的虚线所示。

在实际编程进行递推运算时，卡尔曼滤波主要有如下两种运算过程。这两种过程实质上是完全一致的。

(1)先求增益,后求均方误差阵:

$$\hat{\boldsymbol{x}}(k \mid k-1) = \boldsymbol{\Phi}(k,k-1)\hat{\boldsymbol{x}}(k-1)$$

$$\boldsymbol{P}(k \mid k-1) = \boldsymbol{\Phi}(k,k-1)\boldsymbol{P}(k-1)\boldsymbol{\Phi}^{\mathrm{T}}(k,k-1) + \boldsymbol{\Gamma}(k,k-1)\boldsymbol{Q}_{k-1}\boldsymbol{\Gamma}^{\mathrm{T}}(k,k-1)$$

$$\boldsymbol{K}(k) = \boldsymbol{P}(k \mid k-1)\boldsymbol{H}^{\mathrm{T}}(k)[\boldsymbol{H}(k)\boldsymbol{P}(k \mid k-1)\boldsymbol{H}^{\mathrm{T}}(k) + \boldsymbol{R}(k)]^{-1}$$

$$\boldsymbol{P}(k) = [\boldsymbol{I} - \boldsymbol{K}(k)\boldsymbol{H}(k)]\boldsymbol{P}(k \mid k-1)[\boldsymbol{I} - \boldsymbol{K}(k)\boldsymbol{H}(k)]^{\mathrm{T}} + \boldsymbol{K}(k)\boldsymbol{R}(k)\boldsymbol{K}^{\mathrm{T}}(k)$$

$$(\text{或 } \boldsymbol{P}(k) = [\boldsymbol{I} - \boldsymbol{K}(k)\boldsymbol{H}(k)]\boldsymbol{P}(k \mid k-1))$$

$$\hat{\boldsymbol{x}}(k) = \hat{\boldsymbol{x}}(k \mid k-1) + \boldsymbol{K}(k)[\boldsymbol{z}(k) - \boldsymbol{H}(k)\hat{\boldsymbol{x}}(k \mid k-1)]$$

(2)先求均方误差阵,后求增益:

$$\hat{\boldsymbol{x}}(k \mid k-1) = \boldsymbol{\Phi}(k,k-1)\hat{\boldsymbol{x}}(k-1)$$

$$\boldsymbol{P}(k \mid k-1) = \boldsymbol{\Phi}(k,k-1)\boldsymbol{P}(k-1)\boldsymbol{\Phi}^{\mathrm{T}}(k,k-1) + \boldsymbol{\Gamma}(k,k-1)\boldsymbol{Q}_{k-1}\boldsymbol{\Gamma}^{\mathrm{T}}(k,k-1)$$

$$\boldsymbol{P}^{-1}(k) = \boldsymbol{P}^{-1}(k \mid k-1) + \boldsymbol{H}^{\mathrm{T}}(k)\boldsymbol{R}^{-1}(k)\boldsymbol{H}(k)$$

$$\boldsymbol{K}(k) = \boldsymbol{P}(k)\boldsymbol{H}^{\mathrm{T}}(k)\boldsymbol{R}^{-1}(k)$$

$$\hat{\boldsymbol{x}}(k) = \hat{\boldsymbol{x}}(k \mid k-1) + \boldsymbol{K}(k)[\boldsymbol{z}(k) - \boldsymbol{H}(k)\hat{\boldsymbol{x}}(k \mid k-1)]$$

5. 离散型卡尔曼滤波方程的直观推导

为加深对离散卡尔曼滤波基本方程的理解,在此给出根据基本的统计和物理概念进行的直观推导。卡尔曼滤波还有其他多种推导方式,读者可以自行参考相关书籍。

1)一步预测方程的推导

一步预测是根据 $k-1$ 时刻的状态估计预测 k 时刻的状态,即根据 $k-1$ 个观测值 $\boldsymbol{z}(1),\boldsymbol{z}(2),\cdots,\boldsymbol{z}(k-1)$ 对 $\boldsymbol{x}(k)$ 作线性最小方差估计 $\hat{\boldsymbol{x}}(k|k-1)$。

$$\begin{aligned}&\hat{\boldsymbol{x}}(k \mid k-1) = E[\boldsymbol{x}(k) \mid \boldsymbol{z}(1),\boldsymbol{z}(2),\cdots,\boldsymbol{z}(k-1)]\\&= E[(\boldsymbol{\Phi}(k,k-1)\boldsymbol{x}(k-1) + \boldsymbol{\Gamma}(k,k-1)\boldsymbol{w}(k-1)) \mid \boldsymbol{z}(1),\boldsymbol{z}(2),\cdots,\boldsymbol{z}(k-1)]\end{aligned} \tag{4.23}$$

根据线性最小方差估计的性质,有

$$\begin{aligned}\hat{\boldsymbol{x}}(k \mid k-1) &= E\Big[(\boldsymbol{\Phi}(k,k-1)\boldsymbol{x}(k-1) + \boldsymbol{\Gamma}(k,k-1)\boldsymbol{w}(k-1)) \mid \boldsymbol{z}(1),\\&\qquad \boldsymbol{z}(2),\cdots,\boldsymbol{z}(k-1)\Big]\\&= \boldsymbol{\Phi}(k,k-1)E[\boldsymbol{x}(k-1) \mid \boldsymbol{z}(1),\boldsymbol{z}(2),\cdots,\boldsymbol{z}(k-1)] -\\&\qquad \boldsymbol{\Gamma}(k,k-1)E[\boldsymbol{w}(k-1) \mid \boldsymbol{z}(1),\boldsymbol{z}(2),\cdots,\boldsymbol{z}(k-1)]\end{aligned}$$

由于 $\boldsymbol{w}(k-1)$ 只影响 $\boldsymbol{x}(k)$,故 $\boldsymbol{w}(k-1)$ 与 $\boldsymbol{z}(1),\boldsymbol{z}(2),\cdots,\boldsymbol{z}(k-1)$ 不相关,且 $E[\boldsymbol{w}(k-1)]=\boldsymbol{0}$,故

$$\boldsymbol{\Gamma}(k,k-1)E[\boldsymbol{w}(k-1) \mid \boldsymbol{z}(1),\boldsymbol{z}(2),\cdots,\boldsymbol{z}(k-1)] = \boldsymbol{0} \tag{4.24}$$

而

$$E[\boldsymbol{x}(k-1) \mid \boldsymbol{z}(1),\boldsymbol{z}(2),\cdots,\boldsymbol{z}(k-1)] = \hat{\boldsymbol{x}}(k-1) \tag{4.25}$$

于是由式(4.23)得一步预测方程

$$\hat{\boldsymbol{x}}(k \mid k-1)=\boldsymbol{\Phi}(k,k-1)\hat{\boldsymbol{x}}(k-1) \tag{4.26}$$

2)状态估计方程的推导

一步预测值 $\hat{\boldsymbol{x}}(k|k-1)$ 与真实值 $\boldsymbol{x}(k)$ 之间的误差为

$$\tilde{\boldsymbol{x}}(k \mid k-1)=\boldsymbol{x}(k)-\hat{\boldsymbol{x}}(k \mid k-1) \tag{4.27}$$

则由一步预测值引起观测的估计误差(残差,新息)为

$$\begin{aligned}\tilde{\boldsymbol{z}}(k \mid k-1)&=\boldsymbol{z}(k)-\hat{\boldsymbol{z}}(k \mid k-1)\\&=\boldsymbol{H}(k)\boldsymbol{x}(k)+\boldsymbol{v}(k)-\boldsymbol{H}(k)\hat{\boldsymbol{x}}(k \mid k-1)\\&=\boldsymbol{H}(k)\tilde{\boldsymbol{x}}(k \mid k-1)+\boldsymbol{v}(k)\end{aligned} \tag{4.28}$$

残差中包含一步预测误差信息,如果能够对残差作适当的加权处理,即可对一步预测值进行修正,使其成为状态量 $\boldsymbol{x}$ 在 k 时刻的最优估计值。由此得到卡尔曼滤波的递推结果为

$$\begin{aligned}\hat{\boldsymbol{x}}(k)&=\hat{\boldsymbol{x}}(k \mid k-1)+\boldsymbol{K}(k)\tilde{\boldsymbol{z}}(k \mid k-1)\\&=\hat{\boldsymbol{x}}(k \mid k-1)+\boldsymbol{K}(k)[\boldsymbol{z}(k)-\boldsymbol{H}(k)\hat{\boldsymbol{x}}(k \mid k-1)]\end{aligned} \tag{4.29}$$

式中,$\boldsymbol{K}(k)$称为卡尔曼增益(残差加权矩阵)。

3)卡尔曼增益与均方误差阵的推导

对于式(4.29),需要找到适当的 $\boldsymbol{K}(k)$,称其为卡尔曼增益。卡尔曼增益的选取原则,是要使估计的均方误差阵 $\boldsymbol{P}(k)=E[\tilde{\boldsymbol{x}}(k)\tilde{\boldsymbol{x}}^{\mathrm{T}}(k)]$最小。

$$\begin{aligned}\tilde{\boldsymbol{x}}(k)&=\boldsymbol{x}(k)-\hat{\boldsymbol{x}}(k)\\&=\boldsymbol{x}(k)-[\hat{\boldsymbol{x}}(k \mid k-1)+\boldsymbol{K}(k)(\boldsymbol{z}(k)-\boldsymbol{H}(k)\hat{\boldsymbol{x}}(k \mid k-1))]\\&=[\boldsymbol{x}(k)-\hat{\boldsymbol{x}}(k \mid k-1)]-\boldsymbol{K}(k)[\boldsymbol{H}(k)\boldsymbol{x}(k)+\boldsymbol{v}(k)-\boldsymbol{H}(k)\hat{\boldsymbol{x}}(k \mid k-1)]\\&=[\boldsymbol{I}-\boldsymbol{K}(k)\boldsymbol{H}(k)]\tilde{\boldsymbol{x}}(k \mid k-1)-\boldsymbol{K}(k)\boldsymbol{v}(k)\end{aligned} \tag{4.30}$$

$$\begin{aligned}\boldsymbol{P}(k)&=E[\tilde{\boldsymbol{x}}(k)\tilde{\boldsymbol{x}}^{\mathrm{T}}(k)]\\&=E\Big([(\boldsymbol{I}-\boldsymbol{K}(k)\boldsymbol{H}(k))\tilde{\boldsymbol{x}}(k \mid k-1)-\boldsymbol{K}(k)\boldsymbol{v}(k)]\times\\&\qquad[(\boldsymbol{I}-\boldsymbol{K}(k)\boldsymbol{H}(k))\tilde{\boldsymbol{x}}(k \mid k-1)-\boldsymbol{K}(k)\boldsymbol{v}(k)]^{\mathrm{T}}\Big)\\&=[\boldsymbol{I}-\boldsymbol{K}(k)\boldsymbol{H}(k)]E[\tilde{\boldsymbol{x}}(k \mid k-1)\tilde{\boldsymbol{x}}^{\mathrm{T}}(k \mid k-1)][\boldsymbol{I}-\boldsymbol{K}(k)\boldsymbol{H}(k)]^{\mathrm{T}}-\\&\qquad[\boldsymbol{I}-\boldsymbol{K}(k)\boldsymbol{H}(k)]E[\tilde{\boldsymbol{x}}(k \mid k-1)\boldsymbol{v}^{\mathrm{T}}(k)]\boldsymbol{K}^{\mathrm{T}}(k)-\\&\qquad\boldsymbol{K}(k)E[\boldsymbol{v}(k)\tilde{\boldsymbol{x}}^{\mathrm{T}}(k \mid k-1)][\boldsymbol{I}-\boldsymbol{K}(k)\boldsymbol{H}(k)]^{\mathrm{T}}+\\&\qquad\boldsymbol{K}(k)E[\boldsymbol{v}(k)\boldsymbol{v}^{\mathrm{T}}(k)]\boldsymbol{K}^{\mathrm{T}}(k)\end{aligned} \tag{4.31}$$

由 $\boldsymbol{P}(k)=E[\tilde{\boldsymbol{x}}(k)\tilde{\boldsymbol{x}}^{\mathrm{T}}(k)]$,则 $\boldsymbol{P}(k|k-1)=E[\tilde{\boldsymbol{x}}(k|k-1)\tilde{\boldsymbol{x}}^{\mathrm{T}}(k|k-1)]$。由式(4.7)的条件,由式(4.31)可得到估计均方误差阵为

$$\boldsymbol{P}(k)=[\boldsymbol{I}-\boldsymbol{K}(k)\boldsymbol{H}(k)]\boldsymbol{P}(k \mid k-1)[\boldsymbol{I}-\boldsymbol{K}(k)\boldsymbol{H}(k)]^{\mathrm{T}}+\boldsymbol{K}(k)\boldsymbol{R}(k)\boldsymbol{K}^{\mathrm{T}}(k) \tag{4.32}$$

下面看 $\boldsymbol{K}(k)$ 应当怎样选取。

显然，$\boldsymbol{K}(k)$ 的变化将引起 $\boldsymbol{P}(k)$ 的变化：

$$\begin{aligned}\boldsymbol{P}(k)+\delta\boldsymbol{P}(k)=&\left\{\boldsymbol{I}-[\boldsymbol{K}(k)+\delta\boldsymbol{K}(k)]+\boldsymbol{H}(k)\right\}\boldsymbol{P}(k\mid k-1)\times\\&\left\{\boldsymbol{I}-[\boldsymbol{K}(k)+\delta\boldsymbol{K}(k)]\boldsymbol{H}(k)\right\}^{\mathrm{T}}+\\&[\boldsymbol{K}(k)+\delta\boldsymbol{K}(k)]\boldsymbol{R}(k)\,[\boldsymbol{K}(k)+\delta\boldsymbol{K}(k)]^{\mathrm{T}}\end{aligned}\tag{4.33}$$

展开并消去均方误差阵的结果，得

$$\delta\boldsymbol{P}(k)=\boldsymbol{W}+\boldsymbol{W}^{\mathrm{T}}+\delta\boldsymbol{K}(k)(\boldsymbol{H}(k)\boldsymbol{P}(k\mid k-1)\boldsymbol{H}^{\mathrm{T}}(k)+\boldsymbol{R}(k))\delta\boldsymbol{K}^{\mathrm{T}}(k)\tag{4.34}$$

式中：

$$\begin{aligned}\boldsymbol{W}&=-\delta\boldsymbol{K}(k)\left\{\boldsymbol{H}(k)\boldsymbol{P}(k\mid k-1)[\boldsymbol{I}-\boldsymbol{H}^{\mathrm{T}}(k)\boldsymbol{K}^{\mathrm{T}}(k)]-\boldsymbol{R}(k)\boldsymbol{K}^{\mathrm{T}}(k)\right\}\\&=-\delta\boldsymbol{K}(k)\left\{\boldsymbol{H}(k)\boldsymbol{P}(k\mid k-1)-[\boldsymbol{H}(k)\boldsymbol{P}(k\mid k-1)\boldsymbol{H}^{\mathrm{T}}(k)+\boldsymbol{R}(k)]\boldsymbol{K}^{\mathrm{T}}(k)\right\}\end{aligned}\tag{4.35}$$

若令式(4.35)中

$$\boldsymbol{H}(k)\boldsymbol{P}(k\mid k-1)-[\boldsymbol{H}(k)\boldsymbol{P}(k\mid k-1)\boldsymbol{H}^{\mathrm{T}}(k)+\boldsymbol{R}(k)]\boldsymbol{K}^{\mathrm{T}}(k)=\boldsymbol{0}\tag{4.36}$$

即

$$\boldsymbol{K}(k)=\boldsymbol{P}(k\mid k-1)\boldsymbol{H}^{\mathrm{T}}(k)\,[\boldsymbol{H}(k)\boldsymbol{P}(k\mid k-1)\boldsymbol{H}^{\mathrm{T}}(k)+\boldsymbol{R}_k]^{-1}$$

则由式(4.35)有

$$\boldsymbol{W}=\boldsymbol{0}$$

于是式(4.34)变为

$$\delta\boldsymbol{P}(k)=\delta\boldsymbol{K}(k)(\boldsymbol{H}(k)\boldsymbol{P}(k\mid k-1)\boldsymbol{H}^{\mathrm{T}}(k)+\boldsymbol{R}(k))\delta\boldsymbol{K}^{\mathrm{T}}(k)\tag{4.37}$$

由于 $\boldsymbol{K}(k)$ 使得 $\boldsymbol{P}(k)$ 最小，故 $\boldsymbol{K}(k)$ 的任何变化 $\delta\boldsymbol{K}(k)$ 都将导致 $\boldsymbol{P}(k)$ 的变化量 $\delta\boldsymbol{P}(k)$ 为正。只有令得 $\boldsymbol{W}=\boldsymbol{0}$，才能保证 $\delta\boldsymbol{P}(k)$ 获得式(4.37)的二次型形式。否则将出现矛盾。

因此，$\boldsymbol{K}(k)$ 取为

$$\boldsymbol{K}(k)=\boldsymbol{P}(k\mid k-1)\boldsymbol{H}^{\mathrm{T}}(k)\,[\boldsymbol{H}(k)\boldsymbol{P}(k\mid k-1)\boldsymbol{H}^{\mathrm{T}}(k)+\boldsymbol{R}_k]^{-1}\tag{4.38}$$

4）一步预测均方误差阵的推导

$$\boldsymbol{P}(k\mid k-1)=E[\tilde{\boldsymbol{x}}(k\mid k-1)\tilde{\boldsymbol{x}}^{\mathrm{T}}(k\mid k-1)]\tag{4.39}$$

$$\begin{aligned}\tilde{\boldsymbol{x}}(k\mid k-1)&=\boldsymbol{x}(k)-\hat{\boldsymbol{x}}(k\mid k-1)\\&=\boldsymbol{\Phi}(k,k-1)\boldsymbol{x}(k-1)+\boldsymbol{\Gamma}(k-1)\boldsymbol{w}(k-1)-\boldsymbol{\Phi}(k,k-1)\hat{\boldsymbol{x}}(k-1)\\&=\boldsymbol{\Phi}(k,k-1)\tilde{\boldsymbol{x}}(k-1)+\boldsymbol{\Gamma}(k-1)\boldsymbol{w}(k-1)\end{aligned}$$

$$\begin{aligned}\boldsymbol{P}(k\mid k-1)=&E\left\{[\boldsymbol{\Phi}(k,k-1)\tilde{\boldsymbol{x}}(k-1)+\boldsymbol{\Gamma}(k-1)\boldsymbol{w}(k-1)]\right.\\&\left.[\boldsymbol{\Phi}(k,k-1)\tilde{\boldsymbol{x}}(k-1)+\boldsymbol{\Gamma}(k-1)\boldsymbol{w}(k-1)]^{\mathrm{T}}\right\}\\=&\boldsymbol{\Phi}(k,k-1)E[\tilde{\boldsymbol{x}}(k-1)\tilde{\boldsymbol{x}}^{\mathrm{T}}(k-1)]\boldsymbol{\Phi}^{\mathrm{T}}(k,k-1)+\\&\boldsymbol{\Gamma}(k-1)E[\boldsymbol{w}(k-1)\boldsymbol{w}^{\mathrm{T}}(k-1)]\boldsymbol{\Gamma}^{\mathrm{T}}(k-1)+\end{aligned}$$

$$\boldsymbol{\Phi}(k,k-1)E[\tilde{\boldsymbol{x}}(k-1)\boldsymbol{w}^{\mathrm{T}}(k-1)]\boldsymbol{\Gamma}^{\mathrm{T}}(k-1)+ \\ \boldsymbol{\Gamma}(k-1)E[\boldsymbol{w}(k-1)\tilde{\boldsymbol{x}}^{\mathrm{T}}(k-1)]\boldsymbol{\Phi}^{\mathrm{T}}(k,k-1) \tag{4.40}$$

故得

$$\boldsymbol{P}(k\mid k-1)=\boldsymbol{\Phi}(k,k-1)\boldsymbol{P}(k-1)\boldsymbol{\Phi}^{\mathrm{T}}(k,k-1)+ \\ \boldsymbol{\Gamma}(k-1)\boldsymbol{Q}(k-1)\boldsymbol{\Gamma}^{\mathrm{T}}(k-1) \tag{4.41}$$

联合式(4.26)、式(4.29)、式(4.32)、式(4.38)与式(4.41)，即得到离散型卡尔曼滤波基本方程。

4.2.2　卡尔曼滤波的工程应用方法

1. 系统的状态空间模型描述及其离散化

在应用卡尔曼滤波时，必须建立系统的状态空间模型。如果所建立的系统方程为差分方程，则可以直接转换为状态空间模型并应用于卡尔曼滤波。如果所建立的方程为微分方程，则应先将微分方程转换为状态空间方程，然后进行离散化处理，再应用于卡尔曼滤波方程中。

在本书 4.2.3 节第 5 部分，以三轮移动机器人为例，结合移动机器人的运动学建模、导航传感器的工作模式，详细描述了系统状态方程与观测方程的建立过程。

下面针对系统连续状态空间模型，介绍其离散化方法。

系统的状态空间方程一般表示为如下形式：

$$\dot{\boldsymbol{x}}(t)=\boldsymbol{A}(t)\boldsymbol{x}(t)+\boldsymbol{B}(t)\boldsymbol{u}(t) \tag{4.42}$$

$$\boldsymbol{z}(t)=\boldsymbol{H}(t)\boldsymbol{x}(t) \tag{4.43}$$

其中：$\boldsymbol{x}(t)$是系统的状态量，$\boldsymbol{A}(t)$是状态运动矩阵，$\boldsymbol{u}(t)$是系统输入，$\boldsymbol{B}(t)$是系统驱动矩阵，$\boldsymbol{z}(t)$是系统的观测量，$\boldsymbol{H}(t)$是观测矩阵。

首先对系统方程离散化。

求解微分方程(4.42)，有

$$\boldsymbol{x}(t_{k+1})=\boldsymbol{\Phi}(t_{k+1},t_k)\boldsymbol{x}(t_k)+\int_{t_k}^{t_{k+1}}\boldsymbol{\Phi}(t_{k+1},\tau)\boldsymbol{B}(\tau)\boldsymbol{u}(\tau)\mathrm{d}(\tau) \tag{4.44}$$

式中：

$$\boldsymbol{\Phi}(t_{k+1},t_k)=\mathrm{e}^{\int_{t_k}^{t_{k+1}}\boldsymbol{A}(t)\mathrm{d}(t)}$$

若系统为定常系统，即$\boldsymbol{A}(t)=\boldsymbol{A}$，并记离散周期$T=t_{k+1}-t_k$，则

$$\boldsymbol{\Phi}(t_{k+1},t_k)=\mathrm{e}^{\boldsymbol{A}T} \tag{4.45}$$

记$\boldsymbol{\Phi}(t_{k+1},t_k)=\boldsymbol{\Phi}(k+1,k)$，$\boldsymbol{\Phi}(k+1,k)$称为一步状态转移矩阵。根据矩阵理论，有

$$\boldsymbol{\Phi}(k+1,k)=\mathrm{e}^{\boldsymbol{A}T}=\boldsymbol{I}+\boldsymbol{A}T+\frac{\boldsymbol{A}^2T^2}{2!}+\frac{\boldsymbol{A}^3T^3}{3!}+\cdots \tag{4.46}$$

当滤波周期很小时，一般可将$\boldsymbol{\Phi}(k+1,k)$近似地写为

$$\boldsymbol{\Phi}(k+1,k)=\boldsymbol{I}+\boldsymbol{A}T \tag{4.47}$$

如果系统为时变系统，即$\boldsymbol{A}(t)$是随着时间而变化的，则为了保证滤波的精度，必须选择较小的滤波周期T(离散化周期可以小于滤波周期，例如滤波周期是离散周期的整数倍)，使得在离散化周期内$\boldsymbol{A}(t)$近似为常值，然后按式(4.47)进行处理。这意味着当系统为定常系统时，其离散化过程可以一次性在滤波过程之外完成；当系统为时变系统时，则在每一个滤波周期内，应当根据当前时刻的系统方程至少进行一次离散化式(4.44)处理。

记$\boldsymbol{x}(k)=\boldsymbol{x}(t_k)$，$\boldsymbol{u}(k)=\boldsymbol{u}(t_k)$将式(4.47)代入式(4.44)，则近似地可以得到

$$\int_{t_k}^{t_{k+1}}\boldsymbol{\Phi}(t_{k+1},\tau)\boldsymbol{B}(\tau)\boldsymbol{u}(\tau)\mathrm{d}(\tau)\approx T\mathrm{e}^{AT}\boldsymbol{B}(k)\boldsymbol{u}(k) \tag{4.48}$$

记$\boldsymbol{\Gamma}(k)=T\mathrm{e}^{A\mathrm{T}}\boldsymbol{B}(k)$，则式(4.44)化为

$$\boldsymbol{x}(k+1)=\boldsymbol{\Phi}(k+1,k)\boldsymbol{x}(k)+\boldsymbol{\Gamma}(k)\boldsymbol{u}(k)$$

对观测方程的离散化一般采用零阶保持器进行，记$\boldsymbol{z}(k)=\boldsymbol{z}(t_k)$，$\boldsymbol{H}(k)=\boldsymbol{H}(t_k)$，则

$$\boldsymbol{z}(k)=\boldsymbol{H}(k)\boldsymbol{x}(k)$$

因此，连续系统的离散化方程为

$$\boldsymbol{x}(k+1)=\boldsymbol{\Phi}(k+1,k)\boldsymbol{x}(k)+\boldsymbol{\Gamma}(k)\boldsymbol{u}(k) \tag{4.49}$$

$$\boldsymbol{z}(k)=\boldsymbol{H}(k)\boldsymbol{x}(k) \tag{4.50}$$

式中：

$$\boldsymbol{\Phi}(k+1,k)=\boldsymbol{I}+\boldsymbol{A}T \tag{4.51}$$

$$\boldsymbol{\Gamma}(k)=T\mathrm{e}^{A\mathrm{T}}\boldsymbol{B}(k) \tag{4.52}$$

$$\boldsymbol{H}(k)=\boldsymbol{H}(t_k) \tag{4.53}$$

注意到式(4.51)、式(4.52)都是取的近似值。这种近似方法实质上是对e^{AT}和$\int_{t_k}^{t_{k+1}}\mathrm{e}^{AT}\boldsymbol{B}(k)\mathrm{d}t$只取泰勒级数的一次幂。显然，这种近似法仅当离散周期T比较小时才能得到比较好的结果。通常当离散周期为系统最小时间常数的二分之一左右，其近似精度已经相当满意。所以这种离散化的方法在实际工作中常常使用。特别对于时变系统，由于状态转移矩阵难以找到，故人们更乐于采用这种近似方法来获得时变系统的离散化状态方程。

2. 滤波初值的设置

卡尔曼滤波是一种递推算法，启动时必须先给定初值$\hat{\boldsymbol{x}}(0)$和$\boldsymbol{P}(0)$。

如果先取$\hat{\boldsymbol{x}}(0)=E[\boldsymbol{x}(0)]$(则同时有$\hat{\boldsymbol{x}}(0)=E[\tilde{\boldsymbol{x}}(0)\tilde{\boldsymbol{x}}^{\mathrm{T}}(0)]$)，则可以证明，在滤波过程中估计值始终无偏，即$\hat{\boldsymbol{x}}(k)=E[\boldsymbol{x}(k)]$。但在工程上，经常不能得到准确的$E[\boldsymbol{x}(0)]$。这种情况下，可以应用卡尔曼滤波稳定性定理，对$\hat{\boldsymbol{x}}(0)$和$\boldsymbol{P}(0)$加以设置。

1)卡尔曼滤波的稳定性

卡尔曼滤波稳定性是指，对于滤波方程

$$\begin{aligned}\hat{\boldsymbol{x}}(k) &= \hat{\boldsymbol{x}}(k \mid k-1) + \boldsymbol{K}(k)[\boldsymbol{z}(k) - \boldsymbol{H}(k)\hat{\boldsymbol{x}}(k \mid k-1)] \\ &= \boldsymbol{\Phi}(k,k-1)\hat{\boldsymbol{x}}(k-1) + \boldsymbol{K}(k)[\boldsymbol{z}(k) - \boldsymbol{H}(k)\boldsymbol{\Phi}(k,k-1)\hat{\boldsymbol{x}}(k-1)] \\ &= [\boldsymbol{I} - \boldsymbol{K}(k)\boldsymbol{H}(k)]\boldsymbol{\Phi}(k,k-1)\hat{\boldsymbol{x}}(k-1) + \boldsymbol{K}(k)\boldsymbol{z}(k)\end{aligned}$$

即

$$\hat{\boldsymbol{x}}(k) = [\boldsymbol{I} - \boldsymbol{K}(k)\boldsymbol{H}(k)]\boldsymbol{\Phi}(k,k-1)\hat{\boldsymbol{x}}(k-1) + \boldsymbol{K}(k)\boldsymbol{z}(k) \tag{4.54}$$

将方程(4.54)视为一个线性方程，如果从不同的初值 $\hat{\boldsymbol{x}}^1(0)$ 和 $\hat{\boldsymbol{x}}^2(0)$ 启动，当时间 $k \to \infty$ 时，如果有

$$\lim_{k\to\infty} \| \hat{\boldsymbol{x}}^1(k) - \hat{\boldsymbol{x}}^2(k) \| = 0 \tag{4.55}$$

则卡尔曼滤波是稳定的。

应用卡尔曼滤波方程本身判定卡尔曼滤波的稳定性比较困难，因此一般都直接根据被估计状态的系统方程和观测方程判定滤波稳定性，需要注意的是这种判据只能给出卡尔曼滤波稳定性的充分条件。

卡尔曼滤波稳定的充分条件之一：如果被估计系统是随机一致完全可控和随机一致完全可观测的，且 $\boldsymbol{Q}(k)$ 和 $\boldsymbol{R}(k)$ 都是正定的，则卡尔曼滤波是一致渐近稳定性的。

卡尔曼滤波稳定的充分条件之二：如果被估计系统是随机可观测的，其推广形式是随机可控的，则卡尔曼滤波是渐近稳定的。

卡尔曼滤波稳定的充分条件之三：如果被估计系统是完全随机可稳定和完全随机可检测的，则卡尔曼滤波是渐近稳定的。

2)*滤波误差方差阵的渐近性定理*

由卡尔曼滤波的稳定性定理，容易得到滤波误差方差阵的渐近性定理。此处仅给出其结论，不加证明。

滤波误差方差阵的渐近性定理：如果离散系统是一致完全可控和一致完全可观测的，$\boldsymbol{P}^1(k)$、$\boldsymbol{P}^2(k)$ 表示取不同初始滤波误差方差阵 $\boldsymbol{P}^1(0)$、$\boldsymbol{P}^2(0)$ 时，滤波运算到时刻 k 时的滤波误差方差阵，则存在 $c_1>0$，$c_2>0$，对所有的 $k>0$，有

$$\| \boldsymbol{P}^1(k) - \boldsymbol{P}^2(k) \| \leqslant c_2 \mathrm{e}^{-c_1 k} \| \boldsymbol{P}^1(0) - \boldsymbol{P}^2(0) \|$$

因此，当 $k \to \infty$ 时，有

$$\| \boldsymbol{P}^1(k) - \boldsymbol{P}^2(k) \| \to 0$$

3)*滤波初值的设置*

由卡尔曼滤波稳定性定理与滤波误差方差阵的渐近性定理，如果可以判定卡尔曼滤波是稳定的，则在设置卡尔曼滤波的初值 $\hat{\boldsymbol{x}}(0)$ 和 $\boldsymbol{P}(0)$ 时，若不了解初始状态的统计特性，常令

$$\hat{\boldsymbol{x}}(0) = \boldsymbol{0}, \boldsymbol{P}(0) = \alpha \boldsymbol{I}$$

其中，α 为很大的常数。在此情况下，不能保证滤波是无偏的。但若卡尔曼滤波是稳定的，则由式(4.55)可见，随着滤波的不断递推，滤波初值 $\hat{\boldsymbol{x}}(0)$ 和 $\boldsymbol{P}(0)$ 不准确

的影响将逐渐减弱以至消失，滤波值将逐渐趋于无偏。因此在设计滤波器时，应当尽可能将滤波器设计成渐近稳定或者一致渐近稳定的。

3. 系统噪声与观测噪声的设置

在应用卡尔曼滤波之前，最好能得到系统噪声 $\boldsymbol{w}$ 与观测噪声 $\boldsymbol{v}$ 的方差统计量 $\boldsymbol{Q}$ 阵与 $\boldsymbol{R}$ 阵。但在工程上由于各种原因，经常得不到 $\boldsymbol{Q}$ 与 $\boldsymbol{R}$ 的值。此时可以采用方差上界滤波方法。

1)滤波误差方差阵的上界与下界定理

滤波误差方差阵的上界定理：若离散系统

$$\begin{cases}\boldsymbol{x}(k)=\boldsymbol{\Phi}(k,k-1)\boldsymbol{x}(k-1)+\boldsymbol{\Gamma}(k,k-1)\boldsymbol{w}(k-1)\\ \boldsymbol{z}(k)=\boldsymbol{H}(k)\boldsymbol{x}(k)+\boldsymbol{v}(k)\end{cases}$$

是一致完全可控和一致完全可观测的，即存在 $\alpha_1>0,\beta_1>0;\alpha_2>0,\beta_2>0$ 和正整数 N，使得对所有的 $k\geqslant N$，有

$$\alpha_1\boldsymbol{I}\leqslant\boldsymbol{W}(k-N+1,k)\leqslant\beta_1\boldsymbol{I}$$

$$\alpha_2\boldsymbol{I}\leqslant\boldsymbol{M}(k-N+1,k)\leqslant\beta_2\boldsymbol{I}$$

其中：

$$\boldsymbol{W}(k-N+1,k)=\sum_{i=k-N+1}^{k}\boldsymbol{\Phi}(k,i)\boldsymbol{\Gamma}(i,i-1)\boldsymbol{Q}(i-1)\boldsymbol{\Gamma}^{\mathrm{T}}(i,i-1)\boldsymbol{\Phi}^{\mathrm{T}}(k,i)>0$$

$$\boldsymbol{M}(k-N+1,k)=\sum_{j=k-N+1}^{k}\boldsymbol{\Phi}^{\mathrm{T}}(j,k)\boldsymbol{H}^{\mathrm{T}}(j)\boldsymbol{R}^{-1}(j)\boldsymbol{H}(j)\boldsymbol{\Phi}(j,k)>0$$

假定 $\boldsymbol{P}(0)\geqslant 0$，则对所有的 $k\geqslant N$，$\boldsymbol{P}(k)$有一致的上界：

$$\boldsymbol{P}(k)\leqslant\frac{1+n^2\beta_1\beta_2}{\alpha_2}\boldsymbol{I}\tag{4.56}$$

同时还存在滤波误差方差阵的下界定理：

若离散系统是一致完全可控和一致完全可观测的，即存在 $\alpha_1>0,\beta_1>0;\alpha_2>0,\beta_2>0$ 和正整数 N，使得对所有的 $k\geqslant N$，有

$$\alpha_1 I\leqslant\boldsymbol{W}(k-N+1,k)\leqslant\beta_1\boldsymbol{I}$$

$$\alpha_2 I\leqslant\boldsymbol{M}(k-N+1,k)\leqslant\beta_2\boldsymbol{I}$$

假定 $\boldsymbol{P}(0)\geqslant 0$，则对所有的 $k\geqslant N$，$\boldsymbol{P}(k)$有一致的下界：

$$\boldsymbol{P}(k)\geqslant\frac{\alpha_1}{1+n^2\beta_1\beta_2}\boldsymbol{I}\tag{4.57}$$

由滤波误差方差阵的上界与下界定理，对于一致完全可控和一致完全可观测的系统，其卡尔曼滤波方程滤波器误差方差阵 $\boldsymbol{P}(k)$的上界和下界为

$$\frac{\alpha_1}{1+n^2\beta_1\beta_2}\boldsymbol{I}\leqslant\boldsymbol{P}(k)\leqslant\frac{1+n^2\beta_1\beta_2}{\alpha_2}\boldsymbol{I}\tag{4.58}$$

2)系统噪声与观测噪声对滤波误差方差阵的影响

假定系统模型与观测模型是无误差的，即 $\boldsymbol{\Phi}=\boldsymbol{\Phi}^{\mathrm{r}},\boldsymbol{\Gamma}=\boldsymbol{\Gamma}^{\mathrm{r}},\boldsymbol{H}=\boldsymbol{H}^{\mathrm{r}}$，并设 $\boldsymbol{P}^{\mathrm{P}}(0)$

$=\mathrm{var}[\tilde{\boldsymbol{x}}^{\mathrm{r}}(0)]$，则反映 k 时刻真实的滤波误差与一步预测误差的均方阵为

$$\boldsymbol{P}^{\mathrm{P}}(k \mid k)=[\boldsymbol{I}-\boldsymbol{K}(k)\boldsymbol{H}(k)]\boldsymbol{P}^{\mathrm{P}}(k \mid k-1)[\boldsymbol{I}-\boldsymbol{K}(k)\boldsymbol{H}(k)]^{\mathrm{T}}+\boldsymbol{K}(k)\boldsymbol{R}^{\mathrm{r}}(k)\boldsymbol{K}^{\mathrm{T}}(k) \tag{4.59}$$

$$\begin{aligned}\boldsymbol{P}^{\mathrm{P}}(k \mid k-1)=&\boldsymbol{\Phi}(k,k-1)\boldsymbol{P}^{\mathrm{P}}(k-1 \mid k-1)\boldsymbol{\Phi}^{\mathrm{T}}(k,k-1)+\\&\boldsymbol{\Gamma}(k,k-1)\boldsymbol{Q}^{\mathrm{r}}(k-1)\boldsymbol{\Gamma}^{\mathrm{T}}(k,k-1)\end{aligned} \tag{4.60}$$

如果设计滤波器时，系统模型和观测模型正确，但系统噪声方差阵、观测噪声方差阵及初始均方误差阵有误，即 $\boldsymbol{Q}(k)\neq\boldsymbol{Q}^{\mathrm{r}}(k)$，$\boldsymbol{R}(k)\neq\boldsymbol{R}^{\mathrm{r}}(k)$，$\boldsymbol{P}(0)\neq\boldsymbol{P}^{\mathrm{P}}(0)=\mathrm{var}[\boldsymbol{x}^{\mathrm{r}}(0)]$，则卡尔曼滤波计算中 k 时刻滤波误差与一步预测误差的均方阵为

$$\boldsymbol{P}(k \mid k)=[\boldsymbol{I}-\boldsymbol{K}(k)\boldsymbol{H}(k)]\boldsymbol{P}(k \mid k-1)[\boldsymbol{I}-\boldsymbol{K}(k)\boldsymbol{H}(k)]^{\mathrm{T}}+\boldsymbol{K}(k)\boldsymbol{R}(k)\boldsymbol{K}^{\mathrm{T}}(k) \tag{4.61}$$

$$\begin{aligned}\boldsymbol{P}(k \mid k-1)=&\boldsymbol{\Phi}(k,k-1)\boldsymbol{P}(k-1 \mid k-1)\boldsymbol{\Phi}^{\mathrm{T}}(k,k-1)+\\&\boldsymbol{\Gamma}(k,k-1)\boldsymbol{Q}(k-1)\boldsymbol{\Gamma}^{\mathrm{T}}(k,k-1)\end{aligned} \tag{4.62}$$

式(4.59)与式(4.61)相减，式(4.60)与式(4.62)相减，则得到当 $\boldsymbol{Q}(k)\neq\boldsymbol{Q}^{\mathrm{r}}(k)$，$\boldsymbol{R}(k)\neq\boldsymbol{R}^{\mathrm{r}}(k)$，$\boldsymbol{P}(0)\neq P^{\mathrm{P}}(0)$时 $\boldsymbol{P}(k|k)$与 $\boldsymbol{P}(k|k-1)$的误差为

$$\begin{aligned}\Delta\boldsymbol{P}(k \mid k)=&[\boldsymbol{I}-\boldsymbol{K}(k)\boldsymbol{H}(k)]\Delta\boldsymbol{P}(k \mid k-1)[\boldsymbol{I}-\boldsymbol{K}(k)\boldsymbol{H}(k)]^{\mathrm{T}}+\\&\boldsymbol{K}(k)[\boldsymbol{R}(k)-\boldsymbol{R}^{\mathrm{r}}(k)]\boldsymbol{K}^{\mathrm{T}}(k)\end{aligned} \tag{4.63}$$

$$\begin{aligned}\Delta\boldsymbol{P}(k \mid k-1)=&\boldsymbol{\Phi}(k,k-1)\Delta\boldsymbol{P}(k-1 \mid k-1)\boldsymbol{\Phi}^{\mathrm{T}}(k,k-1)+\\&\boldsymbol{\Gamma}(k,k-1)[\boldsymbol{Q}(k-1)-\boldsymbol{Q}^{\mathrm{r}}(k-1)]\boldsymbol{\Gamma}^{\mathrm{T}}(k,k-1)\end{aligned} \tag{4.64}$$

其中：

$$\Delta\boldsymbol{P}(k \mid k)=\boldsymbol{P}(k \mid k)-\boldsymbol{P}^{\mathrm{P}}(k \mid k)$$

$$\Delta\boldsymbol{P}(k \mid k-1)=\boldsymbol{P}(k \mid k-1)-\boldsymbol{P}^{\mathrm{P}}(k \mid k-1)$$

由式(4.63)和式(4.64)可见，如果在滤波器设计时，选取 k 时刻的参数时使 $\boldsymbol{Q}(k)>\boldsymbol{Q}^{\mathrm{r}}(k)$，和 $\boldsymbol{R}(k)>\boldsymbol{R}^{\mathrm{r}}(k)$，则只要 $\Delta\boldsymbol{P}(k-1)>0$，必有 $\Delta\boldsymbol{P}(k|k-1)>0$，因而也有 $\Delta\boldsymbol{P}(k)>0$。故有结论：

在只有 $\boldsymbol{P}(0)$、$\boldsymbol{Q}$、$\boldsymbol{R}$ 有误差的情况下，若取 $\boldsymbol{Q}(k)\geqslant\boldsymbol{Q}^{\mathrm{r}}(k)$，$\boldsymbol{R}(k)\geqslant\boldsymbol{R}^{\mathrm{r}}(k)$，$\boldsymbol{P}(0)\geqslant\boldsymbol{P}^{\mathrm{P}}(0)$，则必有

$$\boldsymbol{P}(k)\geqslant\boldsymbol{P}^{\mathrm{P}}(k)$$

若取 $\boldsymbol{Q}(k)\leqslant\boldsymbol{Q}^{\mathrm{r}}(k)$，$\boldsymbol{R}(k)\leqslant\boldsymbol{R}^{\mathrm{r}}(k)$，$\boldsymbol{P}(0)\leqslant\boldsymbol{P}^{\mathrm{P}}(0)$，则必有

$$\boldsymbol{P}(k)\leqslant\boldsymbol{P}^{\mathrm{P}}(k)$$

进一步，若选择 $\boldsymbol{Q}(k)\geqslant\boldsymbol{Q}^{\mathrm{r}}(k)$，$\boldsymbol{R}(k)\geqslant\boldsymbol{R}^{\mathrm{r}}(k)$，$\boldsymbol{P}(0)\geqslant\boldsymbol{P}^{\mathrm{P}}(0)$，当系统一致完全可控和一致完全可观测时，根据卡尔曼滤波稳定性原理，$\boldsymbol{P}(k)$有一致的上界：

$$\boldsymbol{P}(k)\leqslant\frac{1+n^2\beta_1\beta_2}{\alpha_2}\boldsymbol{I}$$

由于 $\boldsymbol{P}(k)\geqslant\boldsymbol{P}^{\mathrm{P}}(k)$，故 $\boldsymbol{P}^{\mathrm{P}}(k)$必有一致的上界，因此在设计卡尔曼滤波器时，如果无法确定或不能准确得到 $\boldsymbol{P}(0)$、$\boldsymbol{Q}$、$\boldsymbol{R}$ 阵，应当取其较大的可能值，以满足实际

滤波误差的均方误差的要求，防止实际的估计均方误差阵的发散。

4. 示例：基于 RSSI 的卡尔曼滤波定位方法

本小节以 ZigBee 为例，介绍基于 RSSI 的卡尔曼滤波定位方法。对于在 ZigBee 网络中的简易移动机器人小车，假定已经根据 3.4.4 节的方法，在 ZigBee 网络中利用 RSSI 理论模型进行了测距，根据最小二乘算法进行了定位解算。但因为环境中存在的干扰噪声，现在需要利用卡尔曼滤波算法对定位结果进行优化处理。

建立移动机器人包括位移和速度状态量的系统方程并进行离散化。系统运动状态方程为

$$\boldsymbol{x}(k)=\boldsymbol{\Phi}\boldsymbol{x}(k-1)+\boldsymbol{w}(k-1) \tag{4.65}$$

$$\boldsymbol{z}(k)=\boldsymbol{H}\boldsymbol{x}(k)+\boldsymbol{v}(k) \tag{4.66}$$

将式(4.65)、式(4.66)展开，即是机器人小车移动的三维模型：

$$\begin{bmatrix} x(k) \\ y(k) \\ z(k) \\ V_x(k) \\ V_y(k) \\ V_z(k) \end{bmatrix}=\begin{bmatrix} 1 & 0 & 0 & 0.1 & 0 & 0 \\ 0 & 1 & 0 & 0 & 0.1 & 0 \\ 0 & 0 & 1 & 0 & 0 & 0.1 \\ 0 & 0 & 0 & 1 & 0 & 0 \\ 0 & 0 & 0 & 0 & 1 & 0 \\ 0 & 0 & 0 & 0 & 0 & 1 \end{bmatrix}\begin{bmatrix} x(k-1) \\ y(k-1) \\ z(k-1) \\ V_x(k-1) \\ V_y(k-1) \\ V_z(k-1) \end{bmatrix}+\begin{bmatrix} w_x(k-1) \\ w_y(k-1) \\ w_z(k-1) \\ w_{Vx}(k-1) \\ w_{Vy}(k-1) \\ w_{Vz}(k-1) \end{bmatrix} \tag{4.67}$$

$$\begin{bmatrix} z_x(k) \\ z_y(k) \\ z_z(k) \end{bmatrix}=\begin{bmatrix} 1 & 0 & 0 & 0 & 0 & 0 \\ 0 & 1 & 0 & 0 & 0 & 0 \\ 0 & 0 & 1 & 0 & 0 & 0 \end{bmatrix}\begin{bmatrix} x(k) \\ y(k) \\ z(k) \\ V_x(k) \\ V_y(k) \\ V_z(k) \end{bmatrix}+\begin{bmatrix} v_x(k) \\ v_y(k) \\ v_z(k) \end{bmatrix} \tag{4.68}$$

式(4.67)和式(4.68)中，系统矩阵 $\boldsymbol{\Phi}$ 和观测矩阵 $\boldsymbol{H}$ 为常值矩阵，向量 $\boldsymbol{x}(k)$ 为待优化的机器人定位信息，$\boldsymbol{x}(k)=[x(k)\quad y(k)\quad z(k)\quad V_x(k)\quad V_y(k)\quad V_z(k)]^{\mathrm{T}}$，$x(k)$、$y(k)$、$z(k)$ 和 $V_x(k)$、$V_y(k)$、$V_z(k)$ 分别为 k 时刻机器人在全局坐标系中 3 个方向的位移和速度估计值；观测向量 $\boldsymbol{z}(k)$ 为观测得到的机器人定位信息，$\boldsymbol{z}(k)=[z_x(k)\quad z_y(k)\quad z_z(k)]^{\mathrm{T}}$，$z_x(k)$、$z_y(k)$、$z_z(k)$ 为 k 时刻机器人在全局坐标系中 3 个方向的位移的观测值；$\boldsymbol{w}(k)$ 和 $\boldsymbol{v}(k)$ 分别为状态噪声和观测噪声，且满足 $E[\boldsymbol{w}(k)]=E[\boldsymbol{v}(k)]=\boldsymbol{0}$，$E[\boldsymbol{w}(k)\boldsymbol{w}^{\mathrm{T}}(k)]=\boldsymbol{Q}$，$E[\boldsymbol{v}(k)\boldsymbol{v}^{\mathrm{T}}(k)]=\boldsymbol{R}$，即 $\boldsymbol{w}(k)$ 和 $\boldsymbol{v}(k)$ 是相互独立的零均值白噪声序列。在卡尔曼滤波中令 $\boldsymbol{Q}$、$\boldsymbol{R}$ 取可能值较大的常值矩阵。

状态向量的初始值 $\boldsymbol{x}(0)$ 的统计特性给定为

$$E[\boldsymbol{x}(0)] = \boldsymbol{\mu}(0) \tag{4.69}$$

$$\mathrm{var}[\boldsymbol{x}(0)] = E\{[\boldsymbol{x}(0) - \boldsymbol{\mu}(0)][\boldsymbol{x}(0) - \boldsymbol{\mu}(0)]^{\mathrm{T}}\} = \boldsymbol{P}(0) \tag{4.70}$$

滤波中的初值选取为

$$\boldsymbol{x}(0) = \boldsymbol{0} \tag{4.71}$$

$$\boldsymbol{P}(0) = \begin{bmatrix} 20 & 0 & 0 & 0 & 0 & 0 \\ 0 & 20 & 0 & 0 & 0 & 0 \\ 0 & 0 & 20 & 0 & 0 & 0 \\ 0 & 0 & 0 & 20 & 0 & 0 \\ 0 & 0 & 0 & 0 & 20 & 0 \\ 0 & 0 & 0 & 0 & 0 & 20 \end{bmatrix} \tag{4.72}$$

卡尔曼滤波器计算分为以下几个过程。

(1)卡尔曼滤波器方程的预测过程：

$$\hat{\boldsymbol{x}}(k \mid k-1) = \boldsymbol{\Phi}\hat{\boldsymbol{x}}(k-1 \mid k-1) \tag{4.73}$$

$$\boldsymbol{P}(k \mid k-1) = \boldsymbol{\Phi}\boldsymbol{P}(k-1 \mid k-1)\boldsymbol{\Phi}^{\mathrm{T}} + \boldsymbol{Q} \tag{4.74}$$

(2)卡尔曼滤波器方程的校正过程：

$$\boldsymbol{K}(k) = \boldsymbol{P}(k \mid k-1)\boldsymbol{H}^{\mathrm{T}}[\boldsymbol{H}\boldsymbol{P}(k \mid k-1)\boldsymbol{H}^{\mathrm{T}} + \boldsymbol{R}]^{-1} \tag{4.75}$$

$$\hat{\boldsymbol{x}}(k \mid k) = \hat{\boldsymbol{x}}(k \mid k-1) + \boldsymbol{K}(k)[z(k) - \boldsymbol{H}\hat{\boldsymbol{x}}(k \mid k-1)] \tag{4.76}$$

$$\boldsymbol{P}(k \mid k) = [\boldsymbol{I} - \boldsymbol{K}(k)\boldsymbol{H}]\boldsymbol{P}(k \mid k-1) \tag{4.77}$$

(3)实验与分析：

为了验证基于 RSSI 的卡尔曼滤波定位方法的有效性，首先利用 CC2431 建立定位系统，在实验过程中实时读取每个参考节点的 RSSI，然后在 MATLAB 环境中进行定位仿真实验。机器人在理想的水平面上运动，未知节点固定在机器人上，故假设未知节点的 z 轴坐标为 0，在实验中仅对未知节点的 x 和 y 坐标进行分析。

为了保证定位的实时性，CC2431 每隔 0.1 s 往上位机发送一组 RSSI 数据，经过上位机的处理获得机器人的定位信息。实验中机器人在每个采样点进行采样，获得移动机器人定位信息的真实值、观测值和滤波值。为了验证系统在一定的路径下的定位精度以及实验可重复性，机器人在给定的实验室环境中运动。x 方向的定位结果如图 4.2 所示，y 方向的定位结果如图 4.3 所示。

由图 4.2 和图 4.3 可知，经过卡尔曼滤波后的定位结果与未经卡尔曼滤波优化的定位结果相比较，未经卡尔曼滤波时定位误差在 2 m 以内的概率为 80%，而经过卡尔曼滤波后定位误差均控制在 1 m 以内，并且通过实验可知，实验的可重复性很高。机器人的定位结果如图 4.4 所示。

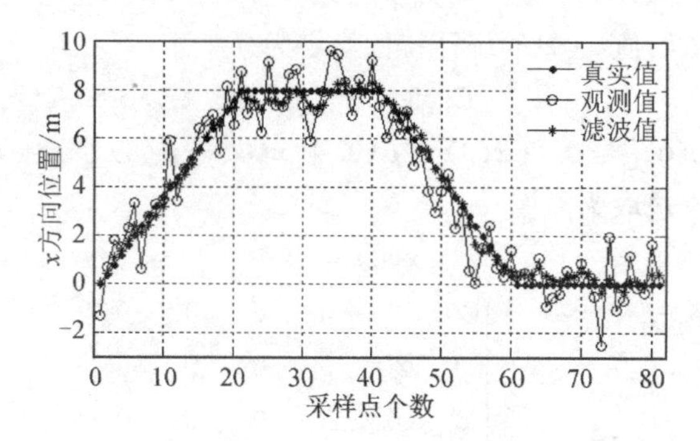

图 4.2　x 方向定位效果图

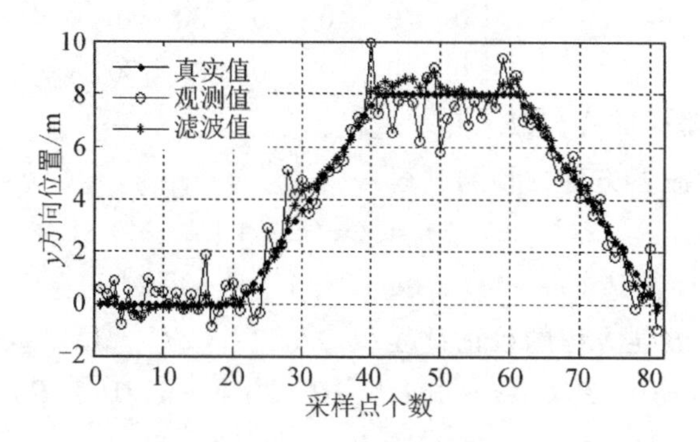

图 4.3　y 方向定位效果图

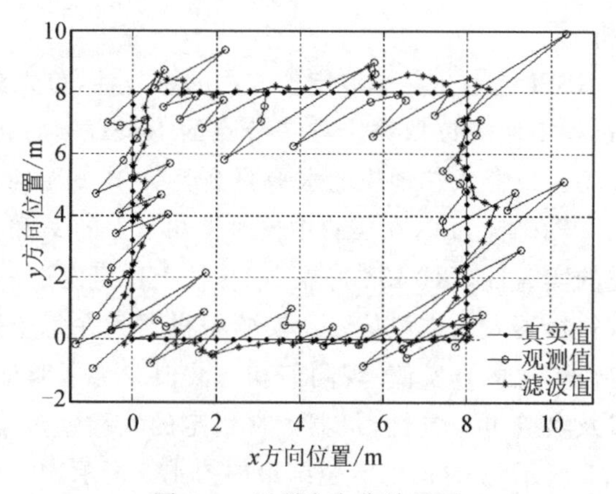

图 4.4　机器人定位效果图

综上所述，由于环境中存在干扰噪声，导致 CC2431 读取的 RSSI 值存在较大的误差，在未利用卡尔曼滤波进行优化时，定位存在较大的偏差。而在特定的环境中，只要选取合适的状态误差阵和观测误差阵，利用卡尔曼滤波进行优化，定位精度会得到明显提高，且具有较好的实时性。

4.2.3　扩展卡尔曼滤波

在介绍卡尔曼滤波基本方程时所讨论的最优状态估计问题，认为系统的数学模型是线性的。但是在工程实践中所遇到的具体问题，系统的数学模型往往是非线性的，例如移动机器人的导航与运动控制，火箭、飞机和舰船的惯性导航系统，通信系统以及许多工业系统等等，一般都是非线性系统。因此，有必要研究非线性最优状态估计问题。本章的 4.2.3 节～4.2.5 节介绍的扩展卡尔曼滤波、无迹卡尔曼滤波、容积卡尔曼滤波，主要是研究高斯分布条件下非线性最优状态估计；在4.3 节介绍的粒子滤波，则进一步研究非高斯分布条件下非线性最优状态估计问题。

1. 非线性系统的描述

具有一般意义的随机非线性系统可用如下的非线性微分方程表示：

$$\begin{cases}\dot{\boldsymbol{x}}(t)=\boldsymbol{\varphi}[\boldsymbol{x}(t),\boldsymbol{w}(t),t]\\ \boldsymbol{z}(t)=\boldsymbol{h}[\boldsymbol{x}(t),\boldsymbol{v}(t),t]\end{cases}\tag{4.78}$$

对于离散随机非线性系统，可以用非线性差分方程表示：

$$\begin{cases}\boldsymbol{x}(k)=\boldsymbol{\varphi}[\boldsymbol{x}(k-1),\boldsymbol{w}(k-1),k-1]\\ \boldsymbol{z}(k)=\boldsymbol{h}[\boldsymbol{x}(k),\boldsymbol{v}(k),k]\end{cases}\tag{4.79}$$

但是，式(4.78)和式(4.79)描述的是相当广泛的一类随机非线性系统。这类广泛意义的系统对于最优状态估计问题常常难以进行求解。因此，在非线性最优状态估计问题中，常常使用的是如下的随机非线性模型：

$$\begin{cases}\dot{\boldsymbol{x}}(t)=\boldsymbol{\varphi}[\boldsymbol{x}(t),t]+\boldsymbol{F}[\boldsymbol{x}(t),t]\boldsymbol{w}(t)\\ \boldsymbol{z}(t)=\boldsymbol{h}[\boldsymbol{x}(t),t]+\boldsymbol{v}(t)\end{cases}\tag{4.80}$$

或

$$\begin{cases}\boldsymbol{x}(k)=\boldsymbol{\varphi}[\boldsymbol{x}(k-1),k-1]+\boldsymbol{\Gamma}[\boldsymbol{x}(k-1),k-1]\boldsymbol{w}(k-1)\\ \boldsymbol{z}(k)=\boldsymbol{h}[\boldsymbol{x}(k),k]+\boldsymbol{v}(k)\end{cases}\tag{4.81}$$

即方程右边的状态部分是非线性的，但驱动部分是线性的。其中，$\boldsymbol{x}(t)$或$\boldsymbol{x}(k)$ n 维状态向量，$\boldsymbol{\varphi}[\cdot]$为 n 维非线性向量函数，$\boldsymbol{h}[\cdot]$为 m 维非线性向量函数，$\boldsymbol{F}[\cdot]$或$\boldsymbol{\Gamma}[\cdot]$为 $n\times p$ 矩阵函数。

式中，$\{\boldsymbol{w}(t);t\geqslant t_0\}$和$\{\boldsymbol{v}(t);t\geqslant t_0\}$为彼此不相关的零均值高斯白噪声过程，并且它们与 $\boldsymbol{x}(t_0)$不相关。亦即对于 $t\geqslant t_0$，有

$$E[\boldsymbol{w}(t)]=\boldsymbol{0},\qquad E[\boldsymbol{w}(t)\boldsymbol{w}^{\mathrm{T}}(\tau)]=\boldsymbol{Q}(t)\delta(t-\tau)$$
$$E[\boldsymbol{v}(t)]=\boldsymbol{0},\qquad E[\boldsymbol{v}(t)\boldsymbol{v}^{\mathrm{T}}(\tau)]=\boldsymbol{R}(t)\delta(t-\tau)$$
$$E[\boldsymbol{w}(t)\boldsymbol{v}^{\mathrm{T}}(\tau)]=\boldsymbol{0},\quad E[\boldsymbol{x}(t_0)\boldsymbol{w}^{\mathrm{T}}(t)]=E[\boldsymbol{x}(t_0)\boldsymbol{v}^{\mathrm{T}}(t)]=\boldsymbol{0}$$

或者说，$\{\boldsymbol{w}(k);k\geqslant 0\}$和$\{\boldsymbol{v}(k);k\geqslant 0\}$为彼此不相关的零均值高斯白噪声序列，并且它们与 $\boldsymbol{x}(0)$不相关。亦即对于 $k\geqslant 0$，有

$$E[\boldsymbol{w}(k)]=\boldsymbol{0},\qquad E[\boldsymbol{w}(k)\boldsymbol{w}^{\mathrm{T}}(j)]=\boldsymbol{Q}(k)\delta_{kj}$$

$$E[\boldsymbol{v}(k)]=\boldsymbol{0},\qquad E[\boldsymbol{v}(k)\boldsymbol{v}^{\mathrm{T}}(j)]=\boldsymbol{R}(k)\delta_{kj}$$

$$E[\boldsymbol{w}(k)\boldsymbol{v}^{\mathrm{T}}(j)]=\boldsymbol{0},\quad E[\boldsymbol{x}(0)\boldsymbol{w}^{\mathrm{T}}(k)]=E[\boldsymbol{x}(0)\boldsymbol{v}^{\mathrm{T}}(k)]=\boldsymbol{0}$$

而初始状态为具有如下均值和方差阵的高斯分布随机向量：

$$E[\boldsymbol{x}(t_0)]=\boldsymbol{\mu}_x(t_0),\quad \mathrm{var}[\boldsymbol{x}(t_0)]=\boldsymbol{P}_x(t_0)$$

或

$$E[\boldsymbol{x}(0)]=\boldsymbol{\mu}_x(0),\quad \mathrm{var}[\boldsymbol{x}(0)]=\boldsymbol{P}_x(0)$$

由于在实际应用中，状态估计基本上都是采用递推方式进行的，其估计对象主要是离散系统。因此在本章以后的描述中，对于非线性系统的最优状态估计问题，同样仅针对离散型方程进行讨论。

2. 非线性最优状态估计问题的提法

所谓非线性最优状态估计问题，就是根据观测量 $\boldsymbol{z}^k=\{\boldsymbol{z}(i),0\leqslant i\leqslant k\}$，求相应于 j 时刻的状态向量 $\boldsymbol{x}(j)$ 的线性最小方差估计问题，并把所得到的状态估计量记为 $\hat{\boldsymbol{x}}(j|k)$。其中时刻 j 可以大于、等于或小于 k。$j>k$ 时的估计 $\hat{\boldsymbol{x}}(j|k)$ 称为预测，$j<k$ 时的估计 $\hat{\boldsymbol{x}}(j|k)$ 称为平滑，$j=k$ 时的估计 $\hat{\boldsymbol{x}}(j|k)$ 称为滤波。

因此，非线性系统的最优状态估计问题的提法与线性系统的最优状态估计问题的提法是完全类似的，它实际上也是条件均值估计。

对于一般的非线性系统，在理论上难以找到严格的递推滤波公式，因此，目前大都采用近似方法来研究。而非线性滤波的线性化则是用近似方法来研究非线性滤波问题的重要途径之一。非线性滤波的线性化，一般是先将被估计的非线性系统模型线性化，而后应用卡尔曼最优滤波方程得到非线性滤波的方程。根据不同的线性化方法，可以分成不同的非线性滤波方法。在这里着重讨论围绕标称轨道线性化的滤波方法和推广的卡尔曼滤波。

3. 围绕标称轨迹线性化的滤波方法

围绕标称轨迹线性化的滤波方法，是将被估计的随机非线性系统模型围绕标称轨道线性化，然后根据线性化模型，应用卡尔曼滤波基本方程，来解决非线性滤波问题。

所谓标称轨道，是指不考虑系统干扰噪声和观测噪声(即 $\boldsymbol{w}(k)$ 和 $\boldsymbol{v}(k)$ 恒为零的理想状态)时，非线性系统模型的解，并把标称轨道上的状态和观测分别称为标称状态和标称观测，记为 $\boldsymbol{x}^*(k)$ 和 $\boldsymbol{z}^*(k)$。

记标称轨迹为

$$\boldsymbol{x}^*(k)=\boldsymbol{\varphi}[\boldsymbol{x}^*(k-1),k-1]$$

$$\boldsymbol{z}^*(k)=\boldsymbol{h}[\boldsymbol{x}^*(k),k]$$

其中：

$$\boldsymbol{x}^*(0) = \boldsymbol{\mu}_x(0)$$

记运动轨道与标称轨道的偏差为

$$\delta \boldsymbol{x}(k) = \boldsymbol{x}(k) - \boldsymbol{x}^*(k) \tag{4.82}$$

$$\delta \boldsymbol{z}(k) = \boldsymbol{z}(k) - \boldsymbol{z}^*(k) \tag{4.83}$$

当偏差量 $\delta \boldsymbol{x}(k)$、$\delta \boldsymbol{z}(k)$很小时，我们可以将非线性系统

$$\boldsymbol{x}(k) = \boldsymbol{\varphi}[\boldsymbol{x}(k-1), k-1] + \boldsymbol{\Gamma}[\boldsymbol{x}(k-1), k-1]\boldsymbol{w}(k-1)$$

$$\boldsymbol{z}(k) = \boldsymbol{h}[\boldsymbol{x}(k), k] + \boldsymbol{v}(k)$$

的非线性向量函数 $\boldsymbol{\varphi}[\cdot]$和 $\boldsymbol{h}[\cdot]$在标称轨道附近处作泰勒展开，并略去 2 次以上项，得

$$\begin{aligned}\boldsymbol{x}(k) = &\boldsymbol{\varphi}[\boldsymbol{x}^*(k-1), k-1] + \frac{\partial \boldsymbol{\varphi}}{\partial \boldsymbol{x}^*(k-1)}[\boldsymbol{x}(k-1) - \boldsymbol{x}^*(k-1)] + \\ &\boldsymbol{\Gamma}[\boldsymbol{x}(k-1), k-1]\boldsymbol{w}(k-1)\end{aligned}$$

$$\boldsymbol{z}(k) = \boldsymbol{h}[\boldsymbol{x}^*(k), k] + \frac{\partial \boldsymbol{h}}{\partial \boldsymbol{x}^*(k)}[\boldsymbol{x}(k) - \boldsymbol{x}^*(k)] + \boldsymbol{v}(k)$$

记 $\boldsymbol{x}^*(k)=\boldsymbol{\varphi}[\boldsymbol{x}^*(k-1), k-1]$，$\boldsymbol{z}^*(k)=\boldsymbol{h}[\boldsymbol{x}^*(k), k]$，故有

$$\boldsymbol{x}(k) = \boldsymbol{x}^*(k) + \frac{\partial \boldsymbol{\varphi}}{\partial \boldsymbol{x}^*(k-1)}\delta \boldsymbol{x}(k-1) + \boldsymbol{\Gamma}[\boldsymbol{x}(k-1), k-1]\boldsymbol{w}(k-1)$$

$$\boldsymbol{z}(k) = \boldsymbol{z}^*(k) + \frac{\partial \boldsymbol{h}}{\partial \boldsymbol{x}^*(k)}\delta \boldsymbol{x}(k) + \boldsymbol{v}(k)$$

于是有

$$\boldsymbol{x}(k) - \boldsymbol{x}^*(k) = \frac{\partial \boldsymbol{\varphi}}{\partial \boldsymbol{x}^*(k-1)}\delta \boldsymbol{x}(k-1) + \boldsymbol{\Gamma}[\boldsymbol{x}(k-1), k-1]\boldsymbol{w}(k-1)$$

$$\boldsymbol{z}(k) - \boldsymbol{z}^*(k) = \frac{\partial \boldsymbol{h}}{\partial \boldsymbol{x}^*(k)}\delta \boldsymbol{x}(k) + \boldsymbol{v}(k)$$

则得到由式(4.82)、式(4.83)定义的运动轨道与标称轨道的偏差的状态方程为

$$\delta \boldsymbol{x}(k) = \frac{\partial \boldsymbol{\varphi}}{\partial \boldsymbol{x}^*(k-1)}\delta \boldsymbol{x}(k-1) + \boldsymbol{\Gamma}[\boldsymbol{x}(k-1), k-1]\boldsymbol{w}(k-1) \tag{4.84}$$

$$\delta \boldsymbol{z}(k) = \frac{\partial \boldsymbol{h}}{\partial \boldsymbol{x}^*(k)}\delta \boldsymbol{x}(k) + \boldsymbol{v}(k) \tag{4.85}$$

其中：

$$\frac{\partial \boldsymbol{\varphi}}{\partial \boldsymbol{x}^*(k-1)} = \left.\frac{\partial \boldsymbol{\varphi}[\boldsymbol{x}(k-1), k-1]}{\partial \boldsymbol{x}(k-1)}\right|_{\boldsymbol{x}(k-1)=\boldsymbol{x}^*(k-1)} =$$

$$\begin{bmatrix} \dfrac{\partial \boldsymbol{\varphi}^{(1)}}{\partial \boldsymbol{x}^{(1)}(k-1)} & \cdots & \dfrac{\partial \boldsymbol{\varphi}^{(1)}}{\partial \boldsymbol{x}^{(n)}(k-1)} \\ \vdots & & \vdots \\ \dfrac{\partial \boldsymbol{\varphi}^{(n)}}{\partial \boldsymbol{x}^{(1)}(k-1)} & \cdots & \dfrac{\partial \boldsymbol{\varphi}^{(n)}}{\partial \boldsymbol{x}^{(n)}(k-1)} \end{bmatrix}_{\boldsymbol{x}(k-1)=\boldsymbol{x}^*(k-1)}$$

$$\frac{\partial \boldsymbol{h}}{\partial \boldsymbol{x}^*(k)} = \left.\frac{\partial \boldsymbol{h}[\boldsymbol{x}(k), k]}{\partial \boldsymbol{x}(k)}\right|_{\boldsymbol{x}(k)=\boldsymbol{x}^*(k)} =$$

$$\begin{bmatrix} \dfrac{\partial \boldsymbol{h}^{(1)}}{\partial \boldsymbol{x}^{(1)}(k)} & \cdots & \dfrac{\partial \boldsymbol{h}^{(1)}}{\partial \boldsymbol{x}^{(n)}(k)} \\ \vdots & & \vdots \\ \dfrac{\partial \boldsymbol{h}^{(n)}}{\partial \boldsymbol{x}^{(1)}(k)} & \cdots & \dfrac{\partial \boldsymbol{h}^{(n)}}{\partial \boldsymbol{x}^{(n)}(k)} \end{bmatrix}_{\boldsymbol{x}(k)=\boldsymbol{x}^*(k)}$$

式中，$\dfrac{\partial \boldsymbol{\varphi}}{\partial \boldsymbol{x}(k-1)}$为 $n\times n$ 矩阵，称为向量函数 $\boldsymbol{\varphi}[\cdot]$的雅可比矩阵；$\dfrac{\partial \boldsymbol{h}}{\partial \boldsymbol{x}(k)}$如为 $m\times n$ 矩阵，称为向量函数 $\boldsymbol{h}[\cdot]$的雅可比矩阵。

式(4.84)和式(4.85)所示的偏差状态方程和观测方程都是线性的，是原非线性方程围绕标移轨道线性化后所得到的偏差模型。它与卡尔曼滤波基本方程所需的模型具有相同的形式，因此，可以根据卡尔曼滤波基本方程，直接得到偏差状态 $\delta\boldsymbol{X}(k)$的卡尔曼滤波递推方程组，如下面 5 个方程所示：

$$\delta\hat{\boldsymbol{x}}(k \mid k-1) = \frac{\partial \boldsymbol{\varphi}}{\partial \boldsymbol{x}^*(k-1)}\delta\hat{\boldsymbol{x}}(k-1 \mid k-1)$$

$$\boldsymbol{P}(k \mid k-1) = \frac{\partial \boldsymbol{\varphi}}{\partial \boldsymbol{x}^*(k-1)}\boldsymbol{P}(k-1 \mid k-1)\left[\frac{\partial \boldsymbol{\varphi}}{\partial \boldsymbol{x}^*(k-1)}\right]^{\mathrm{T}} + \boldsymbol{\Gamma}[\boldsymbol{x}^*(k-1),k-1]\boldsymbol{Q}(k-1)\boldsymbol{\Gamma}^{\mathrm{T}}[\boldsymbol{x}^*(k-1),k-1]$$

$$\boldsymbol{K}(k) = \boldsymbol{P}(k \mid k-1)\left[\frac{\partial \boldsymbol{h}}{\partial \boldsymbol{x}^*(k)}\right]^{\mathrm{T}}\left\{\frac{\partial \boldsymbol{h}}{\partial \boldsymbol{x}^*(k)}\boldsymbol{P}(k \mid k-1)\left[\frac{\partial \boldsymbol{h}}{\partial \boldsymbol{x}^*(k)}\right]^{\mathrm{T}} + \boldsymbol{R}(k)\right\}^{-1}$$

$$\boldsymbol{P}(k \mid k) = \left[\boldsymbol{I} - \boldsymbol{K}(k)\frac{\partial \boldsymbol{h}}{\partial \boldsymbol{x}^*(k)}\right]\boldsymbol{P}(k \mid k-1)$$

$$\delta\hat{\boldsymbol{x}}(k \mid k) = \delta\hat{\boldsymbol{x}}(k \mid k-1) + \boldsymbol{K}(k)[\delta z(k) - \delta\hat{\boldsymbol{x}}(k \mid k-1)]$$

滤波初值和滤波误差方差阵的初值分别为

$$\delta\hat{\boldsymbol{x}}(0 \mid 0) = E[\delta\boldsymbol{x}(0)] = \boldsymbol{0},\ \boldsymbol{P}(0 \mid 0) = \mathrm{var}[\delta\boldsymbol{x}(0)] = \boldsymbol{P}_x(0)$$

在标称轨道上叠加状态偏差的最优估计，就得到非线性系统的状态滤波值：

$$\hat{\boldsymbol{x}}(k \mid k) = \boldsymbol{x}^*(k \mid k) + \delta\hat{\boldsymbol{x}}(k \mid k)$$

需要注意的是，围绕标称轨道线性化卡尔曼滤波需要具备一定的条件，即能够得到标称轨道，且状态偏差较小。

4. 围绕滤波值线性化的滤波方法

围绕标称轨道线性化的滤波方法，需要预先算出状态向量的一组标称解。这在工程实践中需要花费较大的代价，大都应用于一些有预定轨迹的大型空间运载器。因此，另一种非线性滤波的应用更为广泛，即围绕滤波值线性化的滤波方法，它又被称为扩展卡尔曼滤波(extened Kalman filter，EKF)方法。

扩展卡尔曼滤波是先将随机非线性系统模型中的非线性向量函数 $\boldsymbol{\varphi}[\cdot]$和 $\boldsymbol{h}[\cdot]$围绕滤波值线性化，得到系统的线性化模型，然后应用卡尔曼滤波基本方程来解决非线性滤波问题。

对非线性系统的状态估计一般采用扩展卡尔曼滤波。同样出于递推的考虑，假定已经获取了 $k-1$ 时刻的最优估计值 $\hat{\boldsymbol{x}}(k-1|k-1)$，简记为 $\hat{\boldsymbol{x}}(k-1)$。将非线性函数 $\boldsymbol{\varphi}[\cdot]$ 围绕滤波值 $\hat{\boldsymbol{x}}(k-1)$ 作泰勒展开，略去高阶项，得

$$\boldsymbol{x}(k)=\boldsymbol{\varphi}[\hat{\boldsymbol{x}}(k-1),k-1]+\left.\frac{\partial\boldsymbol{\varphi}[\boldsymbol{x}(k-1),k-1]}{\partial\boldsymbol{x}(k-1)}\right|_{\boldsymbol{x}(k-1)=\hat{\boldsymbol{x}}(k-1)}\times [\boldsymbol{x}(k-1)-\hat{\boldsymbol{x}}(k-1)]+\boldsymbol{\Gamma}[\boldsymbol{x}(k-1),k-1]\boldsymbol{w}(k-1) \tag{4.86}$$

将非线性函数 $\boldsymbol{h}[\cdot]$ 围绕一步预测值 $\hat{\boldsymbol{x}}(k|k-1)$ 作泰勒展开，略去高阶项，得

$$\boldsymbol{z}(k)=\boldsymbol{h}[\hat{\boldsymbol{x}}(k\mid k-1),k]+\left.\frac{\partial\boldsymbol{h}}{\partial\boldsymbol{x}(k)}\right|_{\boldsymbol{x}(k)=\hat{\boldsymbol{x}}(k|k-1)}[\boldsymbol{x}(k)-\hat{\boldsymbol{x}}(k\mid k-1)]+\boldsymbol{v}(k) \tag{4.87}$$

记

$$\left.\frac{\partial\boldsymbol{\varphi}}{\partial\boldsymbol{x}(k-1)}\right|_{\boldsymbol{x}(k-1)=\hat{\boldsymbol{x}}(k-1)}=\boldsymbol{\Phi}[k,k-1]$$

$$\boldsymbol{\varphi}[\hat{\boldsymbol{x}}(k-1),k-1]-\left.\frac{\partial\boldsymbol{\varphi}}{\partial\boldsymbol{x}(k-1)}\right|_{\boldsymbol{x}(k-1)=\hat{\boldsymbol{x}}(k-1)}\hat{\boldsymbol{x}}(k-1)=\boldsymbol{U}(k-1)$$

$$\boldsymbol{\Gamma}[\boldsymbol{x}(k-1),k-1]=\boldsymbol{\Gamma}[\hat{\boldsymbol{x}}(k-1),k-1]$$

$$\left.\frac{\partial\boldsymbol{h}}{\partial\boldsymbol{x}(k)}\right|_{\boldsymbol{x}(k)=\hat{\boldsymbol{x}}(k|k-1)}=\boldsymbol{H}(k)$$

$$\boldsymbol{h}[\hat{\boldsymbol{x}}(k\mid k-1),k]-\left.\frac{\partial\boldsymbol{h}}{\partial\boldsymbol{x}(k)}\right|_{\boldsymbol{x}(k)=\hat{\boldsymbol{x}}(k|k-1)}\hat{\boldsymbol{x}}(k\mid k-1)=\boldsymbol{Y}(k)$$

则式(4.86)、式(4.87)可写成

$$\boldsymbol{x}(k)=\boldsymbol{\Phi}[k,k-1]\boldsymbol{x}(k-1)+\boldsymbol{U}(k-1)+\boldsymbol{\Gamma}[\boldsymbol{x}(k-1),k-1]\boldsymbol{w}(k-1) \tag{4.88}$$

$$\boldsymbol{z}(k)=\boldsymbol{H}(k)\boldsymbol{x}(k)+\boldsymbol{Y}(k)+\boldsymbol{w}(k) \tag{4.89}$$

状态方程(4.88)和观测方程(4.89)属于具有非随机外作用 $\boldsymbol{U}(k-1)$ 和非随机观测误差项 $\boldsymbol{Y}(k)$ 的情况。

按照离散卡尔曼滤波的相应方程，可得离散型扩展卡尔曼滤波方程，如式(4.90)～式(4.94)所示：

$$\hat{\boldsymbol{x}}(k\mid k-1)=\boldsymbol{\varphi}(\hat{\boldsymbol{x}}(k-1),k-1) \tag{4.90}$$

$$\boldsymbol{P}(k\mid k-1)=\boldsymbol{\Phi}(k,k-1)\boldsymbol{P}(k-1\mid k-1)\boldsymbol{\Phi}^{\mathrm{T}}(k,k-1)+\boldsymbol{\Gamma}[\hat{\boldsymbol{x}}(k-1),k-1]\boldsymbol{Q}(k-1)\boldsymbol{\Gamma}^{\mathrm{T}}[\hat{\boldsymbol{x}}(k-1),k-1] \tag{4.91}$$

$$\boldsymbol{K}(k)=\boldsymbol{P}(k\mid k-1)\boldsymbol{H}^{\mathrm{T}}(k)\,[\boldsymbol{H}(k)\boldsymbol{P}(k\mid k-1)\boldsymbol{H}^{\mathrm{T}}(k)+\boldsymbol{R}(k)]^{-1} \tag{4.92}$$

$$\boldsymbol{P}(k\mid k)=[I-\boldsymbol{K}(k)\boldsymbol{H}(k)]\boldsymbol{P}(k\mid k-1)\,[I-\boldsymbol{K}(k)\boldsymbol{H}(k)]^{\mathrm{T}}+\boldsymbol{K}(k)\boldsymbol{R}(k)\boldsymbol{K}^{\mathrm{T}}(k) \tag{4.93}$$

$$\hat{\boldsymbol{x}}(k)=\hat{\boldsymbol{x}}(k\mid k-1)+\boldsymbol{K}(k)\{\boldsymbol{z}(k)-\boldsymbol{h}[\hat{\boldsymbol{x}}(k\mid k-1),k-1]\} \tag{4.94}$$

其中：

$$\boldsymbol{\Phi}[k,k-1]=\left.\frac{\partial\boldsymbol{\varphi}[\boldsymbol{x}(k-1),k-1]}{\partial\boldsymbol{x}(k-1)}\right|_{\boldsymbol{x}(k-1)=\hat{\boldsymbol{x}}(k-1)}$$

$$\boldsymbol{H}(k)=\left.\frac{\partial\boldsymbol{h}[\boldsymbol{x}(k),k]}{\partial\boldsymbol{x}(k)}\right|_{\boldsymbol{x}(k)=\hat{\boldsymbol{x}}(k|k-1)}$$

递推方程的初始值为

$$\hat{\boldsymbol{x}}(0\mid 0)=E\{\boldsymbol{x}(0)\}=\boldsymbol{\mu}_x(0),\quad \boldsymbol{P}(0\mid 0)=\mathrm{var}\{\boldsymbol{x}(0)\}=\boldsymbol{P}_x(0)$$

与围绕标称轨道线性化的滤波方法相似，EKF 也就是围绕滤波值线性化的滤波，只有在滤波误差 $\tilde{\boldsymbol{x}}(k-1|k-1)=\boldsymbol{x}(k-1)-\hat{\boldsymbol{x}}(k-1|k-1)$ 和一步预测误差 $\tilde{\boldsymbol{x}}(k|k-1)=\boldsymbol{x}(k)-\hat{\boldsymbol{x}}(k|k-1)$ 都较小时，才能应用。

5. 示例：三轮移动机器人的扩展卡尔曼滤波

下面以三轮移动机器人为例，详细介绍移动机器人的运动学建模、导航传感器的工作模式和扩展卡尔曼滤波在移动机器人上的应用。

移动机器人种类很多。本例中的机器人如图 4.5 所示，这是一种典型的三轮驱动服务机器人。该机器人平台底层控制系统设计精度高，具有多种传感器，具备开展各项实验工作的硬件条件。

图 4.5 服务机器人

1) 三轮移动机器人系统与导航传感器

如图 4.5 所示的服务机器人是三轮驱动结构，可以实现全方位运动。移动机器人底层硬件结构如图 4.6 所示，3 个电机两两之间的夹角均为 120°，机器人中心距轮中心的距离为 20 cm，每个轮的驱动电机上均配有 500 线编码器，通过计算可以获得相应的轮速，同时在机器人底层与 3 个电机相对应的位置还安装了 3 个 500 线编码器，可以用来校正轮子打滑带来的机器人运动速度误差。

图 4.6　移动机器人底层结构图

移动机器人运动控制的实现原理如图 4.7 所示。上位机紧凑型嵌入式工控机，操作系统为 Windows。下位机(移动机器人底层控制系统)采用的是 DSP+CPLD 多轴控制卡。下位机通过 RS232 接收由上位机导航软件发出的运动指令，下位机则可控制各轮按照规定的速度转动，进而控制移动机器人完成指令要求的动作。上位机还可以通过 RS232 接收由下位机反馈的各类传感器数据，主要包括各个电机的温度、电流等安全信息，反馈了由编码器采集，并通过计算得到的各轮速度，这是移动机器人运动控制的必要信息。

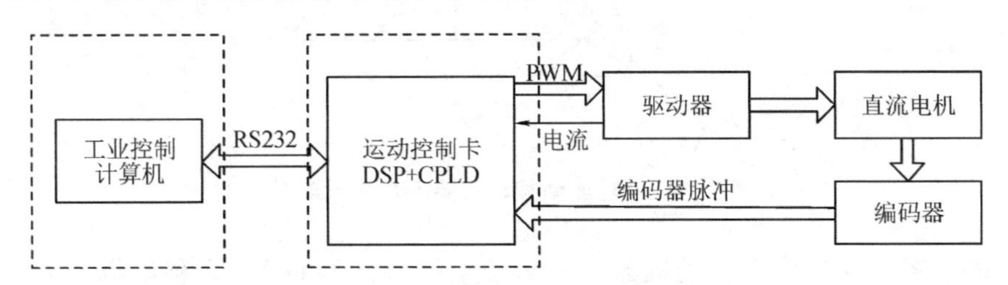

图 4.7　运动控制实现原理图

由上可见，该移动机器人平台为机器人自主导航系统提供了一个实验和应用平台，在研究导航系统时仅需关注运动指令的生成，而不需要关注运动指令的执行。

传感器系统是移动机器人的重要组成部分，它是机器人感知外界环境的窗口。本例中移动机器人配置的定位与导航传感器为 LMS200 型 2D 激光雷达。

移动机器人平台上的安装位置如图 4.5 所示，它具有稳定性高、精度高、实时性高等优点。LMS200 可以直接获得与其在同一平面上的机器人前方移动扇形区域的障碍物的极坐标信息，根据 LMS200 与移动机器人坐标系的相对位置关系，可以得出在移动机器人坐标系中的障碍物的坐标信息。本书使用 LMS200 的主要技术参数如表 4.1 所示。

表 4.1 LMS200 技术参数

项目	技术参数
通信端口	RS422
波特率	500 kb/s
测距范围	0～8 m
测距分辨率	10 mm
扫描角度	0°～180°
角度分辨率	0.5°

此外，实验室服务机器人上还安装了 6 个编码器，它可以实时获得机器人各个方向上的速度信息。

2)移动机器人运动学模型与误差分析

图 4.8 为三轮驱动移动机器人的几何原理图。

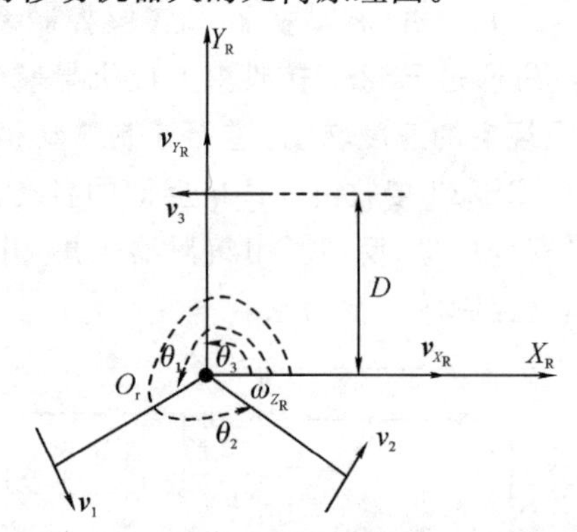

图 4.8 三轮驱动移动机器人几何原理图

基于图 4.8 来建立移动机器人的运动学模型。$X_RO_RY_R$ 为移动机器人坐标系。v_1、v_2 和 v_3 为移动机器人 3 个轮子的速度；θ_1、θ_2 和 θ_3 为 3 个轮轴与 X_R 轴的夹角，夹角的取值范围为$[0,2\pi)$；v_{X_R}、v_{Y_R} 为移动机器人在 $X_RO_RY_R$ 坐标系中 X_R、Y_R 轴的速度，ω_{Z_R} 为移动机器人的转动角速度，其正方向与 X_R、Y_R 正方向符合右手定则；D 为移动机器人 3 个轮子距其几何中心的距离。

由图 4.8 可得$[v_1 \quad v_2 \quad v_3]^T$ 和$[v_{X_R} \quad v_{Y_R} \quad \omega_{Z_R}]^T$ 的转换关系为

$$\begin{bmatrix} v_1 \\ v_2 \\ v_3 \end{bmatrix} = \begin{bmatrix} -\sin\theta_1 & \cos\theta_1 & D \\ -\sin\theta_2 & \cos\theta_2 & D \\ -\sin\theta_3 & \cos\theta_3 & D \end{bmatrix} \begin{bmatrix} v_{X_R} \\ v_{Y_R} \\ \omega_{Z_R} \end{bmatrix} \tag{4.95}$$

根据运动学原理将机器人的运动轨迹分割成无数段弧线轨迹，图 4.9 为三轮驱动移动机器人运动学模型示意图，表示机器人从 k 时刻到 $k+1$ 时刻的弧线轨迹及其位姿变化，XOY 为全局坐标系。v 为移动机器人运动的速度；θ 为移动机器人运动方向与其 X_R 轴的夹角，夹角的取值范围为 $[0,2\pi)$；$\theta(k)$、$\theta(k+1)$ 为移动机器人 X_R 轴与全局坐标系中 X 轴的夹角，夹角的取值范围为 $[0,2\pi)$；$\Delta\theta(k)$ 为全局坐标系中移动机器人从 k 时刻到 $k+1$ 时刻运动方向变化。

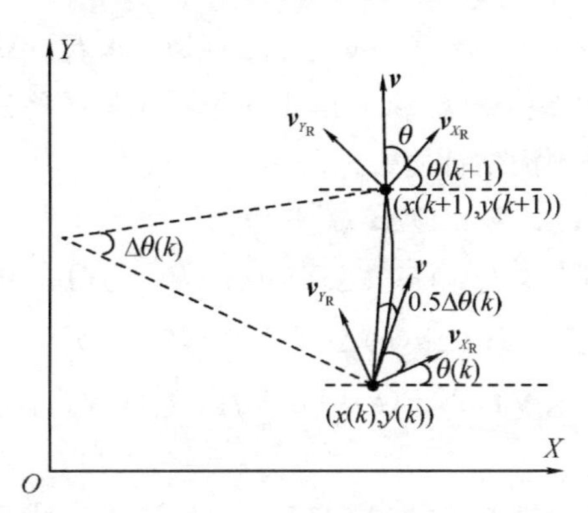

图 4.9　三轮驱动移动机器人运动学模型

由图 4.9 可得移动机器人的运动学模型为

$$\begin{bmatrix} x(k+1) \\ y(k+1) \\ \theta(k+1) \end{bmatrix} = \begin{bmatrix} x(k)+L\cdot c \\ y(k)+L\cdot s \\ \theta(k)+\Delta\theta(k) \end{bmatrix} \tag{4.96}$$

式中，$L=L(k)$，$s=\sin(\theta(k)+\theta+0.5\Delta\theta(k))$，$c=\cos(\theta(k)+\theta+0.5\Delta\theta(k))$。$L(k)$ 为机器人从 k 时刻到 $k+1$ 时刻运动的弧线距离，$\boldsymbol{x}(k)=[x(k)\quad y(k)\quad \theta(k)]^{\mathrm{T}}$ 为机器人 k 时刻的位姿，$\boldsymbol{u}(k)=[L(k)\quad \Delta\theta(k)]^{\mathrm{T}}$ 为里程计过程输入。式(4.96)可以写为如下形式：

$$\boldsymbol{x}(k+1)=\boldsymbol{x}(k)+\boldsymbol{f}(\boldsymbol{x}(k),\boldsymbol{u}(k)) \tag{4.97}$$

式中：

$$\boldsymbol{f}(\boldsymbol{x}(k),\boldsymbol{u}(k))=\begin{bmatrix} L\cdot c \\ L\cdot s \\ \Delta\theta(k) \end{bmatrix} \tag{4.98}$$

移动机器人在 $k+1$ 时刻位姿预测过程是一个只与 k 时刻有关，而与 k 之前时刻无关的马尔可夫过程。将式(4.98)进行雅克比矩阵形式的一阶泰勒展开，得两个雅克比矩阵为

$$\nabla \boldsymbol{f}_{\boldsymbol{x}(k)}=\begin{bmatrix} 0 & 0 & -L\cdot s \\ 0 & 0 & L\cdot c \\ 0 & 0 & 0 \end{bmatrix} \tag{4.99}$$

$$\nabla \boldsymbol{f}_{\boldsymbol{u}(k)} = \begin{bmatrix} c & -0.5L \cdot s \\ s & 0.5L \cdot c \\ 0 & 1 \end{bmatrix} \tag{4.100}$$

则系统(4.97)在 $k+1$ 时刻的预测估计误差为

$$\Delta \boldsymbol{x}(k+1) \approx (\boldsymbol{I} + \nabla \boldsymbol{f}_{\boldsymbol{x}(k)}) \Delta \boldsymbol{x}(k) + \nabla \boldsymbol{f}_{\boldsymbol{u}(k)} \Delta \boldsymbol{u}(k) \tag{4.101}$$

假设机器人位姿误差 $\Delta \boldsymbol{x}(k)$ 和里程计过程输入量误差是相互独立的，则系统(4.97)在 $k+1$ 时刻的预测估计协方差阵为

$$\begin{aligned} \boldsymbol{P}(k+1) &= E(\Delta \boldsymbol{x}(k+1) \Delta \boldsymbol{x}\,(k+1)^{\mathrm{T}}) \\ &= (\boldsymbol{I} + \nabla \boldsymbol{f}_{\boldsymbol{x}(k)}) E((\Delta \boldsymbol{x}(k) \Delta x\,(k)^{\mathrm{T}}))(\boldsymbol{I} + \nabla \boldsymbol{f}_{\boldsymbol{x}(k)})^{\mathrm{T}} + \\ &\quad \nabla \boldsymbol{f}_{\boldsymbol{u}(k)} E((\Delta \boldsymbol{u}(k) \Delta u\,(k)^{\mathrm{T}}))(\nabla \boldsymbol{f}_{\boldsymbol{u}(k)})^{\mathrm{T}} \\ &= (\boldsymbol{I} + \nabla \boldsymbol{f}_{\boldsymbol{x}(k)}) \boldsymbol{P}(k) (\boldsymbol{I} + \nabla \boldsymbol{f}_{\boldsymbol{x}(k)})^{\mathrm{T}} + \nabla \boldsymbol{f}_{\boldsymbol{u}(k)} \boldsymbol{Q}(k) (\nabla \boldsymbol{f}_{\boldsymbol{u}(k)})^{\mathrm{T}} \end{aligned} \tag{4.102}$$

式中，$\boldsymbol{Q}(k)$ 为过程输入 $\boldsymbol{u}(k)$ 的协方差，$\nabla \boldsymbol{f}_{\boldsymbol{u}(k)} \boldsymbol{Q}(k) (\nabla \boldsymbol{f}_{\boldsymbol{u}(k)})^{\mathrm{T}}$ 则为过程噪声协方差。将式(4.99)代入式(4.102)第一部分可以得到其简化形式：

$$\begin{cases} p'_{11}(k+1) = p_{11}(k) - L \cdot s \cdot (p_{13}(k) - L \cdot s \cdot p_{33}) - L \cdot s \cdot p_{13} \\ p'_{12}(k+1) = p'_{21}(k+1) = p_{12}(k) + L \cdot c \cdot p_{13}(k) - L \cdot s \cdot p_{23} - L^2 \cdot s \cdot c \cdot p_{33} \\ p'_{13}(k+1) = p'_{31}(k+1) = p_{13}(k) - L \cdot s \cdot p_{33} \\ p'_{22}(k+1) = p_{22}(k) + 2L \cdot c \cdot p_{23}(k) + L^2 \cdot c^2 \cdot p_{33} \\ p'_{23}(k+1) = p'_{32}(k+1) = p_{23}(k) + L \cdot c \cdot p_{33} \\ p'_{33}(k+1) = p_{33}(k) \end{cases} \tag{4.103}$$

式中，$\boldsymbol{P}(k) = [p_{ij}]$。

由式(4.102)可知，为了得到系统(4.97)在 $k+1$ 时刻的预测估计协方差阵 $\boldsymbol{P}(k+1)$，需要得到系统过程输入协方差 $\boldsymbol{Q}(k)$。假设 k 时刻到 $k+1$ 时刻的弧线距离 $L(k)$ 与方向变化 $\Delta\theta(k)$ 是相互独立的，即距离误差只与 $L(k)$ 有关，角度误差只与 $\Delta\theta(k)$ 有关，则 $\boldsymbol{Q}(k)$ 可表示为

$$\boldsymbol{Q}(k) = \begin{bmatrix} \sigma^2_{L(k)} & 0 \\ 0 & \sigma^2_{\Delta\theta(k)} \end{bmatrix} \tag{4.104}$$

式中，$\sigma^2_{L(k)} = k_L |L(k)|$，$\sigma^2_{\Delta\theta(k)} = k_\theta |\Delta\theta(k)|$，$k_L$、$k_\theta$ 为误差常数。

将式(4.99)、式(4.100)和式(4.103)代入式(4.102)第二部分可以得到系统(4.97)在 $k+1$ 时刻最终的预测估计协方差阵：

$$\begin{cases}p_{11}(k+1)=p'_{11}(k+1)+c^2\cdot k_{\mathrm{L}}\left|L(k)\right|+\dfrac{L^2\cdot s^2\cdot k_\theta\left|\Delta\theta(k)\right|}{4}\\ p_{12}(k+1)=p_{21}(k+1)=p'_{12}(k+1)+s\cdot c\cdot k_{\mathrm{L}}\left|L(k)\right|-\dfrac{L^2\cdot s\cdot c\cdot k_\theta\left|\Delta\theta(k)\right|}{4}\\ p_{13}(k+1)=p_{31}(k+1)=p'_{13}(k+1)-\dfrac{L\cdot s\cdot k_\theta\left|\Delta\theta(k)\right|}{2}\\ p_{22}(k+1)=p'_{22}(k+1)+s^2\cdot k_{\mathrm{L}}\left|L(k)\right|+\dfrac{L^2\cdot c^2\cdot k_\theta\left|\Delta\theta(k)\right|}{4}\\ p_{23}(k+1)=p_{32}(k+1)=p'_{23}(k+1)+\dfrac{L\cdot c\cdot k_\theta\left|\Delta\theta(k)\right|}{2}\\ p_{33}(k+1)=p'_{33}(k+1)+k_\theta\left|\Delta\theta(k)\right|\end{cases}\tag{4.105}$$

由式(4.102)、式(4.103)和式(4.105)可以看出，移动机器人在运动过程中由外界干扰引起的误差可以表示成里程计过程输入量 $\boldsymbol{u}(k)$ 的函数。我们将在后面 EKF 定位中利用式(4.105)对误差进行在线反馈补偿，从而减少移动机器人在定位过程中里程计的误差。

3)观测模型与误差分析

通过 LMS200 激光雷达可以获取机器人和周围环境的距离信息，利用一定的算法可以提取出环境中的直线特征和点特征信息。图 4.10 为环境特征和机器人相对位置关系示意图，XOY 为全局坐标系。Wall 为第 j 条环境直线特征，在全局坐标系和移动机器人坐标系中分别可由(ρ_j,θ_j)和(λ_j,δ_j)两组参数表示，θ_j、δ_j 取值范围为$[0,2\pi)$。

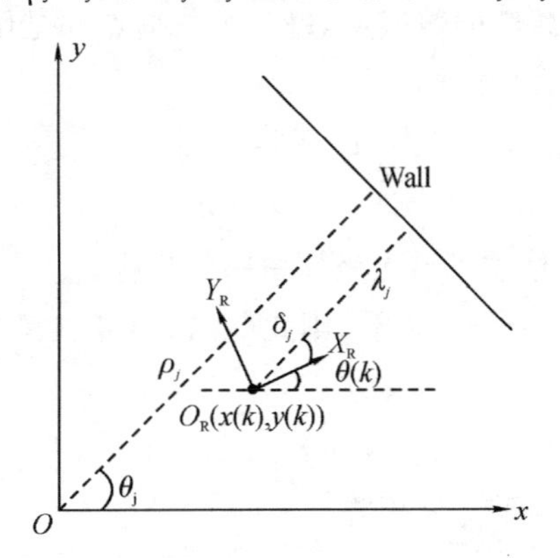

图 4.10　环境特征与机器人相对位置关系

利用式(4.97)所示的移动机器人里程计运动学模型，可以得到移动机器人 k 时刻在全局坐标系中的位姿预测值$[x(k)\quad y(k)\quad \theta(k)]^{\mathrm{T}}$。假设移动机器人周围环境特征在全局坐标系中的参数为(ρ_j,θ_j)，观测向量为 $\boldsymbol{z}_j(k)=[\lambda_j\quad \delta_j]^{\mathrm{T}}$，因此根

据图 4.10 所示的环境特征与机器人的相对位置关系，可以得到移动机器人和全局坐标系原点在直线同侧时的对应关系式为

$$\boldsymbol{z}_j(k)=\begin{bmatrix}\lambda_j\\ \delta_j\end{bmatrix}=\begin{bmatrix}\left|\rho_j-\sqrt{x^2(k)+y^2(k)}\cos(\theta_j-\arctan(y(k)/x(k)))\right|\\ \theta_j-\theta(k)\end{bmatrix} \tag{4.106}$$

同理可得，机器人和全局坐标系原点在直线异侧时的对应关系式为

$$\boldsymbol{z}_j(k)=\begin{bmatrix}\lambda_j\\ \delta_j\end{bmatrix}=\begin{bmatrix}\left|\rho_j-\sqrt{x^2(k)+y^2(k)}\cos(\theta_j-\arctan(y(k)/x(k)))\right|\\ \theta_j-\theta(k)+\pi\end{bmatrix} \tag{4.107}$$

式中 $\arctan(y(k)/x(k))$ 取值范围为 $[0,2\pi)$。式(4.106)、式(4.107)可以写成如下形式的观测方程：

$$\boldsymbol{z}_j(k)=\boldsymbol{H}(\boldsymbol{x}(k),\rho_j,\theta_j)+\boldsymbol{v}(k) \tag{4.108}$$

式中，$\boldsymbol{v}(k)$ 为激光雷达的观测误差，式(4.108)就是 EKF 中的观测方程。

激光雷达是在扫描平面上对其周围的环境按一定的角度分辨率进行测距，由激光雷达得到的原始数据是环境中每一点和机器人相对的距离和角度，因此需要对这些原始数据进行一系列的处理后才可以得到与其相对应的环境特征参数。在激光数据处理过程中，提取每一个环境特征参数都会引入一定的观测误差。下面将推导每一个环境特征的参数及其对应的协方差矩阵。

(1)坐标转换。

激光雷达得到的是离散的数据点，每一个数据点都是用极坐标 (r_i,α_i) 表示的，将数据点的坐标转换为直角坐标为

$$\begin{cases}x_i=r_i\cos\alpha_i\\ y_i=r_i\sin\alpha_i\end{cases} \tag{4.109}$$

式中 (x_i,y_i) 为数据点在移动机器人坐标系中的坐标。

令 $\boldsymbol{Y}_i=[x_i\quad y_i]^{\mathrm{T}}$，$\boldsymbol{S}_i=[r_i\quad \alpha_i]^{\mathrm{T}}$，则式(4.109)可以写为 $\boldsymbol{Y}_i=\boldsymbol{f}(\boldsymbol{S}_i)$ 的形式，从而可以得到 $\boldsymbol{Y}_i$ 对应的协方差矩阵 $\boldsymbol{C}_{\mathrm{p}i}$：

$$\boldsymbol{C}_{\mathrm{p}i}=\nabla\boldsymbol{f}_i\boldsymbol{C}_{\mathrm{s}}\,(\nabla\boldsymbol{f}_i)^{\mathrm{T}} \tag{4.110}$$

式中，$\nabla\boldsymbol{f}_i$ 为 $\boldsymbol{Y}_i$ 对于 $\boldsymbol{S}_i$ 的雅克比矩阵：

$$\nabla\boldsymbol{f}_i=\begin{bmatrix}\cos\alpha_i & -r_i\sin\alpha_i\\ \sin\alpha_i & r\cos\alpha_i\end{bmatrix} \tag{4.111}$$

$\boldsymbol{C}_{\mathrm{s}}$ 为原始数据点的协方差矩阵，根据激光雷达的性能，$\boldsymbol{C}_{\mathrm{s}}$ 可定义为

$$\boldsymbol{C}_{\mathrm{s}}=\begin{bmatrix}\sigma_{\mathrm{r}}^2 & 0\\ 0 & \sigma_\alpha^2\end{bmatrix} \tag{4.112}$$

(2)特征提取。

对原始数据进行处理，由环境特征提取方法，可得直线特征(λ_j,δ_j)(这里对环境特征提取方法不进行展开)。假设第 j 条拟合直线的函数为

$$y = a_j x + b_j \tag{4.113}$$

依据最小二乘法的性质得

$$a_j = \frac{n\sum_{i=1}^{n} x_i y_i - \sum_{i=1}^{n} x_i \sum_{i=1}^{n} y_i}{n\sum_{i=1}^{n} x_i^2 - (\sum_{i=1}^{n} x_i)^2} \tag{4.114}$$

$$b_j = \frac{\sum_{i=1}^{n} y_i - a\sum_{i=1}^{n} x_i}{n} \tag{4.115}$$

令 $\boldsymbol{V}_j=[a_j \quad b_j]^{\mathrm{T}}$，则式(4.114)、式(4.115)可以写为 $\boldsymbol{V}_j=h(\boldsymbol{Y}_i)$的形式，从而可以得到 $\boldsymbol{V}_j$ 对应的协方差矩阵为

$$\boldsymbol{C}_{vj} = \sum_{i=-1}^{n} \nabla \boldsymbol{h}_{ij} C_{\mathrm{p}i} (\nabla \boldsymbol{h}_{ij})^{\mathrm{T}} \tag{4.116}$$

式中，$\nabla \boldsymbol{h}_{ij}$ 为 $\boldsymbol{V}_j$ 对于 $\boldsymbol{Y}_i$ 的雅克比矩阵：

$$\nabla \boldsymbol{h}_{ij} = \begin{bmatrix} \dfrac{\partial a_j}{\partial x_i} & \dfrac{\partial a_j}{\partial y_i} \\ \dfrac{\partial b_j}{\partial x_i} & \dfrac{\partial b_j}{\partial y_i} \end{bmatrix} \tag{4.117}$$

式中：

$$\frac{\partial a_j}{\partial x_i} = \frac{(ny_i - y_i\sum_{i=1}^{n} y_i)[n\sum_{i=1}^{n} x_i^2 - (\sum_{i=1}^{n} x_i)^2]}{[n\sum_{i=1}^{n} x_i^2 - (\sum_{i=1}^{n} x_i)^2]^2} - \frac{(n\sum_{i=1}^{n} x_i y_i - \sum_{i=1}^{n} x_i \sum_{i=1}^{n} y_i)(2nx_i - 2\sum_{i=1}^{n} x_i)}{[n\sum_{i=1}^{n} x_i^2 - (\sum_{i=1}^{n} x_i)^2]^2}$$

同理可求其他 3 个偏导数。

(3)参数转换。

针对上述的直线表达形式，可以得到机器人到该直线垂线的距离 λ_j，以及垂线的与移动机器人坐标系 X_r 轴的夹角 δ_j，其取值范围为$[0,2\pi)$。

$$\lambda_j = \left| \frac{b_j}{\sqrt{a_j^2+1}} \right|, \delta_j = \arctan(-\frac{1}{a_j}) \tag{4.118}$$

令 $\boldsymbol{L}_j=[\lambda_j \quad \delta_j]^{\mathrm{T}}$，则式(4.118)可以写为 $\boldsymbol{L}_j=\boldsymbol{g}(\boldsymbol{V}_j)$ 的形式，从而可以得到 $\boldsymbol{L}_j$ 对应的协方差矩阵为

$$\boldsymbol{C}_{lj} = \nabla \boldsymbol{g}_j \boldsymbol{C}_{\boldsymbol{V}_j} (\nabla \boldsymbol{g}_j)^{\mathrm{T}} \tag{4.119}$$

式中，$\nabla \boldsymbol{g}_j$ 为 $\boldsymbol{L}_j$ 对于 $\boldsymbol{V}_j$ 的雅克比矩阵：

$$\nabla \boldsymbol{g}_j = \begin{bmatrix} \dfrac{\partial \lambda_j}{\partial a_j} & \dfrac{\partial \lambda_j}{\partial b_j} \\ \dfrac{\partial \delta_j}{\partial a_j} & \dfrac{\partial \delta_j}{\partial a_j} \end{bmatrix} = \begin{bmatrix} \pm b_j\ (a_j^2+1)^{\frac{-3}{2}} & (a_j^2+1)^{\frac{-1}{2}} \\ (a_j^2+1)^{-1} & 0 \end{bmatrix} \tag{4.120}$$

由式(4.110)、式(4.116)和式(4.119)可以得到由激光雷达提取出第 j 条直线的观测误差协方差阵 $\boldsymbol{R}_j$ 为

$$\boldsymbol{R}_j = \boldsymbol{C}_{lj} = \nabla \boldsymbol{g}_j \sum_{i=-1}^{n} \{\nabla \boldsymbol{h}_{ij} [\nabla \boldsymbol{f}_i \boldsymbol{C}_{\mathrm{s}} (\nabla \boldsymbol{f}_i)^{\mathrm{T}}](\nabla \boldsymbol{h}_{ij})^{\mathrm{T}}\} (\nabla \boldsymbol{g}_j)^{\mathrm{T}} \tag{4.121}$$

通过以上四步，已经得到从激光原始数据中提取的环境特征参数及其对应的协方差矩阵。后面将在 EKF 定位中运用环境特征跟踪的方法实时校正里程计的定位结果，从而进一步提高移动机器人定位的精度。

4)基于 EKF 的移动机器人定位

通过以上分析，已经得到进行 EKF 定位的状态方程(4.97)、预测估计协方差阵(4.105)、观测方程(4.108)以及观测误差协方差阵(4.121)，至此可以利用 EKF 进行基于环境特征跟踪的移动机器人定位。由于该系统是非线性系统，首先应将非线性的状态方程和观测方程进行线性化处理，在对里程计进行误差建模时已将状态方程线性化，对观测方程进行雅克比形式的一阶泰勒展开，雅克比矩阵为

$$\nabla \boldsymbol{H}(k) = \begin{bmatrix} \dfrac{\partial \lambda_j}{\partial x(k)} & \dfrac{\partial \lambda_j}{\partial y(k)} & \dfrac{\partial \lambda_j}{\partial \theta(k)} \\ \dfrac{\partial \delta_j}{\partial x(k)} & \dfrac{\partial \delta_j}{\partial y(k)} & \dfrac{\partial \delta_j}{\partial \theta(k)} \end{bmatrix} \tag{4.122}$$

式中，$\dfrac{\partial \delta_j}{\partial x(k)}=\dfrac{\partial \delta_j}{\partial y(k)}=0$；$\dfrac{\partial \delta_j}{\partial \theta(k)}=-1$；当 $\lambda_j \geqslant 0$ 时，有

$$\frac{\partial \lambda_j}{\partial x(k)} = -\sqrt{x^2(k)+y^2(k)}\Big[x(k)\cos(\theta_j-\arctan(y(k)/x(k))) - y(k)\sin(\theta_j-\arctan(y(k)/x(k)))\Big]$$

$$\frac{\partial \lambda_j}{\partial y(k)} = -\sqrt{x^2(k)+y^2(k)}\Big[y(k)\cos(\theta_j-\arctan(y(k)/x(k))) + x(k)\sin(\theta_j-\arctan(y(k)/x(k)))\Big]$$

当 $\lambda_j<0$ 时，有

$$\frac{\partial \lambda_j}{\partial x(k)} = \sqrt{x^2(k)+y^2(k)}\Big[x(k)\cos(\theta_j - \arctan(y(k)/x(k))) - y(k)\sin(\theta_j - \arctan(y(k)/x(k)))\Big]$$

$$\frac{\partial \lambda_j}{\partial y(k)} = \sqrt{x^2(k)+y^2(k)}\Big[y(k)\cos(\theta_j - \arctan(y(k)/x(k))) + x(k)\sin(\theta_j - \arctan(y(k)/x(k)))\Big]$$

EKF 定位过程可以分为以下几个步骤。

(1)滤波预测。

根据上一步的滤波结果和当前里程计的反馈量，利用式(4.97)对当前移动机器人所处位姿进行预测。滤波预测方程为

$$\hat{\boldsymbol{x}}(k+1 \mid k) = \hat{\boldsymbol{x}}(k \mid k) + \boldsymbol{f}(\hat{\boldsymbol{x}}(k \mid k), \boldsymbol{u}(k)) \tag{4.123}$$

预测方差方程由式(4.99)、式(4.100)和式(4.102)给出

$$\boldsymbol{P}(k+1 \mid k) = (\boldsymbol{I} + \nabla \boldsymbol{f}_{\hat{x}(k|k)})\boldsymbol{P}(k \mid k)\,(\boldsymbol{I} + \nabla \boldsymbol{f}_{\hat{x}(k|k)})^{\mathrm{T}} + \nabla \boldsymbol{f}_{\boldsymbol{u}(k)}\boldsymbol{Q}(k)\,(\nabla \boldsymbol{f}_{\boldsymbol{u}(k)})^{\mathrm{T}} \tag{4.124}$$

(2)观测预处理。

根据由激光雷达采集的原始数据，利用特征提取方法提取环境特征，并利用式(4.109)～式(4.121)求取环境中的每一条直线特征参数(λ_j, δ_j)，及其观测误差协方差阵 $\boldsymbol{R}_j$。

(3)观测预测。

将滤波预测所得到的机器人位姿预测值 $\hat{\boldsymbol{x}}(k+1|k)$代入观测方程式(4.108)，求取全局坐标系中的直线特征(ρ_j, θ_j)在移动机器人坐标系中的预测值：

$$\hat{\boldsymbol{z}}_j(k+1) = \boldsymbol{H}(\hat{\boldsymbol{x}}(k+1 \mid k), \rho_j, \theta_j) \tag{4.125}$$

(4)特征匹配。

激光雷达数据的环境直线特征提取得到的是移动机器人观测模型的实际观测值，由已知的全局环境直线特征，经观测模型预测得到的观测预测值，为了在 EKF 定位中利用观测预测误差(新息)，需要对两类直线特征进行匹配。匹配准则如下。

①同向性：

$$|\rho_j - \lambda_j| \leqslant e_\rho \tag{4.126}$$

式中 e_ρ 为阈值。即要求直线特征具备基本一致的方向特性。

②共线性：

$$|\theta_j - \delta_j| \leqslant e_\theta \tag{4.127}$$

式中 e_θ 为一定的阈值。即要求坐标系原点到两条直线特征的垂直距离基本一致。

③重合性：

$$(x - x_{\mathrm{r}})^2 + (y - y_{\mathrm{r}})^2 \leqslant (l + l_{\mathrm{r}})^2 \tag{4.128}$$

式中，(x,y)为已知环境直线特征的中心点坐标，l 为其线段半长；(x_r,y_r)为由激光雷达提取的环境直线特征的中心点坐标，l_r 为其线段半长，即线段中心点之间的距离小于或等于线段半长之和，也就是为了区分在同一条直线上的两个环境特征。

根据每一对匹配的环境特征，可以得到新息为

$$\boldsymbol{v}_j(k+1)=\boldsymbol{z}_j(k+1)-\hat{\boldsymbol{z}}_j(k+1) \tag{4.129}$$

新息的方差为

$$\boldsymbol{S}_j(k+1)=\nabla\boldsymbol{H}(k)\boldsymbol{P}(k+1\mid k)\nabla\boldsymbol{H}^{\mathrm{T}}(k)+\boldsymbol{R}_j(k+1) \tag{4.130}$$

(5)状态更新。

假设有 m 对匹配的环境特征，每一对的 EKF 增益为

$$\boldsymbol{K}_j(k+1)=\boldsymbol{P}(k+1\mid k)\nabla\boldsymbol{H}^{\mathrm{T}}(k+1)\boldsymbol{S}_j^{-1}(k+1) \tag{4.131}$$

状态更新：

$$\hat{\boldsymbol{x}}(k+1\mid k+1)=\hat{\boldsymbol{x}}(k+1\mid k)+\frac{1}{m}\sum_j\left[\boldsymbol{K}_j(k+1)\boldsymbol{v}_j(k+1)\right] \tag{4.132}$$

预测估计协方差阵更新：

$$\boldsymbol{P}(k+1\mid k+1)=\left[\boldsymbol{I}-\frac{1}{m}\sum_j\boldsymbol{K}_j(k+1)\nabla\boldsymbol{H}(k)\right]\boldsymbol{P}(k+1\mid k) \tag{4.133}$$

5)实验与分析

为了验证基于 EKF 的组合定位方法的有效性，在实验室服务机器人平台上，编制程序进行实验。首先把里程计和激光雷达误差当作高斯模型来进行定位实验，然后引入上述里程计和激光雷达误差模型完成误差在线补偿的定位实验。图 4.11 为 EKF 定位的详细流程图。

(1)单点定位实验。

为了测试算法对干扰噪声的鲁棒性，在某一单点位置加入一定噪声，观测移动机器人的定位校正效果。表 4.2 给出了未引入误差模型和引入误差模型后的定位结果。可以看出，引入误差模型后的算法对噪声的鲁棒性更好。

表 4.2 单点定位结果

实际位姿	加入噪声后的位姿	未引入误差模型校正的位姿	引入误差模型校正后的位姿
(0,0,0)	(0.1,0.1,0)	(−0.015,0.020,359.46)	(−0.012,0.019,358.46)
(0.791,1.615,44.41)	(0.75,1.65,48.2)	(0.805,1.603,44.48)	(0.795,1.611,44.38)
(0.735,3.195,90.53)	(0.79,3.0,85.0)	(0.730,2.985,89.75)	(0.734,2.998,90.73)
(−0.078,3.212,134.56)	(0.08,3.25,140.0)	(−0.080,3.218,132.85)	(−0.076,3.208,135.35)
(−0.799,2.397,179.28)	(−0.85,2.45,185.0)	(−0.786,2.405,180.33)	(−0.796,2.383,179.82)

注：表中每一向量前两位为机器人位置坐标，单位为 m；后一位为机器人姿态角，单位为 deg。

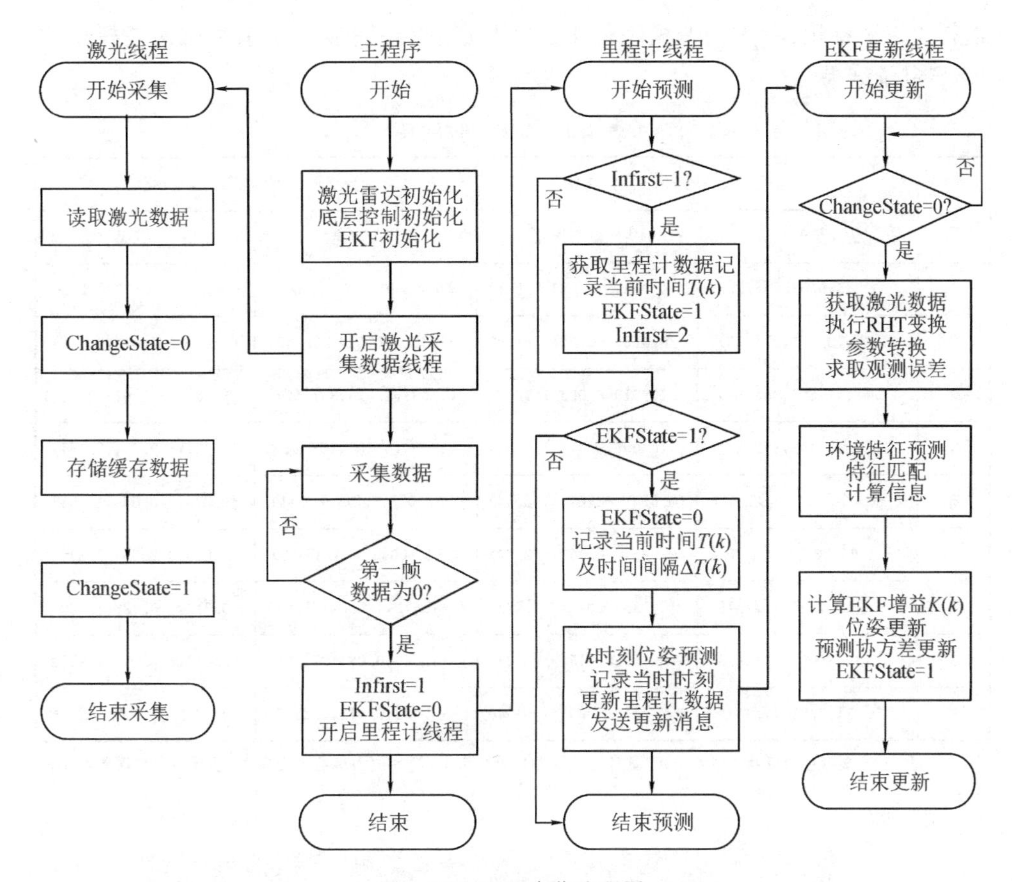

图 4.11　EKF 定位流程图

(2)自主运动定位实验。

在实验过程中人为控制移动机器人从坐标原点经(0.0,1.6)、(1.6,1.6)、(1.6,3.2)、(0.0,3.2)、(−1.6,3.2)、(−1.6,1.6)、(−1.6,0.0)再次到达原点直线运动轨迹,并记录下移动机器人在这些特定点的实际位姿、未考虑误差模型的估计位姿,以及考虑误差模型后的估计位姿。

表 4.3 给出了未考虑误差模型和考虑误差模型的移动机器人运动过程中 9 个定位点的实验观测结果,x 方向位置误差、y 方向位置误差和姿态角误差分别减少了 70.73%、11.64%和 18.28%。

图 4.12 为考虑误差模型前后的移动机器人 EKF 定位结果图,图中虚线代表未考虑误差模型的定位结果,实线代表考虑误差模型的定位结果。可以看出,实线更接近实际的轨迹,虚线在一些位置具有较大的偏差。这里移动机器人运动的轨迹是 4 条直线段,为了便于计算误差,把移动机器人偏离直线的距离叫作横向偏差,两种方法的横向偏差如图 4.13 所示。因此从表 4.3、图 4.12 和图 4.13 中可

以得出以下结论：考虑误差模型的 EKF 定位结果要明显优于未考虑误差模型的 EKF 定位结果。

表 4.3 EKF 定位结果

序号	未考虑误差模型的 EKF 定位结果		考虑误差模型的 EKF 定位结果	
	估计位姿坐标	估计位姿误差	估计位姿坐标	估计位姿误差
1	(−0.014,0.020,357.30)	(0.014,−0.020,2.70)	(0.007,0.017,1.432)	(−0.007,−0.017,−1.432)
2	(1.675,0.704,271.30)	(−0.075,−0.004,−1.30)	(1.618,−0.014 267.86)	(−0.018,0.014,2.142)
3	(1.581,1.603,358.84)	(0.019,0.003,1.16)	(1.603,1.615,357.07)	(−0.003,−0.015,2.933)
4	(1.504,3.153,358.27)	(0.096,0.047,1.73)	(1.569,3.204,357.24)	(0.031,−0.004,2.761)
5	(−0.034,3.214,92.64)	(0.034,−0.014,−2.64)	(−0.075,3.224,88.41)	(0.075,−0.024,1.593)
6	(−1.685,3.390,92.64)	(0.085,−0.150,−2.64)	(−1.600,3.458,87.89)	(0.0,0.258,1.593)
7	(−1.712,1.642,177.79)	(0.112,−0.042,2.21)	(−1.612,1.620,175.61)	(0.012,−0.020,4.389)
8	(−1.780,−0.213,189.42)	(0.180,0.213,−9.42)	(−1.640,0.084,174.06)	(0.040,−0.084,5.935)
9	(0.011,0.014,1.46)	(−0.011,−0.014,−1.46)	(0.008,0.012,6.29)	(−0.008,0.012,−0.39)

注：表中每一向量前两位为机器人位置坐标(估计位置误差)，单位为 m；后一位为机器人姿态角(估计姿态角误差)，单位为 deg。

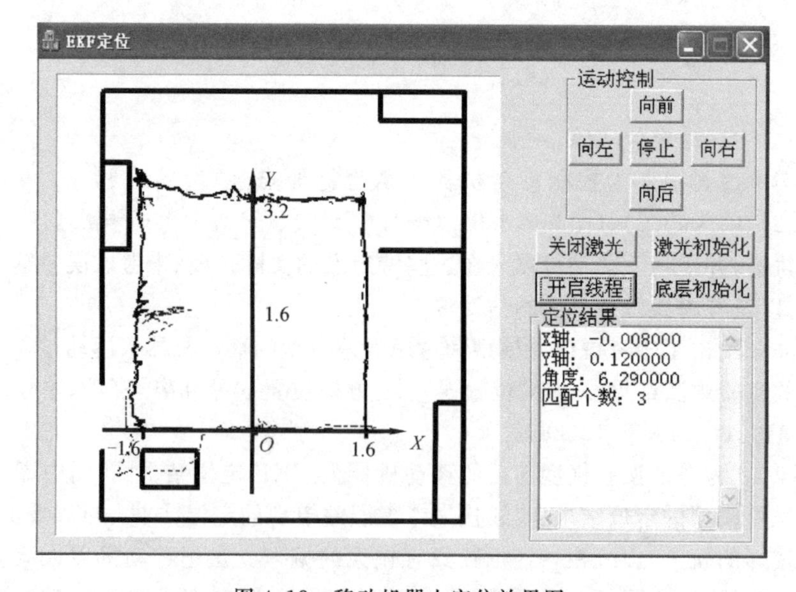

图 4.12 移动机器人定位效果图

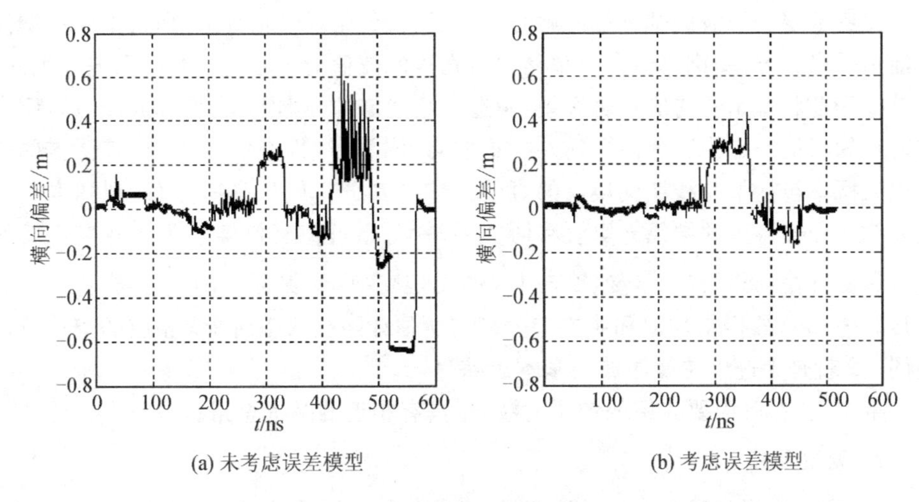

(a) 未考虑误差模型　　(b) 考虑误差模型

图 4.13　移动机器人定位横向偏差

至此，本小节完成了考虑里程计的状态方程建模和估计误差、引入激光雷达的观测方程建模和误差估计，并在此基础上利用 EKF 进行位姿预测和优化估计。。

4.2.4　无迹卡尔曼滤波

无迹卡尔曼滤波（unscented Kalman filter，UKF）由美国学者西蒙·朱利尔（Simon J. Julier）和杰弗瑞·乌尔曼（Jeffrey K. Uhlmann）于 1995 年在美国控制会议上首次提出。无迹卡尔曼滤波是假定系统状态和噪声过程满足高斯分布，采用一种称为无迹变换（unscented transformation）的确定性采样技术，去近似系统状态的均值和协方差，实现对非线性系统的近似。

1. 无迹卡尔曼滤波的基本思路

首先，对无迹卡尔曼滤波作一点直观性的解释。

基本卡尔曼滤波是解决线性系统优化估计问题的，无迹卡尔曼滤波则是为了解决非线性系统的优化估计问题。相比于基本卡尔曼滤波方程，无迹卡尔曼滤波方程最基本的改变，是用多个粒子取代一个滤波值参与预测方程，用多个粒子经非线性变换后的统计量取代滤波值经非线性变换后的变化，作为预测的估计值和方差。

对于非线性系统，在卡尔曼滤波的预测方程中，不能直接使用上一时刻的最优滤波值进行非线性变换。其原因在于，滤波值是最优估计值，但不是真值。滤波值是存在误差的。对于线性系统而言，在卡尔曼滤波的预测方程中，滤波值经线性变换后，其与真值经线性变换的差值是有限的。但对于非线性系统而言，如果在卡尔曼滤波的预测方程中，滤波值做非线性变换后，其与真值做同样的非线性变换后的差值是难以预料的。这也是卡尔曼滤波不能直接应用于非线性系统的原因。

无迹卡尔曼滤波的基本思路就是，既然滤波值是最优估计值，而且卡尔曼滤波还能估计出其方差，则真值大概率是包含在以滤波值为中心的一个范围内。因此，取基于当前状态 $\boldsymbol{x}$ 的均值和协方差，构造一组确定的样本点(称为 Sigma 点)，则当前时刻的真值一定在这个范围内。把这些点经过非线性系统的传递，其覆盖的范围也大概率包括了非线性变换后的真值。如果其分布服从高斯分布，则样本点经过非线性变换得到的结果 $\boldsymbol{r}$ 均值和协方差，就可以近似真值经过非线性变换后的均值和协方差，而无迹卡尔曼滤波引入的无迹变换，又保证了确定性样本 $\chi_i(i=0,1,2,\cdots,2n)$ 的样本均值和协方差分别与所估计随机状态向量 $\boldsymbol{x}$ 相应的统计特性相同。这就是无迹卡尔曼滤波的基本思路。

事实上，在后面要介绍的粒子滤波，也具有相近的基本思路。

2. 无迹变换

UKF 算法的关键技术是无迹变换，它是一种确定性的采样逼近技术。

下面以一般的非线性变换为例，介绍无迹变换的原理。

将一般非线性变换描述为

$$\boldsymbol{y}=f(\boldsymbol{x}) \tag{4.134}$$

无迹变换是基于当前状态 $\boldsymbol{x}$ 的均值 $\bar{\boldsymbol{x}}$ 和协方差 $\boldsymbol{P}_x$，构造一组确定的样本点，再利用它们的变换样本点(即经过非线性变换得到的样本点)的样本均值和样本协方差去近似非线性变换 $\boldsymbol{y}$ 的均值 $\bar{\boldsymbol{y}}$ 和协方差 $\boldsymbol{P}_y$。

具体步骤如下。

1)构造 Sigma 点和权值

假定 n 维随机状态向量 $\boldsymbol{x}$ 具有均值 $\bar{\boldsymbol{x}}$ 和协方差 $\boldsymbol{P}_x$。现按以下方式构造与 $\boldsymbol{x}$ 同维的 $2n+1$ 个 Sigma 点及相应的样本加权：

$$\boldsymbol{\chi}_i=\begin{cases}\bar{\boldsymbol{x}}, & i=0\\ \bar{\boldsymbol{x}}+\left(\sqrt{(n+\kappa)\boldsymbol{P}_x}\right)_i, & i=1,\cdots,n\\ \bar{\boldsymbol{x}}-\left(\sqrt{(n+\kappa)\boldsymbol{P}_x}\right)_i, & i=n+1,\cdots,2n\end{cases} \tag{4.135}$$

$$W_i^{(\mathrm{m})}=W_i^{(\mathrm{c})}=\begin{cases}\kappa/(n+\kappa), & i=0\\ 1/[2(n+\kappa)], & i=1,\cdots,2n\end{cases} \tag{4.136}$$

式中，$\sqrt{*}$ 为矩阵的平方根，约定为 $\sqrt{\boldsymbol{P}_x}\sqrt{\boldsymbol{P}_x}^{\mathrm{T}}=\boldsymbol{P}_x$。这个平方根可以通过协方差矩阵的乔列斯基(Cholesky)分解或者特征值分解(奇异值分解)求得；$(\sqrt{*})_i$ 中的下标 i 表示矩阵的第 i 列；$(\sqrt{\boldsymbol{P}_x})_i$ 是与 $\boldsymbol{x}$ 同型的列向量；κ 为可调节参数，通过调整它可以提高非线性逼近精度。对于高斯分布，当状态变量为单变量时，取 $\kappa=2$；当状态变量为多变量时．取 $\kappa=3-n$；$W_i^{(\mathrm{m})}$ 和 $W_i^{(\mathrm{c})}$ 分别为用于计算样本均值与样本协方差的加权。

按照式(4.135)、式(4.136)设置样本点和样本加权，可以保证如下两个等式成立：

$$\sum_{i=0}^{2n} W_i^{(m)} \boldsymbol{\chi}_i = \bar{\boldsymbol{x}}$$

$$\sum_{i=0}^{2n} W_i^{(c)} (\boldsymbol{\chi}_i - \bar{\boldsymbol{x}})(\boldsymbol{\chi}_i - \bar{\boldsymbol{x}})^{\mathrm{T}} = \boldsymbol{P}_x$$

即确定性样本 $\boldsymbol{\chi}_i (i=0,1,2,\cdots,2n)$ 的样本均值和协方差分别与所估计随机状态向量 $\boldsymbol{x}$ 相应的统计特性相同。

2) Sigma 点的非线性传播

将式(4.135)、式(4.136)中给出的 $2n+1$ 个 Sigma 点，按照式(4.134)的关系作非线性变换，产生相同数目的变换样本点 $\boldsymbol{Y}_i$，即

$$\boldsymbol{Y}_i = f(\boldsymbol{\chi}_i), \quad (i = 0,1,2,\cdots,2n)$$

3) 计算 $\boldsymbol{y}$ 的均值和协方差

计算变换样本点 $\boldsymbol{Y}_i (i=0,1,2,\cdots,2n)$ 的均值和协方差，用它们的近似变量 $\boldsymbol{y}$ 的均值和协方差，即

$$\bar{\boldsymbol{y}} \approx \sum_{i=0}^{2n} W_i^{(m)} \boldsymbol{Y}_i \tag{4.137}$$

$$\boldsymbol{P}_y \approx \sum_{i=0}^{2n} W_i^{(c)} (\boldsymbol{Y}_i - \bar{\boldsymbol{y}})(\boldsymbol{Y}_i - \bar{\boldsymbol{y}})^{\mathrm{T}} \tag{4.138}$$

以上即是无迹变换过程。即通过式(4.137)和式(4.138)，分别获得了状态向量 $\boldsymbol{x}$ 经过非线性变换 $\boldsymbol{y}=f(\boldsymbol{x})$ 以后的均值 $\bar{\boldsymbol{y}}$ 和协方差 $\boldsymbol{P}_y$。这也是无迹卡尔曼滤波递推计算的核心。

以二维状态变量为例，无迹变换原理如图 4.14 所示。

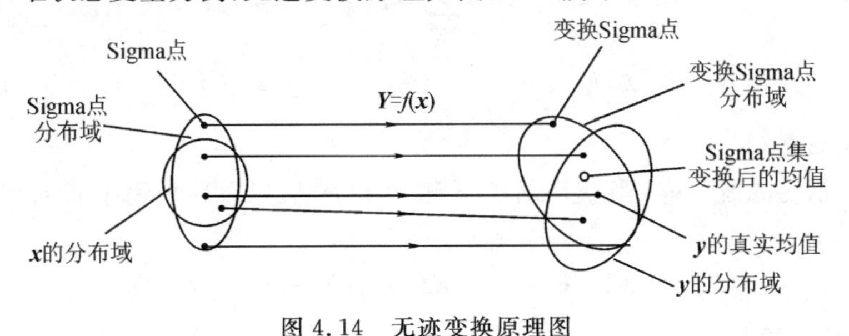

图 4.14　无迹变换原理图

3. 无迹卡尔曼滤波

无迹卡尔曼滤波(以下简称 UKF)的结构与卡尔曼滤波相同，也分为两个步骤：时间更新和观测更新。UKF 算法在时间更新阶段采用无迹变换原理，而观测更新阶段采用卡尔曼滤波的原理。以下介绍 UKF 算法的原理和实现过程。

考虑如下的离散非线性系统：

$$\boldsymbol{x}(k)=\boldsymbol{f}(\boldsymbol{x}(k-1))+\boldsymbol{w}(k-1) \tag{4.139}$$

$$\boldsymbol{z}(k)=\boldsymbol{h}(\boldsymbol{x}(k))+\boldsymbol{v}(k) \tag{4.140}$$

式中，$\boldsymbol{x}(k)$为 n 维的状态向量；$\boldsymbol{f}(\cdot)$为非线性系统状态函数；$\boldsymbol{w}(k)$为系统的过程噪声，假定为零均值高斯白噪声，满足分布 $\boldsymbol{w}(k)\sim N(0,\boldsymbol{Q}(k))$；$\boldsymbol{z}(k)$为观测值；$\boldsymbol{h}(\cdot)$为非线性观测函数；$\boldsymbol{v}(k)$为系统的观测噪声，满足分布 $\boldsymbol{v}(k)\sim N(0,\boldsymbol{R}(k))$；状态的初始值 $\boldsymbol{x}(0)$满足分布 $\boldsymbol{x}(0)\sim N(\bar{\boldsymbol{x}}_0,\boldsymbol{P}(0))$。

假设已知状态在上一时刻的状态估计值 $\hat{\boldsymbol{x}}(k-1)$和方差阵 $\boldsymbol{P}_x(k-1)$，则对非线性系统[式(4.139)～式(4.140)]采用 UKF 进行滤波的具体步骤如下。

1)时间更新

首先构造 Sigma 点。按照式(4.135)构造 $2n+1$ 个 Sigma 点：

$$\boldsymbol{\chi}_i(k-1)=\begin{cases}\hat{\boldsymbol{x}}(k-1), & i=0\\ \hat{\boldsymbol{x}}(k-1)+\left(\sqrt{(n+\kappa)\boldsymbol{P}_x(k-1)}\right)_i, & i=1,\cdots,n\\ \hat{\boldsymbol{x}}(k-1)-\left(\sqrt{(n+\kappa)\boldsymbol{P}_x(k-1)}\right)_i, & i=n+1,\cdots,2n\end{cases}$$

其中，各 Sigma 点的加权见式(4.136)。

然后对 Sigma 点进行非线性变换。按照式(4.139)和式(4.140)的非线性关系计算变换后的 Sigma 点：

$$\boldsymbol{\chi}_i(k\mid k-1)=\boldsymbol{f}(\boldsymbol{\chi}_i(k-1)),\quad i=0,\cdots,n$$

$$\boldsymbol{Z}_i(k\mid k-1)=\boldsymbol{h}(\boldsymbol{\chi}_i(k\mid k-1)),\quad i=0,\cdots,n$$

再计算状态预测及预测误差方差。计算变换后的 Sigma 点的样本均值和协方差，用它们近似表示状态 $\boldsymbol{x}(k-1)$的最优预测和预测误差协方差：

$$\hat{\boldsymbol{x}}(k\mid k-1)=\sum_{i=0}^{2n}W_i^{(\mathrm{m})}\boldsymbol{\chi}_i(k\mid k-1)$$

$$\boldsymbol{P}_x(k\mid k-1)=\sum_{i=0}^{2n}W_i^{(\mathrm{c})}[\boldsymbol{\chi}_i(k\mid k-1)-\hat{\boldsymbol{x}}(k\mid k-1)][\boldsymbol{\chi}_i(k\mid k-1)-\hat{\boldsymbol{x}}(k\mid k-1)]^{\mathrm{T}}$$

2)观测更新

与卡尔曼滤波一样，当获得新的观测值 $\boldsymbol{z}(k)$后，UKF 采用下式对状态进行更新：

$$\hat{\boldsymbol{x}}(k)=\hat{\boldsymbol{x}}(k\mid k-1)+\boldsymbol{K}(k)[\boldsymbol{z}(k)-\boldsymbol{z}(k\mid k-1)]$$

其中，增益矩阵为

$$\boldsymbol{K}(k)=\boldsymbol{P}_{xz}(k)\boldsymbol{P}_{zz}^{-1}(k)$$

状态与观测的协方差为

$$\boldsymbol{P}_{xz}(k)=\sum_{i=0}^{2n}W_i^{(\mathrm{c})}[\boldsymbol{\chi}_i(k\mid k-1)-\hat{\boldsymbol{x}}(k\mid k-1)][\boldsymbol{Z}_i(k\mid k-1)-\boldsymbol{z}(k\mid k-1)]^{\mathrm{T}}$$

观测误差的协方差为

$$\boldsymbol{P}_{zz}(k)=\sum_{i=0}^{2n}W_i^{(c)}[\boldsymbol{Z}_i(k\mid k-1)-\boldsymbol{z}(k\mid k-1)][\boldsymbol{Z}_i(k\mid k-1)-\boldsymbol{z}(k\mid k-1)]^{\mathrm{T}}$$

估计误差方差为

$$\boldsymbol{P}_x(k)=\boldsymbol{P}_x(k\mid k-1)-\boldsymbol{K}\boldsymbol{P}_{zz}(k)\boldsymbol{K}^{\mathrm{T}}$$

以上即UKF算法实现的全过程。

经过证明可知，UKF算法可以使均值精确到三阶，方差精确到二阶。与EKF相比，精确度提高一至二阶。此外，由于UKF不是采用线性化方法去逼近非线性系统，因此不需要计算系统函数的雅可比矩阵。

4.2.5　容积卡尔曼滤波

容积卡尔曼滤波与无迹卡尔曼滤波具有相似的基本思想，都是为了解决非线性系统的优化估计问题，选取少量的特殊样本来逼近随机变量的均值和方差。但容积卡尔曼滤波选取样本的方式与无迹卡尔曼滤波的方式不一样，它是采用一种称之为球面-径向(spherical-radial)变换的球面-径向容积(spherical-radial cubature，SRC)准则，选择特定的样本来完成非线性卡尔曼滤波中需要进行的积分计算。

1. 球面-单形径向准则

对于强非线性高斯系统，UKF可以获得比EKF更优秀的估计效果且避免了对非线性模型的线性化处理，但是对于高维系统，UKF有时会出现数值不稳定及精度降低的情况。为了克服这个问题，学者埃恩卡兰·阿拉萨拉特南(Ienkaran Arasaratnam)和西蒙·赫金(Simon Haykin)提出了基于容积(cubature)变换的容积卡尔曼滤波(cubature Kalman filter，CKF)。该算法也是依据高斯滤波框架，其核心是采用三阶球面-径向容积(SRC)规则近似状态向量经非线性变换后的均值和协方差。与UKF类似，CKF也是通过一定策略选取一个样本点集，然后将所选样本点集通过非线性变换，再对变换样本点进行相应的计算，来近似非线性高斯滤波中的高斯积分。

设非线性离散高斯系统为

$$\boldsymbol{x}(k)=\boldsymbol{f}[\boldsymbol{x}(k-1)]+\boldsymbol{w}(k-1) \tag{4.141}$$

$$\boldsymbol{z}(k)=\boldsymbol{h}[\boldsymbol{x}(k)]+\boldsymbol{v}(k) \tag{4.142}$$

式中，$\boldsymbol{f}(\cdot)$、$\boldsymbol{h}(\cdot)$为已知的非线性状态函数和非线性系统观测函数；$\boldsymbol{w}(k)$为系统的过程噪声，假定为零均值高斯白噪声，满足分布$\boldsymbol{w}(k)\sim N(0,\boldsymbol{Q}(k))$；$\boldsymbol{v}(k)$为系统的观测噪声，满足分布$\boldsymbol{v}(k)\sim N(0,\boldsymbol{R}(k))$；$\boldsymbol{x}(k)$为$n$维的状态向量，同样服从高斯分布，满足分布$\boldsymbol{x}(k)\sim N[\hat{\boldsymbol{x}}(k),\boldsymbol{P}(k)]$，即其均值为$\hat{\boldsymbol{x}}(k)$，协方差为$\boldsymbol{P}(k)$，对服从这种分布的$\boldsymbol{x}(k)$可记为$N[\boldsymbol{x}(k);\hat{\boldsymbol{x}}(k),\boldsymbol{P}(k)]$；$\boldsymbol{z}(k)$为观测值；状态的初始值$\boldsymbol{x}(0)$满足分布$\boldsymbol{x}(0)\sim N(\hat{\boldsymbol{x}}(0),\boldsymbol{P}(0))$。

则其解为

$$\hat{\boldsymbol{x}}(k \mid k) = \hat{\boldsymbol{x}}(k \mid k-1) + \boldsymbol{K}(k)[\boldsymbol{z}(k \mid k) - \hat{\boldsymbol{z}}(k \mid k)]$$
$$\boldsymbol{P}(k \mid k) = \boldsymbol{P}(k \mid k-1) - \boldsymbol{K}(k \mid k)\boldsymbol{P}_{zz}(k)\boldsymbol{K}^{\mathrm{T}}(k \mid k)$$
$$\boldsymbol{K}(k) = \boldsymbol{P}_{xz}(k)\boldsymbol{P}_{zz}^{-1}(k)$$

这里,因为 $\boldsymbol{x}(k)$是服从高斯分布的随机向量,因此用概率形式将其展开:

$$\begin{aligned}\hat{\boldsymbol{x}}(k \mid k-1) &= E\{\boldsymbol{f}[(\boldsymbol{x}(k-1)]\} \\ &= \int_{\mathbf{R}^n} \boldsymbol{f}[\boldsymbol{x}(k-1)]\boldsymbol{p}[\boldsymbol{x}(k-1)]\mathrm{d}\boldsymbol{x}(k-1) \\ &= \int_{\mathbf{R}^n} \boldsymbol{f}[\boldsymbol{x}(k-1)]\boldsymbol{N}[\boldsymbol{x}(k-1);\hat{\boldsymbol{x}}(k-1),\boldsymbol{P}(k-1 \mid k-1)]\mathrm{d}\boldsymbol{x}(k-1)\end{aligned} \tag{4.143}$$

$$\begin{aligned}\boldsymbol{P}(k \mid k-1) &= E\{[\boldsymbol{x}(k) - \hat{\boldsymbol{x}}(k \mid k-1)][\boldsymbol{x}(k) - \hat{\boldsymbol{x}}(k \mid k-1)]^{\mathrm{T}}\} \\ &= \int_{\mathbf{R}^n} \boldsymbol{f}[\boldsymbol{x}(k-1)]\boldsymbol{f}^{\mathrm{T}}[\boldsymbol{x}(k-1)] \times \boldsymbol{N}[\boldsymbol{x}(k-1);\hat{\boldsymbol{x}}(k-1), \\ &\quad \boldsymbol{P}(k-1 \mid k-1)]\mathrm{d}\boldsymbol{x}(k-1) - \hat{\boldsymbol{x}}(k \mid k-1)\hat{\boldsymbol{x}}^{\mathrm{T}}(k \mid k-1) + \boldsymbol{Q}(k-1)\end{aligned} \tag{4.144}$$

$$\begin{aligned}\hat{\boldsymbol{z}}(k) &= E\{\boldsymbol{h}[\boldsymbol{x}(k)]\} \\ &= \int_{\mathbf{R}^n} \boldsymbol{h}[\boldsymbol{x}(k)] \times \boldsymbol{N}[\boldsymbol{x}(k);\hat{\boldsymbol{x}}(k-1),\boldsymbol{P}(k \mid k-1)]\mathrm{d}\boldsymbol{x}(k)\end{aligned} \tag{4.145}$$

$$\begin{aligned}\boldsymbol{P}_{zz}(k) &= E\{[\boldsymbol{z}(k) - \hat{\boldsymbol{z}}(k)][\boldsymbol{z}(k) - \hat{\boldsymbol{z}}(k)]^{\mathrm{T}}\} \\ &= \int_{\mathbf{R}^n} \boldsymbol{h}[\boldsymbol{x}(k)]\boldsymbol{h}^{\mathrm{T}}[\boldsymbol{x}(k)] \times \boldsymbol{N}[\boldsymbol{x}(k);\hat{\boldsymbol{x}}(k-1),\boldsymbol{P}(k \mid k-1)]\mathrm{d}\boldsymbol{x}(k) - \\ &\quad \hat{\boldsymbol{z}}(k \mid k-1)\hat{\boldsymbol{z}}^{\mathrm{T}}(k \mid k-1) + \boldsymbol{R}(k-1)\end{aligned} \tag{4.146}$$

$$\begin{aligned}\boldsymbol{P}_{xz}(k) &= E\{[\boldsymbol{x}(k) - \hat{\boldsymbol{x}}(k)][\boldsymbol{z}(k) - \hat{\boldsymbol{z}}(k)]^{\mathrm{T}}\} \\ &= \int_{\mathbf{R}^n} \boldsymbol{x}(k)\boldsymbol{h}^{\mathrm{T}}[\boldsymbol{x}(k)] \times \boldsymbol{N}[\boldsymbol{x}(k);\hat{\boldsymbol{x}}(k-1), \\ &\quad \boldsymbol{P}(k \mid k-1)]\mathrm{d}\boldsymbol{x}(k) - \hat{\boldsymbol{x}}(k \mid k-1)\hat{\boldsymbol{z}}^{\mathrm{T}}(k \mid k-1)\end{aligned} \tag{4.147}$$

分析式(4.143)~式(4.147)的结构,可以看到,对非线性离散高斯系统的滤波问题可以归结为如下积分问题:

$$\boldsymbol{I}(f) = \int_{\mathbf{R}^n} f(\boldsymbol{x})\mathrm{e}^{-\boldsymbol{x}^{\mathrm{T}}\boldsymbol{x}}\mathrm{d}\boldsymbol{x} \tag{4.148}$$

上式中的 $f(\boldsymbol{x})$即为式(4.143)~式(4.147)中的积分函数,而 $\mathbf{R}^n$ 为积分区域。

对式(4.143)~式(4.147)中的积分采用不同的近似方法,就会得到不同的滤波方法。在卡尔曼滤波器设计中必须解决上述过程的高斯积分求解。2009 年,埃恩卡兰·阿拉萨拉特南等利用容积-径向变换,将高斯积分转换为球面-径向积分,再通过球面-径向容积准则进行积分近似。这就是容积卡尔曼滤波名称的由来。

首先，对状态变量 $\boldsymbol{x}$ 作变换

$$\boldsymbol{x} = r\boldsymbol{y}\ (\boldsymbol{y}\boldsymbol{y}^{\mathrm{T}}) = 1, r \in [0, \infty])$$

将式(4.148)在积分区域 $\mathbf{R}^n$ 下的积分变换为球面-径向的形式：

$$\boldsymbol{I}(f) = \int_0^{\infty}\int_{U_n} f(r\boldsymbol{y}) r^{n-1} \mathrm{e}^{-r^2}\mathrm{d}\sigma(\boldsymbol{y})\mathrm{d}r \tag{4.149}$$

式中，U_n 为 n 维单位球面；$\sigma(\cdot)$为 U_n 上的元素。则式(4.149)的积分可以分解为球面积分和径向积分两个部分：

$$S(r) = \int_{U_n} f(r\boldsymbol{y})\mathrm{d}\sigma(y) \tag{4.150}$$

$$R = \int_0^{\infty} S(r) r^{n-1} \mathrm{e}^{-r^2}\mathrm{d}r \tag{4.151}$$

其中，式(4.150)为球面积分部分，式(4.151)为径向积分部分。注意到球面积分的结果是被包含在径向积分的被积函数中。

根据容积变换，需要选取 $2n$ 个容积点，均匀分布在 n 维的单位球面上，且每个样本点具有相等的权值。与之前的 UKF 相比，这里少了一个中心样本点。

一个完全对称的球面容积规则表示为

$$S(r) = \sum_{i=1}^{2n} b_i f(rs_i) \tag{4.152}$$

式中，$2n$ 个 s_i 点位于 n 维的单位球面与其坐标轴相交处，且 $s_i=[1]_i$，其权值 b_i 为

$$b_i = \frac{1}{2n}\frac{2\sqrt{\pi^{\mathrm{n}}}}{\Gamma(n/2)}$$

式中，$\Gamma(n) = \int_0^{\infty} x^{n-1}\mathrm{e}^{-x}\mathrm{d}x$。

$s_i=[1]_i$ 的意义是 $[1]_i$ 为集合[1]的第 i 列。[1]为单位向量 $\boldsymbol{e}=[1, 0, \cdots, 0]^{\mathrm{T}}$ 和 $-\boldsymbol{e}=[-1, 0, \cdots, 0]^{\mathrm{T}}$ 的元素全排列所产生的点集。例如：

$$[1]_{n=2} = \left\{\begin{bmatrix}1\\0\end{bmatrix}, \begin{bmatrix}0\\1\end{bmatrix}, \begin{bmatrix}-1\\0\end{bmatrix}, \begin{bmatrix}0\\-1\end{bmatrix}\right\}$$

其更一般的表示是

$$[1] = \left\{\begin{bmatrix}1\\0\\\vdots\\0\end{bmatrix}, \begin{bmatrix}0\\1\\\vdots\\0\end{bmatrix}, \cdots, \begin{bmatrix}0\\0\\\vdots\\1\end{bmatrix}, \begin{bmatrix}-1\\0\\\vdots\\0\end{bmatrix}, \begin{bmatrix}0\\-1\\\vdots\\0\end{bmatrix}, \cdots, \begin{bmatrix}0\\0\\\vdots\\-1\end{bmatrix}\right\}$$

利用变量代换，将式(4.151)的径向-积分转化为

$$R = \frac{1}{2}\int_0^{\infty} S(\sqrt{r}) r^{\frac{n}{2}-1}\mathrm{e}^{-r}\mathrm{d}r \tag{4.153}$$

式(4.153)即为广义的拉格朗日公式。根据一次幂拉格朗日规则，当球面积分

$S(\sqrt{r})=1$或 r 时,式(4.153)的精确积分为

$$R=\frac{1}{2}\Gamma\left(\frac{n}{2}\right)S\left(\sqrt{\frac{n}{2}}\right) \tag{4.154}$$

依据广义高斯-拉格朗日积分规则,有

$$R\approx\sum_{j=1}^{m}a_jS(r_j) \tag{4.155}$$

结合式(4.152)和式(4.155),可得球面-径向积规则:

$$I(f)\approx\sum_{i=1}^{2n}\sum_{j=1}^{m}a_jb_if(r_js_i) \tag{4.156}$$

对于3次幂的SRC准则,有 $m=1$, $r_j=\sqrt{n/2}$,则式(4.156)变为

$$I(f)\approx\frac{\sqrt{\pi^n}}{2n}\sum_{i=1}^{2n}f\left(\sqrt{\frac{n}{2}}\,[1]_i\right) \tag{4.157}$$

对于标准高斯分布

$$I_{\mathrm{N}}(f)=\int_{\mathbf{R}^n}f(\boldsymbol{x})N(\boldsymbol{x};0,\boldsymbol{I})\mathrm{d}x=\frac{1}{\sqrt{\pi^n}}\int_{\mathbf{R}^n}f(\sqrt{2}\boldsymbol{x})\mathrm{e}^{-\boldsymbol{x}^{\mathrm{T}}\boldsymbol{x}}\mathrm{d}\boldsymbol{x} \tag{4.158}$$

结合式(4.148)和式(4.157),有

$$I_{\mathrm{N}}(f)\approx\frac{1}{\sqrt{\pi^n}}\frac{\sqrt{\pi^n}}{2n}\sum_{i=1}^{2n}f\left(\sqrt{\frac{n}{2}}\,[1]_i\right)=\sum_{i=1}^{m}\omega_if(\xi_i) \tag{4.159}$$

式中:

$$\xi_i=\sqrt{\frac{n}{2}}\,[1]_i \tag{4.160}$$

$$\omega_i=\frac{1}{2n},\ i=1,2,\cdots,2n \tag{4.161}$$

对于一般高斯分布,有

$$\begin{aligned}I_{\mathrm{N}}(f)&=\int_{\mathbf{R}^n}f(\boldsymbol{x})N(\boldsymbol{x};\boldsymbol{\mu},\boldsymbol{\Sigma})\mathrm{d}\boldsymbol{x}\\&=\int_{\mathbf{R}^n}f(\sqrt{\boldsymbol{\Sigma}}\boldsymbol{x}+\boldsymbol{\mu})N(\boldsymbol{x};\boldsymbol{0},\boldsymbol{I})\mathrm{d}\boldsymbol{x}\\&=\sum_{i=1}^{m}\omega_if(\sqrt{\boldsymbol{\Sigma}}\xi_i+\boldsymbol{\mu})\end{aligned}$$

其中,$\boldsymbol{\mu}$、$\boldsymbol{\Sigma}$ 为高斯分布的均值和方差阵。

2. 容积卡尔曼滤波过程

使用容积点集$[\xi_i,\omega_i]$计算式(4.143)~式(4.147),可以得到CKF滤波算法。与基本的卡尔曼滤波相类似,在每个滤波周期内,包含时间更新和观测更新两个步骤。

1)时间更新

假设 $k-1$ 时刻已知状态 $\boldsymbol{x}$ 的后验概率密度 $p[\boldsymbol{x}(k-1)]=N[\hat{\boldsymbol{x}}(k-1|k-1),\boldsymbol{P}(k-1|k-1)]$,通过乔列斯基分解误差协方差:

$$\boldsymbol{P}(k-1 \mid k-1)=\boldsymbol{S}(k-1 \mid k-1)\boldsymbol{S}^{\mathrm{T}}(k-1 \mid k-1) \tag{4.162}$$

计算容积点($i=1,2,\cdots,2n$):

$$\boldsymbol{X}_i(k-1 \mid k-1)=\boldsymbol{S}(k-1 \mid k-1)\xi_i+\hat{\boldsymbol{x}}(k-1 \mid k-1) \tag{4.163}$$

通过非线性状态方程传播容积点:

$$\boldsymbol{X}_i^*(k \mid k-1)=\boldsymbol{f}[\boldsymbol{X}_i(k-1 \mid k-1)] \tag{4.164}$$

估计 k 的状态预测值:

$$\hat{\boldsymbol{x}}(k \mid k-1)=\frac{1}{2n}\sum_{i=1}^{2n}\boldsymbol{X}_i^*(k \mid k-1) \tag{4.165}$$

估计 k 的状态预测误差协方差阵:

$$\begin{aligned}\boldsymbol{P}(k \mid k-1)=&\frac{1}{2n}\sum_{i=1}^{2n}\boldsymbol{X}_i^*(k \mid k-1)[\boldsymbol{X}_i^*(k \mid k-1)]^{\mathrm{T}}-\\&\hat{\boldsymbol{x}}(k \mid k-1)\hat{\boldsymbol{x}}^{\mathrm{T}}(k \mid k-1)+\boldsymbol{Q}(k-1)\end{aligned} \tag{4.166}$$

获得 $\hat{\boldsymbol{x}}(k|k-1)$ 和 $\boldsymbol{P}(k|k-1)$,就完成了状态更新。

2)观测更新

首先用乔列斯基分解预测误差协方差:

$$\boldsymbol{P}(k \mid k-1)=\boldsymbol{S}(k \mid k-1)\boldsymbol{S}^{\mathrm{T}}(k \mid k-1) \tag{4.167}$$

计算容积点($i=1,2,\cdots,2n$):

$$\boldsymbol{X}_i(k \mid k-1)=\boldsymbol{S}(k \mid k-1)\xi_i+\hat{\boldsymbol{x}}(k \mid k-1) \tag{4.168}$$

通过非线性观测方程传播容积点:

$$\boldsymbol{Z}_i(k \mid k-1)=\boldsymbol{h}[\boldsymbol{X}_i(k \mid k-1)] \tag{4.169}$$

估计 k 的状态观测预测值:

$$\hat{\boldsymbol{z}}(k \mid k-1)=\frac{1}{2n}\sum_{i=1}^{2n}\boldsymbol{Z}_i(k \mid k-1) \tag{4.170}$$

获取状态观测值的自相关协方差阵:

$$\begin{aligned}\boldsymbol{P}_{zz}(k \mid k-1)=&\frac{1}{2n}\sum_{i=1}^{2n}\boldsymbol{Z}_i(k \mid k-1)[\boldsymbol{Z}_i(k \mid k-1)]^{\mathrm{T}}-\\&\hat{\boldsymbol{z}}(k \mid k-1)\hat{\boldsymbol{z}}^{\mathrm{T}}(k \mid k-1)+\boldsymbol{R}(k-1)\end{aligned} \tag{4.171}$$

获取状态预测值与观测值的互相关协方差阵:

$$\begin{aligned}\boldsymbol{P}_{xz}(k \mid k-1)=&-\frac{1}{2n}\sum_{i=1}^{2n}\boldsymbol{X}_i(k \mid k-1)[\boldsymbol{Z}_i(k \mid k-1)]^{\mathrm{T}}-\\&\hat{\boldsymbol{x}}(k \mid k-1)\hat{\boldsymbol{z}}^{\mathrm{T}}(k \mid k-1)\end{aligned} \tag{4.172}$$

获取卡尔曼增益:

$$\boldsymbol{K}(k)=\boldsymbol{P}_{xz}(k\mid k-1)\boldsymbol{P}_{zz}^{-1}(k\mid k-1) \tag{4.173}$$

更新 k 时刻的状态估计误差协方差阵：

$$\boldsymbol{P}(k\mid k)=\boldsymbol{P}(k\mid k)-\boldsymbol{K}(k)\boldsymbol{P}_{zz}(k\mid k-1)\boldsymbol{K}^{\mathrm{T}}(k) \tag{4.174}$$

最后利用 k 时刻的观测值 $\boldsymbol{z}(k)$，获得 k 时刻的最优状态估计：

$$\hat{\boldsymbol{x}}(k\mid k)=\hat{\boldsymbol{x}}(k\mid k-1)+\boldsymbol{K}(k)[\boldsymbol{z}(k)-\hat{\boldsymbol{z}}(k\mid k-1)] \tag{4.175}$$

获取了 $\boldsymbol{K}(k)$、$\hat{\boldsymbol{x}}(k|k)$ 和 $\boldsymbol{P}(k|k)$，就完成了观测更新。

容积卡尔曼滤波的过程总结如表 4.4 所示。

表 4.4 容积卡尔曼滤波主要流程

公式意义		计算公式	公式号
系统方程	状态方程	$\boldsymbol{x}(k)=\boldsymbol{f}[\boldsymbol{x}(k-1)]+\boldsymbol{w}(k-1)$	(4.141)
	观测方程	$\boldsymbol{z}(k)=\boldsymbol{h}[\boldsymbol{x}(k)]+\boldsymbol{v}(k)$	(4.142)
滤波设定	初始条件	$\boldsymbol{x}(0)\sim N(\hat{\boldsymbol{x}}(0),\boldsymbol{P}(0))$	
	容积点集	$\xi_i=\sqrt{\frac{n}{2}}[1]_i$	(4.160)
	加权	$\omega_i=\frac{1}{2n},\ i=1,2,\cdots,2n$	(4.161)
时间更新	计算容积点	$\boldsymbol{X}_i(k-1\|k-1)=\boldsymbol{S}(k-1\|k-1)\xi_i+\hat{\boldsymbol{x}}(k-1\|k-1)$	(4.163)
	传播容积点	$\boldsymbol{X}_i^*(k\|k-1)=\boldsymbol{f}[\boldsymbol{X}_i(k-1\|k-1)]$	(4.164)
	状态预测	$\hat{\boldsymbol{x}}(k\|k-1)=\frac{1}{2n}\sum_{i=1}^{2n}\boldsymbol{X}_i^*(k\|k-1)$	(4.165)
	协方差预测	$\boldsymbol{P}(k\|k-1)=\frac{1}{2n}\sum_{i=1}^{2n}\boldsymbol{X}_i^*(k\|k-1)[\boldsymbol{X}_i^*(k\|k-1)]^{\mathrm{T}}-\hat{\boldsymbol{x}}(k\|k-1)\hat{\boldsymbol{x}}^{\mathrm{T}}(k\|k-1)+\boldsymbol{Q}(k-1)$	(4.166)
观测更新	计算容积点	$\boldsymbol{X}_i(k\|k-1)=\boldsymbol{S}(k\|k-1)\xi_i+\hat{\boldsymbol{x}}(k\|k-1)$	(4.168)
	传播容积点	$\boldsymbol{Z}_i(k\|k-1)=\boldsymbol{h}[\boldsymbol{X}_i(k\|k-1)]$	(4.169)
	观测预测	$\hat{\boldsymbol{z}}(k\mid k-1)=\frac{1}{2n}\sum_{i=1}^{2n}\boldsymbol{Z}_i(k\mid k-1)$	(4.170)
	增益矩阵	$\boldsymbol{K}(k)=\boldsymbol{P}_{xz}(k\|k-1)\boldsymbol{P}_{zz}^{-1}(k\|k-1)$	(4.173)
	误差协方差阵	$\boldsymbol{P}(k\|k)=\boldsymbol{P}(k\|k)-\boldsymbol{K}(k)\boldsymbol{P}_{zz}(k\|k-1)\boldsymbol{K}^{\mathrm{T}}(k)$	(4.174)
	状态估计	$\hat{\boldsymbol{x}}(k\|k)=\hat{\boldsymbol{x}}(k\|k-1)+\boldsymbol{K}(k)[\boldsymbol{z}(k)-\hat{\boldsymbol{z}}(k\|k-1)]$	(4.175)

3. CKF 与 UKF 的区别

容积卡尔曼滤波是根据贝叶斯理论经过严格数学推导获得的(本书中没有证明)，有理论上的保证。容积点集通过积分得到，采用偶数并具有相同权值样本点集，使用样本点数更少，不存在负权值点。平方根容积卡尔曼滤波(square root cubature Kalman filter,SCKF)通过传播状态估计误差方差平方根,确保方差矩阵具有对称性和正定性,滤波性能更好。

无迹卡尔曼滤波是根据“对概率分布进行近似要比对非线性函数进行近似容易得多”这样的认识提出,在数学推导上不够严格;其样本点集是无迹变换的结果,选用奇数及不同权值的样本点集,在高维系统 UKF 的权值会出现负值。平方根无迹卡尔曼滤波(square root unscented Kalman filter,SUKF)因产生较大误差而难以实用。但无迹卡尔曼滤波的计算相较容积卡尔曼滤波更少,也更容易实现。

4.3　粒子滤波算法

粒子滤波最直接的思路是,通过大量粒子(样本)来逼近随机变量的概率密度函数。

粒子滤波作为一种序列蒙特卡罗(Monte Carlo)方法,由汉德申(J. E. Handschin)和梅恩(D. Q. Mayne)于 1969 年首次明确的提出,1993 年经过哥尔丹(N. Gordon)等的研究而开始得到足够的重视。这是一种基于贝叶斯估计的非线性滤波方法,通过采样一系列随机样本来近似描述概率密度函数,从而避免了直接求概率密度函数,因此不需要对非线性系统作任何线性化处理,这在处理非高斯非线性时变系统的参数估计和状态滤波方面具有独到的优势。

下面介绍粒子滤波算法。粒子滤波是以贝叶斯滤波架构为基础的(事实上前面介绍的卡尔曼滤波也是以贝叶斯滤波架构为基础的)。所以先介绍贝叶斯递推。

4.3.1　贝叶斯递推

首先复习一下贝叶斯公式:

$$p(A \mid B) = \frac{p(AB)}{p(B)} \tag{4.176}$$

故有

$$p(A \mid B)p(B) = p(B \mid A)p(A) = p(AB) \tag{4.177}$$

因此

$$p(A \mid B) = \frac{p(B \mid A)p(A)}{p(B)} \tag{4.178}$$

$$p(B \mid A) = \frac{p(A \mid B)p(B)}{p(A)} \tag{4.179}$$

现在,假设有一个系统,其状态方程和观测方程如下:

$$\boldsymbol{x}(k) = \boldsymbol{f}[\boldsymbol{x}(k-1)] + \boldsymbol{w}(k-1) \tag{4.180}$$

$$\boldsymbol{z}(k) = \boldsymbol{h}[\boldsymbol{x}(k)] + \boldsymbol{v}(k) \tag{4.181}$$

其中,$\boldsymbol{x}$ 为系统状态,$\boldsymbol{z}$ 为观测到的数据,$\boldsymbol{f}(\cdot)$、$\boldsymbol{h}(\cdot)$是状态方程和观测方程函

数，$\boldsymbol{w}$、$\boldsymbol{v}$ 为过程噪声和观测噪声，噪声都是独立同分布的。注意，这里的状态方程和观测方程都是非线性的。

从贝叶斯理论的观点来看，状态估计问题就是根据之前一系列的已有数据 $\boldsymbol{z}(1:k)=\{\boldsymbol{z}(1),\boldsymbol{z}(2),\cdots,\boldsymbol{z}(k)\}$（后验知识）递推地计算出当前状态 $\boldsymbol{x}(k)$ 的可信度。这个可信度就是概率公式，它需要通过预测和更新两个步骤来递推的计算。预测过程是利用系统模型(4.180)预测状态的先验概率密度，也就是通过已有的先验知识对未来的状态进行猜测，即 $p(\boldsymbol{x}(k)|\boldsymbol{x}(k-1))$。更新过程则利用最新的观测量值对先验概率密度进行修正，得到后验概率密度，也就是对之前的猜测进行修正。

在处理这些问题时，一般都先假设系统的状态转移服从一阶马尔可夫模型，即当前时刻的状态 $\boldsymbol{x}(k)$ 只与上一个时刻的状态 $\boldsymbol{x}(k-1)$ 有关。这是很自然的一种假设。同时，假设 k 时刻观测到的数据 $\boldsymbol{z}(k)$ 只与当前的状态 $\boldsymbol{x}(k)$ 有关，如式(4.181)。

粒子滤波与卡尔曼滤波都是递推运算。为了进行递推，假设在 $k-1$ 时刻已经得到概率密度函数 $p(\boldsymbol{x}(k-1)|\boldsymbol{z}(1:k-1))$。

1)预测过程

预测是由 $k-1$ 时刻的概率密度 $p(\boldsymbol{x}(k-1)|\boldsymbol{z}(1:k-1))$ 得到 k 时刻的概率密度 $p(\boldsymbol{x}(k)|\boldsymbol{z}(1:k-1))$。其现实意义是，既然有了前面 $1:k-1$ 时刻的观测数据，那就可以对 k 时刻的状态 $\boldsymbol{x}(k)$ 出现的概率进行预测。于是有

$$\begin{aligned}p(\boldsymbol{x}(k)\mid\boldsymbol{z}(1:k-1))&=\int p(\boldsymbol{x}(k),\boldsymbol{x}(k-1)\mid\boldsymbol{z}(1:k-1))\mathrm{d}\boldsymbol{x}(k-1)\\&=\int p(\boldsymbol{x}(k)\mid\boldsymbol{x}(k-1),\boldsymbol{z}(1:k-1))p(\boldsymbol{x}(k-1)\mid\boldsymbol{z}(1:k-1))\mathrm{d}\boldsymbol{x}(k-1)\\&=\int p(\boldsymbol{x}(k)\mid\boldsymbol{x}(k-1))p(\boldsymbol{x}(k-1)\mid\boldsymbol{z}(1:k-1))\mathrm{d}\boldsymbol{x}(k-1)\end{aligned}\tag{4.182}$$

式中，从第一行得到第二行纯粹是贝叶斯公式的应用，从第二行得到第三行是由于一阶马尔可夫过程的假设，状态 $\boldsymbol{x}(k)$ 只由 $\boldsymbol{x}(k-1)$ 决定。

注意，$p(\boldsymbol{x}(k)|\boldsymbol{x}(k-1))$ 和 $p(\boldsymbol{x}(k)|\boldsymbol{z}(1:k-1))$ 这两个概率公式的含义是不一样的。$p(\boldsymbol{x}(k)|\boldsymbol{x}(k-1))$ 是纯粹根据模型进行预测，$\boldsymbol{x}(k)$ 由 $\boldsymbol{x}(k-1)$ 根据系统方程(4.180)而决定；$p(\boldsymbol{x}(k)|\boldsymbol{z}(1:k-1))$ 则是依据观测数据 $\boldsymbol{z}(1:k-1)$ 和状态量 $\boldsymbol{x}(k)$ 的概率关系进行估计。

在式(4.182)最后一行中，$p(\boldsymbol{x}(k-1)|\boldsymbol{z}(1:k-1))$ 是由递推运算的假设已知的，$p(\boldsymbol{x}(k)|\boldsymbol{x}(k-1))$ 则是由系统方程(4.180)决定，它的概率分布形状和系统过程噪声 $\boldsymbol{w}(k)$ 的形状是完全相同的。$\boldsymbol{x}(k)$ 由是 $\boldsymbol{x}(k-1)$ 经过一个非线性运算后叠加一个噪声得到的。如果没有噪声，$\boldsymbol{x}(k)$ 完全由 $\boldsymbol{x}(k-1)$ 计算得到，就没有概率分布的概念了，也没有滤波的必要了。正是由于出现了噪声 $\boldsymbol{w}(k)$，且噪声还可能是

非高斯的，所以 $\boldsymbol{x}(k)$ 才不好确定。但由此，$\boldsymbol{x}(k)$ 的概率分布形状和系统过程噪声 $\boldsymbol{w}(\boldsymbol{k})$ 的形状是完全相同的。事实上，在以后的粒子滤波程序中，状态 $\boldsymbol{x}(k)$ 的采样计算就是这样进行的。对 $\boldsymbol{x}(k)$ 采样的过程，就是在 $\boldsymbol{f}[\boldsymbol{x}(k-1)]$ 的基础上，直接叠加一个过程噪声。

2)更新过程

更新过程是由式(4.182)的结果得到预测

$$p(\boldsymbol{x}(k) \mid \boldsymbol{z}(1:k-1)) = \int p(\boldsymbol{x}(k) \mid \boldsymbol{x}(k-1)) p(\boldsymbol{x}(k-1) \mid \boldsymbol{z}(1:k-1)) \mathrm{d}\boldsymbol{x}(k-1)$$

的前提下，当在 k 时刻获得新的观测值 $\boldsymbol{z}(k)$ 时，对 $p(\boldsymbol{x}(k)|\boldsymbol{z}(1:k-1))$ 进行修正并得到后验概率 $p(\boldsymbol{x}(k)|\boldsymbol{z}(1:k))$，这就是观测更新，至此就完成了一次滤波。这里的后验概率也将代入下次的预测中，形成滤波的递推。

其过程如下：

$$\begin{aligned} p(\boldsymbol{x}(k) \mid \boldsymbol{z}(1:k)) &= \frac{p(\boldsymbol{z}(k) \mid \boldsymbol{x}(k), \boldsymbol{z}(1:k-1)) p(\boldsymbol{x}(k) \mid \boldsymbol{z}(1:k-1))}{p(\boldsymbol{z}(k) \mid \boldsymbol{z}(1:k-1))} \\ &= \frac{p(\boldsymbol{z}(k) \mid \boldsymbol{x}(k)) p(\boldsymbol{x}(k) \mid \boldsymbol{z}(1:k-1))}{p(\boldsymbol{z}(k) \mid \boldsymbol{z}(1:k-1))} \end{aligned} \tag{4.183}$$

式中：

$$p(\boldsymbol{z}(k) \mid \boldsymbol{z}(1:k-1)) = \int p(\boldsymbol{z}(k) \mid \boldsymbol{x}(k)) p(\boldsymbol{x}(k) \mid \boldsymbol{z}(1:k-1)) \mathrm{d}\boldsymbol{x}(k) \tag{4.184}$$

称为归一化常数。

在式(4.183)中，等式第一行到第二行是因为由观测方程(4.181)知道，$\boldsymbol{z}(k)$ 只与 $\boldsymbol{x}(k)$ 有关，$p(\boldsymbol{z}(k)|\boldsymbol{x}(k))$ 也称之为似然函数。和上面的分析一样，由于 $\boldsymbol{z}(k)=\boldsymbol{h}[\boldsymbol{x}(k)]+\boldsymbol{v}(k)$，$p(\boldsymbol{z}(k)|\boldsymbol{x}(k))$ 也只和观测噪声 $\boldsymbol{v}(k)$ 的概率分布有关。注意，这一点也将为下面 SIR 粒子滤波中的权重采样提供编程依据。

注意到式(4.182)、式(4.183)和式(4.184)都要用到积分运算，这对于一般的非线性非高斯系统，很难得到后验概率的解析解，也很难由程序实现。为解决这个问题，需要采用蒙特卡罗采样。

4.3.2　蒙特卡罗采样

蒙特卡罗采样的基本思想是，假设我们能从一个目标概率分布 $p(x)$ 中采样得到一系列的样本(粒子)$x^{(1)}, x^{(2)}, \cdots, x^{(N)}$。那么就可以用这些样本去估计这个分布某些函数的期望值[这里用上标(i)来表示采样得到的第 i 个样本(粒子)]。在这里，其实质就是用平均值代替积分运算，来求期望值：

$$E[f(x)] \approx \frac{f(x^{(1)}) + f(x^{(2)}) + \cdots + f(x^{(N)})}{N}$$

当 N 足够大的时候，上式就逼近真实概率了。

在滤波中，为了解决积分难的问题，用蒙特卡罗采样来代替计算后验概率。假设可以从后验概率中采样到 N 个样本，那么后验概率的计算可表示为

$$E[f(x)] = \frac{1}{N}\sum_{i=1}^{N} f(x^{(i)}) \tag{4.185}$$

所谓滤波，就是求取当前状态的期望值。这里的 $f(x)$ 就是每个粒子的状态函数。用这些采样粒子的状态值直接平均就得到了期望值，也就是滤波后的值。

只要从后验概率中采样很多粒子，用它们的状态求平均，就得到了滤波结果。但现在后验概率是不知道的。要实现从后验概率分布采样，则需要引入重要性采样的概念。所谓重要性采样，实质上是用在已知分布中的采样，来逼近在未知后验概率分布中的采样。

4.3.3 序贯重要性采样

重要性采样的基本思想是，当无法从未知的目标分布中采样时，那就从一个已知的可以采样的分布中去采样。但采样得到的样本与原来的未知目标分布的样本是不一样的。为了解决这个问题，对采样得到的每个样本赋予一个权重，称为重要性。使得从已知分布中采样的样本尽可能逼近从未知目标分布中采样的结果。

假定这个已知分布为 $q(\boldsymbol{x}|\boldsymbol{z})$，这样上面的求期望问题就变成了

$$\begin{aligned}
E[f(\boldsymbol{x}(k))] &= \int f(\boldsymbol{x}(k)) \frac{p(\boldsymbol{x}(k) \mid \boldsymbol{z}(1:k))}{q(\boldsymbol{x}(k) \mid \boldsymbol{z}(1:k))} q(\boldsymbol{x}(k) \mid \boldsymbol{z}(1:k)) \mathrm{d}\boldsymbol{x}(k) \\
&= \int f(\boldsymbol{x}(k)) \frac{p(\boldsymbol{z}(1:k) \mid \boldsymbol{x}(k)) p(\boldsymbol{x}(k))}{p(\boldsymbol{z}(1:k)) q(\boldsymbol{x}(k) \mid \boldsymbol{z}(1:k))} q(\boldsymbol{x}(k) \mid \boldsymbol{z}(1:k)) \mathrm{d}\boldsymbol{x}(k) \\
&= \int f(\boldsymbol{x}(k)) \frac{W_k(\boldsymbol{x}(k))}{p(\boldsymbol{z}(1:k))} q(\boldsymbol{x}(k) \mid \boldsymbol{z}(1:k)) \mathrm{d}\boldsymbol{x}(k)
\end{aligned} \tag{4.186}$$

式中：

$$W_k(\boldsymbol{x}(k)) = \frac{p(\boldsymbol{z}(1:k) \mid \boldsymbol{x}(k)) p(\boldsymbol{x}(k))}{q(\boldsymbol{x}(k) \mid \boldsymbol{z}(1:k))} \propto \frac{p(\boldsymbol{x}(k) \mid \boldsymbol{z}(1:k))}{q(\boldsymbol{x}(k) \mid \boldsymbol{z}(1:k))} \tag{4.187}$$

由于

$$p(\boldsymbol{z}(1:k)) = \int p(\boldsymbol{z}(1:k) \mid \boldsymbol{x}(k)) p(\boldsymbol{x}(k)) \mathrm{d}\boldsymbol{x}(k) \tag{4.188}$$

所以式(4.186)可以进一步写成

$$\begin{aligned}
E[f(\boldsymbol{x}(k))] &= \frac{1}{p(\boldsymbol{z}(1:k))} \int f(\boldsymbol{x}(k)) W_k(\boldsymbol{x}(k)) q(\boldsymbol{x}(k) \mid \boldsymbol{z}(1:k)) \mathrm{d}\boldsymbol{x}(k) \\
&= \frac{\int f(\boldsymbol{x}(k)) W_k(\boldsymbol{x}(k)) q(\boldsymbol{x}(k) \mid \boldsymbol{z}(1:k)) \mathrm{d}\boldsymbol{x}(k)}{\int p(\boldsymbol{z}(1:k) \mid \boldsymbol{x}(k)) p(\boldsymbol{x}(k)) \mathrm{d}\boldsymbol{x}(k)}
\end{aligned}$$

$$
= \frac{\int f(\boldsymbol{x}(k)) W_k(\boldsymbol{x}(k)) q(\boldsymbol{x}(k) \mid \boldsymbol{z}(1:k)) \mathrm{d}\boldsymbol{x}(k)}{\int W_k(\boldsymbol{x}(k)) q(\boldsymbol{x}(k) \mid \boldsymbol{z}(1:k)) \mathrm{d}\boldsymbol{x}(k)} \tag{4.189}
$$

$$
= \frac{E_{q(\boldsymbol{x}(k)\mid \boldsymbol{z}(1:k))}[W_k(\boldsymbol{x}(k) f(\boldsymbol{x}(k)))]}{E_{q(\boldsymbol{x}(k)\mid \boldsymbol{z}(1:k))}[W_k(\boldsymbol{x}(k))]}
$$

上面的期望计算都可以在已知的分布 $q(\boldsymbol{x}|z)$ 下，通过蒙特卡罗方法来求解。也就是说，通过采样已知分布 $q(\boldsymbol{x}(k)|\boldsymbol{z}(1:k))$ 下的 N 个样本 $\boldsymbol{x}^{(i)}(k)$，用样本平均来其期望值。所以上面的式(4.189)可以近似为

$$
E[f(\boldsymbol{x}(k))] = \frac{\frac{1}{N}\sum_{i=1}^{N} W_k(\boldsymbol{x}^{(i)}(k)) f(\boldsymbol{x}^{(i)}(k))}{\frac{1}{N}\sum_{i=1}^{N} W_k(\boldsymbol{x}^{(i)}(k))} \tag{4.190}
$$

$$
= \sum_{i=1}^{N} \widetilde{W}_k(\boldsymbol{x}^{(i)}(k)) f(\boldsymbol{x}^{(i)}(k))
$$

式中：

$$
\widetilde{W}_k(\boldsymbol{x}^{(i)}(k)) = \frac{W_k(\boldsymbol{x}^{(i)}(k))}{\frac{1}{N}\sum_{i=1}^{N} W_k(\boldsymbol{x}^{(i)}(k))} \tag{4.191}
$$

这就是归一化以后的权重，而式(4.186)中的权重是没有归一化的。

式(4.190)不再像式(4.185)那样将所有粒子状态直接相加求平均，而是一种加权和的形式。不同的粒子都有它们相应的权重，如果粒子权重大，说明信任该粒子比较多。

上面这种每个粒子权重都直接计算方法的效率很低，因为每增加一个采样都要重新计算一次。一般采用如下的权重递推计算形式：

$$
W_k(\boldsymbol{x}^{(i)}(k)) = \frac{p(\boldsymbol{z}(k) \mid \boldsymbol{x}^{(i)}(k-1)) p(\boldsymbol{x}^{(i)}(k) \mid \boldsymbol{x}^{(i)}(k-1))}{q(\boldsymbol{x}^{(i)}(k) \mid \boldsymbol{x}^{(i)}(k-1), \boldsymbol{z}(k))} W_{k-1}(\boldsymbol{x}^{(i)}(k-1)) \tag{4.192}
$$

在应用中常常把 $W_k(\boldsymbol{x}^{(i)}(k))$ 简记为 $W_k^{(i)}$。

注意，这种权重递推形式的推导是在式(4.186)的形式下进行推导的，也就是没有归一化。而实现状态估计的公式(4.190)中的权值为 $\widetilde{W}_k(\boldsymbol{x}^{(i)}(k))$，或记为 $\widetilde{W}_k^{(i)}$，即式中的权重是归一化以后的。所以在实际应用中，递推计算出后，要按式(4.191)进行归一化，才能够代入式(4.190)中去计算期望。

同时注意到，式(4.192)中分子部分的 $p(\boldsymbol{z}(k) \mid \boldsymbol{x}^{(i)}(k-1))$、$\boldsymbol{p}(x^{(i)}(k) \mid \boldsymbol{x}^{(i)}(k-1))$ 的形状实际上和前面状态方程中噪声的概率分布形状是一样的，只是均值不同。因此递推式(4.192)和前面非递推形式相比，公式里的概率都是已知的，就可以利

用程序进行权重计算了。

至此，粒子权值实现归一化。有了粒子，也有了粒子的权重，就可以由式(4.190)对每个粒子的状态进行加权去估计目标的状态。这样就得到了序贯重要性采样(sequential importance sampling，SIS)滤波。

4.3.4 粒子退化问题

粒子滤波算法在运行过程中，粒子权重的方差会逐渐增大，即一部分粒子的权重会逐渐变大，而另一部分粒子的权重会逐渐变小，这样就导致了粒子滤波算法运行到最后，那些权重小到可以忽略的粒子对于系统估计已经没有什么贡献了，但是还是必须花费时间去对它们进行更新，这样一方面会导致计算效率降低，另一方面会导致算法的不稳定，这就是粒子滤波的退化问题。由于在观测被当作随机变量时，重要性权值方差会无条件地随着时间延续而增加，因此粒子退化问题是不可避免的。

粒子滤波算法样本退化的程度可以用有效样本尺度进行衡量，设样本个数为N，有效样本尺度定义为

$$N_{\mathrm{eff}} = \frac{N}{1 + \mathrm{var}(W_k^{(i)})} \tag{4.193}$$

这个式子的含义是，有效样本尺度，即权重 $W_k^{(i)}$ 的方差越大，即大权重粒子和小权重粒子之间的权差越大，表明权值退化越严重。

由于通常不能得到 N_{eff}的解析表达式，因此将近似为 $\hat{N}_{\mathrm{eff}}$，即

$$\hat{N}_{\mathrm{eff}} = \frac{N}{1 + \mathrm{var}(\tilde{W}_k^{(i)})} \tag{4.194}$$

当所有的样本权值相同时，$\hat{N}_{\mathrm{eff}} = N$；但如果当只有一个样本权值非零时，$\hat{N}_{\mathrm{eff}} = 1$。$\hat{N}_{\mathrm{eff}}$的解析式一般是得不到的，但可用一种估计的方法得到 $\hat{N}_{\mathrm{eff}}$的表达式，即

$$\hat{N}_{\mathrm{eff}} = \frac{1}{\sum_{i=1}^{N} (\tilde{W}_k^{(i)})^2} \tag{4.195}$$

粒子滤波算法的粒子退化问题虽然无法避免，但是可以用两种方法进行缓解：一是重采样，二是重要性函数选取。

1)重采样

缓解样本退化问题的第一种方法是重采样。其思想是通过对粒子的重新选取，遗弃权值小的粒子，而加大权重大的粒子的比例，得到新的粒子集合。

这时由于重采样的独立同分布，粒子权值会被归一化为 $W_k^{(i)} = \frac{1}{N}$。然而，简单的重采样会使得粒子的多样性丢失，造成粒子贫化问题。到最后可能都变成了只剩一种粒子的分身。这又需要想办法加以解决。

2)重要性函数选取

缓解粒子退化问题的第二种方法是选择最好的重要性函数,使得有效样本尺度最大。重要性函数可以选取为

$$q(\boldsymbol{x}(k)\mid\boldsymbol{x}^{(i)}(0:k-1),\boldsymbol{z}(1:k))=p(\boldsymbol{x}(k)\mid\boldsymbol{x}^{(i)}(k-1),\boldsymbol{z}(k))\tag{4.196}$$

代入式(4.192),得

$$\begin{aligned}W_k^{(i)}&=\frac{p(\boldsymbol{z}(k)\mid\boldsymbol{x}^{(i)}(k-1))p(\boldsymbol{x}^{(i)}(k)\mid\boldsymbol{x}^{(i)}(k-1))}{q(\boldsymbol{x}^{(i)}(k)\mid\boldsymbol{x}^{(i)}(k-1),\boldsymbol{z}(k))}W_{k-1}^{(i)}\\&=p(\boldsymbol{z}(k)\mid\boldsymbol{x}^{(i)}(k-1))W_{k-1}^{(i)}\end{aligned}\tag{4.197}$$

这要求选取的重要性函数既有能从中进行采样,又能计算出权重的值。因此,在实际中为了方便采样,通常用先验概率密度函数作为重要性函数,即

$$q(\boldsymbol{x}(k)\mid\boldsymbol{x}^{(i)}(0:k-1),\boldsymbol{z}(1:k))=p(\boldsymbol{x}(k)\mid\boldsymbol{x}(k-1))\tag{4.198}$$

代入式(4.197),得权重值为

$$W_k^{(i)}=p(\boldsymbol{z}(k)\mid\boldsymbol{x}^{(i)}(k))W_{k-1}^{(i)}\tag{4.199}$$

这种方法的优点在于直观简便,但缺点是重要性函数中没有包含最新的观测信息。

下面介绍一种比较简单实用的重要性函数选择方法。

事实上,由之前的重采样我们知道,实际上每次重采样以后,$W_{k-1}^{(i)}=\dfrac{1}{N}$,所以式(4.199)可以进一步简化成

$$W_k^{(i)}\propto p(\boldsymbol{z}(k)\mid\boldsymbol{x}^{(i)}(k))\tag{4.200}$$

而概率采样 $p(\boldsymbol{z}(k)\mid\boldsymbol{x}^{(i)}(k))$的含义,表示的是在状态 $\boldsymbol{x}(k)$出现的条件下,观测值 $\boldsymbol{z}(k)$出现的概率。要知道 $\boldsymbol{z}(k)$出现的概率,需要知道此时 $\boldsymbol{z}(k)$的分布。而由前面的系统状态方程(4.180)和观测方程(4.181)可知,观测量是在真实值附近添加了一个高斯噪声。因此,$\boldsymbol{z}(k)$的分布就是以真实观测量为均值、噪声方差为方差的一个高斯分布。因此,权重的采样过程就是:当粒子处于 $\boldsymbol{x}(k)$状态时,能够得到该粒子的观测量 $\boldsymbol{z}(k)$。要知道这个观测量 $\boldsymbol{z}(k)$出现的概率,就只要把它放到以真实值为均值、噪声方差为方差的高斯分布里去计算就行了:

$$W=\eta(2\pi\Sigma)^{-\frac{1}{2}}\exp\left\{-\frac{1}{2}(\hat{\boldsymbol{z}}_{\text{true}}-\hat{\boldsymbol{z}})\Sigma^{-1}(\hat{\boldsymbol{z}}_{\text{true}}-\hat{\boldsymbol{z}})\right\}\tag{4.201}$$

这样一来,重要性采样就只和系统状态方程有关,而不用自己另外去设计概率密度函数了。这在程序设计中就大大简化了工作量。

4.3.5 粒子滤波算法流程

由此,在本节中完成了粒子滤波算法的推演,将其简单总结如下:

第一步:初始化,根据先验分布对粒子采样。

第二步:序贯重要性采样。

第三步:输入观测量,并归一化权值。

第四步:重采样。

第五步:根据所得粒子集估计状态统计信息。

第六步:返回第二步,进行下一次迭代。

第 5 章　移动机器人的组合导航

组合导航是指两种或两种以上导航技术的组合。组合后的系统称为组合导航系统。

组合导航是随着计算机技术,特别是微机电技术的迅猛发展和控制理论的进步而发展起来的。组合导航是将过去单独使用的各种导航设备通过计算机有机地组合在一起,应用卡尔曼滤波等数据处理技术,发挥各自特点,取长补短,使系统导航的精度、可靠性和自动化程度都大为提高。一开始组合导航系统仅在在航空、航天与航海等领域,在飞机、舰船、导弹、宇宙飞船等大型载体上研究与应用,随着导航技术与相关技术的发展,组合导航的成本大幅度下降,现在组合导航已经在各类无人车、无人机、地面机器人、家用机器人乃至个人运动定位中逐步得到研究、应用和推广。在机器人领域,国内外都已先后推出了多种系列的组合导航系统,在各种新型室内外移动机器人系统中已经普遍装备了组合导航系统,使其成为最重要、最基本的导航系统,组合导航技术已经逐步进入人们的日常生活,正在成为导航技术应用的主要模式。

5.1　组合导航的基本概念

每种单一导航系统都有各自的独特性能和局限性。把几种不同的单一系统组合在一起,就能利用多种信息源,互相补充,构成一种有多余度和导航准确度更高的多功能系统,这就是组合导航。例如,卫星导航系统和惯性导航系统都是目前世界上极为先进的导航系统,二者各有所长,无法相互取代。卫星导航系统定位精度高,但不能连续提供运载体位置信号;同时,当运载体作剧烈机动动作或当卫星全球定位系统信噪比低时,导航精度将大为降低。故卫星定位系统常与惯性导航系统组合。组合后的惯性/卫星导航系统不仅能大大改善惯性导航的位置和速度信息的精度,而且还能估计出陀螺漂移和惯性平台姿态误差等各种误差量,从而改善惯性导航系统的性能。同时,利用惯性导航系统提供的速度等信息还能改善卫星导航系统跟踪回路截获和锁定信号的能力。这就是组合导航系统最为广泛的组合方式。目前研究和应用最多的组合导航系统中一般均有惯性导航系统和卫星导航系统,其中最具有代表性的是 INS/GPS 组合导航系统。

组合导航的实质是以计算机为中心,将各个导航传感器送来的信息加以综合和最优化数学处理，然后对导航参数进行综合输出和显示。导航传感器包括各种导航设备和计算机外部设备等，而显示设备等都是输出设备。数据优化处理方法，特别是卡尔曼滤波方法的应用是实现组合导航的关键。卡尔曼滤波通过运动方程和观测方程，不仅考虑当前所测得的参量值，而且还充分利用过去测得的参量值，以过去观测值为基础推测当前应有的参量值，而以当前观测值为校正量进行修正，从而获得当前参量值的最佳估算。

在机器人系统中，为提高在复杂、动态和不确定性环境下移动机器人的自主导航能力，机器人可以配置罗盘、GPS、陀螺仪、加速度计以及激光、视觉、超声、红外等多种传感器来完整、准确地反映自己的运动状态并识别环境特征。这些传感器提供的信息有些是互补的，有些是冗余的。移动机器人组合导航研究的，就是在多传感器信息融合中如何有效地应用这些传感器信息，提高导航精度。由于信息的多样性，可以采用的数据优化处理方法也可以更多。

组合导航系统一般具有以下功能中的1～3种。

(1)互补功能。组合后的导航功能虽然与各子系统的导航功能相同，但它能综合利用各子系统的特点，从而扩大了使用范围，提高了导航精度。

(2)余度功能。两种以上导航系统的组合具有导航余度的功能，增加了导航系统的可靠性。

(3)协合功能。组合导航系统能够利用各子系统的导航信息，形成子系统所不具备的导航功能。

5.1.1 组合导航研究的主要内容

组合导航本身具有丰富的研究内容，本书限于篇幅，仅对组合导航进行基本的介绍。下面概要介绍一下组合导航研究的主要内容。

一是组合导航系统的构成。组合导航系统的组成与应用构想是组合导航系统研究的首要问题。组合导航是两种或两种以上导航技术的组合，根据不同的要求，有各种不同的组合方式。在大型运载体上多以惯性系统作为主要子系统，在小型运载体上则各不相同。随着控制理论和技术、微电子技术、计算机技术、航天技术、通信技术、半导体集成技术和智能信息处理技术的不断发展，在导航领域中不断出现越来越多的导航传感器模块和各类集成数据库等导航信息源；而智能技术、信息融合技术、显示技术等新的理论和技术不断地在导航领域得以应用，则使在适用范围、实时性、可靠性、导航精度、信息量等方面各不相同的导航信息源所提供的导航信息可以相互融合，提高了系统整体的精度、可靠性、鲁棒性与抗干扰性等性能，以满足现代载体对导航系统所提出的越来越高的要求。如何有效地利用这些导航资源与新技术，并尽量减少所需的各种费用，是在建立或应用组合导航系统之前必须首先解决的问题。

二是组合导航的状态估计方法。组合导航的状态估计方法是各国在组合导航领域竞相研究的重点之一。在各类载体的运动过程中,由于系统噪声和观测噪声的影响,任何一种定位方式总是有误差的,在组合导航系统中,各个子系统观测得到的信息相互之间还存在差异。如何从这些观测信息中得到真实的导航信息,是组合导航中研究的重点之一。目前一般采用卡尔曼滤波进行组合导航系统的最优或次最优状态估计。卡尔曼滤波在具体应用中又涉及多方面的研究内容。主要有多传感器信息融合系统中的滤波结构问题、卡尔曼滤波的稳定性问题、卡尔曼滤波的实时性问题、多传感器信息融合系统中联邦卡尔曼滤波的信息融合问题、卡尔曼滤波容错性能问题,以及应用现代控制理论实现卡尔曼滤波的智能化滤波与自适应滤波问题,等等。

三是组合导航系统的硬件实现及其在载体上的工程应用,这也是研究者在发展组合导航中重点研究的内容,其中包含了大量的具体工作。

目前,组合导航系统在理论研究和工程应用上,主要呈现出以下的趋势和发展方向。

(1)小型化、一体化。一般来说,各类载体的空余空间和载重都极为有限,因此对接收设备和处理设备的体积和重量要求都非常严格。尤其是应用于天体探测、极端环境搜救等情境的移动机器人,其特定的信号需求和运动限制更为导航传感器与设备提出了严格限制。这要求组合导航系统朝小型化、一体化方向发展,其中主要包括辅助导航系统接收机与处理器的一体化研制,嵌入式组合导航系统研制和微型惯性系统的研制等。

(2)智能化、可视化。随着新型导航方式的出现以及参与组合的子系统不断增加,为了有效组织和利用组合导航系统的多源信息,不断提高系统的精度、可靠性与维修性,要求组合导航系统具有智能化和可视化的性能,以增强系统适应环境的能力和操作人员参与决策及交互操作的能力。在移动机器人、无人驾驶汽车等地面移动载体和机载系统中,人们对智能化、可视化的要求往往高于对导弹、飞机等大型运载器的要求。未来的组合导航系统必将向着智能化与可视化方向发展。

(3)新理论、新方法与新结构。组合导航的核心内容是从多个导航系统的观测值中获取对真实导航参数的最优估计。这要求研究组合导航系统模型结构与算法,包括集中滤波模型、分散滤波模型、联邦滤波模型和多模型卡尔曼滤波以及故障诊断、隔离与系统重构(fault detection, isolation and recovery,FDIR)技术的研究等。天体探测、海洋探测、助老与看护、危急环境搜救等移动机器人的应用往往还伴有远距离遥操作等需求,这对导航信息的实时性、精确性也提出了新的挑战。同时,新型导航方式的出现以及参与组合的子系统不断增加,要求研究组合导航系统的新结构,以最有效地利用各种导航系统的信息资源。

5.1.2 移动机器人组合导航系统的构成

在本章中，主要移动机器人的惯性/卫星/航位推算（INS/GNSS/DR）相组合的导航系统为例进行介绍。相关的理论、方法与技术可以推广至其他组合导航系统中。

移动机器人平台的传感器主要有 MEMS 微惯性系统、里程计与电子罗盘、卫星导航接收模块、激光测距系统、云台视觉系统等。在导航过程中，微惯性系统、卫星导航、里程计与电子罗盘能够分别独立地给出从起点开始的移动机器人定位信息；激光测距系统、云台视觉系统主要在 SLAM 中进行环境特征检测与识别，并通过环境特征定位影响 SLAM 的定位输出（见第 6 章、第 7 章）。

惯性导航系统是一种完全自主的定位导航系统，它可以连续实时地提供位置、速度和姿态信息，其短时精度很高，但惯性系统的误差随使用时间的增长而不断积累，因此纯惯性制导系统难以满足远程高精度武器的导航与制导要求。

卫星导航系统是无线电导航的高级发展形态与典型代表，能够全天候、实时提供载体的三维位置和速度信息，且误差不随时间积累，是高精度导航与定位系统。以中国北斗导航系统（BDS）、美国的 GPS、俄罗斯的 GLONASS 为代表的全球卫星定位系统在国外已获得广泛应用。本书不以 GPS 来通称卫星导航系统，而以 GNSS 作为全球卫星导航系统的通称。

航位推算的基本原理是利用方向和速率传感器来推算车辆的位置。航位推算系统一般由里程计、陀螺仪和电子罗盘等传感器组合。由于方位传感器误差较大，里程计由于测量不精确而存在较大的误差，因此航位推算系统还不能单独、长时间使用，因而常作为一种辅助导航技术，和其他导航设备一起组合使用。

在航天、航海等大型运载体上还会采用天文导航系统。天文导航技术是一种典型的导航信号源不在载体上的自主定位导航技术，它的导航技术建立在由恒星天体构成的惯性系框架上，可以提供载体精确的姿态信息，且误差不随时间积累。由于将导航技术建立在恒星参考系基础之上，天文导航具有被动式测量、自主式导航、抗干扰能力强、可靠性高、适用范围广、设备简单造价低、便于推广等优点。在我国的各类航天、航海应用中，已经广泛地应用了我国自行研制的天文导航系统，其精度也达到了相当高的程度。

这些具有代表性的导航方式各有优缺点，充分发挥它们各自的优势，互相取长补短，组成组合导航系统，是实现精确导航的重要发展方向。

组合导航系统的基本构成如图 5.1 所示。以本章最后的 INS/GNSS/DR（惯性/卫星/航位推算）组合导航系统实例为例，只需保留惯性导航系统、卫星导航系统和航位推算系统，就构成 INS/GNSS/DR 组合导航系统的基本部分。

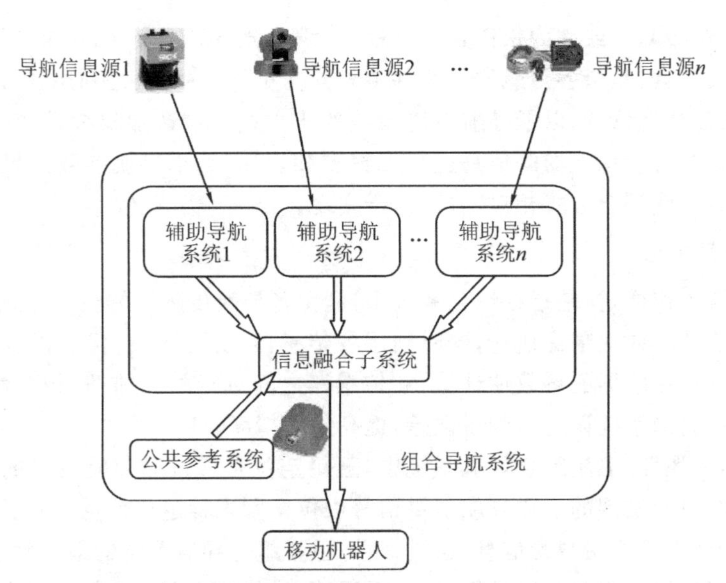

图5.1　移动机器人组合导航系统的基本构成

信息融合在导航计算机中完成,其中最重要的是滤波结构问题,也就是对各导航子系统输出信息的优化处理问题。对此一般采用集中滤波或者联邦滤波方案,导航计算机对参与组合的各导航子系统输出信息进行统一处理、融合、协调和管理等,并输出最优或次最优的导航参数估计。

5.1.3　组合导航系统的工作模式

组合导航系统有多种工作模式。设计组合导航的工作模式,实质上是设计一种具有可行性的、能够高效利用子系统导航信息的工作方法,是在考虑各种因素下对组合导航系统的综合性设计。

1. 重调法

重调法是一种最简单的组合导航模式。以惯性/卫星组合导航为例,在重调法组合模式中,总是假定卫星的导航精度高于惯性导航的导航精度。卫星导航接收机大约每秒产生一次位置、速度等导航信息,当获取卫星导航参数时,组合导航系统直接以卫星导航的输出参数代替惯性导航系统的输出参数,这样就限制了惯性导航系统的漂移,使系统精度限制在卫星导航误差的范围之内。在下一次获得卫星导航参数前,惯性系统在被修正后的精度基础上,按固有规律继续工作并输出导航参数,同时也继续产生新的误差积累,直到被下一次获取的卫星导航信息修正。重调法的实现较为简单,计算量小,但优化效果有限。

2. 浅耦合法

在组合导航方案中,为了综合利用各导航子系统的导航信息,提高导航精度,有浅耦合与深耦合(或称为松耦合与紧耦合、浅组合与深组合)两种组合模式。

所谓浅耦合,是指各传感器之间并不相互修正与辅助,只是利用各传感器的观测信息,通过状态估计,以子导航系统滤波的协方差阵构造加权权重,在联邦滤波的主滤波器中对子滤波器的信息进行加权求和,得到关于导航参数的最优估计或次最优估计。浅耦合方式相对简单,易于实现。

3. 深耦合法

深耦合工作模式,是指在组合系统中,利用各导航传感器的观测信息获得导航参数的最优估计或次最优估计,同时利用各传感器之间的各自优点以及滤波得到的关于各导航传感器的参数估计值,在传感器之间进行相互辅助,相互修正,以减小传感器各自的系统误差与测量误差,提高估计精度。

例如,在惯性/卫星组合导航系统中,卫星定位是通过对导航卫星的观测获得相应的观测量而实现的。在导航卫星信号中包含着多种定位信息,如伪距、载波相位、多普勒计数等原始观测信息,通过惯性/卫星组合导航系统的最优状态估计,可以对这些卫星原始观测信息进行求差、平滑等,将估计出来的参数返回到卫星导航信息解算中,可消去原始卫星导航信息相互之间的相关误差,从而提高卫星导航定位的精度。同时,通过惯性/卫星组合导航系统的最优状态估计,还可以解算出惯性导航系统中的平台漂移角、陀螺仪、加速度计的误差系数等信息,并将其返回到惯性导航系统稳定回路和惯性导航系统定位解算方程中,从而提高惯性导航系统的定位精度。经过深耦合的组合导航系统,将获得最高精度的导航参数。

但是,深耦合组合导航工作模式要求研究者完全了解卫星导航与惯性导航的导航信息,并能够对其软件解算过程与硬件部分进行修正与改动。一般来说,这种条件是难以满足的。不过国内外已有研究者对新设计的微机械惯性导航系统采用深耦合方式设计组合导航系统。

深耦合与浅耦合这两种组合方式各有其优缺点。深耦合组合方式的优点是可以减小各传感器的误差量,使得测量信息更为精确,因而可以提高组合导航系统的精度与稳定性;其缺点是需要对传感器本身进行修正,由于各类传感器的机理与构造存在较大的差异,因此深耦合在应用和研究上存在较大的实际困难。浅耦合的优点是无须各传感器之间相互修正,因而易于实现;其缺点是组合系统各传感器的导航精度将随导航子系统本身的规律发生变化,组合导航系统的最终导航精度将受到一定的制约。

5.1.4 组合导航系统导航状态估计方法

导航的基本功能是定位,即为载体提供实时的位置信息。由于系统噪声和观测噪声的影响,任何一种定位方式总是有误差的。如何从有噪声的信息中获得真实的导航信息,是导航技术必须解决的问题。尤其是组合导航系统,各个系统观测得到的信息是有差异的，如何从有差异的两个或多个观测信息中得到真实的导航信息，这是组合导航最核心的研究重点。

组合导航系统的多源信息结构、融合模型与算法是构造最优组合系统的核心问题，目前一般采用基于卡尔曼滤波理论的状态估计方法。“状态”包括了导航参数与误差量两个部分。导航参数主要指运动体的位置、速度等状态量，误差量主要是指惯性导航系统的陀螺仪误差系数、加速度计误差系数、卫星导航系统的时间误差等状态量。

从状态量的角度，组合导航系统的状态估计方法有直接法和间接法两种。简要地说，直接法是直接对位置、速度等状态量进行最优估计；间接法是对位置、速度等状态的误差量进行估计，然后从位置、速度等状态量中扣除误差量，就获得状态的最优估计。

1. 直接法

在组合导航系统滤波结构设计中，必须确定系统方程与观测方程。系统方程描述系统的动态特性，观测方程反映观测值与状态的关系。如果参与滤波的系统方程与观测方程直接以各导航子系统输出的导航参数作为状态，则称实现组合导航的滤波处理方法为直接法滤波。

直接法滤波中，卡尔曼滤波器接收各导航子系统的导航参数，经过滤波计算，得到导航参数的最优估计，如图 5.2 所示。

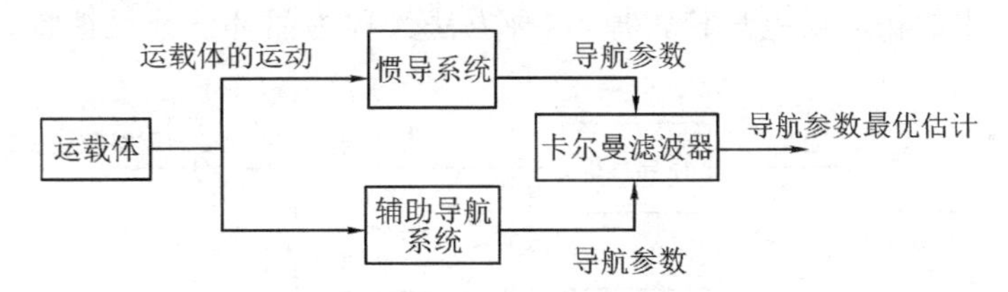

图 5.2　直接法滤波示意图

直接法滤波的特点有以下几个。

(1)直接法的模型系统方程直接描述系统导航参数的动态过程，它能较准确地反映真实状态的演变情况。

(2)直接法的模型系统方程是惯导力学编排方程和某些误差变量方程(例如平台倾角)的综合。滤波器既能达到力学编排方程解算导航参数的目的，又能起到滤波估计的作用。滤波器输出的就是导航参数的估计以及某些误差量的估计。因此，采用直接法可使惯导系统避免力学编排方程的许多重复计算。但是，如果组合导航在转换到纯惯导工作方式时，惯导系统不用卡尔曼滤波，这时，还需要另外编排一套程序解算力学编排方程。这是其不便之处。

(3)直接法的系统方程一般都是非线性方程，卡尔曼滤波必须采用 EKF 形式。

(4)直接法滤波的系统状态量数值相差较大,例如导航参数本身,如位置和速度可能相当大,但另外一些状态量如姿态误差角可能非常小,这给数值计算带来一定的困难,并影响估计误差的精度。

一般地,只有在空间导航的惯性飞行阶段、或在加速度变化缓慢的运载体中的卡尔曼滤波才采用直接法。对没有惯性导航系统的组合导航系统,如果系统方程中不需要速度方程,也可以采用直接法。

2. 间接法

间接法滤波是指以各子系统的误差量作为状态,实现组合导航的滤波处理方法。

间接法滤波中,各个状态量都是误差量,系统方程指的是状态误差量的运动方程。它是按一阶近似推导出来的,有一定的近似性。间接法滤波中的误差方程将系统方程化为线性方程,各状态量的数量级相近,在计算中易于实现并易于保证估计的准确性。

在间接法滤波中,从卡尔曼滤波器得到的估计又有两种利用方法:一种是将估计值作为组合系统导航参数的输出,或作为惯导系统导航参数的校正量,这种方法称为开环法或输出校正法,如图 5.3 所示;另一种则与深耦合的思路有相通之处,即将估计反馈到惯导系统、卫星信号接收机及其他导航子系统中,估计出的导航参数就作为惯导力学编排中的相应参数,估计出的误差作为校正量,将惯导系统或其他导航设备中的相应误差量校正掉,这种方法又称为闭环法或反馈校正法,如图 5.4 所示。

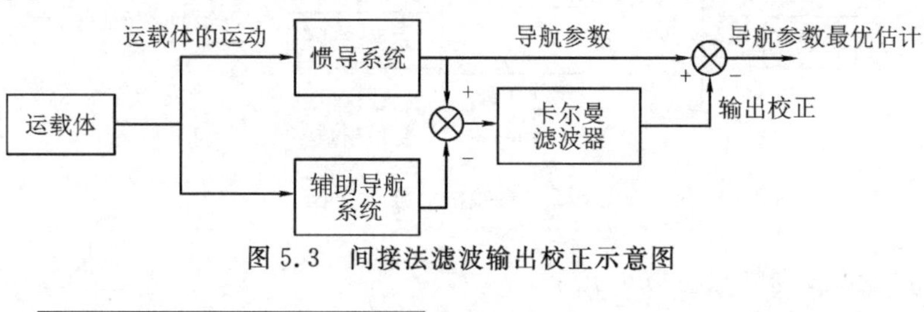

图 5.3 间接法滤波输出校正示意图

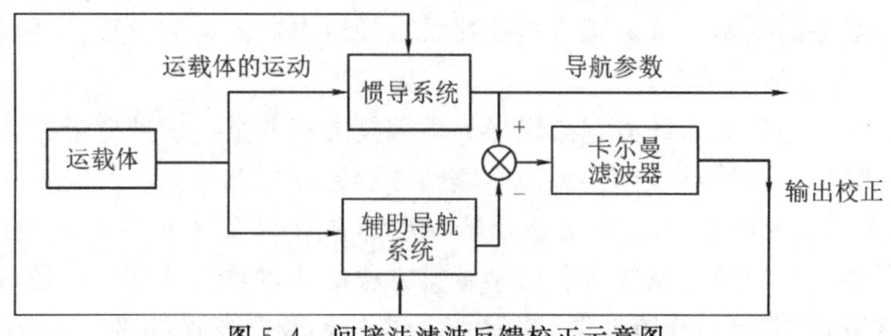

图 5.4 间接法滤波反馈校正示意图

本章举例均以间接法为例进行。

5.2　组合导航滤波方案

下面以 INS/GNSS/DR(惯性/卫星/航位推算)组合导航系统为例,以卡尔曼滤波为基本的状态估计方法,介绍多传感器信息融合滤波方法。

应用卡尔曼滤波进行状态估计,可以完成对目标过去的运动状态进行平滑,对目标现在的运动状态进行估计和对目标未来的运动状态进行预测。但在组合导航系统中,一般仅研究对目标当前状态进行滤波。

在应用卡尔曼滤波的多传感器信息融合系统中,主要有两种滤波结构:一种是集中卡尔曼滤波,另一种是联邦卡尔曼滤波。

下面以间接法为例,介绍组合导航的集中卡尔曼滤波和联邦卡尔曼滤波方案。对于直接法滤波方案,读者可以自行推导。

5.2.1　集中卡尔曼滤波

集中滤波器结构是将各子系统的观测数据输入信息融合中心,利用卡尔曼滤波进行处理,得到关于状态量的最优估计。INS/GNSS/DR 组合系统集中滤波的状态方程由惯导系统的误差方程和惯性器件的误差方程组成:GNSS 提供载体的三维位置与三维速度观测量,DR 系统提供载体二维平面的位置量、速度量和一个导航角信息。INS/GNSS/DR 组合导航系统集中滤波器的结构如图 5.5 所示,系统观测量由三部分组成:INS 给出的三维位置、三维速度信息与 GNSS 接收机给出的相应信息的差值;INS 给出的二维平面的位置、速度和方位角与 DR 系统给出的相应信息的差值;初始均方误差阵 $P_{INS(0)}$、$P_{GNSS(0)}$、$P_{DR(0)}$ 一般直接在全局均方误差阵 $P_{g(0)}$ 中设置。

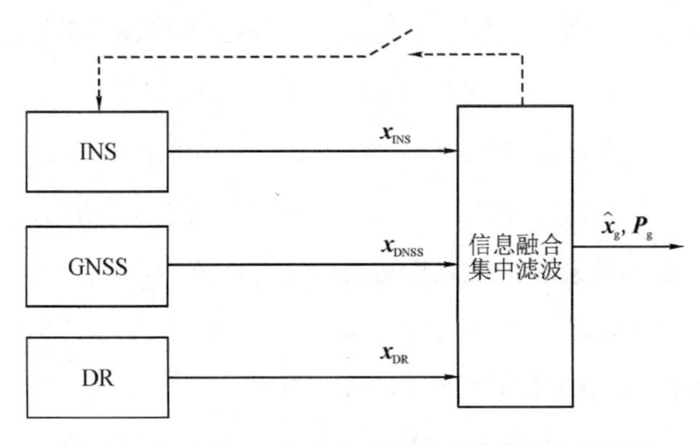

图 5.5　INS/GNSS/DR 组合导航系统集中滤波结构

为了讨论方便,本书中假定所有导航参数均转换到惯性坐标系中进行信息融合(在实际应用中也常常转移到地理坐标系或所谓世界坐标系中进行)。为了不引起混淆,本书对于 INS/GNSS/DR 组合导航系统的系统状态量用 $\delta\boldsymbol{x}$ 表示,用 δX、δY、δZ 表示导航参数中具体的位置误差量,δV_X、δV_Y、δV_Z 表示导航参数中具体的速度误差量。

由式(3.11),滤波中的惯性系统误差方程为

$$\delta\dot{\boldsymbol{x}}_{\mathrm{INS}} = \boldsymbol{F}_{\mathrm{INS}}\delta\boldsymbol{x}_{\mathrm{INS}} + \boldsymbol{G}_{\mathrm{INS}}\boldsymbol{w}_{\mathrm{INS}} \tag{5.1}$$

由式(3.24),卫星导航系统的误差模型为

$$\delta\dot{\boldsymbol{x}}_{\mathrm{GNSS}} = \boldsymbol{F}_{\mathrm{GNSS}}\delta\boldsymbol{x}_{\mathrm{GNSS}} + \boldsymbol{G}_{\mathrm{GNSS}}\boldsymbol{w}_{\mathrm{GNSS}} \tag{5.2}$$

由式(3.7)并将式(3.7)改写为此处统一表达的形式为

$$\begin{bmatrix} \delta\dot{X}_{\mathrm{DR}} \\ \delta\dot{Y}_{\mathrm{DR}} \\ \delta\dot{V}_{X\mathrm{DR}} \\ \delta\dot{V}_{Y\mathrm{DR}} \\ \delta\dot{\theta}_{\mathrm{DR}} \end{bmatrix} = \begin{bmatrix} 0 & 0 & 1 & 0 & 0 \\ 0 & 0 & 0 & 1 & 0 \\ 0 & 0 & 0 & 0 & 0 \\ 0 & 0 & 0 & 0 & 0 \\ 0 & 0 & 0 & 0 & 0 \end{bmatrix} \begin{bmatrix} \delta X_{\mathrm{DR}} \\ \delta Y_{\mathrm{DR}} \\ \delta V_{X\mathrm{DR}} \\ \delta V_{Y\mathrm{DR}} \\ \delta\theta_{\mathrm{DR}} \end{bmatrix} + \begin{bmatrix} w_{X\mathrm{DR}} \\ w_{Y\mathrm{DR}} \\ w_{VX\mathrm{DR}} \\ w_{VY\mathrm{DR}} \\ w_{\theta\mathrm{DR}} \end{bmatrix} \tag{5.3}$$

式(5.3)即航位推算系统的误差模型:

$$\delta\dot{\boldsymbol{x}}_{\mathrm{DR}} = \boldsymbol{F}_{\mathrm{DR}}\delta\boldsymbol{x}_{\mathrm{DR}} + \boldsymbol{G}_{\mathrm{DR}}\boldsymbol{w}_{\mathrm{DR}} \tag{5.4}$$

其中,滤波器的惯性系统状态向量与式(3.11)一致,为

$$\begin{aligned} \delta\boldsymbol{x}_{\mathrm{INS}} = [\,&\delta X_{\mathrm{INS}} \quad \delta Y_{\mathrm{INS}} \quad \delta Z_{\mathrm{INS}} \quad \delta V_{X\mathrm{INS}} \quad \delta V_{Y\mathrm{INS}} \quad \delta V_{Z\mathrm{INS}} \\ &\varphi_X \quad \varphi_Y \quad \varphi_Z \quad \delta K_{\mathrm{gr}X} \quad \delta K_{\mathrm{gr}Y} \quad \delta K_{\mathrm{gr}Z} \\ &\delta K_{\mathrm{g1}X} \quad \delta K_{\mathrm{g1}Y} \quad \delta K_{\mathrm{g1}Z} \quad \delta K_{\mathrm{a1}X} \quad \delta K_{\mathrm{a1}Y} \quad \delta K_{\mathrm{a1}Z} \\ &\delta K_{\mathrm{gb}X} \quad \delta K_{\mathrm{gb}Y} \quad \delta K_{\mathrm{gb}Z} \quad \delta K_{\mathrm{a0}X} \quad \delta K_{\mathrm{a0}Y} \quad \delta K_{\mathrm{a0}Z}\,]^{\mathrm{T}} \end{aligned}$$

滤波器的卫星导航系统状态向量与式(3.24)一致,为

$$\delta\boldsymbol{x}_{\mathrm{GNSS}} = [\delta X_{\mathrm{GNSS}} \quad \delta Y_{\mathrm{GNSS}} \quad \delta Z_{\mathrm{GNSS}} \quad \delta V_{X\mathrm{GNSS}} \quad \delta V_{Y\mathrm{GNSS}} \quad \delta V_{Z\mathrm{GNSS}}]^{\mathrm{T}}$$

航位推算系统状态向量与式(3.7)一致,为

$$\delta\boldsymbol{x}_{\mathrm{DR}} = [\delta X_{\mathrm{DR}} \quad \delta Y_{\mathrm{DR}} \quad \delta V_{X\mathrm{DR}} \quad \delta V_{Y\mathrm{DR}} \quad \delta\theta_{\mathrm{DR}}]$$

$\boldsymbol{F}_{\mathrm{INS}}$、$\boldsymbol{F}_{\mathrm{GNSS}}$、$\boldsymbol{F}_{\mathrm{DR}}$、$\boldsymbol{G}_{\mathrm{INS}}$、$\boldsymbol{G}_{\mathrm{GNSS}}$、$\boldsymbol{G}_{\mathrm{DR}}$、$\boldsymbol{w}_{\mathrm{INS}}$、$\boldsymbol{w}_{\mathrm{GNSS}}$ 与 $\boldsymbol{w}_{\mathrm{DR}}$ 阵如式(3.11)、式(3.24)和式(3.7)中所示。

采用间接法进行组合系统状态估计，卡尔曼滤波的观测量为卫星导航系统接收机输出的导航信息与惯导的相应输出信息相减，得到观测方程为

$$z_{GNSS}=\begin{bmatrix}X_{GNSS}-X_{INS}\\Y_{GNSS}-Y_{INS}\\Z_{GNSS}-Z_{INS}\\V_{XGNSS}-V_{XNS}\\V_{YGNSS}-V_{YNS}\\V_{ZGNSS}-V_{ZNS}\end{bmatrix}=\begin{bmatrix}\delta X_{GNSS}-\delta X_{INS}+w_{XGNSS}\\\delta Y_{GNSS}-\delta Y_{INS}+w_{YGNSS}\\\delta Z_{GNSS}-\delta Z_{INS}+w_{ZGNSS}\\\delta V_{XGNSS}-\delta V_{XNS}+w_{VXGNSS}\\\delta V_{YGNSS}-\delta V_{YNS}+w_{VYGNSS}\\\delta V_{ZGNSS}-\delta V_{ZNS}+w_{VZGNSS}\end{bmatrix}\tag{5.5}$$

即

$$\boldsymbol{z}_{GNSS}=\begin{bmatrix}\boldsymbol{H}_1 & \boldsymbol{H}_{GNSS}\end{bmatrix}\begin{bmatrix}\boldsymbol{x}_{INS}\\\boldsymbol{x}_{GNSS}\end{bmatrix}+\boldsymbol{w}_{GNSS}\tag{5.6}$$

式中，$\boldsymbol{H}_1=[-\boldsymbol{I}_{6\times6}\quad \boldsymbol{O}_{6\times15}]$，$\boldsymbol{H}_{GNSS}=[\boldsymbol{I}_{6\times6}]$。

惯导与航位推算系统形成的观测量包括两个部分：一是航位推算系统输出的位置与速度信息与惯导的相应输出信息相减；二是惯导平台漂移与航位推算方位误差之和，由于航位推算误差的方向是随机的，因此也可表示为惯导平台的漂移与航位推算方位误差的差值。于是得到观测方程为

$$z_{DR}=\begin{bmatrix}X_{DR}-X_{INS}\\Y_{DR}-Y_{INS}\\V_{XDR}-V_{XINS}\\V_{XDR}-V_{INS}\\\delta\theta_{DR}+w_{\theta DR}-\varphi_{ZINS}\end{bmatrix}=\begin{bmatrix}\delta X_{DR}-\delta X_{INS}+w_{XDR}\\\delta X_{DR}-\delta X_{INS}+w_{YDR}\\\delta V_{XDR}-\delta V_{XINS}+w_{VXDR}\\\delta V_{XDR}-\delta V_{YINS}+w_{YXDR}\\\delta\theta_{DR}-\varphi_{ZINS}+w_{\theta DR}\end{bmatrix}\tag{5.7}$$

即

$$\boldsymbol{z}_{DR}=\begin{bmatrix}\boldsymbol{H}_2 & \boldsymbol{H}_{DR}\end{bmatrix}\begin{bmatrix}\boldsymbol{x}_{INS}\\\boldsymbol{x}_{DR}\end{bmatrix}+\boldsymbol{w}_{DR}\tag{5.8}$$

式中：

$$\boldsymbol{H}_2=[\boldsymbol{H}_3\quad \boldsymbol{O}_{5\times12}],\boldsymbol{H}_{DR}=[\boldsymbol{I}_{5\times5}],\ \boldsymbol{H}_3=\begin{bmatrix} & -\boldsymbol{I}_{2\times2} & \boldsymbol{O}_{2\times7}\\ \boldsymbol{O}_{2\times3} & -\boldsymbol{I}_{2\times2} & \boldsymbol{O}_{2\times4}\\ & \boldsymbol{O}_{1\times8} & -1\end{bmatrix}$$

则在集中滤波器中，INS/GNSS/DR 组合导航系统状态方程为

$$\dot{\boldsymbol{x}}(t)=\boldsymbol{F}(t)\boldsymbol{x}(t)+\boldsymbol{G}(t)\boldsymbol{w}(t)\tag{5.9}$$

观测方程为

$$\boldsymbol{z}=\boldsymbol{H}\boldsymbol{x}+\boldsymbol{v}\tag{5.10}$$

在式(5.9)和式(5.10)中，有

$$\boldsymbol{x}=\begin{bmatrix}\boldsymbol{x}_{INS}^{T} & \boldsymbol{x}_{GNSS}^{T} & \boldsymbol{x}_{DR}^{T}\end{bmatrix}^{T}\tag{5.11}$$

$$\boldsymbol{F}=\begin{bmatrix}\boldsymbol{F}_{\mathrm{INS}} & \boldsymbol{O} & \boldsymbol{O}\\ \boldsymbol{O} & \boldsymbol{F}_{\mathrm{GNSS}} & \boldsymbol{O}\\ \boldsymbol{O} & \boldsymbol{O} & \boldsymbol{F}_{\mathrm{DR}}\end{bmatrix} \tag{5.12}$$

$$\boldsymbol{G}=\begin{bmatrix}\boldsymbol{G}_{\mathrm{INS}} & \boldsymbol{O} & \boldsymbol{O}\\ \boldsymbol{O} & \boldsymbol{G}_{\mathrm{GNSS}} & \boldsymbol{O}\\ \boldsymbol{O} & \boldsymbol{O} & \boldsymbol{G}_{\mathrm{DR}}\end{bmatrix} \tag{5.13}$$

$$\boldsymbol{z}=\begin{bmatrix}\boldsymbol{z}_{\mathrm{GNSS}}\\ \boldsymbol{z}_{\mathrm{DR}}\end{bmatrix} \tag{5.14}$$

$$\boldsymbol{H}=\begin{bmatrix}\boldsymbol{H}_1 & \boldsymbol{H}_{\mathrm{GNSS}}\\ \boldsymbol{H}_2 & \boldsymbol{H}_{\mathrm{DR}}\end{bmatrix} \tag{5.15}$$

式(5.9)的展开式为

$$\begin{bmatrix}\dot{\boldsymbol{x}}_{\mathrm{INS}}\\ \dot{\boldsymbol{x}}_{\mathrm{GNSS}}\\ \dot{\boldsymbol{x}}_{\mathrm{DR}}\end{bmatrix}=\begin{bmatrix}\boldsymbol{F}_{\mathrm{INS}} & \boldsymbol{O} & \boldsymbol{O}\\ \boldsymbol{O} & \boldsymbol{F}_{\mathrm{GNSS}} & \boldsymbol{O}\\ \boldsymbol{O} & \boldsymbol{O} & \boldsymbol{F}_{\mathrm{DR}}\end{bmatrix}\begin{bmatrix}\boldsymbol{x}_{\mathrm{INS}}\\ \boldsymbol{x}_{\mathrm{GNSS}}\\ \boldsymbol{x}_{\mathrm{DR}}\end{bmatrix}+\begin{bmatrix}\boldsymbol{G}_{\mathrm{INS}} & \boldsymbol{O} & \boldsymbol{O}\\ \boldsymbol{O} & \boldsymbol{G}_{\mathrm{GNSS}} & \boldsymbol{O}\\ \boldsymbol{O} & \boldsymbol{O} & \boldsymbol{G}_{\mathrm{DR}}\end{bmatrix}\begin{bmatrix}\boldsymbol{w}_{\mathrm{INS}}\\ \boldsymbol{w}_{\mathrm{GNSS}}\\ \boldsymbol{w}_{\mathrm{DR}}\end{bmatrix} \tag{5.16}$$

根据集中滤波方程(5.9)和式(5.10)或其展开式(5.11)～式(5.16)，可以对INS/GNSS/DR组合导航系统进行滤波计算。滤波之前需要设置滤波初始条件，一般需要进行如下的设置。

(1)系统中各误差状态变量初值。

δX、δY、δZ，运载体初始位置一般可以比较精确地确定，因此可以设为0；也可以根据定位误差的统计量确定。

δV_X、δV_Y、δV_Z，初始时刻运载体如果处于静止状态，这3个量可以设为0值。否则应当根据观测状态进行相应的设置。

(2)系统初始误差估计方差$\boldsymbol{P}$的初值。

一般可以将$\boldsymbol{P}$的初值取为对角阵，各对角元素可取为误差状态变量初值的2次方，或者按5.3.3节给出的原则设定。

(3)系统噪声方差阵$\boldsymbol{Q}$的设定。

一般可以将系统噪声方差阵$\boldsymbol{Q}$取为对角阵，其值应根据选用的惯性仪表的精度进行设定。

(4)观测噪声方差阵$\boldsymbol{R}$的设定。

观测噪声方差阵$\boldsymbol{R}$一般也可取为对角阵，但在能够获取观测数据的条件下，应该根据观测数据的统计量进行设置。

此外，如果是进行仿真运算，应该有一组或多组运载体的运动轨迹数据。运动轨迹数据中应包含运载体的位置、速度、加速度、姿态角等信息量。

完成以上的设置后，即可采用集中滤波进行组合导航的状态估计。

集中滤波具有较好的精度。在理论上，集中滤波可以得到严格的最优状态估计。但集中滤波存在如下的缺点：①集中卡尔曼滤波的状态维数高，将带来所谓的“维数灾难”，使计算负担急剧增加，不利于滤波的实时运行。从滤波方程中可以看到，集中滤波器包括了各个子系统的误差状态，使计算机负担急剧增加，因而难以实时满足导航系统实时性要求。②集中卡尔曼滤波的容错性能差，不利于故障诊断。这是因为任一导航子系统的故障在集中滤波中都会“污染”其他状态，使组合系统输出的导航信息不可靠。如果子系统出现重大的故障，甚至可能使整个系统崩溃。对于组合导航系统，一般是采用分散化滤波及在此基础上改进的联邦滤波进行信息融合处理。

5.2.2　联邦卡尔曼滤波

联邦滤波器是在分散化滤波的基础上提出的。分散化滤波的典型结构如图 5.6 所示。在分散化滤波器中，各局部滤波器利用相应子系统的观测值，得到局部状态最优估计，而后将局部估计输入主滤波器进行信息融合，得到全局估计。分散化滤波由于采用了多处理器并行处理的结构，因而计算量小、容错性好、可靠性高，也便于实现系统多层次故障检测与诊断。

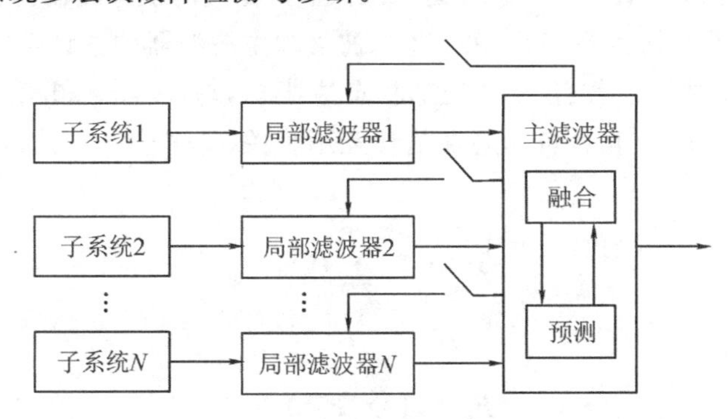

图 5.6　分散化滤波的典型结构

在众多的分散化滤波技术中，卡尔森(N. A. Carlson)在施派尔(J. L. Speyer)和克尔(T. H. Kerr)工作的基础上进一步改进和提出的如图 5.7 所示的联邦滤波结构。相对于分散化滤波，联邦滤波器的算法复杂性进一步降低，容错性与可靠性进一步增强，并且其设计灵活，便于工程实现，受到了广泛的重视，因此人们将其视为独立于分散滤波的一种新的滤波结构与算法。联邦滤波的精度稍低于集中滤波。实际设计的联邦滤波器是全局次优的，但很多运载体在大多数工作状态下，导航系统的可靠性比精度更为重要。采用联邦滤波结构设计的组合导航系统，虽然相对最优损失了少许精度，但换来的却是组合导航系统的高容错能力。

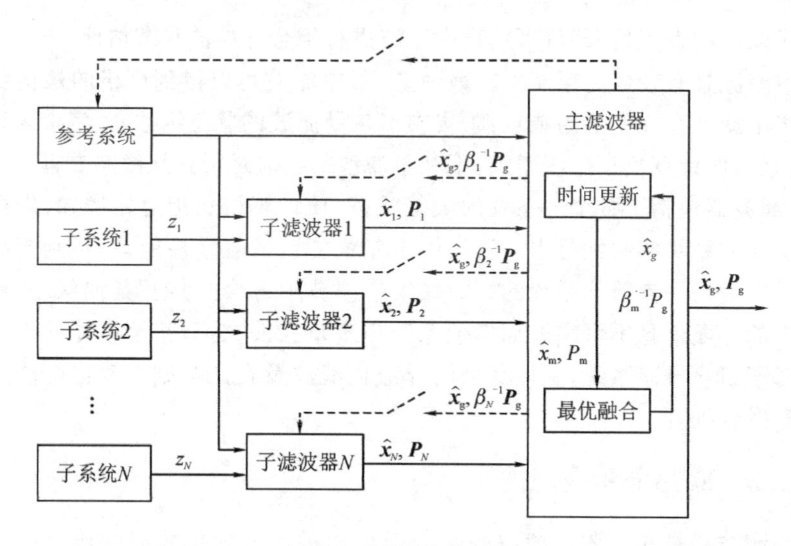

图 5.7 联邦滤波结构

如图 5.7 所示，联邦滤波器是一种两级滤波结构，公共参考系统一般是惯导系统，它的输出 $\boldsymbol{x}(k)$ 一方面直接给主滤波器，另一方面它可以输出给各子滤波器即局部滤波器作为观测值。各子系统的输出只输给相应的子滤波器。各子滤波器的局部估计值 $\hat{\boldsymbol{x}}_i$ 及其协方差阵 $\boldsymbol{P}_i$ 送入主滤波器和主滤波器的估计值一起进行融合以得到全局最优估计。若有 N 个局部状态估计 $\hat{\boldsymbol{x}}_1,\hat{\boldsymbol{x}}_2,\cdots,\hat{\boldsymbol{x}}_N$ 和相应的估计协方差阵 $\boldsymbol{P}_{11},\boldsymbol{P}_{22},\cdots,\boldsymbol{P}_{NN}$，且各自的局部估计互不相关，即 $\boldsymbol{P}_{ij}=0(i\neq j)$，则全局最优估计可表示为

$$\hat{\boldsymbol{x}}_{\mathrm{g}} = \boldsymbol{P}_{\mathrm{g}} \sum_{i=1}^{N} \boldsymbol{P}_{ii}^{-1} \hat{\boldsymbol{x}}_i \tag{5.17}$$

式中：

$$\boldsymbol{P}_{\mathrm{g}} = \left(\sum_{i=1}^{N} \boldsymbol{P}_{ii}^{-1} \right)^{-1} \tag{5.18}$$

按照是否将子滤波器估计均方误差阵与子滤波器的状态量进行重置以及重置中信息因子的分配方法，可以构造多种联邦滤波结构。采用重置方法可以提高子滤波器的精度，但会带来子滤波器的交叉“污染”。因此一般采用的结构是不将融合后的全局状态估计和协方差阵对子滤波器进行重置，从而可以大幅提高联邦滤波器的容错性能，并且减少了主滤波器到子滤波器的数据传输，子滤波器中也不需要时新计算，使计算变得简单。

重置中比较通用的方法是由子滤波器与主滤波器合成的全局估计值 $\hat{\boldsymbol{x}}_{\mathrm{g}}$ 及其相应的协方差阵 $\boldsymbol{P}_{\mathrm{g}}$ 被放大后再反馈到子滤波器(图中用虚线表示)，以重置子滤波器的估计，即

$$\hat{\boldsymbol{x}}_i = \hat{\boldsymbol{x}}_{\mathrm{g}} \tag{5.19}$$

$$\boldsymbol{P}_{ii} = \beta_i^{-1}\boldsymbol{P}_{\mathrm{g}} \tag{5.20}$$

同时主滤波器预报误差的协方差阵也可重置为全局协方差阵的 β_m^{-1} 倍，即 $\beta_m^{-1}\boldsymbol{P}_{\mathrm{g}}$($\beta_m \leqslant 1$)。$\beta_i(i=1,2,\cdots,m)$称为“信息分配因子”。

β_i 是根据“信息分配”原则确定的。联邦卡尔曼滤波中涉及组合导航系统中的两类信息，即状态运动方程的信息和观测方程的信息。状态运动方程的信息量与状态方程中过程噪声的方差(或协方差阵)成反比。过程噪声越弱，状态方程就越精确。因此，状态方程的信息量可以用过程噪声协方差阵的逆即 $\boldsymbol{Q}^{-1}$ 来表示。此外，状态初值的信息也是状态方程的信息。初值的信息量可用初值估计的协方差阵的逆即 $\boldsymbol{P}^{-1}(0)$来表示。观测方程的信息量可用观测噪声协方差阵的逆即 $\boldsymbol{R}^{-1}$ 来表示。当状态方程、观测方程及 $\boldsymbol{P}(0)$、$\boldsymbol{Q}$、$\boldsymbol{R}$ 选定后，状态估计 $\hat{\boldsymbol{x}}$ 及估计误差 $\boldsymbol{P}$ 也就完全决定了，而状态估计的信息量可以用 $\boldsymbol{P}^{-1}$ 来表示。在确定信息因子 β_i 分配的过程中，往往是根据各子滤波器的估计误差 $\boldsymbol{P}$ 的某种度量(例如范数)来决定其分配关系。

图 5.8 给出的是 INS/GNSS/DR 组合导航系统的联邦滤波结构图。出于提高运算速度及保证滤波器容错性能的考虑，在组合导航联邦滤波系统中，一般不采用子滤波器重置的滤波结构形式。

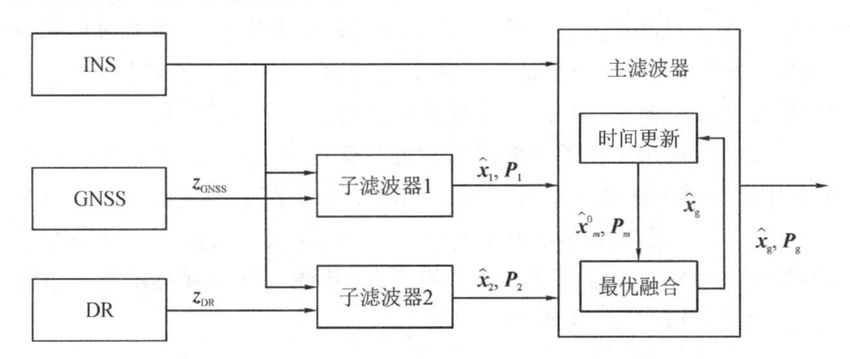

图 5.8　INS/GNSS/DR 组合导航的联邦滤波结构

子滤波器 1 的状态方程和观测方程列写为

$$\begin{bmatrix} \dot{\boldsymbol{x}}_{\mathrm{INS}} \\ \dot{\boldsymbol{x}}_{\mathrm{GNSS}} \end{bmatrix} = \begin{bmatrix} \boldsymbol{F}_{\mathrm{INS}} & \boldsymbol{O} \\ \boldsymbol{O} & \boldsymbol{F}_{\mathrm{GNSS}} \end{bmatrix} \begin{bmatrix} \boldsymbol{x}_{\mathrm{INS}} \\ \boldsymbol{x}_{\mathrm{GNSS}} \end{bmatrix} + \begin{bmatrix} \boldsymbol{G}_{\mathrm{INS}} & \boldsymbol{O} \\ \boldsymbol{O} & \boldsymbol{G}_{\mathrm{GNSS}} \end{bmatrix} \begin{bmatrix} \boldsymbol{w}_{\mathrm{INS}} \\ \boldsymbol{w}_{\mathrm{GNSS}} \end{bmatrix} \tag{5.21}$$

$$\boldsymbol{z}_{\mathrm{GNSS}} = \begin{bmatrix} \boldsymbol{H}_1 & \boldsymbol{H}_{\mathrm{GNSS}} \end{bmatrix} \begin{bmatrix} \boldsymbol{x}_{\mathrm{INS}} \\ \boldsymbol{x}_{\mathrm{GNSS}} \end{bmatrix} + \boldsymbol{w}_{\mathrm{GNSS}} \tag{5.22}$$

式中，$\boldsymbol{H}_1 = [-\boldsymbol{I}_{6\times 6} \quad \boldsymbol{O}_{6\times 15}]$，$\boldsymbol{H}_{\mathrm{GNSS}} = [\boldsymbol{I}_{6\times 6}]$。

子滤波器 2 的状态方程和观测方程列写为

$$\begin{bmatrix} \dot{\boldsymbol{x}}_{\text{INS}} \\ \dot{\boldsymbol{x}}_{\text{DR}} \end{bmatrix} = \begin{bmatrix} \boldsymbol{F}_{\text{INS}} & \boldsymbol{O} \\ \boldsymbol{O} & \boldsymbol{F}_{\text{DR}} \end{bmatrix} \begin{bmatrix} \boldsymbol{x}_{\text{INS}} \\ \boldsymbol{x}_{\text{DR}} \end{bmatrix} + \begin{bmatrix} \boldsymbol{G}_{\text{INS}} & \boldsymbol{O} \\ \boldsymbol{O} & \boldsymbol{G}_{\text{DR}} \end{bmatrix} \begin{bmatrix} \boldsymbol{w}_{\text{INS}} \\ \boldsymbol{w}_{\text{DR}} \end{bmatrix} \tag{5.23}$$

$$\boldsymbol{z}_{\text{DR}} = [\boldsymbol{H}_2 \quad \boldsymbol{H}_{\text{DR}}] \begin{bmatrix} \boldsymbol{x}_{\text{INS}} \\ \boldsymbol{x}_{\text{DR}} \end{bmatrix} + \boldsymbol{w}_{\text{DR}} \tag{5.24}$$

式中：

$$\boldsymbol{H}_2 = [\boldsymbol{H}_3 \quad \boldsymbol{O}_{5\times12}], \boldsymbol{H}_{\text{DR}} = [\boldsymbol{I}_{5\times5}], \ \boldsymbol{H}_3 = \begin{bmatrix} & -\boldsymbol{I}_{2\times2} & \boldsymbol{O}_{2\times7} \\ \boldsymbol{O}_{2\times3} & -\boldsymbol{I}_{2\times2} & \boldsymbol{O}_{2\times4} \\ & \boldsymbol{O}_{1\times8} & -1 \end{bmatrix}$$

对比可见，子滤波器1和子滤波器2中的观测方程与集中滤波中的观测方程是一致的，但子滤波器1和子滤波器2各自有不同的状态方程。

设计子滤波器时，尤其是在仿真运算时，一般可以假定各子滤波器观测时刻与滤波时刻相同，各子滤波器的滤波周期相同且各子滤波器保持同步滤波，主滤波器的滤波周期是子滤波器滤波周期的整数倍，主滤波器的滤波周期可以长于子滤波器的滤波周期(例如2倍、5倍、10倍)。在工程应用中，可能出现子滤波器滤波时刻与观测时刻不同步、主滤波器与一个或多个子滤波器滤波时刻不同步(即主滤波器的滤波周期不是子滤波器滤波周期的整数倍)的情况，下一节将对此进行讨论。

在联邦滤波中，一般都选用惯性导航系统作为公共参考系统，假设在滤波过程中无任何故障发生，其信息只在滤波器启动时进行平均分配，在运算过程中不再进行信息重置。显然，联邦滤波结果是全局次优的，但是通过仿真可以看出，联邦滤波的估计精度与集中滤波获得的全局最优估计精度是十分接近的。

由于联邦滤波采用了各子滤波器的并行分散滤波，所以计算量远比集中滤波器小，而且主滤波器的融合周期可以远比子滤波器的滤波周期长，因此可以在子滤波器中完成辅助导航系统的故障判别与容错设计，这就大大提高了联邦滤波的容错性能与整个组合导航系统的可靠性。因此，联邦滤波器特别适用于由众多相似导航子系统构成的组合导航系统状态估计。

5.3 移动机器人组合导航的工程技术

5.3.1 组合导航系统的降阶设计

组合导航系统状态估计一般均采用卡尔曼滤波实现。卡尔曼滤波器的计算负担与其阶数的3次方成比例。若系统状态方程为n，观测方程阶数为m，则完成一次递推计算需要完成$4n^3+(1+4m)n^2+(2m^2+2m)n+m^3$次乘法运算(含少量除法运算)和$4n^3+(4m-2)n^2-(2m+1)n+m^3$次加法运算。在一些大型复杂系统中，由于系统阶数很高，将给导航计算机带来沉重的计算负担，从而限制系统的采样速率,影响滤波精度。而如果将阶数降低,则计算负担将呈 3 次方地降低。因此在保证导航精度的前提下,合理降低系统阶次,对高阶系统进行降阶设计,对减轻导航计算机负担具有重要意义。

组合导航系统的高维数主要来自惯性导航系统。因此,本节讨论的组合导航系统降阶,主要是降低惯性导航系统的阶次,从而降低整个组合导航系统的阶次。

1. 状态删除法

组合导航系统状态删除法的基本思路是,忽略惯性导航系统中的某些状态以减小计算量。

忽略状态的方法是基于物理系统与数学模型两者关系之上的。在组合导航系统中,不可观测的状态对系统的影响极小,即使未考虑这些状态,滤波性能也下降不多。虽然滤波实际结果因为没有考虑这些状态的影响而不再是最优的,但这些状态的忽略不会影响到动态系统的基本特性。

状态删除法的理论依据同时来自系统的建模方法。任何模型都只是实际系统原型的简化,因为既不可能也没必要把实际系统的所有细节都列举出来。如果在简化模型中能保留系统原型的一些本质特征,那么就可认为模型与系统原型是相似的,是可以用来描述原系统的。因此,实际建模时,必须在模型的简化与分析结果的准确性之间作出适当的折中。

例如,第 3 章中式(3.11)所示的惯性导航系统完整的误差模型,通常只在如大型无人机等运载体上应用。对于大多数的地面移动机器人而言,一般都可以直接通过状态删除,将其状态量大幅减少。

经过状态删除法降低系统维数以后,不仅系统模型本身产生了误差,而且过程噪声也发生了变化,使得噪声的验前统计量也存在误差。这些误差的存在会使估计的实际误差增大,甚至还可能导致滤波发散。为此,在滤波过程中,人们常常人为地把原有的系统噪声的方差 $\boldsymbol{Q}$ 加大,用扩大了的系统噪声来补偿模型误差。

2. 卡尔曼滤波的集结降阶设计

大系统模型简化的另一种方法是集结法。集结法是降低大系统数学模型的阶数或状态维数,以简化大系统的数学模型的方法。

将系统中众多状态变量按线性组合归并成少数新的状态变量,称为集结。用新状态组成的系统模型就是简化的模型。简化模型应保留原模型主要的动态特性。

在用集结法进行系统降阶设计中,设所得到的大系统模型为

$$\dot{\boldsymbol{x}} = \boldsymbol{A}\boldsymbol{x} + \boldsymbol{B}\boldsymbol{u}, \quad \boldsymbol{x}(t_0) = \boldsymbol{x}_0$$

式中,$\boldsymbol{x}$ 为 n 维状态向量,$\boldsymbol{u}$ 为 r 维控制向量,矩阵 $\boldsymbol{A}$ 和 $\boldsymbol{B}$ 有相应的维数。对状态向量 $\boldsymbol{x}$ 各分量进行线性组合得到新的状态变量 z_i,$i=1,2,\cdots,m$,且 $m<n$。以 $\boldsymbol{z}$ 表示新状态向量,即有 $\boldsymbol{z}=\boldsymbol{C}\boldsymbol{x}$。$\boldsymbol{C}$ 为 $m\times n$ 矩阵,称为集结矩阵。对应 $\boldsymbol{z}$ 存在一个

模型

$$\dot{z} = Fz + Gu, \quad z(t_0) = Cx_0$$

式中,F 为 $m\times m$ 矩阵,G 为 $m\times r$ 矩阵。如果

$$FC = CA$$
$$G = CB$$

则模型 $\dot{z}=Fz+Gu$ 是一个完全集结的简化模型。条件 $FC=CA$ 保证矩阵 F 的特征值与矩阵 A 的 m 个特征值相同(设 A 有 m 个相异特征值)。如果这 m 个特征值是原模型的主导特征值,则简化模型的动态特性与原模型的动态特性只有微小差别。条件 $G=CB$ 保证稳定态时集结关系 $z=Cx$ 成立。集结矩阵 C 应使状态 z 与原状态 x 有易于理解的物理对应关系。

设矩阵 $A_{m\times m}$ 的特征值为 $\lambda_1,\lambda_2,\cdots,\lambda_m$,矩阵 $B_{n\times n}$ 的特征值为 $\mu_1,\mu_2,\cdots,\mu_n$,则齐次方程 $AX+XB=0$ 有非零解的充要条件是存在 i_0 与 j_0,使得 $\lambda_{i_0}+\mu_{j_0}=0$。因此,在应用集结法进行降阶设计中,$FC=CA$ 有解的条件为存在 F 的特征值 λ_{i_0} 与 A 的特征值 μ_{j_0},使得 $\lambda_{i_0}-\mu_{j_0}=0$。但对于实际系统,要找到满足完全集结的简化模型是非常困难的,一般只能得到近似的完全集结的简化模型,或得到被称为“满意的集结”的简化模型。

使用删除部分状态量的方法,可以在一定程度上认为是对集结法的简单应用。但这种直接删除部分状态量的方法只能在工程上依靠实际结果进行滤波精度的判断,它不能对降阶后滤波精度的损失进行评估,同样,不能在滤波精度损失较大的情况下进行补偿。

3. 稀疏矩阵运算

稀疏矩阵(sparse matrix)指非零元素占全部元素的百分比很小(例如5%以下)的矩阵。有的矩阵非零元素占全部元素的百分比较大(例如近50%),但它们的分布很有规律,利用这一特点可以避免存放零元素或避免对这些零元素进行运算,这种矩阵仍可称为稀疏矩阵。图5.9用阴影表示出一些常见的稀疏矩阵中非零元素的分布。对比惯性导航系统、天文导航系统及卫星导航系统的误差模型,可以看出它们符合其中稀疏矩阵的分布形式。

卡尔曼滤波中矩阵维数尽管很高,但其中许多在计算时属于稀疏矩阵,因此可以采用稀疏矩阵进行卡尔曼滤波,以减小滤波过程的计算量。

解线性方程组的直接法的稀疏矩阵技术,根据不同领域中不同问题的特点,有各种不同稀疏解法。最常用的方法有稀疏去零消元法、等带宽或变带宽消元法、波阵法、子结构法、撕裂和修改技术等,它们都是消元法或三角分解法在各种具体场合下的运用。

对稀疏矩阵的共轭斜量法、隆措什法等迭代法研究的兴趣日益浓厚,对稀疏矩阵的研究也不再局限于稀疏线性方程组的解法问题,而是扩展为对所有高阶稀疏问题的研究。

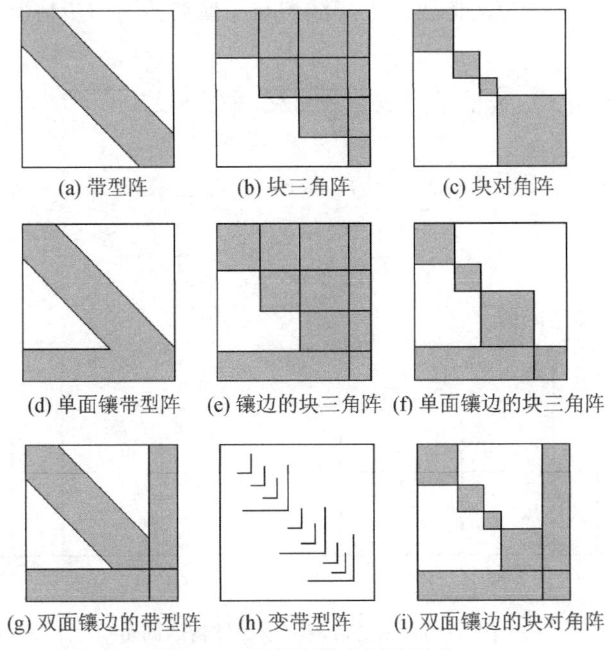

图 5.9　常见的稀疏矩阵形式

5.3.2　组合导航系统的信息同步

在组合导航系统以及其他多辅助导航系统中都存在导航信息不同步情况下的信息利用问题(又称多速率估计问题)。导航信息不同步主要有子滤波器中各导航子系统观测信息不同步、各子滤波器滤波周期不一致、子滤波器与主滤波器的滤波时刻不一致等情况。其中,子滤波器中各导航子系统的观测信息时间同步问题是工程实现的一个重要问题。在滤波器设计时,需要满足对信息的充分利用、增加数据的可靠性、尽量不改变原子系统的采样频率、减少系统总线的数据传输量以及具有合理的计算负担等要求。

1. 主滤波器与各子滤波器输出信息的同步

设惯导的输出周期为 T_{INS},联邦滤波器的融合周期为 T,子滤波器 i 的滤波周期为 $T_i=N_iT_{\mathrm{INS}}$。在第 j 个融合时间点上,子滤波器 i 的时标差为 $\Delta\tau_i(j)$,相对第 $j+1$ 个融合时间点,子滤波器 i 的融合同步时间差为 $\Delta t_i(j)$,在时间段 $[jT,(j+1)T]$内,子滤波器 i 共输出 $K_i(j)$次,则有

$$\Delta\tau_i(j)+[K_i(j)-1]T_i+\Delta t_i(j)=T \tag{5.25}$$

$$\Delta t_i(j)=T-[K_i(j)-1]T_i-\Delta\tau_i(j) \tag{5.26}$$

$$\Delta\tau_i(j+1)=K_i(j)T_i+\Delta\tau_i(j)-T \tag{5.27}$$

式中，$K_i(j)=1,2,\cdots$，为正整数。主滤波器与子滤波器的同步情况见图 5.10。故有

$$K_i(j)=\frac{T-\Delta\tau_i(j)}{T_i}-\frac{\Delta t_i(j)}{T_i}+1$$

由于 $0\leqslant\Delta t_i(j)<T_i$，即 $0\leqslant\frac{\Delta t_i(j)}{T_i}<1$，而 $K_i(j)$ 为正整数，故

$$K_i(j)=\text{int}\left(\frac{T-\Delta\tau_i(j)}{T_i}\right)+1 \tag{5.28}$$

式中，int(•)为取整函数。

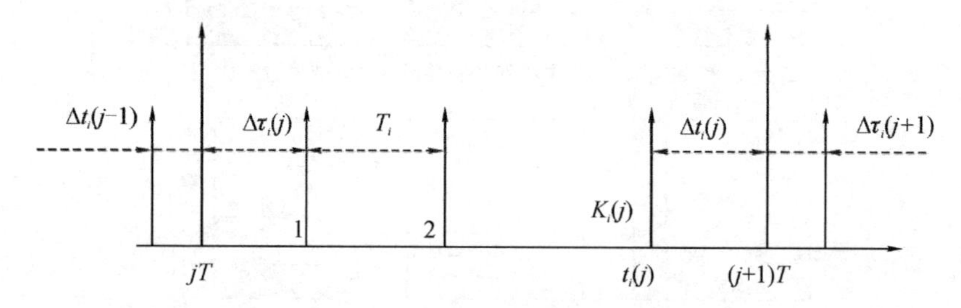

图 5.10 主滤波器与子滤波器的同步

由于子滤波器 i 在 $(j+1)T$ 时刻无观测值，所以在该融合时间点上子滤波器 i 参与融合滤波的值只能由时间更新确定。其确定方式如下：

$$\hat{\boldsymbol{x}}_{Ci}[(j+1)T]=\boldsymbol{F}[(j+1)T,t_i(j)]\hat{\boldsymbol{x}}_{Ci}[t_i(j)] \tag{5.29}$$

$$\boldsymbol{P}_i[(j+1)T]=\boldsymbol{F}[(j+1)T,t_i(j)]\boldsymbol{P}_i[t_i(j)]\boldsymbol{F}^{\mathrm{T}}[(j+1)T,t_i(j)]+\bar{\boldsymbol{Q}}_i(j)$$

式中：

$$t_i(j)=jT+\Delta\tau_i(j)+[K_i(j)-1]T_i$$

$$\boldsymbol{F}[(j+1)T,t_i(j)]=\sum_{n=0}^{\infty}\frac{[\boldsymbol{F}_{Cj}\Delta t_i(j)]^n}{n!}$$

$$\bar{\boldsymbol{Q}}_i(j)=q\Delta t_i(j)+[\boldsymbol{F}_{Cj}q+(\boldsymbol{F}_{Cj}q)^{\mathrm{T}}]\frac{\Delta t_i^2(j)}{2!}+$$

$$\{\boldsymbol{F}_{Cj}q[\boldsymbol{F}_{Cj}q+(\boldsymbol{F}_{Cj}q)^{\mathrm{T}}]+[\boldsymbol{F}_{Cj}q[\boldsymbol{F}_{Cj}q+(\boldsymbol{F}_{Cj}q)^{\mathrm{T}}]]^{\mathrm{T}}\}\frac{\Delta t_i^3(j)}{3!}+\cdots$$

式中，$\Delta t_i(j)$ 为同步差，$\boldsymbol{F}_{Cj}$ 为 $t=t_i(j)$ 时刻惯导的系统阵，q 为惯导的激励白噪声的噪声方差强度阵。

2. 子滤波器中观测信息的同步

对子滤波器中观测信息的同步问题，由于惯导系统导航参数的输出频率很高，可以假定惯导系统的观测信息为连续输出，即在任何时刻，总有惯导系统输出的观测信息。因此，下面只讨论辅助导航系统的观测信息与滤波器滤波周期的同步问题。

1）滤波周期小于观测周期时的滤波

对任一子系统，设 T_{f} 为滤波周期，T_{o} 为辅助导航系统的观测周期，T_{d} 为该子系统的离散周期。当 $T_{\mathrm{f}}<T_{\mathrm{o}}$ 时，假设有 $T_{\mathrm{o}}=mT_{\mathrm{f}}$，$T_{\mathrm{d}}=T_{\mathrm{f}}=t_{k+1}-t_k$，则此种情况下存在的问题是观测量不足，如图 5.11 所示。对此的解决方案主要有以下两种。

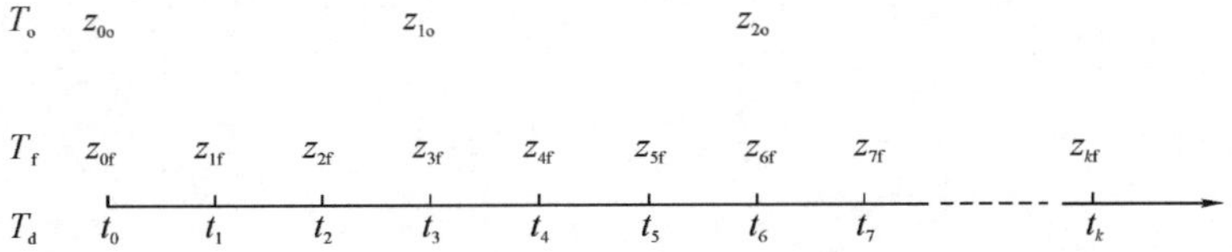

图 5.11　滤波周期小于观测周期

（1）固定观测值算法。

在每一观测周期内所有的滤波，使用相同的观测值，即

$$\boldsymbol{z}_{(ik+1)\mathrm{f}}=\boldsymbol{z}_{k\mathrm{o}}\quad i=0,1,\cdots,N-1$$

该算法主要在当滤波周期与观测周期相差不大而系统模型不是太准确的情况下使用。

（2）滤波-预测算法。

在观测时刻，用当前的观测值作为观测更新；而在非观测时刻，只作多步时间更新，即

$$\boldsymbol{z}_{k\mathrm{f}}=\begin{cases}\boldsymbol{z}_{i\mathrm{o}} & k=Ni\\ \hat{\boldsymbol{x}}_{k/k-1} & \text{其他}\end{cases}\tag{5.30}$$

该算法主要在当滤波周期与观测周期相差较大且（或）系统模型准确性较高的情况下使用。

2）滤波周期大于观测周期时的滤波

当 $T_{\mathrm{f}}>T_{\mathrm{o}}$ 时，观测数据多于滤波所需要的数据，如图 5.12 所示。此时需要充分利用观测信息，增加数据可靠性。

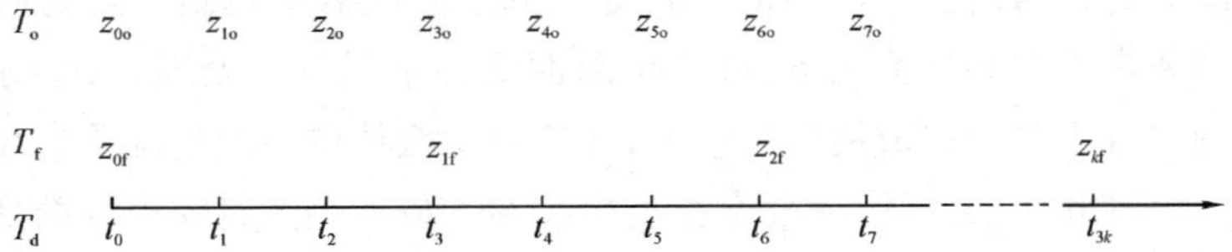

图 5.12　滤波周期大于观测周期

对观测信息的利用可采用下面的算法。

（1）只利用滤波时刻的观测值。

抛弃非滤波时刻的观测数据，即

$$\boldsymbol{z}_{k\mathrm{f}}=\boldsymbol{z}_{\mathrm{n}k\mathrm{o}}$$

该算法放弃了部分观测信息，因此一般在观测信息准确性较高的情况下使用。

(2)观测值加权平均算法。

该算法将一个滤波周期内所有的观测数据加权平均后作为滤波时刻的观测数据：

$$
\boldsymbol{z}_{kf}=\begin{cases}\boldsymbol{z}_{0o} & k=0\\ \sum_{i=1}^{N}\eta_i\boldsymbol{z}_{(N(k-1)+i)o} & k\geqslant 1\end{cases}
$$

式中，$\sum_{i=1}^{N}\eta_i=1$。

该算法在观测噪声变化较大，而系统模型较为准确的情况下使用，但 η_i 的确定较为困难。

3)滤波时刻与观测数据时刻不重合情况下的滤波

在组合导航系统中，最一般的情况是，滤波周期可以远远小于观测周期，并且由于辅助导航子系统导航信号的发送及导航接收机对信号的捕获等原因，往往滤波时间与观测时刻并不重合。

最一般的情况是，滤波周期往往小于辅助导航系统的观测周期，并且由于辅助导航子系统导航信号的发送及导航接收机对信号的捕获等原因，滤波时间与观测时刻一般是不重合的。把这种情况更具体地描述为如图 5.13 所示。

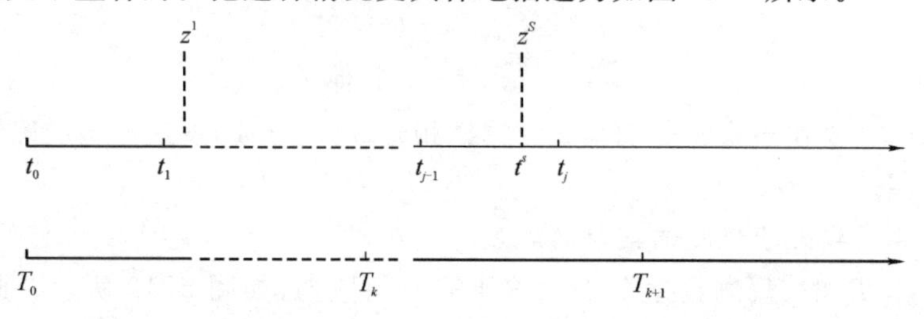

图 5.13 滤波时刻与观测时刻不重合

对于滤波时刻与观测时刻不重合的情况下子滤波器中观测信息的同步，在影响不太大或要求不太高的情况下，可以按前面两种情况近似处理。如果由于滤波时刻与观测时刻不重合造成的影响较大，或者对运载体的导航精度要求较高，则需要根据系统模型和时间统计，从数学模型出发在相应时刻进行较严格的推算，然后再进行信息融合。这里不对其作展开。

5.3.3 组合导航系统的容错方案

随着组合导航理论与技术的发展，在以提高导航精度为主要目标的同时，逐步从单纯的组合导航系统向着容错组合与智能组合的方向发展。这就要求在卡尔曼滤波信息融合过程中，应具有故障检测与容错的功能。

所谓故障，是指使系统表现出不希望的任何异常现象，或动态系统中部分器件功能失效而导致整个系统性能恶化的情况或事件。

组合导航系统中，各导航系统信息获取的方式不同，噪声和故障的模式也不相同。各导航系统既互为冗余，又相互补充。容错滤波技术的作用，就是正确地提取各个导航系统的信息。其中一个重要功能是判断各子系统的信息，当局部系统发生故障时，对故障进行有效检测并完成在有故障情况下的滤波处理，以保证整个系统的输出不被错误信息“污染”。当故障不可消除时将有故障传感器隔离，并在线实时重建控制系统。当故障消除后，自动进行系统恢复。

组合导航系统的典型的容错结构如图 5.14 所示。这种容错方案实质上是以联邦卡尔曼滤波结构为基础的。图中有 3 个导航子系统，其中最重要的是参考导航子系统的选择。

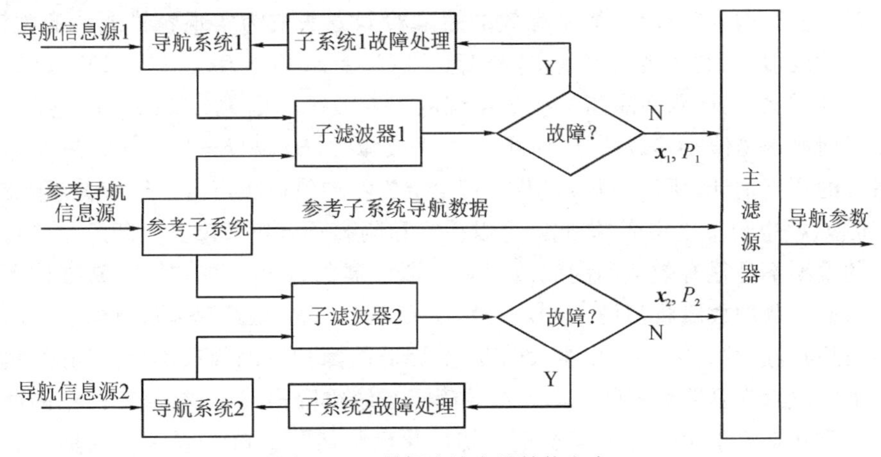

图 5.14　联邦滤波容错结构方案

在图 5.14 中，将参考子系统画在了导航子系统 1 和导航子系统 2 之间，并构成了与图 5.8 相同的联邦滤波结构。由于联邦滤波采用了各子滤波器的并行分散滤波，所以计算量远比集中滤波器小，而且主滤波器的融合周期可以远比子滤波器的滤波周期长，因此可以在子滤波器中完成辅助导航系统的故障判别与容错设计。图 5.14 中的联邦滤波结构相较于图 5.8 中的联邦滤波结构，多了故障判断和子系统故障处理模块。

在容错滤波结构中，参考子系统的选择非常重要。在图 5.14 中，将参考子系统分别与导航子系统 1 和导航子系统 2 构成子滤波器 1 和子滤波器 2。该容错结构中包括子系统的故障检测和容错综合算法，子滤波器中故障检测及隔离算法可确定子系统的故障，进而判断失效的导航子系统。在选择参考子系统时，出于故障的检测、隔离与重构原则，对其稳定性的要求高于其精度要求(例如在航天飞机、运载火箭、弹道导弹等大型飞行器上，一个重要的前提条件是惯导系统必须是稳定的，即惯导系统除了误差积累外，不能出现其他的硬故障与软故障。其组合导航容错滤波中一般选择惯性导航系统作为参考子系统）。因此，导航系统的故障判断准则为：

若子系统 1 出现故障，则判定导航系统 1 出现故障。

若子系统 2 出现故障，则判定导航系统 2 出现故障。

一旦确定了某个子系统发生故障，则由相应子滤波器得到的状态估计是不正确的，因而不将其输入主滤波器。此时，主滤波器仅利用另一子滤波器的状态估计值给出系统误差状态的估计值，同时对失效的导航系统进行故障程度的判断，若判断整个导航子系统出现故障，则将该导航子系统隔离；若判断仅是由于观测原因出现故障或可修复故障，则由下一次观测输出或修复后的子系统输出驱动的子滤波器又能获得正确的局部状态估计值，将其输入主滤波器，则可使组合导航系统重新为运载体提供可靠、精确的导航信息。

当滤波结构确定以后，简单有效的故障检测方法成为实现容错滤波的关键。在集中滤波器中，利用观测值残差（即新息）$\boldsymbol{r}(k)=\boldsymbol{z}(k)-\boldsymbol{H}\hat{\boldsymbol{x}}(k|k-1)=\boldsymbol{z}(k)-\hat{\boldsymbol{z}}(k)$，可以较好地检测和隔离某些子系统的突变故障。因为 $\hat{\boldsymbol{x}}(k|k-1)$ 包含了 k 时刻以前的观测值 $\boldsymbol{z}(i)(i<k)$ 的信息。当无故障时，$\boldsymbol{H}\hat{\boldsymbol{x}}(k|k-1)=\hat{\boldsymbol{z}}(k)$ 是对 $\boldsymbol{z}(k)$ 的最好的预报估计，所以 $\boldsymbol{r}(k)$ 应很小（理论上为零均值白噪声）。当 $\boldsymbol{z}(k)$ 发生突变故障时 $\boldsymbol{r}(k)$ 也会发生突变，据此就可以检测和隔离子系统故障。但新息检验对软故障的检测不是很有效。因为软故障是逐渐发展的，故障很小时，不易被检测出来。未被检测的故障将污染 $\hat{\boldsymbol{x}}(k|k-1)$，使 $\hat{\boldsymbol{x}}(k|k-1)$ “跟踪”故障，减少了 $\hat{\boldsymbol{z}}(k)$ 与 $\boldsymbol{z}(k)$ 的差异，这时 $\boldsymbol{r}(k)$ 不会发生大的变化，因此故障检测的效果不好。同时，集中滤波器的故障恢复能力不强。因为在故障子系统被隔离后，已被故障污染的滤波解必须重新恢复正常。这就需要重新初始化已隔离了故障子系统后的集中滤波器，重新利用无故障的子系统的新的信息（系统重构），于是必须经过一段过渡过程后，系统的滤波解才恢复正常。这样，系统不能立即恢复正常，即恢复能力差。

相对于集中滤波器，联邦滤波器的容错性能要强得多。它具有以下优点：

(1)因为融合周期可以长于子滤波器的周期，于是在融合之前，软故障可以有较长的时间发展到可以被主滤波器检测的程度。

(2)子滤波器自身的子系统误差状态是分开估计的。这些子系统的误差状态在子滤波周期内不会受其他子系统的故障影响，只有在较长的融合周期之后才会有影响。

(3)当某一子系统的故障被检测和隔离后，其他正常的子滤波器的解仍存在（只要没有重置发生），于是利用这些正常的子滤波器的解经过简单的融合算法可立即得到全局解，因此故障恢复的能力很强。

(4)在需要检测参考子系统故障的组合系统中，主滤波器可以使用一个比子滤波器甚至比集中滤波器更精确的参考子系统模型，这样检测参考子系统故障的能力就提高了。

采用联邦滤波结构，容易完成导航系统的故障检测与容错滤波。但某些类型的联邦滤波结构中会将主滤波器的滤波结果对子滤波器估计均方误差阵与子滤波器状态量进行重置，从而会带来子滤波器的交叉“污染”。因此，在进行联邦滤波容错设计时，一般采用信息因子 $\beta_m=0$、$\beta_i=1/N$的无重置结构。

5.4　室外无人车惯性/卫星组合导航

以上从一般意义上介绍了组合导航系统原理、结构、工作模式、状态估计、信息同步、容错滤波、提高实时性等内容。根据不同的应用载体与应用目的，充分利用惯性导航系统（inertial navigation system，INS）、卫星导航系统（global navigation satellite system，GNSS）、罗兰 C 导航系统（long range navigation-C，LORAN-C）、天文导航系统（celestial navigation system，CNS）、多普勒导航系统（Doppler navigation system，DVS）、大气数据计算机系统（air data computer system，ADS）、垂直陀螺仪（vertical gyro，VG）、磁航向仪（megnetic heading，MG）和航位推算（dead reckoning，DR）等导航系统与仪器，可以构成不同的组合导航系统。其中，在各类移动机器人和运动载体上最具有普适性、最典型、应用最广泛的组合导航系统，仍然是惯性/卫星组合导航系统。

本节以地面室外无人车的组合导航试验系统为例，介绍组合导航系统的构成、试验及相应的数据处理技术。试验中以无人车为基本运动基座，将组合导航系统视为一个整体固连在该运动基座上，以无人车沿特定线路的运动过程为基本考察对象，在无人车运动过程中进行卫星导航信息、惯性导航信息、航位推算导航信息的采集、同步和处理，以实现对组合导航系统动态过程的模拟。

在具有卫星导航、惯性导航、航位推算导航等多种导航信息源的条件下，可以根据需要灵活地选用或尝试不同的组合方式和滤波结构。在当前计算机性能足够强大的条件下，组合方式和滤波结构都可以在计算机内完成。因此下面的车载组合导航系统更多的是讨论其组成，而并不局限于哪一种组合模式或滤波结构。

5.4.1　车载组合导航试验系统

用于无人车的车载组合导航系统在工作环境、工作状态上有其特定的需求。在进行车载组合导航试验系统设计时，不仅要考虑对各导航子系统输出信息的充分利用，提高组合导航的精度与可靠性，还应同时考虑组合导航系统小型化、一体化设计，以提高车载试验对所研究的理论、技术与方法进行检验的有效性。

1. 车载组合导航系统的构成

车载组合导航系统的构成如图 5.15 所示。

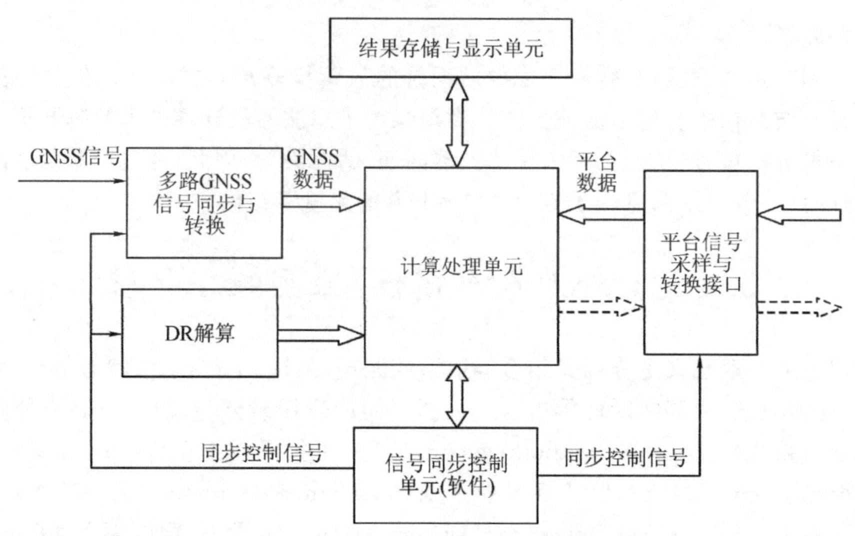

图 5.15 车载组合导航试验系统构成

1)车载组合导航系统组成

车载组合导航系统主要包括以下部分。

(1)惯性系统。惯性系统可以选择捷联式惯导系统或者平台惯导系统。

(2)GNSS 接收机。目前市面上可以购买的 GNSS 接收机包括手持式接收机、OEM 板等。在参与组合导航的普通 GNSS 接收机之外,为了具备组合导航精度检验的功能,可以另外选用差分定位 GNSS 接收机的结果或者用高精度的 GNSS 接收机作为标称轨迹。

(3)航位推算系统。航位推算系统由里程计、陀螺仪和计数器组成。里程计可以提供导航所需要的路程信息,陀螺仪可以提供导航所需的角度信息,在导航计算机中进行解算就可以得到车辆的位移和速度信息。

(4)数据采集卡。数据采集卡用于采集惯导系统数据并对陀螺仪和加速度计的数据进行采集和预处理,同时还需要采集 GNSS 系统的数据。

(5)导航计算机。导航计算机的任务是接收惯性器件的输出信息,完成载体的位置、速度和姿态信息的计算,同时还需要对航位推算系统进行解算,最后将惯导信息、航位推算信息和 GNSS 信息进行有效融合,提供高精度的载体导航参数。

(6)电源。一般而言,组合导航系统需要为导航计算机和惯性导航系统提供单独的电源,以保证其正常运行。

2)硬件电路、软件及机械设计与加工部分

车载组合导航系统还需要注重如下部分。

(1)硬件电路部分:包括卫星信号同步变换与采集电路,平台信号同步变换与采集电路，以计算或 DSP 为核心的数据接收、处理、存储、变换与输出电路，同步屏幕显示控制电路。

(2)软件部分：包括卫星实时信号采集程序，惯性系统实时信号采集程序，实时数据融合处理程序，同步显示、存储程序，系统控制程序，平台信号接口协议以及组合导航系统通信与滤波软件等。

(3)机械设计、加工部分：包括平台与动基座之间的固连结构的设计与加工，系统初始坐标对准机构的设计与加工，机械振动隔离装置的设计与加工。

此外，还需要电源部分，为其他各工作单元提供所需的电源。

3)标称轨迹的选择

为评价组合导航系统的精度，需要建立载体运动的标称轨迹。一般而言，应选用高精度卫星接收机输出的导航参数(位置、速度)作为标称轨迹。这种接收机实质上是一个双模导航系统导航接收机，其输出的定位、测速精度均较高，因而可以用作标称轨迹。此外，亦可采用差分定位的方式，用多个 GPS 接收机实现对运动轨迹的高精度定位，并将其作为标称轨迹。

2. 车载组合导航系统工作流程

在如上工作的基础上，构成车载组合导航试验系统(包括惯导平台、GPS 接收机、航位推算系统、数据采集与数据处理系统、导航计算机、接口系统等)，其工作流程如图 5.16 所示。

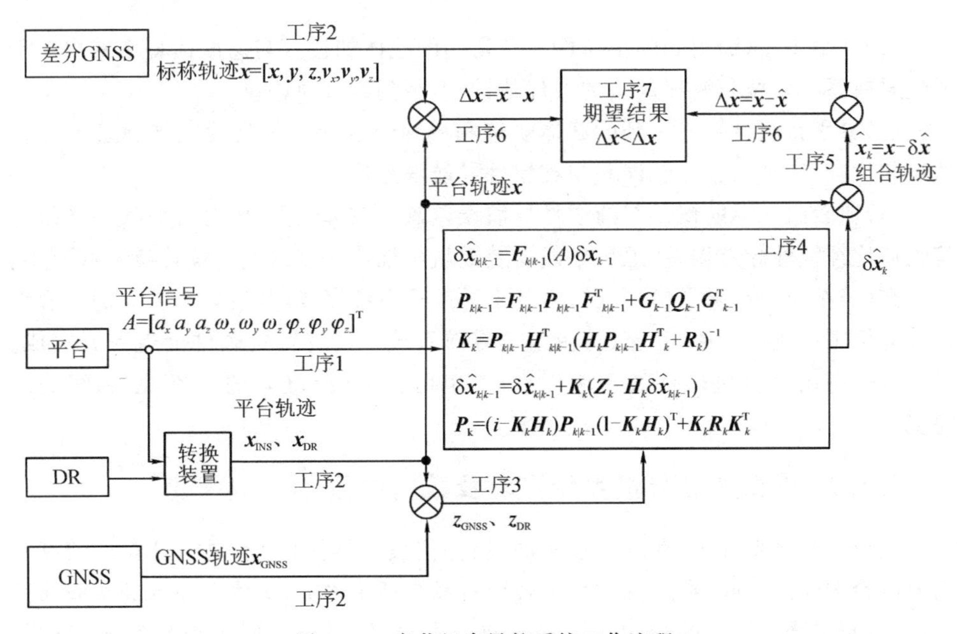

图 5.16　车载组合导航系统工作流程

车载组合导航系统工作流程主要分为如下7个工序。

(1)平台系统敏感并输出载体的加速度、角速度以及平台系统的漂移信号 $\boldsymbol{A}=[a_X \quad a_Y \quad a_Z \quad \omega_X \quad \omega_Y \quad \omega_Z \quad \varphi_X \quad \varphi_Y \quad \varphi_Z]^{\mathrm{T}}$。

(2)在这一步中需要完成5项工作。①平台系统的积分器件将载体的加速度、角速度进行积分,得到载体相对惯性空间的位置与速度信息 $\boldsymbol{x}_{\mathrm{INS}}=[X_{\mathrm{INS}} \quad Y_{\mathrm{INS}} \quad Z_{\mathrm{INS}} \quad V_{X\mathrm{INS}} \quad V_{Y\mathrm{INS}} \quad V_{Z\mathrm{INS}}]^{\mathrm{T}}$ 并输出;②对DR系统进行解算,获得载体的位置、速度与航向信息 $\boldsymbol{x}_{\mathrm{DR}}=[X_{\mathrm{DR}} \quad Y_{\mathrm{DR}} \quad V_{X\mathrm{DR}} \quad V_{Y\mathrm{DR}} \quad \theta_{\mathrm{DR}}]$;③卫星接收机输出载体相对参考坐标系(北斗卫星导航系统为CGCS2000坐标系,GPS卫星导航系统为WGS84坐标系)的位置与速度信息 $\boldsymbol{x}_{\mathrm{GNSS}}=[X_{\mathrm{GNSS}} \quad Y_{\mathrm{GNSS}} \quad Z_{\mathrm{GNSS}} \quad V_{X\mathrm{GNSS}} \quad V_{Y\mathrm{GNSS}} \quad V_{Z\mathrm{GNSS}}]^{\mathrm{T}}$;④由另一台高精度卫星信号接收机输出载体相对参考坐标系的位置,即标称轨迹 $\bar{\boldsymbol{x}}=[X \quad Y \quad Z \quad V_X \quad V_Y \quad V_Z]^{\mathrm{T}}$,该标称轨迹也可事先由大地测量或从国家管理部门和有资质的单位获得;⑤将卫星导航信息 $\boldsymbol{x}_{\mathrm{GNSS}}$、惯性导航信息 $\boldsymbol{x}_{\mathrm{INS}}$、航位导航信息 $\boldsymbol{x}_{\mathrm{DR}}$ 和标称轨迹信息 $\bar{\boldsymbol{x}}$ 转换到统一的导航坐标系下。

(3)按式(5.5)、式(5.7)将导航信息相减,得到关于误差的观测量 $\boldsymbol{z}_{\mathrm{GNSS}}$、$\boldsymbol{z}_{\mathrm{DR}}$。

(4)采用间接法组合滤波方式。有了导航信息及误差观测量 $\boldsymbol{z}_{\mathrm{GNSS}}$、$\boldsymbol{z}_{\mathrm{DR}}$ 以后,可以根据需要,对惯性、卫星、航位推算3个导航系统,采用集中滤波、联邦滤波,或两两单独组合。最后一般的滤波结果是计算机程序中输出惯性导航系统的最优误差估计 $\delta\hat{\boldsymbol{x}}$。

(5)从由工序(2)得到的由惯性导航得到的载体的位置与速度信息中减去关于惯性导航系统定位与测速误差的最优估计量,得到组合轨迹。

(6)分别将组合导航得到的载体轨迹和单纯惯性导航得到的载体轨迹与标称轨迹相比较,得到组合导航误差与纯惯性导航误差量。

(7)比较组合导航误差与纯惯性导航误差量。在理论上,组合导航误差的统计特性应比纯惯性导航误差、卫星导航误差或航位推算导航误差的统计特性都要小。

在(1)至(7)中,除了(1)与(2)由各个导航子系统完成,其后各个工序的内容都在计算机中完成。其中(3)至(5)由组合导航系统中的计算机软件处理单元完成。(6)与(7)可由计算机软件处理单元完成,也可记录(2)、(5)的结果,由离线处理完成。

5.4.2 车载组合导航系统试验及数据处理

在组合导航系统中,集成了较多的设备、仪表与器件,对不同的试验目的有不同的试验方法。因此,在进行车载组合导航系统试验之前,应建立完善的试验流程设计,并制定严格的试验规程。同时需要注意的是,对于不同工作环境与工作状态,其数据处理方法也将有所不同。

1. 车载试验准备与实施

一般地，车载组合导航系统试验应首先完成实验室条件下的系统集成与调试，然后再在公路条件下进行试验。

(1)实验室条件下车载组合导航系统集成与调试。在进行地面跑车试验之前，最好先在实验室条件下进行车载组合导航系统的试验，其主要目的是考察信号传输协议的正确性与滤波软件的正确性。在将惯性平台、高精度 GNSS 接收机、手持式 GNSS 接收机、OEM 板、DR 系统以及系统软件集成之后，通过实验完成了平台信号接口协议的完善、组合导航滤波程序的完善等工作。

(2)公路条件下车载组合导航系统试验。完成了实验室条件下车载组合导航系统试验后，为了对组合导航的性能及组合导航滤波算法进行验证，需要在不同的路况与路线下进行跑车试验，激发导航子系统的各种误差信息，检验组合导航系统对这些误差信息的抑制能力。

2. 惯性导航子系统的使用

惯性导航子系统的力学编排较为复杂，在使用中有诸多需要注意的事项。对于定位信息，系统输出的是其敏感到的加速度信息与平台框架角信息，在地面试验时，加速度信息中还包括了重力加速度在平台各个轴上的分量。因此，需要从平台输出数据中剔除重力分量。

车载组合导航系统地面试验中，为了导航计算的进行，需要在初始对准时刻确定一个基准坐标系。在此假定取为北-天-东坐标系，即平台的 X、Z 轴分别指向北、东，平台的 Y 轴垂直向上。在进行跑车试验时，初始对准时刻惯性坐标系与初始坐标系中重力加速度的方向在 Y 轴上。在载体运动过程中，由地面跑车上的惯性平台或数学平台稳定在惯性空间，重力加速度在惯性坐标系上的投影将随着地球自转而发生变化。这时，对重力加速度在惯性坐标系上的投影关系需要进行专门的处理。经过这个过程提取出来的运动载体在东向、北向、天向上的加速度值，在总体上将呈现出递增或递减的趋势。这与运动载体的运动状态是不一致的。原因在于，惯性导航系统的陀螺仪有漂移，从而导致其坐标系随着时间的变化逐渐偏离了惯性坐标系，虽然从惯性导航系统输出中减去了重力加速度在惯性坐标系上的投影，但由于惯性导航系统坐标系与惯性坐标系不重合，因而提取出来的运动载体加速度上仍存在未被剔除的重力加速度的影响。事实上，这是惯性系统产生误差积累的体现。

同时，惯性导航系统输出中必定有较强烈的噪声信号。但由于组合导航系统的试验目的是考察组合导航对平台误差积累的抑制能力，因而可以根据具体情况，对噪声进行处理或者不处理。

在组合导航系统中，需要以载体的姿态角速度为输入信号。但是，在载体运动过程中，由于惯性导航系统稳定回路总是实时地敏感到载体的姿态运动并通过稳定回路使惯性系统始终稳定在惯性空间，惯性系统不能输出运动载体的姿态角速度信息。而组合导航工程应用中，也不可能单独为组合导航系统增加专用的敏感元件。因此必须采用某种途径解决载体的姿态角速度的提取问题。

最后，应用提取出来的载体加速度进行积分，就可以得到载体的速度与位置信息。如果选择的导航坐标系不是惯性坐标系，还需要将得到的载体速度与位置信息进行相应的转换。最重要的是，具体程序编制及其实现有赖于研究者的经验与工程实践。

3. 卫星导航子系统的使用

在车载试验中，车载组合导航系统的各导航子系统分别在不同的坐标系下，必须将其输出的导航参数转换到同一坐标系中。

进行地面车载试验时，常常需要用地形图获取精确的位置信息。但我国的大多数地图坐标系都是采用的 GCJ－02 坐标系，这是国家测绘局 2002 年发布的坐标体系，它是一种对经纬度数据的加密算法，即加入随机的偏差。目前国内各大电子厂商提供的地图，都是在 GCJ－02 坐标系基础上再次加密的。如果在组合导航中用北斗卫星导航系统，则其地图采用的是 CGCS2000 坐标系；如果在组合导航中用 GPS 卫星导航系统，则其地图是以 WGS－84 坐标系为基准的。当对导航精度要求很高的时候，需要完成坐标转换。

车载组合导航系统在室外进行公路试验时，卫星导航系统几乎一定会出现丢星现象，导致接收的数据不完整或丢失。数据通信接口在进行数据传送时，有时也会出现数据不完整的情况。因此，在滤波前必须对采集的数据进行识别。对 GNSS 丢星的情况，可以跳过该帧，等待下一帧数据；有时惯组数据也可能出现突跳或不完整，则舍去该帧数据，以前几帧数据进行外推来替代当前帧的数据。因此，滤波间隔的选择是根据采集的数据进行自适应调整的。

5.4.3 车载组合导航系统试验结果与分析

在对滤波器进行参数设置时，应根据所采用惯性平台、GNSS 接收机、DR 等具体设备与仪表的性能参数进行设置。例如，对于惯性平台系统，应当通过厂商获取其陀螺漂移系数的数量级（例如 $0.09°/h$），加速度计零偏的数量级（例如 $5\times10^{-5}g$）。对于将组合导航系统初始误差，可以按本书 4.2.2 节的内容进行相应的设置，也可根据采用的设备性能参数设置。

在进行多次试验后，应对组合导航的定位与测速误差进行统计，以得到关于组合导航定位与测速误差的定性结果，为进一步的技术方案、方法和试验设计提供依据。一般来说，在地面进行车载试验时，由于卫星导航系统本身在高程方向上的定位与测速精度要比在水平方向上的定位与测速精度低，所以组合导航在高程方向的定位与测速精度也将低于水平方向上的定位与测速精度。

另一方面，由于在组合导航中，如果利用高精度的卫星导航系统输出作为标称轨迹或者采用差分卫星导航的结果作为标称轨迹，一般只能采用较低精度的手持式 GNSS 接收机或 OEM 板参与组合导航，因此可以推知的结论是，当采用高精度的卫星导航系统输出参与组合导航时，得到的组合导航精度还有很大的提升空间。

本节描述了车载组合导航系统及其信息处理。需要注意的是，对于不同的组合导航系统，由于系统的构成、应用对象、应用环境均各有其特点，因此本节涉及的问题仅具有原则性。也正是由于这个原因，本节对大量的数据与图形没有一一列出。读者在参考本节内容进行组合导航系统研究、设计与应用时，要根据具体情况，完成更多、更细致的工作。

第6章 移动机器人的SLAM方法

移动机器人在行进过程中，地图和定位是两种不可或缺的基本信息。地图给出了机器人的可通行路径、静止的障碍和环境特征的基本信息，定位则给出了机器人在某一坐标系下的具体坐标值。仅有定位信息而没有地图信息，或者仅有地图信息而没有定位信息，都无法实现移动机器人的导航，以及其规划与控制。

在前几章中，没有明确提到对地图的需求，这是假定移动机器人工作在已知地图的环境中。但还有很多时候，机器人是工作在未知环境中的。这就要求机器人自己完成环境探测和地图创建工作，同时完成在所创建的环境地图中的定位。这就是所谓的即时定位与地图创建（simultaneous localization and mapping，SLAM)，也称为并发建图与定位(concurrent mapping and localization，CML)。

移动机器人SLAM的目标是使机器人在未知、动态、自然的室内外环境中自主地获取完整的导航信息，要求机器人能够自主地完成未知环境中的地图创建，并确定自己在自主创建的地图中的位置。因此，自主地图创建是移动机器人在未知环境中自定位的基础。但是，在自主地图创建的过程中需要实时确定移动机器人的位置，否则无法完成地图特征的表征与地图的建立(在早期，人们将这个问题形象地称其为“鸡生蛋，蛋生鸡”问题)。SLAM方法将移动机器人的定位与地图创建联合起来同步完成，从而实现问题的解决。容易理解，移动机器人只有具备了同时定位与地图创建的能力，才可能真正地具有“独立”地完成任务和功能的能力。

需要指出，在SLAM过程中的定位，是指移动机器人在自主创建的地图中的定位，SLAM中更多的工作在于地图创建而非定位上。事实上，移动机器人只要应用电子罗盘、陀螺仪等传感器，建立了初始时刻在二维平面或三维空间中的坐标轴，在其后无目的的自主巡游中，它总能够依靠航位推算系统或惯性测量系统实时地获取相对出发点的坐标位置。但在存在不确定障碍与通行路径的未知环境中，仅具有相对出发点的位置信息无法使移动机器人到达期望的位置点，而且航位推算系统与其他导航系统一样必然存在误差，从而要求移动机器人在运动过程中将障碍与可通行路径等环境特征逐一识别并记录下来，应用环境特征与航位推算的位置信息相互融合校正，这就提出了自主地图创建的需求，进而提出了SLAM的概念。有了SLAM过程中创建的环境地图与移动机器人在环境地图中的定位，移动机器人才具有路径规划与任务执行的前提条件。

在本章中，首先简要介绍SLAM的基本概念，然后以较直观的方式，介绍

SLAM 系统的构成，再以概率形式介绍 SLAM 系统稍微抽象和一般的形式。最后介绍 SLAM 面临的问题，以备研究者进一步探索。

6.1　SLAM 概述

SLAM 是近年来开展的关于机器人的一项关键技术，它为工作于未知环境的机器人提供环境地图和自身定位信息，作为导航的前提条件。

SLAM 问题可以描述为：机器人在未知环境中从一个未知位置开始移动，在移动过程中根据位置估计和传感器数据进行自身定位，同时建立增量式地图。

在直观思考中，人们常常隐含地采用"上帝"视角对待机器人的地图创建与定位问题，即认为只要有需要，机器人既可以观测到全局信息，如图 6.1(a)所示，又能同时观测到局部信息，如图 6.1(b)所示，也能同时观测到细节信息，如图 6.1(c)所示。

(a) 全局信息　(b) 局部信息　(c) 细节信息

图 6.1　"上帝"视角的观测场景

如果机器人确实能同时观测到全局、局部和细节信息，那么机器人的建图、定位、导航，以及规划、控制等都不是问题。但在当前的技术条件下，绝大多数时候，传感器系统能够给予机器人的信息通常只能如图 6.2 所示。

图 6.2　机器人观测场景

也就是说,机器人只能通过某种感知设备观测到其附近的局部信息。而同时能够观测到全局、局部和细节的“上帝”视角,通常来说是不存在的。

因此,SLAM,即机器人在未知环境中同时进行地图创建与自定位,要求机器人在不借助外界观测器的情况下,只是通过自身的移动和观测,建立周边未知环境的地图信息,并实现在地图中的定位。关于这个概念,有一个通俗的比方:在一个几乎完全陌生的城市里,一个人打着手电筒走夜路。

在这个概念中,首先去掉了全球卫星定位系统这一类外部信息源的支持。原因在于,在室内区域或地下洞库这类封闭区域,在月球或火星这类外太空环境,或在某种灾害环境中,是不可能有全球定位系统给出定位信息的。而这些区域,都是需要移动机器人在独立完成地图创建与定位的基础上来实现移动的。对人而言同样如此。一个人必须一步一步地记住他经历的环境,并在已经经历过的环境中确定自己的位置。人类在建立陌生环境的地图的同时实现定位的过程中碰到的所有问题,移动机器人在 SLAM 过程中都会碰到。研究者认为,只有解决了这个问题,机器人才能够真正地走向“自主”移动。这个概念如此重要,以至于 SLAM 被很多研究者视为机器人技术的“圣杯”。

SLAM 的基本方法是:机器人利用自身携带的视觉、激光、超声等传感器,识别未知环境中的特征并估计其相对传感器的位置,同时利用自身携带的航位推算系统或惯性系统等传感器估计机器人的全局坐标。将这两个过程通过状态扩展,同步估计机器人和环境特征的全局坐标,并建立有效的环境地图。这些方法能够有效而可靠地解决中等尺度下的二维区域模型,例如一个建筑物的轮廓或一个局部室外环境。目前已有研究者在继续扩展区域尺度,提高计算的有效性,求取三维地图。

经典 SLAM 方法主要是基于激光传感器的,有时又被称为传统 SLAM 方法。实际上 SLAM 从提出到现在也不过二十多年时间。经典的 SLAM 方法,尤其是以激光传感器为核心传感器的 SLAM 方法,已经得到了较为广泛的应用。目前在电力检测、石油化工、市政安全管理等环境下投入应用的移动机器人,其核心传感器都是激光传感器。本章中主要介绍经典的 SLAM 方法,在下一章中将介绍未来应用可能更为广泛的视觉 SLAM 方法。

6.2 经典 SLAM 方法

经典的 SLAM 方法使用滤波对机器人姿态和地图进行状态估计。首先利用激光测距系统、摄像机系统等环境感知设备获取环境数据并提取环境特征,将观测的特征数据与已存在的地图和人工信标进行数据关联，得到相应的观测值；其次使用里程计、电子罗盘、微惯性系统等本体状态感知设备得到机器人运动模型；联合观测值和运动模型，使用扩展卡尔曼滤波等非线性滤波方法进行机器人姿态和地图状态的估计；最后与 GNSS 和人工地图进行比对校验，检查状态估计的准确性。SLAM 的体系结构如图 6.3 所示。

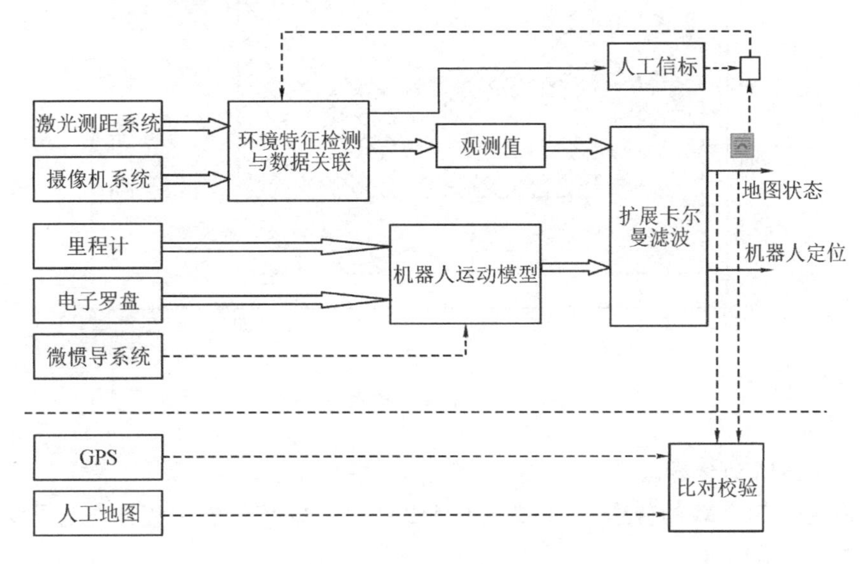

图 6.3　SLAM 的体系结构

移动机器人 SLAM 的基本要素，包括移动机器人运行的环境坐标系及其地图表征方式、SLAM 的主体即移动机器人的运动学描述与动力学描述、环境特征的运动学模型、移动机器人与传感器的观测器模型以及建立在上述模型基础上的滤波算法。下面以例证的形式，对 SLAM 研究所涉及的对象进行说明。

1)SLAM 的主体

假定以某一典型的差动式双轮移动机器人进行 SLAM 工作。移动机器人在未知环境中自主运动，自主建立环境地图，并同时完成自己在环境地图中的定位。

2)SLAM 的环境

假定某一典型的实验室环境布局如图 6.4 所示。实验室被划分为 A 区、B 区两个部分。A 区为图四周的深灰色区域，是隔板和墙体构成的试验区，其中障碍物相对固定，由实验室安放的实验桌构成。B 区为图中部的网格状区域，是实验室中部用四面隔板隔离出来的试验区，在移动机器人导航中，在该区域随机任意布置障碍和通行区，用以进行移动机器人自主导航试验，B 区中的障碍物如图中的浅灰色方块所示。

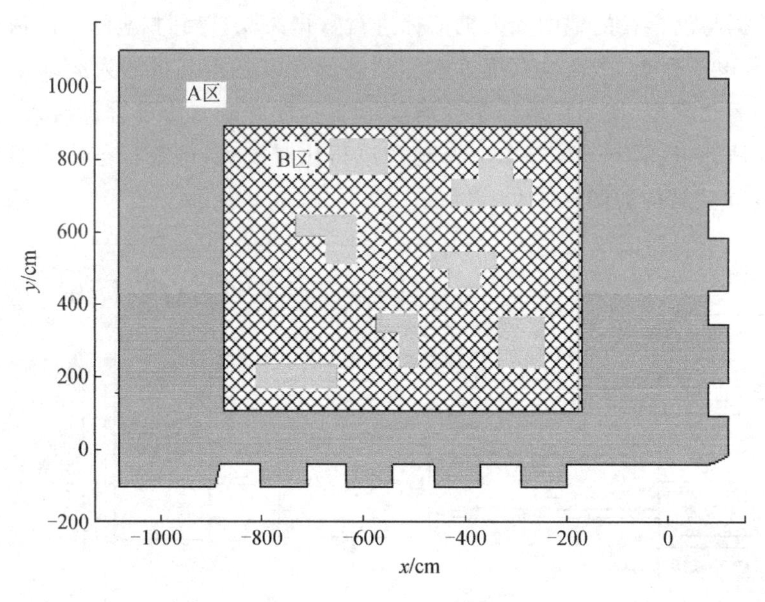

图 6.4 实验室环境布局图

3)SLAM 的传感器

应用于 SLAM 的传感器,主要由 LMS200 激光测距系统、里程计与电子罗盘、云台视觉系统组成。

4)SLAM 的滤波方案

与一般经典的 SLAM 方法相同,采用扩展卡尔曼滤波(extended Kalman filter, EKF)方案,构建一个表示移动机器人位置、姿态和环境特征的统计模型。在扩展卡尔曼滤波中,采用增广的系统状态空间,构造包括移动机器人位置与姿态信息、环境特征位置信息的增广状态向量。滤波过程与卡尔曼滤波基本方程的滤波过程一致,包括时间更新和状态更新两部分,在卡尔曼滤波每一次递推中对增广状态的估计值和协方差阵进行更新。

在扩展卡尔曼滤波中,基本状态量(定位状态量)为

$$\boldsymbol{x}_{\mathrm{r}}=\begin{bmatrix}x_{\mathrm{r}}\\y_{\mathrm{r}}\\\theta_{\mathrm{r}}\end{bmatrix}^{\mathrm{T}}\tag{6.1}$$

注意,这里 $\boldsymbol{x}_{\mathrm{r}}$ 是一个向量,表示了移动机器人在 x、y 两个方向上的坐标和航向角,$\boldsymbol{x}_{\mathrm{r}}=[x_{\mathrm{r}}\quad y_{\mathrm{r}}\quad \theta_{\mathrm{r}}]^{\mathrm{T}}$;而 x_{r} 是一个标量,表示的是机器人在经线方向上的坐标。

定位状态的观测信息由里程计和电子罗盘构成的航位推算系统经运动方程给出。

扩展状态量(包括环境特征和人工信标状态量)为

$$\boldsymbol{x}_{\mathrm{m}} = \begin{bmatrix} x_1 \\ y_1 \\ \vdots \\ x_n \\ y_n \end{bmatrix} \tag{6.2}$$

同样注意,这里的 $\boldsymbol{x}_{\mathrm{m}}$ 是一个向量,而 x_i、y_i 都是扩展状态量的坐标值。

扩展状态的观测信息由激光测距系统输出数据的处理结果和云台视觉系统输出数据的处理结果构成。

5)导航辅助与导航验证

由 MEMS 微惯性系统进行导航辅助,由高精度 GNSS、人工信标和人工地图进行导航验证。

在 6.3～6.5 节中,将详细描述 SLAM 的基础和过程。

6.3　移动机器人 SLAM 的坐标与地图

6.3.1　SLAM 的坐标系模型

所有导航系统都是在一个或多个坐标系下进行的。移动机器人的自主导航主要应用直角坐标系和极坐标系。其中全局坐标系(世界坐标系)、机器人本体坐标系等一般采用直角坐标系,激光测距系统等“距离＋方位”类传感器一般使用极坐标系再经转换得到直角坐标系表示。

在移动机器人自主导航研究中,从实际情况出发,移动机器人一般是在二维水平平面内运动。因此,根据选用的导航传感器的配置与作用,主要用到如下 4 个坐标系。

(1)全局坐标系 $X_{\mathrm{W}}O_{\mathrm{W}}Y_{\mathrm{W}}$;

(2)机器人本体坐标系,又称载体坐标系 $X_{\mathrm{R}}O_{\mathrm{R}}Y_{\mathrm{R}}$;

(3)里程计坐标系 $X_{\mathrm{O}}O_{\mathrm{O}}Y_{\mathrm{O}}$;

(4)激光测距系统坐标系 $X_{\mathrm{S}}O_{\mathrm{S}}Y_{\mathrm{S}}$。

其中,机器人本体坐标系与机器人运动保持一致,实际上与由里程计与电子罗盘构成的航位推算系统坐标系一致。激光测距系统坐标系与机器人本体坐标系平行,但是在原点位置上有一个纵向或横向平移,如图 6.5 所示。需要指出的是,里程计坐标系只是在其测量时与机器人本体坐标系相一致,对机器人位置和姿态的输出信息需要由里程计与电子罗盘的输出信息相融合,经由运动方程得到。同时在工程实际中,里程计坐标系 $X_{\mathrm{O}}O_{\mathrm{O}}Y_{\mathrm{O}}$ 和激光测距系统坐标系 $X_{\mathrm{S}}O_{\mathrm{S}}Y_{\mathrm{S}}$ 的传感器

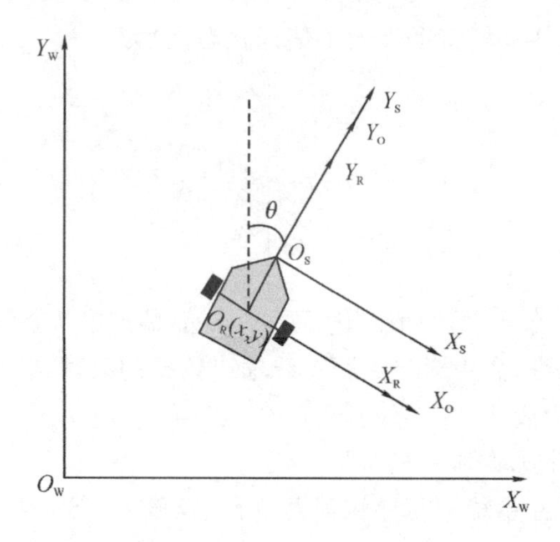

图 6.5 SLAM 的坐标系统

数值,都要根据坐标转换,将其数据转换到全局坐标系或机器人本体坐标系上。此外,还需要用到微惯性测量系统坐标系,前面已经有过介绍,这里直接应用其结果。

6.3.2 SLAM 的地图描述

机器人实现定位、自主导航的首要前提是解决对环境空间的认知以及表征方式,即地图的描述问题。机器人通过自身携带的传感器感知周围环境,通过对传感器信息进行处理,实现对外部环境的有效建模,形成自身可以辨识的内部环境表示,即一定形式的地图来感知和适应环境。

地图构造、特征提取、地图匹配与位姿估计构成了 SLAM 问题的主要内容。其中,必须首先解决地图描述问题。

地图描述主要有栅格地图、几何地图、拓扑地图及混合地图等四种方法。

1)栅格地图

栅格法地图描述又称为单元分解建模方法。其主要思想是将环境离散化为规则二维或三维的基本栅格单元,通过对栅格的描述实现对环境的系统建模,如图 6.6 所示。

在二维工作环境中,整个环境被划分为均匀的单元栅格,每个栅格赋值为 0 或 1。值 0 表示该栅格完全未被占用,为空置空间;值 1 表示该栅格被部分或完全占用,为占用区间。栅格地图具有一定的近似性,但采用离散化描述有利于地图的创建和维护,并在许多 SLAM 和路径规划中得到成功应用。其缺点是当栅格划分的分辨率较高时将带来计算复杂性与实时性问题,分辨率较低时又对机器人定位精度和地图的准确性带来影响。对此一般采用分层分解法进行解决,其主要思想是按一定规则将环境空间分为矩形栅格,再对各个栅格逐次划分,直到该次划分的栅格被完全占据或完全为空，如图 6.7 所示。本书主要采用栅格法对地图进行描述。

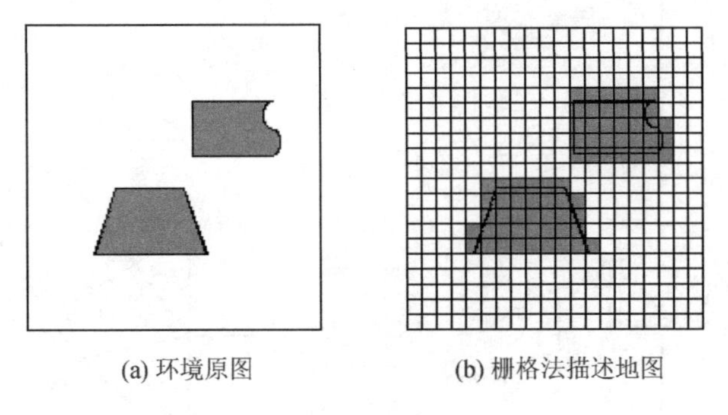
(a) 环境原图 (b) 栅格法描述地图

图 6.6 栅格法地图描述

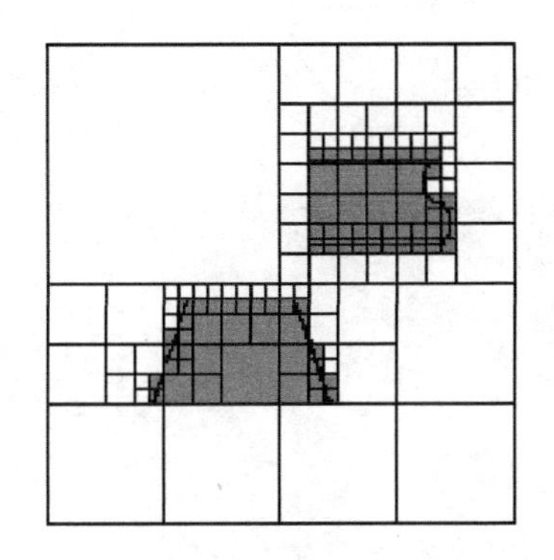

图 6.7 分层栅格地图

2）几何地图

几何地图是指利用点、线、面等基本几何元素表示空间环境特征的地图，如图 6.8 所示。在几何地图中通过对物体的参数化描述来表征环境特征在在全局坐标系中的位置。在图 6.8 中，点 A 可以通过点坐标(x_1, y_1)标定；面状物 B 可以通过闭合坐标序列(x_2, y_2)、(x_3, y_3)、(x_4, y_4)、(x_5, y_5)、(x_6, y_6)、(x_2, y_2)标定；线状物体 C 可以通过一系列坐标(x_7, y_7)、(x_8, y_8)、(x_9, y_9)、(x_{10}, y_{10})标定。

3）拓扑地图

拓扑地图用公式 $G=(V,E)$表示，其中 G 表示拓扑地图，V 表示节点，为移动机器人能够到达的地方，E 表示边，为移动机器人可以运动的路线。冯洛诺伊图(Voronoi diagram)是最具代表性的拓扑地图环境表示方法。Voronoi 图由一组连续多边形组成，多边形的边界是由连接两相邻点线段的垂直平分线组成，如图 6.9 所示。乔赛特(Choset)将 Voronoi 图的思想引入室内空间环境表示，得到基于 Voronoi 图的室内环境拓扑结构图，如图 6.10 所示。

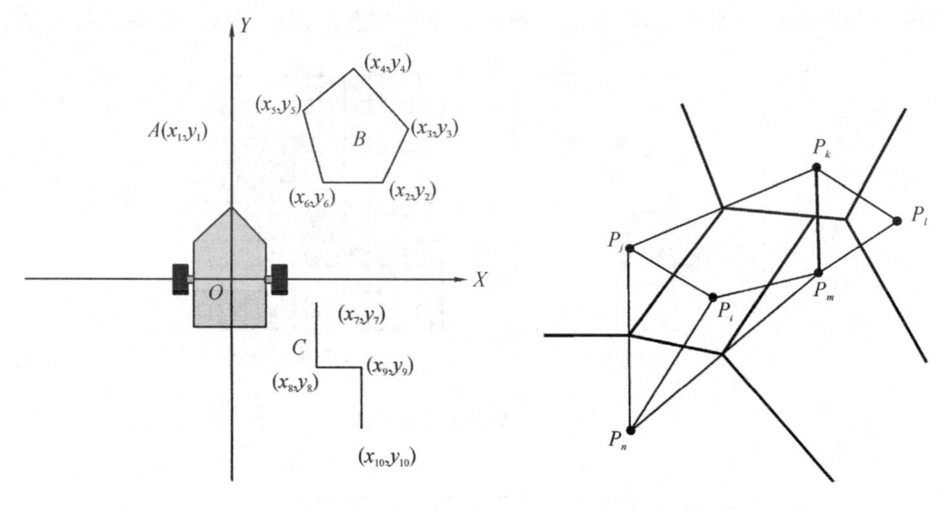

图 6.8　几何地图表示　　　　图 6.9　Voronoi 图

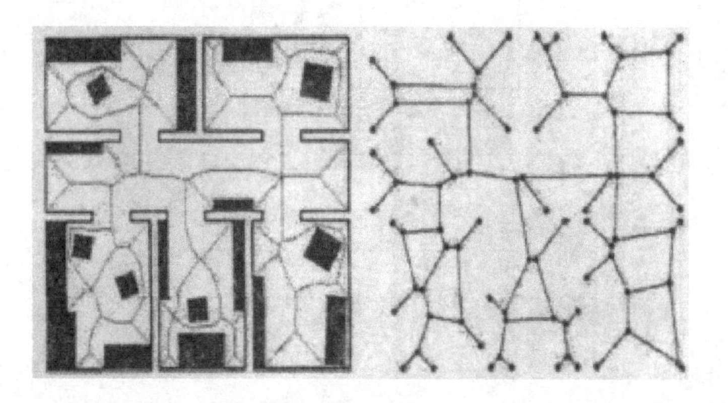

图 6.10　基于 Voronoi 图的室内环境拓扑结构图

拓扑图没有精确的位置要求，不需要维持地图的全局一致性。其缺点是由于没有精确的位置要求，当环境特征很相似时，拓扑地图表示法难以将各特征区分开来。由于这个原因，基于拓扑地图的移动机器人的定位精度较低。

4)混合地图

栅格地图、几何地图、拓扑地图各有自己的特点和适用范围。栅格地图的主要优点是形象直观，缺点是难以适应大规模环境和较高分辨率的要求。几何地图的表示法简单准确，但对动态环境适应力较差。拓扑地图的表述具有较好的全局连贯性，但难以适应移动机器人的定位要求。

充分应用几种地图表述方法的优点，创建混合环境地图的研究正逐渐受到重视。混合地图是将以上提到的方法进行结合，实现优势互补。目前混合地图包括栅格-拓扑地图、几何-拓扑地图以及几何-栅格地图三种形式。但混合地图要求不同地图表征之间具有一致性和协调性，在 SLAM 中将大大增加计算的复杂性和难度。

6.4　SLAM 应用的运动学模型与观测模型

6.4.1　移动机器人的位姿模型

无论在何种空间或平面的移动机器人定位，都要求确定机器人的位姿，即机器人在坐标系中的位置和机器人的车体方向。

在本节中，移动机器人定位的基本要求是在全局坐标系中完成机器人的平面定位。采用全局坐标系坐标(x_r, y_r)表示机器人的位置，采用机器人本体偏离全局坐标系 Y 轴的夹角 θ_r 表示机器人的姿态，夹角方向以 Y 轴正向为 0°，顺时针方向为负，逆时针方向为正。因此，可以将机器人的位置与方向联合起来，用一个三维的状态量表示机器人的位姿：

$$\boldsymbol{x}_r = \begin{bmatrix} x_r \\ y_r \\ \theta_r \end{bmatrix} \tag{6.3}$$

与式(6.1)和式(6.2)相同，这里的 $\boldsymbol{x}_r$ 是一个向量，而 x_r、y_r 表示的是移动机器人在坐标系中的位置量。后面还有类似的表示，请读者加以注意。

位姿 $\boldsymbol{x}_r$ 是建立在全局坐标系中的，也是以后研究中默认使用的坐标表示，如图 6.11 所示。

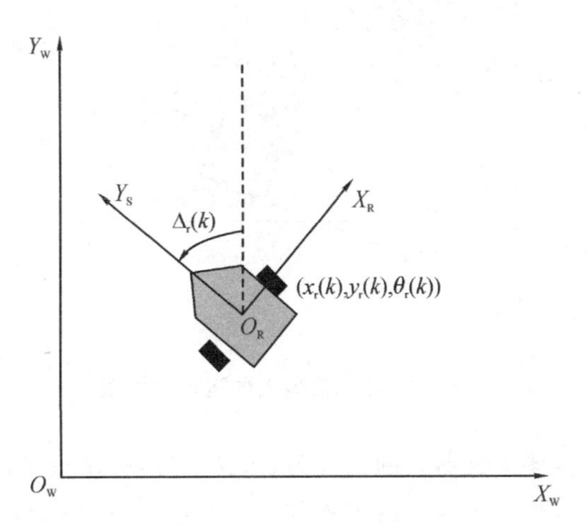

图 6.11　移动机器人的位姿模型

6.4.2 移动机器人的运动学模型

移动机器人本体上配置了多种传感器，机器人的位置与姿态及其运动由传感器测量，并通过数学计算获得机器人的实时位姿。理想情况下，应用传感器数据，机器人的运动学模型应该能够准确地描述机器人的运动及其动态变化过程。但任何一种模型描述都是近似的，模型本身必定存在误差。同时机器人的运动过程和传感器的观测数据中都含有系统误差或观测噪声，要精确地描述机器人的动态变化过程是不可能的。使用高度复杂的非线性函数可以更为准确地描述机器人的运动，但由于计算能力与实时性的要求，也必须对其进行简化处理。因此，常用的机器人运动学模型是基于里程计和电子罗盘进行位置推算，再用一个简化的模型来近似。

移动机器人运动学模型的建立如图 6.12 所示。假定由里程计得到移动机器人左轮速率为 v_{e_1}，右轮速率为 v_{e_2}，由第 3 章中式(3.1)～式(3.5)的推导，得到机器人运动学模型的连续形式为

$$\begin{bmatrix} \dot{x}_r \\ \dot{y}_r \\ \dot{\theta}_r \end{bmatrix} = \begin{bmatrix} v_r \cos\theta_r \\ v_r \sin\theta_r \\ 2(v_r - v_{e_1})/H \end{bmatrix} \tag{6.4}$$

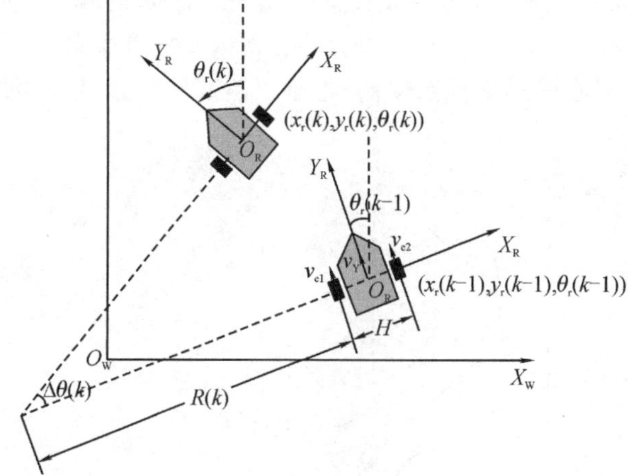

图 6.12　移动机器人的运动学模型

若在 $k-1$ 时刻，移动机器人的位置为$(x_r(k-1), y_r(k-1), \theta_r(k-1))$，经过时间 Δt 到达时刻 k 时，移动机器人的位置为$(x_r(k), y_r(k), \theta_r(k))$，则有

$$x_r(k) = f(x_r(k-1), u(k-1), k-1) \tag{6.5}$$

展开为

$$\begin{bmatrix} x_r(k) \\ y_r(k) \\ \theta_r(k) \end{bmatrix} = \begin{bmatrix} x_r(k-1) + v_r \Delta t \cos(\theta_r(k-1) + (2(v_r - v_{e_1})/H)\Delta t) \\ y_r(k-1) + v_r \Delta t \sin(\theta_r(k-1) + (2(v_r - v_{e_1})/H)\Delta t) \\ \theta_r(k-1) + (2(v_r - v_{e_1})/H)\Delta t \end{bmatrix} \tag{6.6}$$

需要指出的是，式(6.6)与式(3.5)是等价的。式(6.5)中的控制量 u 为主控计算机给出的对式(6.6)中轮速 v_{e_1} 和 v_{e_2}[即 v_r，见式(3.5)]的控制指令。

6.4.3　人工信标与环境特征运动学模型

在 SLAM 中，为了有效利用先验知识，常常在环境中布置一定数量的人工信标，将人工信标作为已知的环境特征。在机器人 SLAM 过程中，人工信标与环境特征相对全局地图静止不动。因此，在 SLAM 过程中将人工信标与环境特征建模为点特征，并用其在全局坐标系中的位置 $\boldsymbol{x}_i=(x_i, y_i)$ 表示，其中 $i=1,\cdots,n$，为环境特征的点位标记。因此环境特征(包括人工信标)的运动学模型可以表示为

$$\begin{bmatrix} x_i(k) \\ y_i(k) \end{bmatrix} = \begin{bmatrix} x_i(k-1) \\ y_i(k-1) \end{bmatrix} \tag{6.7}$$

亦即

$$\boldsymbol{x}_i(k) = \boldsymbol{x}_i(k-1) \tag{6.8}$$

6.4.4　传感器的观测模型

在本书讨论的 SLAM 研究与实验中，应用里程计和电子罗盘构成航位推算系统，以观测移动机器人的位置和姿态；应用激光测距系统，以观测环境特征相对传感器的距离和方向，并进而得到环境特征相对机器人和全局坐标系的距离和方向。

观测量 $\boldsymbol{z}$ 是某个环境特征相对于传感器的距离和方向，其在极坐标系和直角坐标系中分别如式(6.9)、式(6.10)所示：

$$\boldsymbol{z} = [\rho \quad \varphi]^{\mathrm{T}} \tag{6.9}$$

$$\boldsymbol{z} = [x \quad y]^{\mathrm{T}} \tag{6.10}$$

式中，$[\rho \quad \varphi]^{\mathrm{T}}$ 是环境特征在激光传感器极坐标系中的直接观测量表示，$[x \quad y]^{\mathrm{T}}$ 是经坐标转换后环境特征在传感器直角坐标系中的间接观测量表示。由于传感器固连在移动机器人本体上，因此经过简单的坐标变换，即可将环境特征的观测量表示转换到机器人本体坐标系上，并进而转换到全局坐标系中，如图 6.13 所示。

应用观测模型来描述激光测距系统对环境特征的观测量与移动机器人位姿之间的相互关系：

$$\boldsymbol{z}_i(k) = \boldsymbol{h}(\boldsymbol{x}_i(k)) + \boldsymbol{v}(k) \tag{6.11}$$

式中，$\boldsymbol{z}_i(k)$为对第 i 个环境特征 $\boldsymbol{x}_i(k)$在 k 时刻的观测值，$\boldsymbol{h}(\cdot)$是非线性观测函数，$\boldsymbol{v}(k)$是观测噪声。

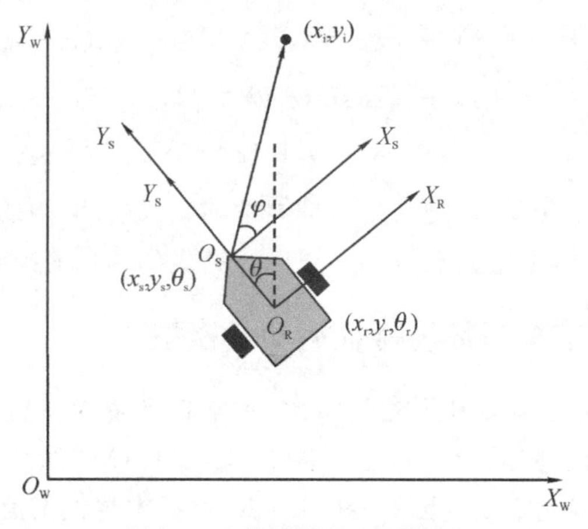

图 6.13 传感器的观测模型

考虑一般在实验室状态下,为了方便起见可以将激光传感器的位置中心与机器人的位置中心重合安装,激光传感器随机器人的转动而转动。由本书 4.2.3 节第 5 部分的推导,可以得到在全局坐标系中,激光测距系统对环境特征的观测模型:

$$\boldsymbol{x}_i(k)=\begin{bmatrix}x_i(k)\\y_i(k)\end{bmatrix}=\begin{bmatrix}\boldsymbol{x}_r(k)+\rho_i(k)\cos(\varphi_i(k)+\theta_r(k))\\\boldsymbol{y}_r(k)+\rho_i(k)\sin(\varphi_i(k)+\theta_r(k))\end{bmatrix}+\boldsymbol{v}(k) \tag{6.12}$$

理论上,还应该考虑里程计、电子罗盘和云台摄像机对环境特征的观测模型。但事实上,里程计与电子罗盘只能观测机器人本体,观测不到环境特征,因此对环境特征而言,里程计与电子罗盘观测并无意义。此外,云台视觉系统的摄像机只能观测到环境特征在摄像机视场内的位置,采用投影方法可以得到环境特征在机器人坐标系内的角度与距离,但存在较大的误差,因此其观测的有效性非常有限。在此不对其进行讨论。

6.5 基于扩展卡尔曼滤波的 SLAM 实现

由于环境特征、航位推算、观测噪声、运动模型误差等系统存在的各种不确定性,SLAM 算法都是利用统计估计理论对机器人和环境特征位置进行估计。一般来说,主要有基于扩展卡尔曼滤波的 SLAM、基于粒子滤波的 SLAM、基于期望最大(expectation maximum)的 SLAM 及基于集元(set membership)的 SLAM 等。扩展卡尔曼滤波是多种 SLAM 算法的基础,也是 SLAM 算法中较为成熟和应用较多的方法。

扩展卡尔曼滤波是对基本卡尔曼滤波进行扩展,用于非线性系统运动状态的估计。扩展卡尔曼滤波已经在第 4 章中介绍,现将主要方程重写在此:

$$\hat{\boldsymbol{x}}(k\mid k-1)=\boldsymbol{\varphi}(\hat{\boldsymbol{x}}(k-1),k-1) \tag{6.13}$$

$$\boldsymbol{P}(k \mid k-1) = \boldsymbol{\Phi}(k,k-1)\boldsymbol{P}(k \mid k-1)\boldsymbol{\Phi}^{\mathrm{T}}(k,k-1) + \boldsymbol{\Gamma}[\hat{\boldsymbol{x}}(k-1),k-1]\boldsymbol{Q}(k)\boldsymbol{\Gamma}^{\mathrm{T}}[\hat{\boldsymbol{x}}(k-1),k-1] \tag{6.14}$$

$$\boldsymbol{K}(k) = \boldsymbol{P}(k \mid k-1)\boldsymbol{H}^{\mathrm{T}}(k)\left[\boldsymbol{H}(k)\boldsymbol{P}(k \mid k-1)\boldsymbol{H}^{\mathrm{T}}(k) + \boldsymbol{R}(k)\right]^{-1} \tag{6.15}$$

$$\boldsymbol{P}(k \mid k) = [\boldsymbol{I} - \boldsymbol{K}(k)\boldsymbol{H}(k)]\boldsymbol{P}(k \mid k-1)[\boldsymbol{I} - \boldsymbol{K}(k)\boldsymbol{H}(k)]^{\mathrm{T}} + \boldsymbol{K}(k)\boldsymbol{R}(k)\boldsymbol{K}^{\mathrm{T}}(k) \tag{6.16}$$

$$\hat{\boldsymbol{x}}(k) = \hat{\boldsymbol{x}}(k \mid k-1) + \boldsymbol{K}(k)\left\{\boldsymbol{z}(k) - \boldsymbol{H}[\hat{\boldsymbol{x}}(k \mid k-1),k-1]\right\} \tag{6.17}$$

6.5.1 增广状态空间

在 SLAM 过程中，由于各种传感器测量的不确定性，机器人的位置估计和环境路标特征的位置估计都是不确定的，并且这些不确定是相互关联的，所以机器人的位置估计和环境特征的位置估计不能分开独立进行，必须同时进行滤波估计。将机器人的位姿和环境特征的位置同时表示在一个系统状态向量中，并把定位与地图构建在同一个滤波过程进行估计，这就是增广状态空间的由来。

增广的系统状态表示为

$$\boldsymbol{x} = \begin{bmatrix} \boldsymbol{x}_{\mathrm{r}} \\ \boldsymbol{x}_{\mathrm{m}} \end{bmatrix} \tag{6.18}$$

注意，这里的 $\boldsymbol{x}$、$\boldsymbol{x}_{\mathrm{r}}$、$\boldsymbol{x}_{\mathrm{m}}$ 都是向量。其中 $\boldsymbol{x}_{\mathrm{r}}$ 如式(6.6)所示，$\boldsymbol{x}_{\mathrm{m}}$ 如式(6.19)所示：

$$\boldsymbol{x}_{\mathrm{m}} = \begin{bmatrix} x_{\mathrm{m},1} \\ y_{\mathrm{m},1} \\ \vdots \\ x_{\mathrm{m},n} \\ y_{\mathrm{m},n} \end{bmatrix} \tag{6.19}$$

在扩展卡尔曼滤波过程中，需要维护机器人位姿与路标位置的相关性，以获得环境地图创建的一致性和收敛性。因此需要对如式(6.20)所示的增广状态协方差矩阵进行更新维护：

$$\boldsymbol{P} = \begin{bmatrix} \boldsymbol{P}_{\mathrm{rr}} & \boldsymbol{P}_{\mathrm{rm}} \\ \boldsymbol{P}_{\mathrm{rm}}^{\mathrm{T}} & \boldsymbol{P}_{\mathrm{mm}} \end{bmatrix} \tag{6.20}$$

式中：

$$\boldsymbol{P}_{\mathrm{mm}} = \begin{bmatrix} \sigma_{x_1x_1}^2 & \sigma_{x_1y_1}^2 & \cdots & \sigma_{x_nx_1}^2 & \sigma_{x_1y_n}^2 \\ \sigma_{x_1y_1}^2 & \sigma_{y_1y_1}^2 & \cdots & \sigma_{x_ny_1}^2 & \sigma_{y_1y_n}^2 \\ \vdots & \vdots & & \vdots & \vdots \\ \sigma_{x_1x_n}^2 & \sigma_{x_ny_1}^2 & \cdots & \sigma_{x_nx_n}^2 & \sigma_{x_ny_n}^2 \\ \sigma_{x_1y_n}^2 & \sigma_{y_ny_1}^2 & \cdots & \sigma_{x_ny_n}^2 & \sigma_{y_ny_n}^2 \end{bmatrix} \tag{6.21}$$

协方差矩阵 $\boldsymbol{P}_{\mathrm{mm}}$ 表示某一环境特征与地图中其他环境特征的相关性。$\boldsymbol{P}_{\mathrm{mm}}$ 中对角线上元素表示每个环境特征的位置估计误差的方差，非对角线元素表示各环境特征之间的协方差。一般将机器人的初始位置定义为坐标系的原点，在初始地图中环境特征的个数为 0，将状态估计初值设为：$\boldsymbol{X}=\boldsymbol{X}_{\mathrm{r}}=\boldsymbol{0}$；$\boldsymbol{P}=\boldsymbol{P}_{\mathrm{r}}=\boldsymbol{0}$。

6.5.2 系统运动学模型与观测模型的雅可比矩阵

由前述，考虑噪声和模型不准确带来的影响，移动机器人的运动学方程为

$$\begin{aligned}\boldsymbol{x}_{\mathrm{r}}(k)&=\boldsymbol{f}[\boldsymbol{x}_{\mathrm{r}}(k-1),u(k-1),k-1]+\boldsymbol{w}(k)\\&=\begin{bmatrix}x_{\mathrm{r}}(k-1)+v_{\mathrm{r}}\Delta t\cos\theta\\y_{\mathrm{r}}(k-1)+v_{\mathrm{r}}\Delta t\sin\theta\\\theta_{\mathrm{r}}(k-1)+[2(v_{\mathrm{r}}-v_{\mathrm{e_1}})/H]\Delta t\end{bmatrix}+\boldsymbol{w}(k)\end{aligned}\tag{6.22}$$

则系统运动学方程的雅可比矩阵为

$$\boldsymbol{F}_{\mathrm{r}}=\frac{\partial\boldsymbol{f}}{\partial\boldsymbol{x}_{\mathrm{r}}}=\begin{bmatrix}1&0&-v_{\mathrm{r}}\Delta t\sin\theta\\0&1&v_{\mathrm{r}}\Delta t\cos\theta\\0&0&1\end{bmatrix}\tag{6.23}$$

环境特征的运动学模型为

$$\boldsymbol{x}_{\mathrm{m},i}(k)=\boldsymbol{x}_{\mathrm{m},i}(k-1)\tag{6.24}$$

故增广卡尔曼滤波的系统运动学方程雅可比矩阵为

$$\boldsymbol{F}=\begin{bmatrix}\dfrac{\partial\boldsymbol{f}_{\mathrm{r}}}{\partial\boldsymbol{x}_{\mathrm{r}}}&\boldsymbol{O}\\\boldsymbol{O}^{\mathrm{T}}&\boldsymbol{I}\end{bmatrix}=\begin{bmatrix}\boldsymbol{F}_{\mathrm{r}}&\boldsymbol{O}\\\boldsymbol{O}^{\mathrm{T}}&\boldsymbol{I}\end{bmatrix}=\begin{bmatrix}\boldsymbol{J}_1&\boldsymbol{O}\\\boldsymbol{O}^{\mathrm{T}}&\boldsymbol{I}\end{bmatrix}\tag{6.25}$$

式中，$\boldsymbol{J}_1\in\mathbf{R}^{3\times3}$，$\boldsymbol{O}\in\mathbf{R}^{3\times n}$，$\boldsymbol{I}\in\mathbf{R}^{n\times n}$，$\boldsymbol{O}$ 为零矩阵，n 为环境特征点的个数。

取系统观测模型为环境特征相对于全局坐标系的观测方程：

$$\boldsymbol{z}_i(k)=\boldsymbol{h}[\boldsymbol{x}_i(k)]+\boldsymbol{v}(k)=\begin{bmatrix}x_{\mathrm{r}}(k)+\rho_i(k)\cos[\varphi_i(k)+\theta_{\mathrm{r}}(k)]\\y_{\mathrm{r}}(k)+\rho_i(k)\sin[\varphi_i(k)+\theta_{\mathrm{r}}(k)]\end{bmatrix}+\boldsymbol{v}(k)\tag{6.26}$$

由于激光测距系统的实际观测值为环境特征相对激光测距系统中心的距离 ρ 和角度 φ，即

$$h(x)=\begin{cases}\rho_i=\sqrt{(x_i-x_{\mathrm{r}})^2+(y_i-y_{\mathrm{r}})^2}\\\varphi_i=\arctan\left(\dfrac{x_i-x_{\mathrm{r}}}{y_i-y_{\mathrm{r}}}\right)-\theta_{\mathrm{r}}+\dfrac{\pi}{2}\end{cases}\tag{6.27}$$

式(6.26)可以变换为

$$\begin{aligned}\boldsymbol{z}_i(k)&=\boldsymbol{h}[\boldsymbol{x}_i(k)]+\boldsymbol{v}(k)=\begin{bmatrix}\rho_i(k)\\\varphi_i(k)\end{bmatrix}+\boldsymbol{v}(k)\\&=\begin{bmatrix}\sqrt{(x_i(k)-x_{\mathrm{r}}(k))^2+[y_i(k)-y_{\mathrm{r}}(k)]^2}\\\varphi_i=\arctan\left(\dfrac{x_i(k)-x_{\mathrm{r}}(k)}{y_i(k)-y_{\mathrm{r}}(k)}\right)-\theta_{\mathrm{r}}(k)+\dfrac{\pi}{2}\end{bmatrix}+\boldsymbol{v}(k)\end{aligned}\tag{6.28}$$

则增广卡尔曼滤波观测方程的雅可比矩阵为

$$\boldsymbol{H}=\frac{\partial \boldsymbol{h}}{\partial x}=\begin{bmatrix}\dfrac{\partial \boldsymbol{h}_\rho}{\partial x}\\[2mm]\dfrac{\partial \boldsymbol{h}_\varphi}{\partial x}\end{bmatrix}=\begin{bmatrix}\dfrac{\partial \boldsymbol{z}_\rho}{\partial(x_r,y_r,\theta_r,\{x_i,y_i\})}\\[2mm]\dfrac{\partial \boldsymbol{z}_\varphi}{\partial(x_r,y_r,\theta_r,\{x_i,y_i\})}\end{bmatrix} \tag{6.29}$$

式中：

$$\begin{cases}\dfrac{\partial \boldsymbol{h}_\rho}{\partial x}=\dfrac{1}{\Delta}[-\Delta x,-\Delta y,0,0,0,\cdots,\Delta x,\Delta y,0,0,\cdots,0]\\[2mm]\dfrac{\partial \boldsymbol{h}_\varphi}{\partial x}=\left[\dfrac{\Delta y}{\Delta^2},-\dfrac{\Delta x}{\Delta^2},-1,0,0,\cdots,-\dfrac{\Delta y}{\Delta^2},\dfrac{\Delta x}{\Delta^2},0,0,\cdots,0\right]\\[2mm]\Delta x=(x_i-x_r)\\\Delta y=(y_i-y_r)\\\Delta=\sqrt{\Delta x^2+\Delta y^2}\end{cases} \tag{6.30}$$

6.5.3　状态预测与状态更新

在 SLAM 过程中，对已建立的机器人系统运动方程与观测方程，应用式(6.13)～式(6.17)的扩展卡尔曼滤波，执行状态预测与状态更新。每当获得一个已知特征的新数据时，在循环计算中都将执行这一步骤，在此不再详述。在系统输入信息中，由于存在噪声以及受到模型中不确定项的影响，在卡尔曼滤波过程中机器人位置与姿态中的不确定量将可能增大。

6.5.4　数据关联、特征检测与状态增加

数据关联在多目标跟踪中已得到较长时间的研究，用于寻找对多目标的实际观测与预测观测之间的对应关系，从而达到对多目标的跟踪。在 SLAM 中，数据关联是一个匹配当前观测量与它所对应的环境特征的过程。数据关联一直是 SLAM 方法的最大障碍，一方面它将给卡尔曼滤波带来“维数灾难”，另一方面数据关联本身就是一个难题。其困难主要在于：在一帧观测数据中存在多个状态量，在 SLAM 进行状态更新前，必须判定传感器观测获得的状态量都只反映已有的环境特征，还是其中包含了新的环境特征。由于观测数据处理不可能完全正确，因此难以建立传感器观测获得状态量的组数与是否存在新特征之间确定的联系。

数据关联的常用方法包括最近邻(nearest neighbour，NN)法、概率数据关联(probabilistic data association，PDA)法、联合概率数据关联(joint probabilistic data association，JPDA)法以及帧相关法等。在数据关联中，如果所匹配得到的是一个已知的已有特征，则应用该特征信息进行状态更新。如果没有与已有的特征匹配，则表明可能检测到一个新的特征。但同时在 SLAM 过程中又不期望将具有

欺骗性的观测量当成一个新特征。这些具有欺骗性的观测量可能不会重复出现,如果将其作为特征量对待的话,将大大耗费计算时间与存储空间。

在此采用重复特征状态向量扩展作为接受一个新特征的条件与方法。具体做法是,首先根据先验知识,建立可能的特征列表。在利用激光测距系统进行环境特征检测的过程中,从可能的特征列表中获取特征。当同一个特征出现的次数达到一定数量后,才将其合并到特征向量当中。这种方法的优点是实现简便,对外部传感器输出频率较高时很合适。其缺点是会丢失部分信息,当传感器观测区域很小时会发生问题,一些特征量可能只会被观测到很少的次数。

当已经确定检测到一个新特征后,将新特征记为 $\boldsymbol{x}_n$,需要将原状态量$[\boldsymbol{x}_r \quad \boldsymbol{x}_m]^T$更新为新状态量$[\boldsymbol{x}_r \quad \boldsymbol{x}_m \quad \boldsymbol{x}_n]^T$。

$$\begin{bmatrix}\boldsymbol{x}_r \\ \boldsymbol{x}_m \\ \boldsymbol{x}_n\end{bmatrix} = \begin{bmatrix}\boldsymbol{x}_r \\ \boldsymbol{x}_m \\ \boldsymbol{H}(\boldsymbol{x}_r, \boldsymbol{z})\end{bmatrix} \tag{6.31}$$

在此需要计算新状态量$[\boldsymbol{x}_r \quad \boldsymbol{x}_m \quad \boldsymbol{x}_n]^T$ 相对应的协方差矩阵。

假定原状态量$[\boldsymbol{x}_r \quad \boldsymbol{x}_m]^T$ 具有的机器人与地图的协方差矩阵为

$$\boldsymbol{P}_0 = \begin{bmatrix}\boldsymbol{P}_{rr}^0 & \boldsymbol{P}_{rm}^0 \\ \boldsymbol{P}_{rm}^0 & \boldsymbol{P}_{mm}^0\end{bmatrix} \tag{6.32}$$

当观测到一个新的特征后,新状态量$[\boldsymbol{x}_r \quad \boldsymbol{x}_m \quad \boldsymbol{x}_n]^T$ 相对应的协方差矩阵为 $\boldsymbol{P}_1$。计算 $\boldsymbol{P}_1$ 最简单也最易于理解与实现的方式是令

$$\boldsymbol{P}_0 = \begin{bmatrix}\boldsymbol{P}_{rr}^0 & \boldsymbol{P}_{rm}^0 & 0 \\ \boldsymbol{P}_{rm}^0 & \boldsymbol{P}_{mm}^0 & 0 \\ 0 & 0 & \boldsymbol{A}\end{bmatrix} \tag{6.33}$$

应用扩展卡尔曼滤波方程中的式(6.14)~式(6.16)进行 $\boldsymbol{P}(k)$到 $\boldsymbol{P}(k+1)$的递推。由于系统观测的不确定性,$\boldsymbol{P}_0$ 中 $\boldsymbol{A}$ 可能会非常大,则在应用扩展卡尔曼滤波方程中的式(6.14)~式(6.16)进行 $\boldsymbol{P}(k)$到 $\boldsymbol{P}(k+1)$的递推时,可能出现病态矩阵,从而带来数值计算问题。因此需要采用估计的方式求解。

采用式(6.26)作为系统模型(6.31)中的观测模型

$$\boldsymbol{z}_i(k) = \boldsymbol{h}[\boldsymbol{x}_i(k)] + \boldsymbol{v}(k) = \begin{bmatrix}\boldsymbol{x}_r(k) + \rho_i(k)\cos[\varphi_i(k) + \theta_r(k)] \\ \boldsymbol{y}_r(k) + \rho_i(k)\sin[\varphi_i(k) + \theta_r(k)]\end{bmatrix} + \boldsymbol{v}(k) \tag{6.34}$$

则可得加入新特征 $\boldsymbol{x}_n$ 后的协方差矩阵为

$$\boldsymbol{P}_1 = \begin{bmatrix}\boldsymbol{P}_{rr}^0 & \boldsymbol{P}_{rm}^0 & \boldsymbol{P}_{rr}^0\boldsymbol{\xi}^T \\ \boldsymbol{P}_{rm}^0 & \boldsymbol{P}_{mm}^0 & \boldsymbol{P}_{rm}^0\boldsymbol{\xi}^T \\ \boldsymbol{\xi}\boldsymbol{P}_{rr}^0 & \boldsymbol{\xi}\boldsymbol{P}_{rm}^0 & \boldsymbol{\xi}\boldsymbol{P}_{rr}^0\boldsymbol{\xi}^T + \boldsymbol{B}\end{bmatrix} \tag{6.35}$$

式中：

$$\boldsymbol{\xi} = \partial \boldsymbol{h} / \partial(x_{\mathrm{r}}, y_{\mathrm{r}}, \theta_{\mathrm{r}}) = \begin{bmatrix} 1 & 0 & \cos(\theta_{\mathrm{r}} + \varphi - \pi/2) \\ 0 & 1 & \sin(\theta_{\mathrm{r}} + \varphi - \pi/2) \end{bmatrix}_{(\theta_{\mathrm{r}}, \rho, \varphi) = (\theta_{\mathrm{r}}(k|k), \rho(k), \varphi(k))} \tag{6.36}$$

$$\boldsymbol{B} = \boldsymbol{\eta}^{\mathrm{T}} \boldsymbol{R} \boldsymbol{\eta} \tag{6.37}$$

$$\boldsymbol{\eta} = \partial \boldsymbol{h}(x_{\mathrm{r}}) / \partial z = \partial \boldsymbol{h} / \partial(\rho, \varphi) = \begin{bmatrix} \cos(\theta_{\mathrm{r}} + \varphi - \pi/2) & -\rho\sin(\theta_{\mathrm{r}} + \varphi - \pi/2) \\ \sin(\theta_{\mathrm{r}} + \varphi - \pi/2) & \rho\cos(\theta_{\mathrm{r}} + \varphi - \pi/2) \end{bmatrix} \tag{6.38}$$

6.6　SLAM 问题的概率模型

如何估计机器人在空间中移动时的状态(如位置、方向)是机器人研究中一个重要的问题。机器人学本质上研究的是世界上运动物体的问题。大多数机器人、自动驾驶汽车都需要导航信息。导航的数据来自于相机、激光测距仪等各种传感器,而它们往往受噪声影响,这给状态估计带来了挑战。本章 6.1～6.5 节以直观方式描述了 SLAM 的数学模型及其实现。在移动机器人研究领域，SLAM 问题也常常以概率形式进行描述。对此问题也可以参考第 4 章中介绍的粒子滤波,将问题描述为移动机器人在一个未知环境中向目标移动,同时其自身携带的传感器对环境进行持续观测,如图 6.14 所示。

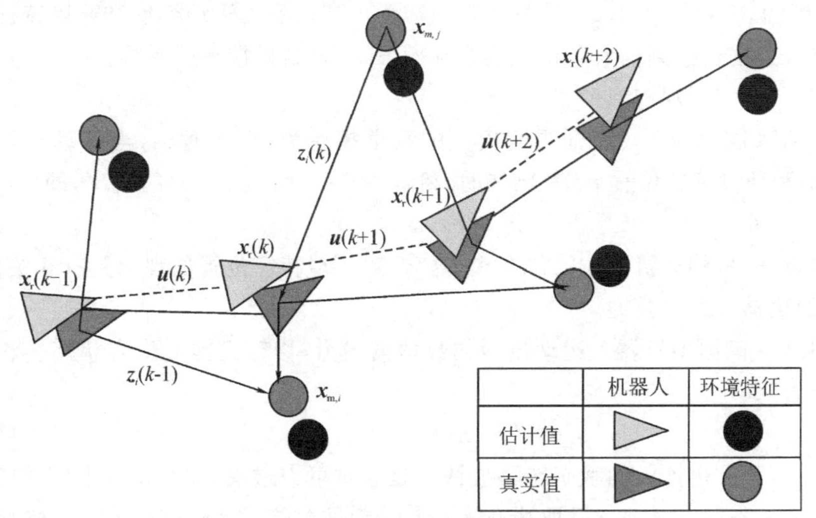

图 6.14　SLAM 问题的概率模型描述

定义在 k 时刻图中各符号含义如下：

$\boldsymbol{x}_{\mathrm{r}}(k)$：移动机器人位姿状态向量。

$\boldsymbol{u}(k)$：控制向量，驱使移动机器人从 $k-1$ 时刻的状态达到 k 时刻的状态。

$\boldsymbol{x}_{\mathrm{m},i}$：第 i 个静止环境特征的位置状态向量。

$z_i(k)$：k 时刻，移动机器人对第 i 个静止的环境特征进行的一次观测的观测量。

定义各集合含义如下：

$\boldsymbol{X}_{\mathrm{r}}(0:k)=(\boldsymbol{x}_{\mathrm{r}}(0),\boldsymbol{x}_{\mathrm{r}}(1),\cdots,\boldsymbol{x}_{\mathrm{r}}(k))=(\boldsymbol{X}_{\mathrm{r}}(0:k-1),\boldsymbol{x}_{\mathrm{r}}(k))$：移动机器人位姿状态的历史信息。

$\boldsymbol{U}(0:k)=\Big(\boldsymbol{u}(0),\boldsymbol{u}(1),\cdots,\boldsymbol{u}(k)\Big)=\Big(\boldsymbol{U}(0:k-1),\boldsymbol{u}(k)\Big)$：控制输入的历史信息。

$\boldsymbol{x}_{\mathrm{m}}=(\boldsymbol{x}_{\mathrm{m},1},\boldsymbol{x}_{\mathrm{m},2},\cdots,\boldsymbol{x}_{\mathrm{m},n})$：所有静止环境特征位置 $1,2,\cdots,n$ 状态的集合。

$\boldsymbol{Z}(0:k)=(\boldsymbol{z}(0),\boldsymbol{z}(1),\cdots,\boldsymbol{z}(k))=(\boldsymbol{Z}(0:k-1),\boldsymbol{z}(k))$：所有观测的集合。

将概率方法引入对 SLAM 问题的研究，SLAM 问题便可以描述为：在 k 时刻，移动机器人位姿和环境特征位置组成的联合状态的概率分布是以观测历史信息 $\boldsymbol{Z}(0:k)$、控制输入历史信息 $\boldsymbol{U}(0:k)$ 和移动机器人的初始位姿状态 $\boldsymbol{x}_{\mathrm{r}}(0)$ 为条件的概率分布，即

$$p(\boldsymbol{x}_{\mathrm{r}}(k),\boldsymbol{x}_{\mathrm{m}}\,|\,\boldsymbol{Z}(0:k),\boldsymbol{U}(0:k),\boldsymbol{x}(0)) \tag{6.39}$$

因此，SLAM 问题可以这样来解决：假设已知 $k-1$ 时刻的联合状态概率分布为 $p[\boldsymbol{x}_{\mathrm{r}}(k-1),\boldsymbol{x}_{\mathrm{m}}\,|\,\boldsymbol{Z}(0:k-1),\boldsymbol{U}(0:k-1)]$，结合 k 时刻的观测 $\boldsymbol{z}(k)$ 和控制输入 $\boldsymbol{u}(k)$，由贝叶斯定理，便可计算得到 k 时刻的联合状态概率分布 $p[\boldsymbol{x}_{\mathrm{r}}(k),\boldsymbol{x}_{\mathrm{m}}\,|\,\boldsymbol{Z}(0:k),\boldsymbol{U}(0:k)]$。但是，计算过程中需要用到机器人运动模型和环境特征观测模型来分别描述控制输入和传感器观测对 SLAM 结果带来的影响。

(1)环境特征观测模型。

SLAM 问题的环境特征观测模型的数学描述为：在 k 时刻，当移动机器人位姿 $\boldsymbol{x}_{\mathrm{r}}(k)$ 和环境特征位置 $\boldsymbol{x}_{\mathrm{m}}$ 都已知时，机器人作一次观测 $\boldsymbol{z}(k)$ 的概率，即

$$p[\boldsymbol{z}(k)\,|\,\boldsymbol{x}_{\mathrm{r}}(k),\boldsymbol{x}_{\mathrm{m}}] \tag{6.40}$$

可以看出，移动机器人的位姿和传感器对环境特征位置的观测具有相关性。

(2)机器人运动模型。

SLAM 问题中机器人运动模型的数学描述为：移动机器人位姿状态转移的概率分布，即

$$p[\boldsymbol{x}_{\mathrm{r}}(k)\,|\,\boldsymbol{x}_{\mathrm{r}}(k-1),\boldsymbol{u}(k-1)] \tag{6.41}$$

可以看出，移动机器人的状态转移被认为是马尔可夫过程，在此过程中移动机器人 k 时刻的位姿状态 $\boldsymbol{x}_{\mathrm{r}}(k)$ 只取决于 $k-1$ 时刻的位姿状态 $\boldsymbol{x}_{\mathrm{r}}(k-1)$ 和控制输入 $\boldsymbol{u}(k-1)$，而不依赖于环境地图估计和传感器观测。

至此，运用概率方法解决 SLAM 问题可以归结为由时间更新(预测)和观测更新(修正)两个步骤构成的递归过程。

(1) 时间更新。

$$p[\boldsymbol{x}_{\mathrm{r}}(k),\boldsymbol{x}_{\mathrm{m}}\mid\boldsymbol{Z}(0:k-1),\boldsymbol{U}(0:k-1),\boldsymbol{x}_{\mathrm{r}}(0)]=$$
$$\int p[\boldsymbol{x}_{\mathrm{r}}(k)\mid\boldsymbol{x}_{\mathrm{r}}(k-1),\boldsymbol{u}(k-1)]\cdot p[\boldsymbol{x}_{\mathrm{r}}(k-1),$$
$$\boldsymbol{x}_{\mathrm{m}}\mid\boldsymbol{Z}(0:k-1),\boldsymbol{U}(0:k-1),\boldsymbol{x}_{\mathrm{r}}(0)]\mathrm{d}\boldsymbol{x}_{\mathrm{r}}(k-1) \tag{6.42}$$

(2)观测更新。

$$p(\boldsymbol{x}_{\mathrm{r}}(k),\boldsymbol{x}_{\mathrm{m}}\mid\boldsymbol{Z}(0:k),\boldsymbol{U}(0:k),\boldsymbol{x}_{\mathrm{r}}(0))=$$
$$\frac{p[\boldsymbol{z}(k)\mid\boldsymbol{x}_{\mathrm{r}}(k),\boldsymbol{x}_{\mathrm{m}}]p[\boldsymbol{x}_{\mathrm{r}}(k),\boldsymbol{x}_{\mathrm{m}}\mid\boldsymbol{Z}(0:k-1),\boldsymbol{U}(0:k),\boldsymbol{x}_{\mathrm{r}}(0)]}{p[\boldsymbol{z}(k)\mid\boldsymbol{Z}(0:k),\boldsymbol{U}(0:k)]} \tag{6.43}$$

为了 SLAM 结果的一致性,式(6.42)和式(6.43)没有忽略移动机器人的位姿状态和环境特征位置状态的观测相关性,即没有将 SLAM 问题中的定位和地图创建简单地拆分为两个独立的问题,也即

$$p[\boldsymbol{x}_{\mathrm{r}}(k),\boldsymbol{x}_{\mathrm{m}}\mid\boldsymbol{Z}(0:k),\boldsymbol{U}(0:k),\boldsymbol{x}_{\mathrm{r}}(0)]\neq$$
$$p[\boldsymbol{x}_{\mathrm{r}}(k)\mid\boldsymbol{Z}(0:k),\boldsymbol{U}(0:k),\boldsymbol{x}_{\mathrm{m}}]\cdot p[\boldsymbol{x}_{\mathrm{m}}\mid\boldsymbol{Z}(0:k),\boldsymbol{U}(0:k),\boldsymbol{x}_{\mathrm{r}}(0:k)] \tag{6.44}$$

不过,SLAM 问题的概率模型还不仅仅如此简单。首先,SLAM 问题中机器人位姿状态估计误差和环境特征位置状态估计误差之间存在相关性。从图 6.14 中可以看出,机器人是在不断移动的情况下进行环境特征的持续观测的,对于环境特征来说,观测源自始至终只有移动机器人一个。由于系统误差等原因,机器人的定位不可能绝对精确,从而导致每一次的环境特征位置估计都是会存在误差的。其次,环境特征位置状态估计误差之间也存在相关性。因为每一时刻环境特征位置的更新都是基于前一时刻的观测信息,从而使前一时刻环境特征位置状态的估计误差被引入了更新之中,最终导致前后两个时刻之间的环境特征位置估计误差之间的相关性。同时,随着观测次数的不断增加,这种相关性会存在于所有环境特征之间,并且呈单调上升趋势。整个过程可以用一张网络图进行直观形象地诠释,如图 6.15 所示。

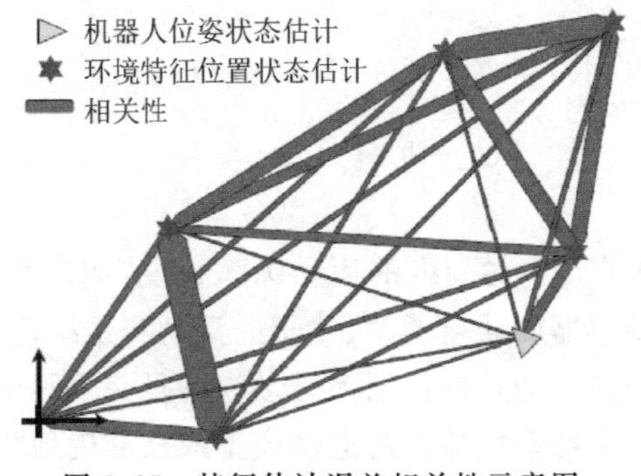

图 6.15　特征估计误差相关性示意图

在图6.15中，将环境特征位置状态估计误差之间的相关性用可以增粗的直线表示，直线越粗，表明相关性越强。所有的相关性构成了一个可以随观测次数增加而增强的网络。可以看出，当机器人在环境中不停移动进行持续观测时，这种相关性就会持续增强。并且，当某一环境特征被观测到或位置状态被更新时，造成的相关性的变化会传遍整个网络。同时，在整个过程中，移动机器人位姿状态的估计也是和整个网络相关的。

移动机器人系统模型和环境的相关模型是实现各种SLAM算法的基础，其中的地图模型等大部分模型与前面的描述是相同的，或只是在形式上略有变化。

（1）坐标系统模型和移动机器人位姿模型。

移动机器人SLAM问题研究中，主要用到两种坐标系统。声纳、激光等距离方向传感器大多采用极坐标系统。移动机器人位姿 $\boldsymbol{x}_{\mathrm{r}}=(x_{\mathrm{r}},y_{\mathrm{r}},\theta_{\mathrm{r}})^{\mathrm{T}}$、环境特征位置 $\boldsymbol{x}_{\mathrm{m},i}=(x_{\mathrm{m},i},y_{\mathrm{m},i})$ 和传感器位置 $\boldsymbol{x}_{\mathrm{s}}=(x_{\mathrm{s}},y_{\mathrm{s}})$ 通常采用笛卡儿坐标系统。

机器人的位姿用一个三维状态向量 $(x,y,\theta)^{\mathrm{T}}$ 表示，包括其在全局坐标系中的位置 (x,y) 和姿态角 θ。姿态角 θ 即为机器人的运动方向，用机器人坐标系的 X_{R} 轴或 Y_{R} 轴与全局坐标系的 X_{W} 轴或 Y_{W} 轴之间的夹角表示。其方向可以定义为：以 X_{W} 轴或 Y_{W} 轴为0°，沿逆时针方向为正，沿顺时针方向为负，姿态角的范围在－180°～＋180°之间。

（2）移动机器人运动模型。

运动模型描述在控制输入 $\boldsymbol{u}_k$ 和噪声干扰 $\boldsymbol{w}_k$ 等因素的作用下，移动机器人的位姿状态 $(x_k,y_k,\theta_k)^{\mathrm{T}}$ 是怎样随时间发生变化的过程，通常可以用一个非线性的离散时间差分方程来描述：

$$\begin{bmatrix} x_{\mathrm{r}}(k) \\ y_{\mathrm{r}}(k) \\ \theta_{\mathrm{r}}(k) \end{bmatrix} = \boldsymbol{f}[\boldsymbol{x}_{\mathrm{r}}(k-1),\boldsymbol{u}(k-1),\boldsymbol{w}(k),k]=$$

$$\begin{bmatrix} x_{\mathrm{r}}(k-1)+\dfrac{\Delta D(k)}{\Delta\theta_{\mathrm{r}}(k)}[\cos(\theta_{\mathrm{r}}(k-1)+\Delta\theta_{\mathrm{r}}(k))-\cos\theta_{\mathrm{r}}(k-1)] \\ y_{\mathrm{r}}(k-1)+\dfrac{\Delta D(k)}{\Delta\theta_{\mathrm{r}}(k)}[\sin(\theta_{\mathrm{r}}(k-1)+\Delta\theta_{\mathrm{r}}(k))-\sin\theta_{\mathrm{r}}(k-1)] \\ \theta_{\mathrm{r}}(k-1)+\Delta\theta_{\mathrm{r}}(k) \end{bmatrix}+\boldsymbol{w}(k) \tag{6.45}$$

式中，$\Delta D(k)$ 为机器人在 ΔT 时间内的运动圆弧长度，$\boldsymbol{w}(k)$ 为系统噪声，用来表示机器人运动过程中，传感器的误差漂移、轮子的滑动和系统建模等引起的误差。由此可以看出，式(6.45)所示的移动机器人运动模型是一个马尔可夫过程。

在理想情况下，一个移动机器人的运动模型应该准确地描述机器人的运动，得到机器人位姿状态的动态变化过程。然而，用有限的参数进行系统建模不可能完全表达系统的动态变化过程，同时传感器数据和车体的运动都带有噪声，给机器人的运动模型带来了不确定性。因此，要完整描述机器人的运动，必须采用一个高度复杂的非线性函数，这为定位算法的实现带来了难度。在实际应用中，通常采用一个简化的运动模型来近似。为了更好地逼近机器人的实际运动轨迹，常用的运动模型是基于里程计圆弧模型建立的。

(3) 传感器观测模型。

传感器观测模型描述的是传感器所观测到的环境特征位置状态与机器人的全局位姿坐标之间的关系，通常也是用一个非线性离散时间差分方程来表述：

$$\boldsymbol{z}(k)=\boldsymbol{h}(\boldsymbol{x}_{\mathrm{r}}(k),\boldsymbol{x}_{\mathrm{m},i})+\boldsymbol{v}(k) \tag{6.46}$$

式中，$\boldsymbol{v}(k)$为观测噪声，用来描述观测噪声和模型本身的误差等。

当前移动机器人最常用的观测传感器是激光传感器，采用的观测坐标系是极坐标系，因此观测量 $\boldsymbol{z}$ 是所观测到的环境特征相对于机器人的极距离 ρ 和方向角 φ，由此得到的观测模型为

$$\boldsymbol{z}(k)=\begin{bmatrix}\rho(k)\\ \varphi(k)\end{bmatrix}=\begin{bmatrix}\sqrt{(\boldsymbol{x}_{\mathrm{r}}(k)-\boldsymbol{x}_{\mathrm{m},i})^2+(y_{\mathrm{r}}(k)-y_{\mathrm{m},i})^2}\\ \arctan\dfrac{y_{\mathrm{r}}(k)-y_{\mathrm{m},i}}{x_{\mathrm{r}}(k)-x_{\mathrm{m},i}}-\theta_{\mathrm{r}}(k)\end{bmatrix}+\boldsymbol{v}(k) \tag{6.47}$$

式中，$\boldsymbol{x}_{\mathrm{m},i}=(x_{\mathrm{m},i},y_{\mathrm{m},i})$为观测到的第 i 个静态环境特征的全局位置坐标。

如果环境特征的表征方式不同，那么得到的观测模型的具体形式也有所不同。在第 4 章中介绍了一种基于线段特征的观测模型。

(4) 环境特征动态模型。

环境特征的动态模型描述了环境特征位置状态随时间的变化。如果环境特征的表征方式不同，那么其动态模型也不同。一般情况下研究的是静态环境中的 SLAM 问题，因此所涉及的环境特征都是静止的。以环境特征 $\boldsymbol{x}_{\mathrm{m},i}=(x_{\mathrm{m},i},y_{\mathrm{m},i})$为例，其动态模型可以表示为

$$\begin{bmatrix}x_{\mathrm{m},i}(k)\\ y_{\mathrm{m},i}(k)\end{bmatrix}=\begin{bmatrix}x_{\mathrm{m},i}(k-1)\\ y_{\mathrm{m},i}(k-1)\end{bmatrix} \tag{6.48}$$

(5) 环境特征的增广模型。

移动机器人在运行过程中，观测到一个新的环境特征时，就要把所观测到的新环境特征加入系统的状态向量中。这个新的环境特征在地图中的表示量是关于移动机器人当前位置和观测量的向量函数：

$$\boldsymbol{x}_{\mathrm{m},n+1}(k)=\boldsymbol{g}(\boldsymbol{x}(k),\boldsymbol{z}(k))+\boldsymbol{v}(k) \tag{6.49}$$

假设 k 时刻的观测量表示为$[\rho(k),\varphi(k)]$，机器人的位姿状态为$[x(k)\quad y(k)\quad \theta(k)]^{\mathrm{T}}$，则新的环境特征在全局地图中表示 $\boldsymbol{x}_{\mathrm{m},n+1}=(x_{\mathrm{m},n+1},y_{\mathrm{m},n+1})$为

$$\boldsymbol{x}_{\mathrm{m},n+1}(k)=\begin{bmatrix}x_{\mathrm{m},n+1}\\y_{\mathrm{m},n+1}\end{bmatrix}=\begin{bmatrix}x(k)+\rho(k)\cdot\cos[\varphi(k)+\theta(k)]\\y(k)+\rho(k)\cdot\sin[\varphi(k)+\theta(k)]\end{bmatrix}+\boldsymbol{v}(k)\quad(6.50)$$

由式(6.48),记 $\boldsymbol{x}_{\mathrm{m},n+1}(k)$为 $\boldsymbol{x}_{\mathrm{m},n+1}$。

随着机器人的运行,观测到更多新的环境特征,如果把更新的环境特征加入系统状态向量中,此状态向量称作增广的状态向量。

(6) 传感器噪声模型和系统噪声模型。

移动机器人的自主定位与导航必须以可靠的传感器检测到的信息为基础。但是,由于环境的复杂性以及传感器自身的限制,传感器所观测的信息受到多种复杂因素的干扰,就会产生不同程度的不确定性。观测信息的不确定性必然会导致环境模型的不确定,同样,当依据观测模型和传感器信息进行决策时也具有不同程度的不确定性。最常用的噪声模型是高斯噪声模型。

6.7 SLAM 算法的一致性

一致性是评价一种估计算法的基本条件之一。如果估计算法是不一致的,那么由此得到的状态估计的精度也是未知的,即这种估计算法是不可靠的。移动机器人 SLAM 问题归根结底是一个对移动机器人位姿状态和环境特征位置进行非线性估计的问题,各种 SLAM 算法归根结底是估计算法,因此,SLAM 算法的一致性是 SLAM 问题的基本问题之一,是 SLAM 技术能够有效应用的基础。换句话说,最优的可靠的 SLAM 算法必须在足够长的时间内保持其自身的一致性,这样才能获得比较精确的移动机器人位姿状态和未知环境的一致性概率地图。

假设 SLAM 算法在 k 时刻的状态真值为 $\boldsymbol{x}(k)$,估计值为 $\hat{\boldsymbol{x}}(k|k)$或简记为 $\hat{\boldsymbol{x}}(k)$,估计误差为 $\tilde{\boldsymbol{x}}(k|k)$或简记为 $\tilde{\boldsymbol{x}}(k)$,即

$$\tilde{\boldsymbol{x}}(k\mid k)=\boldsymbol{x}(k)-\hat{\boldsymbol{x}}(k\mid k)\quad(6.51)$$

由此得到估计误差的协方差矩阵为

$$\boldsymbol{P}(k\mid k)=\boldsymbol{E}[\tilde{\boldsymbol{x}}(k\mid k)\tilde{\boldsymbol{x}}^{\mathrm{T}}(k\mid k)]\quad(6.52)$$

如果下列条件满足

$$\begin{aligned}&E[\tilde{\boldsymbol{x}}(k\mid k)]=\boldsymbol{0}\\&E[\tilde{\boldsymbol{x}}(k\mid k)\tilde{\boldsymbol{x}}^{\mathrm{T}}(k\mid k)]\leqslant\boldsymbol{P}(k\mid k)\end{aligned}\quad(6.53)$$

则认为 SLAM 算法是一致的。

通常情况下,采用归一化估计方差(normalized estimation error squared, NEES)来检验 SLAM 算法的一致性,定义

$$\mathrm{NEES}=\boldsymbol{\varepsilon}(k)=\tilde{\boldsymbol{x}}^{\mathrm{T}}(k\mid k)\boldsymbol{P}^{-1}(k\mid k)\tilde{\boldsymbol{x}}(k\mid k)\quad(6.54)$$

当系统噪声近似为线性高斯分布时,$\boldsymbol{\varepsilon}(k)$服从自由度为 d 的 χ^2 分布,其中

$$d=\dim[x(k)]\quad(6.55)$$

则判断 SLAM 算法是否一致的问题转化为统计检验的问题,临界点 $\chi^2_{d,1-\alpha}$ 可根据

自由度 d 及所给定的显著性水平 α，由 χ^2 分布表中查得，其中 $1-\alpha$ 称为置信水平。

NEES 是一种加权距离，当采用 n 次蒙特卡罗实验时，需要用到 NEES 的平均值，即 MNEES(mean NEES)来检验 EKF - SLAM 算法的一致性，即

$$\text{MNEES}=\frac{1}{n}\sum_{i=1}^{n}\text{NEES}_i \tag{6.56}$$

则 SLAM 算法符合一致性要求需满足下式：

$$\text{MNEES}\leqslant\frac{1}{n}\chi^2_{n\cdot d,1-\alpha} \tag{6.57}$$

由于移动机器人 SLAM 问题是一个非线性估计问题，不可能为它设计一个满足一致性要求的滤波器，评价 SLAM 算法的一致性只能用实验的方法。对于两种最常用的 SLAM 算法，EKF - SLAM 算法和 FastSLAM 算法，近几年已经有学者采用实验的方法对它们的一致性进行了研究，分析造成它们不一致的原因，进而提出对这些缺陷进行改进的方法，从而提高算法的一致性。

6.7.1　EKF - SLAM 算法的一致性

EKF - SLAM 算法在前面已经介绍，这里将其流程概括如图 6.16 所示。

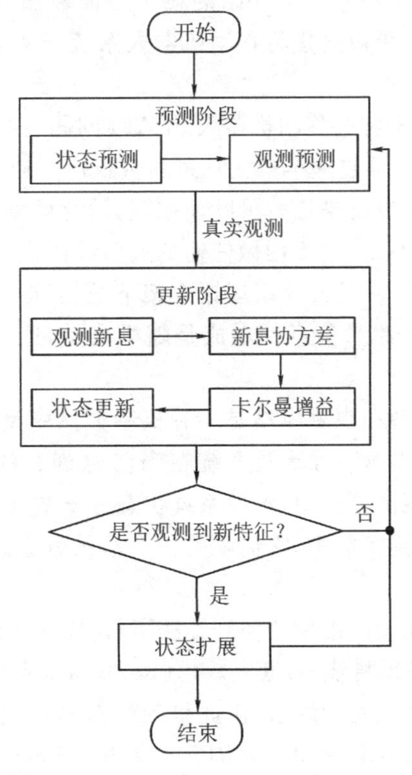

图 6.16　EKF - SLAM 算法流程

对 EKF - SLAM 算法一致性进行实验研究最早始于朱利尔(S. J. Julier)和乌尔曼(J. K. Ulmann)的工作,他们指出 EKF - SLAM 算法的不一致是不可避免的,只要 EKF - SLAM 算法运行足够长时间,它就会出现不一致的现象。因此,在实验和工程应用中,必须在较长的运行时间内来考察 EKF - SLAM 算法的一致性。在他们研究的基础上,贝利(T. Bailey)、涅托(J. Nieto)和古伊凡特(J. Guivant)等指出定向误差的不确定性才是导致 EKF - SLAM 算法不一致的根本原因,其不一致之所以不可避免是因为定向误差的标准差会随着时间的推移进行累积,当超过一定的阈值限度之后,算法便开始出现不一致的现象。

6.7.2 FastSLAM 算法及其一致性

EKF - SLAM 算法在处理不确定信息方面具有优势,但主要存在两个缺陷:一是它将机器人系统近似成高斯系统,并对其进行粗糙的线性化处理,存在较大的误差;二是它的计算复杂度太高,是环境特征数目的 2 次方,难以应用于大范围环境。因此,人们开始寻求更好的 SLAM 解决方法。由于受到杜伦(S. Thrun)等创建概率地图实验研究的影响,蒙特梅洛(M. Montemerlo)等提出了 FastSLAM 算法。FastSLAM 算法以本书 4.3 节介绍的粒子滤波算法和 6.6 节介绍的 SLAM 问题的概率模型为基础,可以直接将移动机器人系统作为非线性非高斯系统进行处理。

采用粒子滤波算法来解决移动机器人 SLAM 问题,主要有三个方面的原因:

(1) 粒子滤波算法是通过递推产生一系列带权值的样本(粒子)来表示状态变量或参数的后验概率,并以此来进行贝叶斯推理,因此可以直接适用于像移动机器人这样的非线性非高斯系统,而不用做任何的近似线性化处理。

(2) 粒子滤波算法是基于贝叶斯理论框架下的,贝叶斯估计是一种随机性估计方法,它将系统状态和测量信息都看成是随机变量,这符合移动机器人 SLAM 问题的实际情况。

(3) SLAM 过程模型和观测模型是一种概率似然模型,模型中的随机变量是已知或未知的。在运动模型中,涉及系统在当前时刻 k 的已知状态和下一时刻 $k+1$的未知状态,而在观测模型中,涉及系统状态等未知变量和观测信息等已知变量。将这两种模型运用到实际中,它们就是一个非线性系统的离散时间状态空间模型,如图 6.17 所示。

然而,因为状态空间的高维性会使其无法实行,粒子滤波算法无法直接用于解决 SLAM 问题。因而必须将饶-布莱克威尔(Rao-Blackwell, R - B)分解运用于粒子滤波算法,来降低采样空间的维数,由此得到的新算法记为饶-布莱克威尔粒子滤波(Rao-Blackellized particle filter, RBPF)算法。FastSLAM 算法正是 RBPF 算法运用的一个实例,因此,其又被称为 RBPF - SLAM 算法。

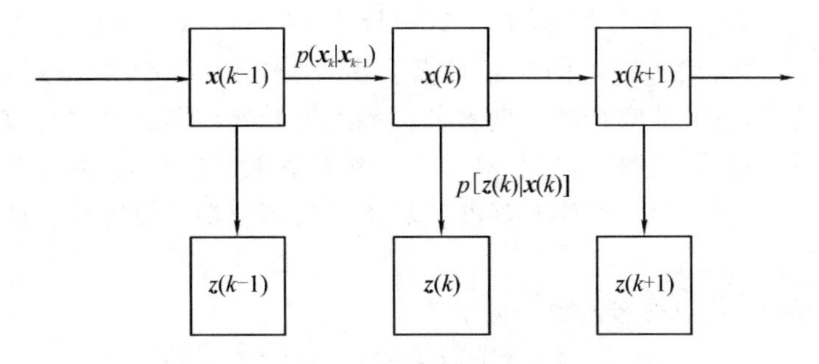

图 6.17　状态空间模型

1. RBPF 算法

普通的粒子滤波算法直接用于解决 SLAM 问题,将会遇上维数高导致普通的粒子滤波 SLAM 算法运算效率十分低下的问题。因为 SLAM 问题的状态向量包含机器人系统状态和地图状态信息,这是一个高维的向量,普通的粒子滤波在处理高维问题时,需要大量的样本来有效覆盖状态空间,这样会导致算法效率十分低下,所以普通的粒子滤波算法不适合直接用于解决 SLAM 问题,需要对其进行改进。

由于 SLAM 问题的状态空间模型具有一定的结构,可以将其分为两个部分:一部分是移动机器人位姿状态的仿真,另一部分是对于环境特征位置状态的解析运算。R-B 分解在粒子滤波算法中的成功运用实现了这种想法。

假设 k 时刻移动机器人的联合状态向量为

$$\boldsymbol{x}(k)=\begin{bmatrix}\boldsymbol{x}_{\mathrm{r}}(k)\\ \boldsymbol{x}_{\mathrm{m}}(k)\end{bmatrix}$$

运用粒子滤波算法解决 SLAM 问题就是为了得到联合状态向量的后验分布概率密度函数,进而得到移动机器人位姿和环境特征位置。联合状态向量的后验分布概率密度函数为

$$\begin{aligned}p(\boldsymbol{x}(k)\mid\boldsymbol{z}(1:k))&=p[\boldsymbol{x}_{\mathrm{r}}(k),\boldsymbol{x}_{\mathrm{m}}(k)\mid\boldsymbol{z}(1:k)]\\&=\frac{1}{p[\mid\boldsymbol{z}(k)\mid\boldsymbol{z}(1:k-1)]}p[\boldsymbol{x}(k)\mid\boldsymbol{x}(k-1)]\cdot\\&\quad p[\boldsymbol{x}(0:k-1)\mid\boldsymbol{z}(1:k-1)]p[\boldsymbol{z}(k)\mid\boldsymbol{x}(k)]\end{aligned}\tag{6.58}$$

根据贝叶斯定理,有

$$\begin{aligned}p[\boldsymbol{x}(0:k)\mid\boldsymbol{z}(1:k)]&=p[\boldsymbol{x}_{\mathrm{r}}(0:k),\boldsymbol{x}_{\mathrm{m}}(k)\mid\boldsymbol{z}(1:k)]\\&=p[\boldsymbol{x}_{\mathrm{r}}(0:k)\mid\boldsymbol{z}(1:k)]p[\boldsymbol{x}_{\mathrm{m}}(k)\mid\boldsymbol{z}(1:k),\boldsymbol{x}_{\mathrm{r}}(0:k)]\end{aligned}\tag{6.59}$$

式中:

$$p[\boldsymbol{x}_{\mathrm{r}}(0:k)\mid\boldsymbol{z}(1:k)]=\frac{p[\boldsymbol{x}(0:k)\mid\boldsymbol{x}(0:k-1)]}{p[\boldsymbol{z}(k)\mid\boldsymbol{z}(1:k-1)]}\cdot$$

$$p[\boldsymbol{x}(0:k)|\boldsymbol{z}(1:k)]p[\boldsymbol{z}(k)|\boldsymbol{z}(1:k-1),\boldsymbol{x}_{\mathrm{r}}(0:k)] \tag{6.60}$$

由式(6.58)和式(6.60)的比较可以看出，通过式(6.59)的分解，式(6.58)中用粒子滤波算法估计联合状态向量的高维问题转变成了只需估计移动机器人位姿状态向量的低维问题，这样提高了算法的计算效率。然后，基于估计出的移动机器人位姿，便可以采用 EKF 等滤波算法进行环境特征位置状态的闭环解析运算了。

在 RBPF 中，建议分布函数一般取为

$$p[\boldsymbol{x}_{\mathrm{r}}(0:k)|\boldsymbol{x}_{\mathrm{r}}(0:k-1),\boldsymbol{z}(1:k-1)]$$

即

$$p[\boldsymbol{x}_{\mathrm{r}}(0:k)|\boldsymbol{x}_{\mathrm{r}}(0:k-1),\boldsymbol{z}(1:k)]=p(\boldsymbol{x}_{\mathrm{r}}(0:k)|\boldsymbol{x}_{\mathrm{r}}(0:k-1),\boldsymbol{z}(1:k-1)) \tag{6.61}$$

则

$$\begin{aligned}w_k&=\frac{p[\boldsymbol{x}_{\mathrm{r}}(0:k)|\boldsymbol{x}_{\mathrm{r}}(0:k-1),\boldsymbol{z}(1:k)]}{p[\boldsymbol{x}_{\mathrm{r}}(0:k)|\boldsymbol{x}_{\mathrm{r}}(0:k-1),\boldsymbol{z}(1:k-1)]}\\&=\frac{p(\boldsymbol{x}_{\mathrm{r}}(0:k)|\boldsymbol{x}_{\mathrm{r}}(0:k-1))p[\boldsymbol{x}_{\mathrm{r}}(0:k-1)|\boldsymbol{z}(1:k-1)]p[\boldsymbol{z}(k)|\boldsymbol{z}(1:k-1),\boldsymbol{x}_{\mathrm{r}}(0:k)]}{p[\boldsymbol{z}(k)|\boldsymbol{z}(1:k-1)]p[\boldsymbol{x}_{\mathrm{r}}(0:k)|\boldsymbol{x}_{\mathrm{r}}(0:k-1)]p[\boldsymbol{x}_{\mathrm{r}}(0:k-1)|\boldsymbol{z}(1:k-1)]}\\&=\frac{p[\boldsymbol{z}(k)|\boldsymbol{z}(1:k-1),\boldsymbol{x}_{\mathrm{r}}(0:k)]}{p[\boldsymbol{z}(k)|\boldsymbol{z}(1:k-1)]}\end{aligned} \tag{6.62}$$

这里有

$$p[\boldsymbol{z}(k)|\boldsymbol{z}(1:k-1)]=p\left\{\boldsymbol{z}(k)|[\hat{\boldsymbol{x}}_{\mathrm{r}}(k\mid k-1),\hat{\boldsymbol{x}}_{\mathrm{r}}(k-1\mid k-1)],\boldsymbol{z}(1:k-1)\right\} \tag{6.63}$$

定义预测权值为

$$\rho^{(i)}(k-1)=p\{\boldsymbol{z}(k)|[\hat{\boldsymbol{x}}_{\mathrm{r}}^{(i)}(k\mid k-1),\hat{\boldsymbol{x}}_{\mathrm{r}}^{(i)}(k-1\mid k-1)],\boldsymbol{z}(1:k-1)\}\widetilde{w}^{(i)}(k-1) \tag{6.64}$$

式中，$\widetilde{w}^{(i)}(k-1)=\dfrac{w^{(i)}(k-1)}{\sum\limits_i w^{(i)}(k-1)}$，采样之后进行权值更新，有

$$\begin{aligned}\widetilde{w}^{(i)}(k)&=\frac{p[\boldsymbol{z}(k)|\hat{\boldsymbol{x}}_{\mathrm{r}}^{(i)}(k\mid k),\boldsymbol{z}(1:k-1)]\widetilde{w}^{(i)}(k-1)}{\rho_{k-1}^{(i)}}\\&=\frac{p[\boldsymbol{z}(k)|\boldsymbol{z}(1:k-1),\boldsymbol{x}_{\mathrm{r}}(0:k)]}{p\{\boldsymbol{z}(k)|[\hat{\boldsymbol{x}}_{\mathrm{r}}^{(i)}(k\mid k-1),\hat{\boldsymbol{x}}_{\mathrm{r}}^{(i)}(k-1\mid k-1)],\boldsymbol{z}(1:k-1)\}}\end{aligned} \tag{6.65}$$

即回归到式(6.62)，其中 $\boldsymbol{x}_{\mathrm{r}}^{(i)}(k\mid k)$ 是经过采样得到的，即 $\boldsymbol{x}_{\mathrm{r}}^{(i)}(k\mid k)\sim p[\boldsymbol{x}_{\mathrm{r}}(0:k)|\boldsymbol{x}_{\mathrm{r}}(0:k-1),\boldsymbol{z}(1:k-1)]$。

综上所述，RBPF 算法将 PF 算法分解成了两部分，一部分是对系统状态的递归估计，建议分布函数取的是系统状态转移概率函数，重要性权值的计算分为预测和更

新两个步骤，采样之前进行预测，采样之后进行更新。下面给出 RBPF 算法的流程。

第一步：初始化。

(1) 粒子集$\{\boldsymbol{x}_r^{(i)}(0)\}_{i=1}^N$，权值

$$w^{(i)}(0)=p[\boldsymbol{z}(0)\mid\boldsymbol{x}_r^{(i)}(0)],\widetilde{w}^{(i)}(0)=\frac{w^{(i)}(0)}{\sum_i w^{(i)}(0)},\quad i=1,2,\cdots,N$$

(2) 基于初始化的移动机器人位姿状态和重要性权值，对环境特征位置进行 EKF 估计，得到$\boldsymbol{x}_m^{(j)}(0|0)$。

第二步：k 时刻，基于 $k-1$ 时刻移动机器人位姿状态 $\hat{\boldsymbol{x}}_r^{(i)}(k-1|k-1)$预测 k 时刻状态 $\hat{\boldsymbol{x}}_r^{(i)}(k|k-1)$。

第三步：k 时刻，按式(6.64)计算预测重要性权值 $\rho^{(i)}(k-1)$，并归一化：

$$\widetilde{\rho}^{(i)}(k-1)=\frac{\rho^{(i)}(k-1)}{\sum_i \rho^{(i)}(k-1)}$$

第四步：k 时刻，从重要性函数 $p[\boldsymbol{x}_r(0:k)\mid\boldsymbol{x}_r(0:k-1),\boldsymbol{z}(1:k-1)]$中进行采样，即 $\boldsymbol{x}_r^{(i)}(k|k)\sim p[\boldsymbol{x}_r(0:k)\mid\boldsymbol{x}_r(0:k-1),\boldsymbol{z}(1:k-1)]$。

第五步：k 时刻，判断是否需进行重采样。

第六步：k 时刻，计算更新权值

$$w^{(i)}(k)=\frac{p[\boldsymbol{z}(k)\mid\boldsymbol{x}_r^{(i)}(k\mid k),\boldsymbol{z}(1:k-1)]\widetilde{w}^{(i)}(k-1)}{\rho^{(i)}(k-1)}$$

并归一化为

$$\widetilde{w}_k^{(i)}=\frac{w^{(i)}(k)}{\sum_{i=1}^N w^{(i)}(k)}$$

第七步：k 时刻，基于移动机器人位姿状态采样，对地图信息运用 EKF 等算法进行更新，得 $\hat{\boldsymbol{x}}_m^{(j)}(k|k)$。

第八步：k 加 1，返回第二步。

第九步：输出结果。

2. FastSLAM 算法和一致性

1)FastSLAM 算法原理

FastSLAM 算法的基本思想是运用 RBPF 算法来解决移动机器人 SLAM 问题，即将 SLAM 问题分解为对机器人运动路径的递归估计和基于估计路径的对于环境特征位置的独立估计，即将 SLAM 问题分解为定位问题和地图创建问题，其中定位问题采用粒子滤波方法解决，地图创建问题采用扩展卡尔曼滤波方法解决。

概括地说，用一个粒子表示机器人的一条运动路径，在每个粒子中，如果环境特征的个数是已知的，那么每个环境特征的位置都可以用一次 EKF 独立的进行估计，这是 FastSLAM 算法与 EKF - SLAM 等算法的本质区别，如图 6.18 所示。

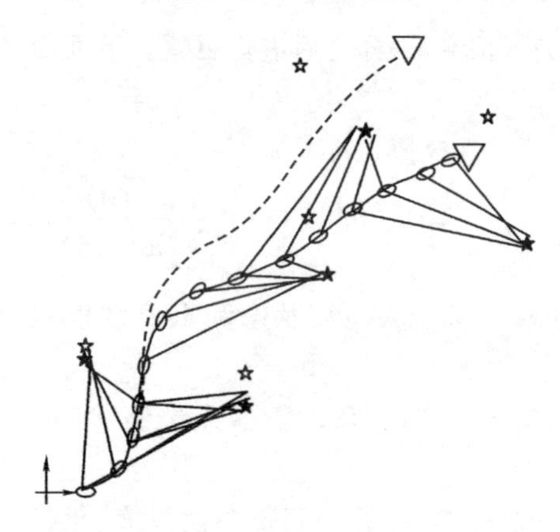

图 6.18 FastSLAM 基本原理示意图

用公式表述如下：

$$\begin{aligned}
&p[\boldsymbol{x}_{\mathrm{r}}(1:k),\boldsymbol{x}_{\mathrm{m}} \mid \boldsymbol{z}(1:k),\boldsymbol{u}(1:k),n(1:k)] \\
&= p[\boldsymbol{x}_{\mathrm{m}} \mid \boldsymbol{x}_{\mathrm{r}}(1:k),\boldsymbol{z}(1:k),\boldsymbol{u}(1:k),n(1:k)]p[\boldsymbol{x}_{\mathrm{r}}(1:k) \mid \boldsymbol{z}(1:k),\boldsymbol{u}(1:k),n(1:k)] \\
&= p[\boldsymbol{x}_{\mathrm{r}}(1:k) \mid \boldsymbol{z}(1:k),\boldsymbol{u}(1:k),n(1:k)]\prod_{i=1}^{n(k)} p[\boldsymbol{x}_{\mathrm{m},i} \mid \boldsymbol{x}_{\mathrm{r}}(1:k),\boldsymbol{z}(1:k),\boldsymbol{u}(1:k),n(1:k)]
\end{aligned} \tag{6.66}$$

式中，$n(k)$为 k 时刻的粒子数，$n(1:k)$为 1 到 k 时刻的粒子数。

将移动机器人位姿和环境特征位置的估计写成两者的联合后验分布概率，进而表示成两者各自独立后验分布概率的乘积，这样就将 SLAM 问题分解为定位问题和地图创建问题了。

2) FastSLAM 算法实现

假设粒子数为 N，即估计出移动机器人的 N 条路径，环境特征个数为 M，那么每个粒子中便包含 M 个 EKF 滤波器。首先进行粒子采样，设粒子集合为 $\{\boldsymbol{x}^{(i)}(k)\}_{i=1}^{N}$，采用 EKF 算法估计产生的移动机器人位姿的后验概率的逼近高斯分布来作为重要性函数，并从中采样，即

$$\boldsymbol{x}^{(i)}(k) \sim N(\boldsymbol{\mu}^{(i)}_{\boldsymbol{x}_{\mathrm{r}}^{(i)}(0:k)},\boldsymbol{\Sigma}^{(i)}_{\boldsymbol{x}_{\mathrm{r}}^{(i)}(0:k)}) \tag{6.67}$$

其中，$\boldsymbol{\mu}^{(i)}_{\boldsymbol{x}_{\mathrm{r}}^{(i)}(0:k)}$ 为估计均值，$\boldsymbol{\Sigma}^{(i)}_{\boldsymbol{x}_{\mathrm{r}}^{(i)}(0:k)}$ 为估计标准差。

首先计算重要性函数，通过过程模型预测 k 时刻的机器人位姿

$$\hat{\boldsymbol{x}}_{\mathrm{r}}^{(i)}(k \mid k-1) = f[\boldsymbol{x}_{\mathrm{r}}^{(i)}(k-1),\boldsymbol{u}(k),\boldsymbol{v}(k),k] \tag{6.68}$$

预测观测

$$\hat{\boldsymbol{z}}^{(i)}(k) = \boldsymbol{h}[\hat{\boldsymbol{x}}_{\mathrm{r}}^{(i)}(k \mid k-1),\boldsymbol{x}_{\mathrm{m},n(k)}] \tag{6.69}$$

标准差为

$$\boldsymbol{\Sigma}^{(i)}_{\boldsymbol{x}_{\mathrm{r}}^{(i)}(0:k)} = \left\{\left(\frac{\partial \boldsymbol{h}}{\partial \boldsymbol{x}_{\mathrm{r}}^{(i)}(k)}\right)^{\mathrm{T}}[\boldsymbol{Q}^{(i)}(k)]^{-1}\frac{\partial h}{\partial \boldsymbol{x}_{\mathrm{r}}^{(i)}(k)} + \boldsymbol{P}^{-1}(k)\right\}^{-1} \tag{6.70}$$

式中：

$$Q^{(i)}(k)=\boldsymbol{R}(k)+\frac{\partial \boldsymbol{h}}{\partial \boldsymbol{x}_{\mathrm{m},n(k)}^{(i)}}\boldsymbol{\Sigma}_{n_k:k-1}^{(i)}\left(\frac{\partial \boldsymbol{h}}{\partial \boldsymbol{x}_{\mathrm{m},n(k)}^{(i)}}\right)^{\mathrm{T}} \tag{6.71}$$

式中，$\frac{\partial \boldsymbol{h}}{\partial \boldsymbol{x}_{\mathrm{r}}^{(i)}(k)}$ 为观测方程对机器人位姿变量的雅克比矩阵，$\boldsymbol{P}(k)$ 为位姿估计误差协方差阵。

均值为

$$\boldsymbol{\mu}_{x_{\mathrm{r}}^{(i)}(0:k)}^{(i)}=\boldsymbol{\Sigma}_{x_{\mathrm{r}}^{(i)}(0:k)}^{(i)}\left(\frac{\partial \boldsymbol{h}}{\partial \boldsymbol{x}_{\mathrm{r}}^{(i)}(k)}\right)^{\mathrm{T}}\left[\boldsymbol{Q}^{(i)}(k)\right]^{-1}\left[\boldsymbol{z}^{(i)}(k)-\hat{\boldsymbol{z}}^{(i)}(k)\right]+\hat{\boldsymbol{x}}_{\mathrm{r}}^{(i)}(k \mid k-1) \tag{6.72}$$

则重要性函数为

$$\boldsymbol{\pi}\left[\boldsymbol{x}_{\mathrm{r}}(k) \mid \boldsymbol{x}_{\mathrm{r}}^{(i)}(0:k-1),\boldsymbol{z}^{(i)}(0:k),\boldsymbol{u}(k)\right]=N\left(\boldsymbol{\mu}_{x_{\mathrm{r}}^{(i)}(0:k)}^{(i)},\boldsymbol{\Sigma}_{x_{\mathrm{r}}^{(i)}(0:k)}^{(i)}\right) \tag{6.73}$$

显而易见，该重要性函数包含了机器人位姿的历史信息和最近的观测信息，缓解样本退化的能力会较强。

然后，计算重要性权值。序贯重要性采样法的核心思想是利用一系列随机样本的加权和表示所需的后验概率密度，得到状态的估计值，重要性权值由此而来。重要性权值按下式计算：

$$w^{(i)}(k)=\frac{\text{目标函数}}{\text{建议分布函数}}=\frac{p\left[\boldsymbol{x}_{\mathrm{r}}(k) \mid \boldsymbol{z}^{(i)}(0:k),\boldsymbol{u}(k),n(0:k)\right]}{\boldsymbol{\pi}\left[\boldsymbol{x}_{\mathrm{r}}(k) \mid \boldsymbol{x}_{\mathrm{r}}^{(i)}(0:k-1),\boldsymbol{z}^{(i)}(0:k),\boldsymbol{u}(k)\right]} \tag{6.74}$$

由于在 FastSLAM 算法中重要性权值的计算很复杂，因此通常采用已知常用的分布近似计算重要性权值的方法，将其近似成一个高斯分布函数，且该高斯分布的均值为预测观测 $\hat{\boldsymbol{z}}^{(i)}(k)$，方差为

$$\boldsymbol{W}^{(i)}(k)=\frac{\partial \boldsymbol{h}}{\partial \boldsymbol{x}_{\mathrm{r}}^{(i)}(k)}\boldsymbol{P}^{(i)}(k)\left(\frac{\partial \boldsymbol{h}}{\partial \boldsymbol{x}_{\mathrm{r}}^{(i)}(k)}\right)^{\mathrm{T}}+\frac{\partial \boldsymbol{h}}{\partial \boldsymbol{x}_{\mathrm{m},n(k)}^{(i)}}\boldsymbol{\Sigma}_{n_k,k-1}^{(i)}\left(\frac{\partial \boldsymbol{h}}{\partial \boldsymbol{x}_{\mathrm{m},n(k)}^{(i)}}\right)^{\mathrm{T}} \tag{6.75}$$

式中，$\frac{\partial \boldsymbol{h}}{\partial \boldsymbol{x}_{\mathrm{m},n(k)}^{(i)}}$ 为观测方程对环境特征位置变量的雅克比矩阵，$\boldsymbol{\Sigma}_{n(k)}^{(i)}(k)$ 为用于表征环境特征估计结果的标准差。于是有

$$w^{(i)}(k)=\frac{1}{\sqrt{\left|2\pi W^{(i)}(k)\right|}}\mathrm{e}^{-\frac{(z^{(i)}(k)-\hat{z}^{(i)}(k))^2}{2W}}$$

最后进行环境特征的更新。在 FastSLAM 算法中，环境特征的描述也是采用高斯分布的均值 $\boldsymbol{\mu}_{n(k)}^{(i)}(k)$ 和方差 $\boldsymbol{\Sigma}_{n(k)}^{(i)}(k)$，其中

$$\boldsymbol{\mu}_{n(k)}^{(i)}(k)=\boldsymbol{\mu}_{n(k)}^{(i)}(k-1)+\boldsymbol{B}^{(i)}(k-1)\left[\boldsymbol{z}^{(i)}(k-1)-\hat{\boldsymbol{z}}^{(i)}(k-1)\right] \tag{6.76}$$

$$\boldsymbol{\Sigma}_{n(k)}^{(i)}(k)=\left(\boldsymbol{I}-\boldsymbol{B}^{(i)}(k)\frac{\partial \boldsymbol{h}}{\partial \boldsymbol{x}_{\mathrm{m},n(k)}^{(i)}}\right)\boldsymbol{\Sigma}_{n(k)}^{(i)}(k-1) \tag{6.77}$$

式中：

$$\boldsymbol{B}^{(i)}(k) = \boldsymbol{\Sigma}_{n(k)}^{(i)}(k)\left(\frac{\partial \boldsymbol{h}}{\partial \boldsymbol{x}_{\mathrm{m},n(k)}^{(i)}}\right)^{\mathrm{T}}\left[\boldsymbol{Q}^{(i)}(k)\right]^{-1} \tag{6.78}$$

FastSLAM 算法流程如图 6.19 所示。

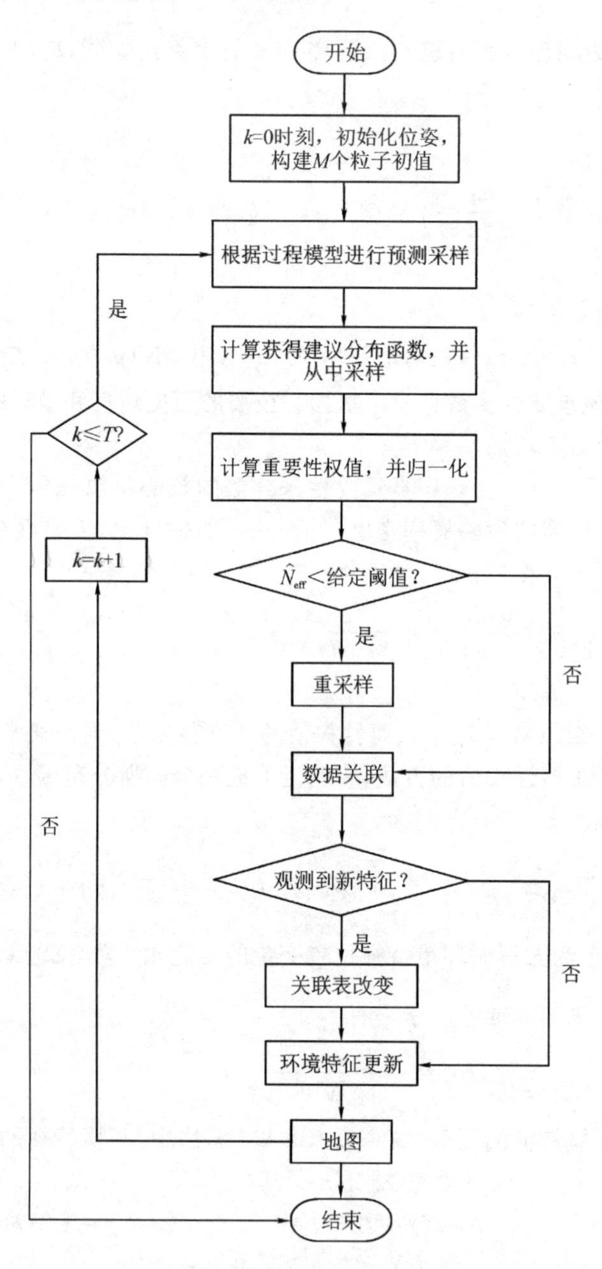

图 6.19　FastSLAM 算法流程图

3) FastSLAM 算法的一致性

文献表明，样本退化问题会造成 FastSLAM 算法不能在足够长的时间内保持一致性，因为 FastSLAM 算法的问题是位姿估计的历史信息都被记录在了地图估计之中，而不会被忘记。因此每当重采样时，由于不是每个粒子都会被选，使整个位姿历史信息和地图假设都随着没有被选的粒子被永远遗忘了。历史位姿信息的耗尽侵蚀着基于位姿估计的随机地图估计。在重采样之后，一些粒子继承着相同的历史信息，这样就失去了路径的相互独立性和地图估计多样性的单调上升。

同时，由于粒子多样化的耗尽，使得协方差 $\boldsymbol{P}_{\mathrm{k}}$ 逐渐减小，这样 NEES 就会逐渐增大，最终超出界限，即判定算法出现不一致。

6.8　SLAM 方法的一些技术问题

从传感器区分的角度而言，经典 SLAM 的主要传感器是(但不限于)激光雷达。下一章的 VSLAM 则是指基于视觉传感器的 SLAM 算法，是目前最主流的研究方向；以激光传感器为主的 SLAM 比 VSLAM 起步早，在理论、技术和产品落地上都相对成熟，是目前最稳定、在实际应用中最主流的定位导航方法。

现有的 SLAM 算法依然存在一些难题，例如系统的非线性、数据关联、环境特征描述等问题，这些对探索高效完美的 SLAM 解决方法都是至关重要和必须要解决的难题。SLAM 研究的难题主要涉及以下几个方面。

(1)“维数爆炸”。“维数爆炸”问题一方面是由于 SLAM 系统状态是由移动机器人位姿状态和环境特征位置状态构成的联合状态，即在 SLAM 研究中，需要同时对机器人位姿和环境特征位置进行估计。在二维状态空间中，机器人位姿状态包含 3 个变量，每一个环境特征位置状态包含 2 个变量。如果环境中存在 n 个特征，那么状态变量的总数是 $2n+3$ 个，SLAM 问题需要处理的状态维数也就成了 $2n+3$ 维。在真实环境中，特别是在大范围环境中，特征数量一般是很大的，因此，随着被机器人观测到的特征数量的持续增加，SLAM 问题的维数也急剧增加，并最终会导致“维数爆炸”问题。另一方面是由于真实环境中的实体特征均是高维的，移动机器人需要采用一定的方式对其进行有效描述，在此过程中需要处理大量的传感器数据。从统计学观点来看，每个数据均是 SLAM 问题的一个维度。在不同的地图描述方式下，需要处理的数据量是不同的。例如，采用几何特征地图描述环境所需处理的数据量便远远大于拓扑地图。因此，在真实环境中，特别是在大范围环境中，采用的地图表征方式不合适也会引起“维数爆炸”问题。

(2) 计算复杂度。降低 SLAM 算法的计算复杂度一直是 SLAM 研究的热点和关键问题。如果 SLAM 算法的计算复杂度过高，则会增加机器人处理传感器数据的时间，使算法无法满足实时性的要求。因此，研究如何降低 SLAM 算法的计算复杂度便显得尤为重要,特别是在大范围复杂的环境中。引起 SLAM 算法计算复杂度过高的原因很多,例如,前文提到的“维数爆炸”问题和后文将要讲到的数据关联问题等。因此,研究者一方面研究更好的地图表征方式来降低计算复杂度;另一方面从 SLAM 问题的联合状态入手,提出了一系列改进的 SLAM 算法。例如,蒙特梅洛等提出的 FastSLAM 算法,首先对机器人位姿进行独立估计,而后基于此进行环境特征位置估计,降低了计算复杂度;在此基础上提出的基于稀疏信息矩阵的 SLAM 解决方案,通过对信息矩阵进行稀疏化,降低了计算复杂度;在此基础上进一步提出的基于关联子地图的 SLAM 解决方法,通过将全局地图划分为若干子地图,而后对每个子地图进行独立的估计,从而降低了计算复杂度。

(3) 数据关联。数据关联是指将传感器观测量与已创建地图中存在的特征量进行匹配,以完成新特征的检测、特征的匹配和地图的匹配等。简单地说,数据关联的目的是把新的传感器数据有效地融入已创建的地图中,数据融入之后,数据关联的结果将不能改变。那么,一旦某一时刻的任意一个特征的数据关联出现错误,将使整个 SLAM 算法遭受毁灭性的失败。因此,数据关联对于 SLAM 研究至关重要。并且,数据关联的计算量也很大。假设在某一时刻,已创建的地图中包含的特征数量为 n,该时刻的特征观测量为 m,因为第 i 个环境特征有 n 个匹配可能性,那么数据关联的计算复杂度则为 $\prod_{i=1}^{m} n_i$。环境复杂度越高,数据关联的计算复杂度也将越高。同时,移动机器人的定位误差是造成数据关联失败的重要原因之一。

(4) 噪声处理。噪声处理是 SLAM 研究中的重要环节和难题之一。因为在非线性非高斯的移动机器人系统中,存在的噪声种类很多且不可知,并且传感器观测也会带来观测噪声。传感器不同,其观测噪声也不同。此外,所有的这些噪声之间是彼此相关的。SLAM 系统噪声的存在为机器人的运动模型和传感器的观测模型带来了不确定性。目前已有的大多数 SLAM 算法将所有噪声假设成高斯白噪声,这样虽然降低了噪声处理的难度,但也会引入较大的误差,导致 SLAM 算法状态估计的失败。

(5) 动态环境问题。目前,SLAM 问题的研究大多数在小范围静态环境中进行,因为在这样的环境中,特征状态是始终不变的,环境未知因素很少,一方面降低了数据关联的难度,另一方面由于处理信息量不是很大,从而提高了运算效率。然而,真实的环境却是存在很多动态特征的,研究动态环境中的 SLAM 问题是不可回避的。动态环境意味着环境是不断变化的,这增加了数据关联的难度,同时系统和环境的未知因素大幅增加,会严重降低 SLAM 系统的运行效率。

(6)“绑架”问题。机器人的“绑架”问题是指由于车轮滑动、车体碰撞等原因,使机器人的位姿状态突然发生改变,而机器人无法感知到这些改变,从而造成了 SLAM 结果的彻底失败。并且,由于里程计累积误差过大等原因造成的机器人无法识别已创建的环境地图，也会造成机器人“绑架”问题。解决“绑架”问题的实质是使原本已失效的机器人定位和地图创建重新有效，这对于 SLAM 研究来说是一个难点。

(7) 粒子退化问题。在对 FastSLAM 算法的研究中发现，大多数粒子在经历数次迭代计算之后会趋于发散，权值趋于零，不但对后面的状态更新失去意义，而且增加了计算负担。这便是粒子退化问题，而且该问题是不可避免的，因为粒子的重要性权值的无条件的方差会随着时间的推移而不断增加。

第 7 章　移动机器人的 VSLAM 方法

SLAM 的前期研究主要集中在基于激光传感器的环境地图的建立和定位方面。随着计算机视觉的发展和机器人任务空间的拓展，基于视觉传感器的 VSLAM 受到了广泛的关注。VSLAM 本应是 SLAM 的一个分支，但因为近年 VSLAM 的进展和取得的成果非常重要，又具有极为广阔的应用前景，人们经常将 VSLAM 作为一个独立的名词，并进一步拓展了其研究内容。因此本书将 VSLAM 与 SLAM 并称，在本章中介绍 VSLAM。在 VSLAM 中要用到较多的计算机视觉、ROS 系统等知识，请读者自行参考相关内容。

7.1　VSLAM 概述

VSLAM 常被称为视觉 SLAM(visual SLAM)。可通过图 7.1 和图 7.2 来直观理解 VSLAM 的概念。如图 7.1 所示，当移动机器人通过相机在点 A 拍了一幅照片，如图 7.2(a)所示；然后机器人移动到点 B，又拍了一幅照片，如图 7.2(b)所示。

图 7.1　VSLAM 概念的直观理解

(a)　(b)

图 7.2　不同位置下对同一场景的观测

VSLAM 的任务就是通过对图 7.2(a)和图 7.2(b)的分析，获取机器人在点 B 处相对于点 A 处的距离和角度，并建立机器人经历的世界的环境地图。

在这个过程中，机器人的相机焦距等参数称为相机的内参，而机器人移动的位置与角度等参数称为相机的外参。相机的内参和外参都会影响所获取的图像信息。相机的内参通常可以事先获取并固定，也可以放在 VSLAM 的估计过程中同时获取。

VSLAM 与上一章介绍的 SLAM 的最大区别是 VSLAM 采用了相机作为主要的传感器。VSLAM 与 SLAM 在总体思路上并没有大的差别。但由于传感器的不同，因而在后续数据处理流程上产生了很多新思路。人们对 VSLAM 的整体流程进行了总结，如图 7.3 所示。

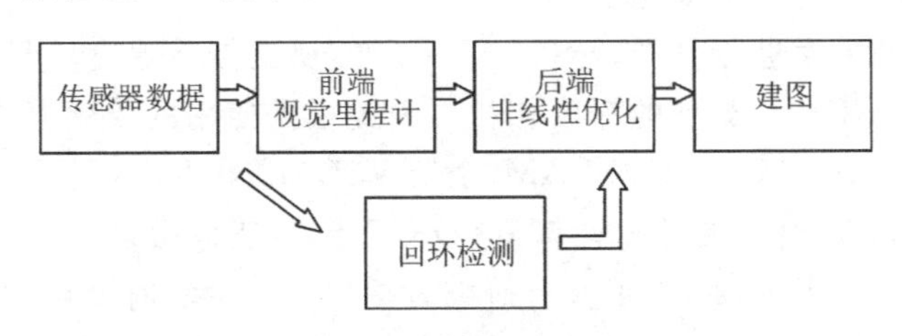

图 7.3　VSLAM 的整体流程图

VSLAM 的整体流程包括以下几个步骤。

(1)传感器信息读取。在 VSLAM 中获取的主要传感器信息是相机给出的图像信息。但就 VSLAM 所需要的信息，或移动机器人整体需要的信息来说，还应包括里程计、惯性仪表以及无线导航设备的信息，并包括这些信息的预处理和同步等。

(2)视觉里程计(visual odometry，VO)解算。视觉里程计又称为前端(front end)。视觉里程计的基本任务就是估算相邻图像之间相机运动的角度和位置信息，这就是它被称为“里程计”的原因。同时在此过程中还估计出了局部地图信息。

(3)后端优化。后端的本质是优化估计(optimization),由于接在视觉里程计之后,又称为后端(back end)。后端的主要工作是接收不同时刻视觉里程计测量的相机位姿,以及回环检测的信息,对它们进行优化估计,得到全局一致的轨迹和地图。VSLAM 中优化与 SLAM 中滤波的目的是相同的,都是为了获得环境和机器人自身位姿的最优估计。但目前主流的 VSLAM 优化方法基本上放弃了前面介绍的卡尔曼滤波或粒子滤波,而是采用了将在 7.3 节中介绍的类似最小二乘法的方法。

(4)回环检测(loop closing)。回环检测又称闭环检测。回环检测的目的,是判断机器人是否到达过先前的位置。如果检测到回环,它可以把信息提供给后端进行处理。正确的回环检测相当于完成了局部地图信息的创建与确认,可以为 VSLAM 提供足够的信息,提高 VSLAM 定位和建图的精度。

(5)建图(mapping)。建图是 VSLAM 的重要工作,它根据自身定位的最优估计和在每个观测点得到的关于环境特征的最优估计,建立与任务要求对应的地图。

经典的 VSLAM 框架是过去十几年的研究成果,这个框架本身及其所包含的算法已经基本定型。现在,在许多开源的视觉程序库和机器人程序库已经有研究者提供了丰富的算法、程序与数据资源。依靠这些资源,初学者可以很容易和方便地构建一个 VSLAM 系统,在相对简单的静态、刚体、光照变化不明显、没有人为干扰的场景和工作条件下,机器人可以完成实时定位与建图。在这个意义上,VSLAM 系统已经是相当成熟的了。

从传感器的角度进行分类,VSLAM 采用的视觉传感器有单目相机、双目相机、全景相机和 RGB-D 类型的深度相机。因此根据使用的传感器类型,VSLAM 可以分为单目 VSLAM、双目 VSLAM、全景 VSLAM 和 RGB-D VSLAM。

单目视觉具有廉价、灵活和计算量较小等特点,所以很多 VSLAM 研究从单目 VSLAM 展开。早在 2004 年就有研究者提出过一种实时单目 VSLAM 方法,可以使用 6 个已知特征点作为辅助,使用贝叶斯概率和投影对特征点深度信息进行快速估计,获得了较好的效果。单目相机使用简单、成本极低,但是单目视觉在方向测量中的不确定性大,且深度恢复困难,因为从单纯的图像中无法确定图像中物体的真实大小。因此在室内环境单目 VSLAM 中,许多先验知识(如天花板、地面等)被用于简化算法的实现。

相对于单目 VSLAM,双目 VSLAM 的应用更为广泛。双目视觉通过外极线几何约束来匹配两个相机的图像特征,从而恢复深度信息。在进行双目 VSLAM 时,通常提取特征和相机之间的方向角及距离来进行特征初始化。一旦获取了距离,就可以通过单个图像恢复出场景的三维结构,也就消除了尺度不确定性。双目 VSLAM 由于受尺度不确定性的影响小而应用更加广泛,火星车“机遇号”和“勇气号”上就使用了立体 VSLAM 用于自身定位。但是双目视觉的基线是固定的，因此双目 VSLAM 难以对远距离的物体进行三维重建。

由于全景 VSLAM 的传感器视野较大，且可以提供远距离的特征跟踪，因此全景 VSLAM 比双目 VSLAM 更适合于较大的场景。通过全局图像和特征数据库建立索引，可以在不依赖机器人及路标位置的情况下进行闭环检测。但在全景 VSLAM 过程中，由于全景视觉获得的图像畸变较大，因此需要对畸变图像进行较好的矫正，且特征位置较远容易导致位姿估计不一致，所以全景 VSLAM 对闭环检测要求较高。

RGB-D 传感器既能获得环境的彩色图像，还能同时获得对应的深度信息，这在 VSLAM 算法实现上提供了新的思路。随着 RGB-D 传感器的大量涌现(微软的 Kinect，华硕的 Xtion Pro Live 等)为移动机器人三维地图构建创造了便利条件。基于 RGB-D 传感器进行室内环境的同时定位与地图创建，使用了 VSLAM 系统的常规框架结构，包括帧间配准、闭环检测与全局位姿优化以及地图构建，并根据 RGB-D 图像的特性在各个环节做了技术上的提升。由于大多 RGB-D 传感器所获得的深度信息有限，目前多用于室内环境的地图构建，且深度信息误差对 VSLAM 精度影响较大。

下面按图 7.3 所示的结构，从 7.2 节到 7.5 节分别对 VSLAM 的过程进行简要的叙述。要深入学习和使用 VSLAM，读者还需要参考更多的教材和资料。

7.2　视觉里程计

视觉里程计是一种单纯利用视觉传感器的输入对运载体的位姿进行准确估计的方法。它是整个 VSLAM 框架的前端。

视觉里程计的发展历程与 VSLAM 的发展历程基本一致，具体可以分为两个阶段。第一个阶段被称为“古典时代”，主要是从上世纪 80 年代到 2004 年。在“古典时代”，引入了概率论推导方法，包括基于扩展卡尔曼滤波、粒子滤波和最大似然估计的方法，这一阶段最大的挑战是效率和数据关联的鲁棒性问题。第二个阶段被称为“算法分析时代”，主要是指 2004 年以后。在这一阶段，有很多视觉里程计基础属性的研究，包括可观测性、收敛性和一致性，同时稀疏特征在高效解决视觉里程计问题中开始扮演重要的角色。这一阶段取得了丰硕的成果。

在“算法分析时代”，许多视觉里程计算法成为这一领域的里程碑式的研究，这些算法的研究让视觉里程计在精确度、鲁棒性及实时性方面得到了很大的突破。MonoSLAM 是第一个实时的单目 VSLAM 系统，后来的许多工作都发源于此。MonoSLAM 以扩展卡尔曼滤波为后端，将相机状态和稀疏特征对应的路标点坐标作为状态量，在 EKF 的框架中更新其均值和协方差，通过多帧的观测不断降低状态量的不确定性,使状态量收敛到一定值。在 MonoSLAM 之前研究人员们只能依靠相机采集并存储图像之后,再离线地进行定位,MonoSLAM 通过稀疏的方式处理图像帮助了在线实时定位的实现。2007 年,克莱因(G. Klein)等认识到后端优化的稀疏性,他们摒弃使用传统的滤波器作为后端的方案,使用了非线性优化的方法,提出了并行追踪及制图(parallel tracking and mapping,PTAM)方法,这使得能够利用更多帧的信息进行当前帧的定位,定位效果更好。同时,为了发挥多核处理器的优势,PTAM 将跟踪与建图过程分成两个独立的线程,前者负责进行相机的定位,后者负责重构三维场景。PTAM 所提出的这一框架被后来的许多研究人员广泛使用,在其基础上开发出了诸如 ORB - SLAM 等的优秀 SLAM 系统。2015 年,穆尔-阿塔尔(R. Mur-Artal)等提出了 ORB - SLAM。这一方法起源于 PTAM,是在 PTAM 和其他几种 SLAM 方案的基础上提出的一种非常完善的基于特征点的 SLAM 系统,有许多创新之处。不同于 PTAM,ORB - SLAM 在整个系统中仅使用一种特征即 ORB 特征进行计算,既减少了特征提取的时间,又能够兼顾精确度。同时,ORB - SLAM 采用了三个线程:位姿跟踪、局部地图构建与优化及闭环检测与优化。其中前两个线程属于视觉里程计,位姿跟踪线程通过优化两图像帧之间的重投影误差粗略估计位姿,局部地图构建与优化线程基于关键帧之间的共视关系建立共视图(covisibility graph),并利用局部光束平差法(bundle adjustment,BA)优化存在共视关系的关键帧的位姿及地图点的坐标。这些做法使得 ORB - SLAM 保证了相机轨迹的全局一致性,在基于特征点的视觉里程计方案中达到顶峰,但由于它采用三线程的方案,即使是在 CPU 上也有着较重的负担,也就限制了其向嵌入式设备的移植。恩格尔(J. Engle)等于 2014 年提出了 LSD - SLAM(large-scale direct monocular SLAM)。不同于 PTAM 和 ORB - SLAM 所代表的基于特征点的 VSLAM 方案,LSD - SLAM 采用直接法进行相机的位姿估计。这一方法无须提取特征点,而是直接针对像素进行相关的操作,通过最小化光度误差进行位姿估计,更加充分地利用了图像的信息,提高了其在弱纹理特征环境中的鲁棒性。2016 年,恩格尔等基于直接法还提出了直接稀疏里程计法(direct sparse odometry,DSO)。这一方法考虑了光度标定模型,且对所有的相关参数(包括相机内参、相机外参和逆深度值)进行了优化,在精确度方面进一步得到了提升。

在介于基于特征点的方法和直接法之间,还存在着一种基于半直接法的视觉里程计方案,其中以福斯特(C. Forster)于 2014 年提出的半直接视觉里程计法(semi-direct visual odometry,SVO)最具代表性。该方法通过对特征点图像块基于直接法进行位姿估计,不进行特征点的描述子计算,也不对整个图像进行处理,这使其在低端的计算平台中也能达到较好的实时性。但 SVO 舍弃了后端优化和闭环检测部分,容易导致误差的累积和无法进行重定位。

7.2.1　立体相机模型

在应用于室内环境中的 VSLAM 算法中，立体视觉 VSLAM 不受尺度不确定性影响的优势非常明显，相较于单目 VSLAM 能够实现更精确的定位并构建更准确的环境地图，本节对以立体相机为典型的 VSLAM 传感器进行介绍。首先回顾一下最简单的针孔相机模型。

如图 7.4 所示，构建 3 个坐标系：世界坐标系（$Ox_W y_W z_W$）、相机坐标系（$Ox_C y_C z_C$）和图像坐标系（UOV）。针孔相机模型可以用外参矩阵和内参矩阵进行描述，它们分别表示相机坐标系到世界坐标系的变换关系和相机坐标系到图像坐标系的变换关系。

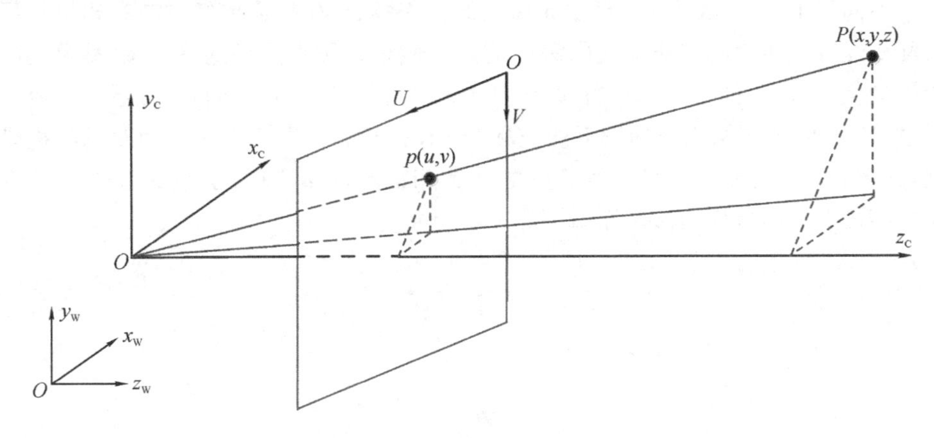

图 7.4　针孔相机模型示意图

如图 7.4 所示，假设点 P 在相机坐标系中的坐标为(x,y,z)，它在图像坐标系中对应的像素坐标为(u,v)，则根据相似三角形关系，两坐标间的关系可以以 π 函数表示为

$$\pi(P):\begin{bmatrix}u\\v\\1\end{bmatrix}=\frac{1}{z}\cdot\begin{bmatrix}f_x & 0 & c_x\\0 & f_y & c_y\\0 & 0 & 1\end{bmatrix}\begin{bmatrix}x\\y\\z\end{bmatrix} \tag{7.1}$$

式中，$f_x=f_y=f$ 为相机的焦距，(c_x,c_y)为相机光学中心在图像坐标系中的坐标。

立体相机相对于单目相机的一个优势在于它能够获取图像中某像素对应的深度。在上面的基础上，下面介绍两种获取图像深度的相机及方法。

1）RGBD 相机

目前，RGBD 相机获取深度的方式主要有飞行时间（time-of-flight，TOF）、结构光、激光扫描等几种，其中使用较多的为 TOF 相机。TOF 深度相机的原理如图 7.5 所示。由光脉冲发射器连续发出经调制的光脉冲，光脉冲遇障碍物后反射，用光脉冲接收器接收从物体返回的光脉冲，通过计算发射和接收光脉冲的时间差或相位差（即飞行时间）来得到与目标的距离，也即深度信息。

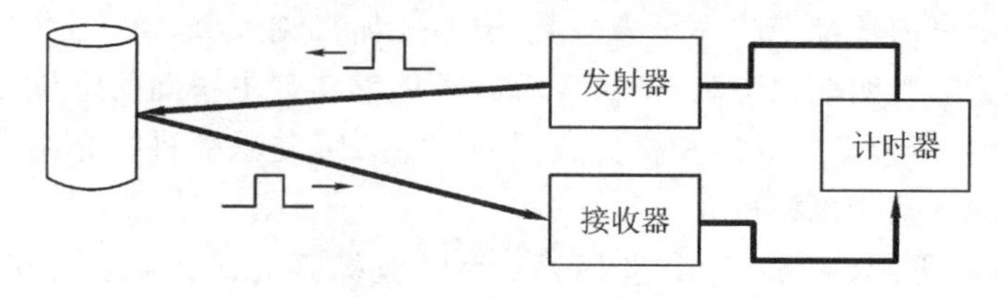

图 7.5 TOF 相机原理图

2）双目相机

不同于 RGBD 相机的主动发光探测的方式，双目相机需要经过左右相机特征匹配后经过三角化的方法来获取深度信息。假设地图点 P 在左右两幅图像上的投影坐标(u,v)中的 v 是相同的，即双目图像已经矫正。以左相机坐标系为相机坐标系，地图点 P 在相机坐标系下的坐标为(x,y,z)。如图 7.6 所示为双目相机模型，其中 b 为左右相机之间的固定基线，f 为相机焦距，u_l 和 u_r 分别为地图点 P 在左右相机上投影坐标的横坐标，$d=u_l-u_r$ 为视差。

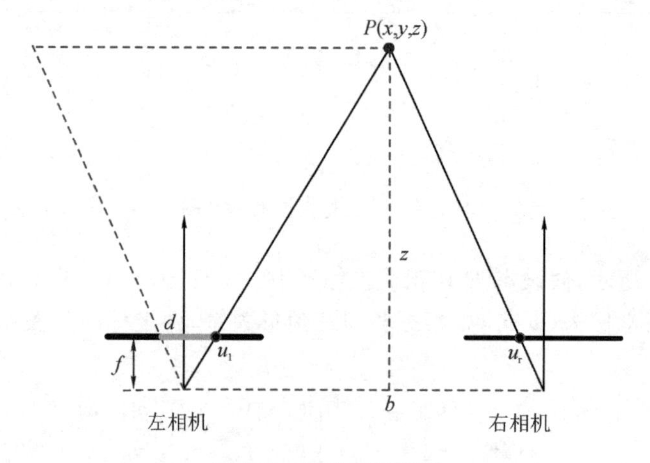

图 7.6 双目相机模型

地图点深度 z 可通过图 7.6 中三角形相似关系计算得到：

$$z=\frac{fb}{d} \tag{7.2}$$

通常而言，在 SLAM 算法中需要在已知地图点在图像中投影的像素坐标及其深度信息的情况下，得到地图点在相机坐标系下的坐标，这就是相机的反投影模型。但这一模型仅适用于立体视觉中（因为在单目视觉中缺少深度信息，这一模型则是失效的）。以 π^{-1} 函数表示反投影模型：

$$\pi^{-1}(u,v,z):\begin{bmatrix}x\\y\\z\end{bmatrix}=\begin{bmatrix}(u-c_x)z/f\\(v-c_y)z/f\\z\end{bmatrix}\tag{7.3}$$

因此，对于不同类型的相机，深度 z 的获取原理是不同的。

7.2.2　相机位姿表示

在 VSLAM 算法中，由相机坐标系变换到图像坐标系的内参矩阵可以通过相机标定获取，而由相机坐标系变换到世界坐标系的外参矩阵（也即是相机位姿）则需要通过视觉里程计算法估计得到。相机位姿包括 3 个旋转量和 3 个平移量共 6 个自由度，一般可以用位姿变换矩阵、李代数、四元数等方式对其进行描述。为了形象描述和运算简便的需要，本节采用了矩阵表示的方式，而在优化过程中，由于位姿变换矩阵自身带有约束（旋转矩阵正交且行列式的值为 1），当它作为优化变量时会引入额外的约束，使优化更为复杂困难。多数文献在介绍相机位姿表示的过程中引入李群和李代数的方式。本书为简便起见，在这里避开了李群和李代数的提法和表示。有需要的读者请自行拓展相关内容。

相机的位姿变换矩阵可以表示为

$$\boldsymbol{T}_{\mathrm{wc}}=\begin{bmatrix}r_{00}&r_{01}&r_{02}&t_0\\r_{10}&r_{11}&r_{12}&t_1\\r_{20}&r_{21}&r_{22}&t_2\\0&0&0&1\end{bmatrix}=\begin{bmatrix}\boldsymbol{R}_{\mathrm{wc}}&\boldsymbol{t}_{\mathrm{wc}}\\\boldsymbol{0}^{\mathrm{T}}&1\end{bmatrix}\tag{7.4}$$

式中，$\boldsymbol{T}_{\mathrm{wc}}$下标中的 w 和 c 分别代表世界坐标系和相机坐标系；$\boldsymbol{R}_{\mathrm{wc}}$为旋转矩阵；$\boldsymbol{t}_{\mathrm{wc}}$为平移矩阵。通过相机的位姿变换矩阵 $\boldsymbol{T}_{\mathrm{wc}}$，可以得到将相机坐标系下的点坐标 $\boldsymbol{P}_{\mathrm{c}}$ 与世界坐标系下的点坐标 $\boldsymbol{P}_{\mathrm{w}}$ 之间的转换关系：

$$\boldsymbol{P}_{\mathrm{w}}=\boldsymbol{T}_{\mathrm{wc}}\boldsymbol{P}_{\mathrm{c}}\tag{7.5}$$

注意，这里位姿变换矩阵具有特殊性。对于两个位姿变换矩阵 $\boldsymbol{T}_1$ 和 $\boldsymbol{T}_2$，它们的乘积仍然是位姿变换矩阵（表示做了两次位姿变换），但是它们的和不再是位姿变换矩阵。

在位姿估计的非线性优化过程中，相机的位姿常使用新的表示形式。

定义符号∧为：对于向量 $\boldsymbol{\omega}=[\omega_1,\omega_2,\omega_3]^{\mathrm{T}}$，有

$$\boldsymbol{\omega}^{\wedge}=\begin{bmatrix}0&-\omega_3&\omega_2\\\omega_3&0&-\omega_1\\-\omega_2&\omega_1&0\end{bmatrix}\tag{7.6}$$

并拓展符号∧的定义，使

$$\boldsymbol{\xi}^{\wedge}=\begin{bmatrix}\boldsymbol{\omega}^{\wedge}&\boldsymbol{v}\\\boldsymbol{0}^{\mathrm{T}}&0\end{bmatrix}\tag{7.7}$$

由此，$\boldsymbol{\xi}$ 包含一个表示平移的三维向量 $\boldsymbol{v}$ 和一个表示旋转的向量 $\boldsymbol{\omega}$，所以，用这样一个六维向量即可表示某一时刻相机的位姿。

$\boldsymbol{\xi}^{\wedge}$ 的指数映射为

$$\exp(\boldsymbol{\xi}^{\wedge})=\begin{bmatrix}\exp(\boldsymbol{\omega}^{\wedge}) & \boldsymbol{J}\boldsymbol{v}\\ \boldsymbol{0}^{\mathrm{T}} & 1\end{bmatrix} \tag{7.8}$$

式中，$\boldsymbol{J}=\sum_{n=0}^{+\infty}\frac{1}{(n+1)!}(\boldsymbol{\omega}^{\wedge})^{n}$。这一映射关系方便了在位姿变换矩阵和 $\boldsymbol{\xi}$ 之间的转换。

在优化过程中经常需要对优化变量进行求导，同样地，在 VSLAM 算法的优化过程中，也要经常构建与相机位姿有关的函数，通过计算该函数关于位姿的导数，以调整当前的估计值。通常以扰动模型来计算对相机位姿的导数，下面以函数 $\boldsymbol{F}=\boldsymbol{TP}$（位姿变换矩阵 $\boldsymbol{T}$ 与 $\boldsymbol{\xi}$ 相对应，注意，这里 $\boldsymbol{P}$ 为某地图点坐标）为例进行介绍。

在 $\boldsymbol{T}$ 上施加一个扰动 $\Delta\boldsymbol{T}=\exp(\delta\boldsymbol{\xi}^{\wedge})$，那么，

$$\begin{aligned}\frac{\partial\boldsymbol{F}}{\partial\delta\boldsymbol{\xi}}&=\frac{\partial(\boldsymbol{TP})}{\partial\delta\boldsymbol{\xi}}\\&=\lim_{\delta\boldsymbol{\xi}\to0}\frac{\exp(\delta\boldsymbol{\xi}^{\wedge})\exp(\boldsymbol{\xi}^{\wedge})\boldsymbol{P}-\exp(\boldsymbol{\xi}^{\wedge})\boldsymbol{P}}{\delta\boldsymbol{\xi}}\\&\approx\lim_{\delta\boldsymbol{\xi}\to0}\frac{(\boldsymbol{I}+\delta\boldsymbol{\xi}^{\wedge})\exp(\boldsymbol{\xi}^{\wedge})\boldsymbol{P}-\exp(\boldsymbol{\xi}^{\wedge})\boldsymbol{P}}{\delta\boldsymbol{\xi}}\\&=\lim_{\delta\boldsymbol{\xi}\to0}\frac{\delta\boldsymbol{\xi}^{\wedge}\exp(\boldsymbol{\xi}^{\wedge})\boldsymbol{P}}{\delta\boldsymbol{\xi}}\\&=\lim_{\delta\boldsymbol{\xi}\to0}\frac{\begin{bmatrix}\delta\boldsymbol{\omega}^{\wedge}(\boldsymbol{RP}+\boldsymbol{t})+\delta\boldsymbol{v}\\ \boldsymbol{0}\end{bmatrix}}{\delta\boldsymbol{\xi}}\\&=\begin{bmatrix}\boldsymbol{I} & -(\boldsymbol{RP}+\boldsymbol{t})^{\wedge}\\ \boldsymbol{0}^{\mathrm{T}} & \boldsymbol{0}^{\mathrm{T}}\end{bmatrix}\end{aligned} \tag{7.9}$$

至此，在优化过程中可以方便地使用上述导数关系，为后续获取更精确的相机位姿估计奠定基础。

7.2.3 VSLAM 的数学表述

VSLAM 问题可以描述为：运载体携带视觉传感器在环境中运动，如何根据传感器数据获得运载体的位姿以及环境的结构信息。与前面相同，把运载体在 k 时刻的位姿记为 $\boldsymbol{x}(k)$，第 j 个路标记为 $\boldsymbol{y}_j$，环境的结构信息由路标构成，在 k 时刻传感器对第 j 个路标的观测数据记为 $z_j(k)$，那么，VSLAM 问题可以用如下方程进行描述：

$$\begin{cases} \boldsymbol{x}(k) = \boldsymbol{f}[\boldsymbol{x}(k-1), \boldsymbol{u}(k)] + \boldsymbol{w}(k-1) \\ \boldsymbol{z}_j(k) = \boldsymbol{h}[\boldsymbol{x}(k), \boldsymbol{y}_j] + \boldsymbol{v}_j(k-1) \end{cases} \tag{7.10}$$

式中，用函数 $\boldsymbol{f}(\cdot)$表示状态方程，$\boldsymbol{u}(k)$为 k 时刻的控制输入，$\boldsymbol{w}(k)$为噪声。用函数 $\boldsymbol{h}(\cdot)$表示观测方程，$\boldsymbol{v}_j(k)$表示在 k 时刻对路标 j 的观测中产生的出现的噪声。

由式(7.10)可见，事实上 VSLAM 问题与之前的 SLAM 问题以及更一般的动态系统的最优估计问题，在本质上是相同的，即都是对含有噪声的移动机器人和环境特征的坐标信息，求其最逼近真值的估计值。

7.2.4　特征点法与直接法

视觉里程计根据相邻图像的信息估计出粗略的相机运动，给后端提供较好的初始值。这个过程的关键是找到同一目标点在上一帧图像和下一帧图像之间的对应关系，也就是数据关联。这个问题在视觉里程计的实现方法主要有特征点法和直接法。特征点法需要提取图像的特征，直接法则是根据像素灰度的差异直接计算相机运动。

1. 特征点法

视觉里程计的主要工作是根据图像来估计相机运动。然而，图像本身是一个由亮度和色彩组成的矩阵，如果直接从矩阵层面考虑运动估计，将会非常困难。所以，常用的方法是从图像中选取比较有代表性的点。这些点在相机视角发生少量变化后会保持不变，因此在序列图像中容易找到相同的点。然后，在这些点的基础上，讨论相机位姿估计问题，以及这些点的定位问题。在经典 SLAM 模型中，把它们称为路标。而在 VSLAM 中，路标则是指图像特征。

很直观地可以知道，在 VSLAM 中一组好的特征对于在指定任务上的最终实现至关重要。但在视觉里程计中，相机处于运动状态。当场景和相机视角发生少量改变时，能从图像中判断哪些地方是同一个点有一定的困难。这种情况下需要对图像提取特征点。

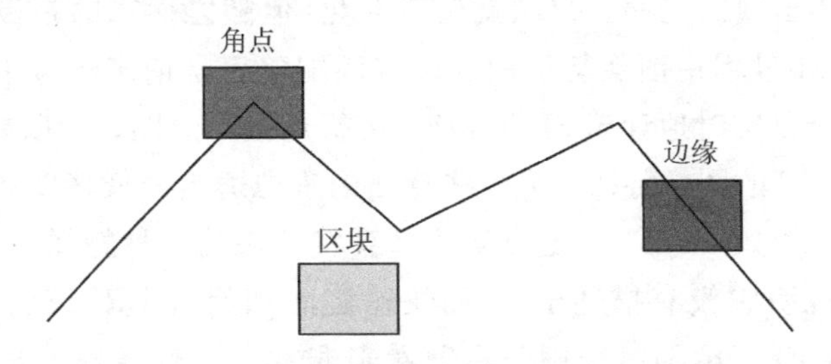

图 7.7　几种典型的图像特征(角点、边缘、区块)

特征点是图像里一些特别的地方。以图7.7为例,图像中的角点、边缘和区块都是图像中有代表性的地方。不过,当某两幅图像中出现了同一个角点时,要得出判断更容易一些;而要判断两幅图像中出现同一个边缘则稍微困难一些,因为沿着该边缘前进,图像局部是相似的;而要判断两幅图像中出现同一个区块则是最困难的。因此,图像中的角点、边缘相比于像素区块而言更加"特别",在不同图像之间的辨识度更强。所以,一种直观的提取特征的方式就是在不同图像间辨认角点,确定它们的对应关系。在这种做法中,角点就是所谓的特征。

然而,在大多数应用中,单纯的角点依然不能满足我们的很多需求。例如,从远处看上去是角点的地方,当相机走近之后,可能就不显示为角点了。或者,当旋转相机时,角点的外观会发生变化,我们也就不容易辨认出那是同一个角点。为此,计算机视觉领域的研究者们在长年的研究中设计了许多更加稳定的局部图像特征,如著名的SIFT、SURF、ORB,等等。相比于朴素的角点,这些人工设计的特征点都具有如下的性质:①可重复性(repeatability):相同的"区域"可以在不同的图像中找到;②可区别性(distinctiveness):不同的"区域"有不同的表达;③高效率(efficiency):同一图像中,特征点的数量应远小于像素的数量;④本地性(locality):特征仅与一小片图像区域相关。

一般来说,特征点由关键点(key-point)和描述子(descriptor)两部分组成。比如,当谈SIFT特征时,是指"提取SIFT关键点,并计算SIFT描述子"两件事情。关键点是指该特征点在图像里的位置,有些特征点还具有朝向、大小等信息。描述子通常是一个向量,按照某种人为设计的方式,描述该关键点周围像素的信息。描述子是按照"外观相似的特征应该有相似的描述子"的原则设计的。因此,只要两个特征点的描述子在向量空间上的距离相近,就可以认为它们是同样的特征点。

研究者们提出过许多图像特征。它们有些很精确,在相机的运动和光照变化下仍具有相似的表达,但相应地需要较大的计算量。其中,尺度不变特征变换(scale-invariant feature transform,SIFT)当属最为经典的一种。它充分考虑了在图像变换过程中出现的光照、尺度、旋转等变化,但随之而来的是极大的计算量。由于整个SLAM过程中图像特征的提取与匹配仅仅是诸多环节中的一个,普通PC的CPU还难以实时地计算SIFT特征,进行定位与建图。所以在SLAM中甚少使用这种"奢侈"的图像特征。另一些特征则考虑适当降低精度和鲁棒性,以提升计算的速度。例如,FAST关键点属于计算特别快的一种特征点(注意这里"关键点"的表述,说明它没有描述子)。而快速定向和旋转BRIEF(oriented FAST and rotated BRIEF,ORB)特征则是目前看来非常具有代表性的实时图像特征。它改进了FAST检测子不具有方向性的问题,并采用速度极快的二进制描述子BRIEF,使整个图像特征提取的环节大大加速。

在实现特征点提取之后，特征匹配是 VSLAM 中极为关键的一步，宽泛地说，特征匹配解决了 SLAM 中的数据关联问题，即确定当前看到的路标与之前看到的路标之间的对应关系。通过对图像与图像或者图像与地图之间的描述子进行准确匹配，我们可以为后续的姿态估计、优化等操作减轻大量负担。然而，由于图像特征的局部特性，误匹配的情况广泛存在，而且长期以来一直没有得到有效解决或完全解决，目前已经成为 VSLAM 中制约性能提升的一大瓶颈。

2. 直接法

直接法是视觉里程计另一主要分支，它与特征点法有很大不同。尽管特征点法在视觉里程计中占据主流地位，但研究者们还是认识到它至少有以下几个缺点：①关键点的提取与描述子的计算非常耗时。实践当中，SIFT 目前在 CPU 上是无法实时计算的，而 ORB 也需要近 20 ms 的计算。如果整个 SLAM 以 33.3 f/s(帧/秒)的速度运行，那么一大半时间都将花在计算特征点上。②使用特征点时，忽略了除特征点以外的所有信息。一幅图像有几十万个像素，而特征点只有几百个。只使用特征点丢弃了大部分可能有用的图像信息。③相机有时会运动到特征缺失的地方，这些地方往往没有明显的纹理信息。例如，有时我们会面对一堵白墙，或者一个空荡荡的走廊。这些场景下特征点数量会明显减少，我们可能找不到足够的匹配点来计算相机运动。

有什么办法能够克服这些缺点呢？主要有以下几种思路：①保留特征点，但只计算关键点，不计算描述子。同时，使用光流法(optical flow)来跟踪特征点的运动。这样可以回避计算和匹配描述子带来的时间，但光流本身的计算需要一定时间。②只计算关键点，不计算描述子。同时，使用直接法来计算特征点在下一时刻图像中的位置。这同样可以跳过描述子的计算过程，而且直接法的计算更加简单。③既不计算关键点，也不计算描述子，而是根据像素灰度的差异，直接计算相机运动。

第一种方法仍然使用特征点，只是把匹配描述子替换成了光流跟踪，估计相机运动时仍使用对极几何、PnP 或 ICP 算法。而在后两种方法中，是根据图像的像素灰度信息来计算相机运动，它们都称为直接法。使用特征点法估计相机运动时，把特征点看作固定在三维空间的不动点。根据它们在相机中的投影位置，通过最小化重投影误差(reprojection error)来优化相机运动。在这个过程中，需要精确地知道空间点在两个相机中投影后的像素位置——这也就是要对特征进行匹配或跟踪的原因。同时，计算、匹配特征需要付出大量的计算量。相对地，在直接法中，并不需要知道点与点之间的对应关系，而是通过最小化光度误差(photometric error)来求得它们。

直接法就是为了克服特征点法的上述缺点而存在的。直接法根据像素的亮度信息估计相机的运动，可以完全不用计算关键点和描述子，于是，既避免了特征的计算时间，也避免了特征缺失的情况。只要场景中存在明暗变化（可以是渐变，不形成局部的图像梯度），直接法就能工作。根据使用像素的数量，直接法分为稀疏、稠密和半稠密三种。相比于特征点法只能重构稀疏特征点（稀疏地图），直接法还具有恢复稠密或半稠密结构的能力。历史上，早期也有对直接法的使用。随着一些使用直接法的开源项目的出现（如 SVO、LSD - SLAM 等），它们逐渐走上主流舞台，成为视觉里程计算法中重要的一部分。

直接法是从光流法演变而来的。它们非常相似，具有相同的假设条件。光流法描述了像素在图像中的运动，而直接法则附带着一个相机运动模型。光流法是一种描述像素随时间在图像之间运动的方法。随着时间的流逝，同一个像素会在图像中运动，而人们希望追踪它的运动过程。其中，计算部分像素运动的称为稀疏光流法，计算所有像素的称为稠密光流法。

7.3 非线性优化

7.3.1 状态的滤波估计与最小二乘估计

通过式(7.10)的两个方程，可以将 VSLAM 问题建模成一个状态估计问题：通过带噪声的观测数据来预估相关的状态变量。为了求解这一状态估计问题，研究者们在很长一段时间内采用的是卡尔曼滤波的形式，受累积误差的影响较大。

非线性优化的方式可以对所有时刻的状态信息及观测数据进行利用。在非线性优化中，状态变量为视觉传感器的位姿以及路标的位置，将其记为 $\boldsymbol{X}=\{\boldsymbol{x}_{\mathrm{r},1},\boldsymbol{x}_{\mathrm{r},2},\cdots,\boldsymbol{x}_{\mathrm{r},N},\boldsymbol{x}_{\mathrm{m},1},\boldsymbol{x}_{\mathrm{m},2},\cdots,\boldsymbol{x}_{\mathrm{m},M}\}$。$\boldsymbol{x}_{\mathrm{r},1}$ 到 $\boldsymbol{x}_{\mathrm{r},N}$ 是指从 1 到 N 个不同时刻下机器人的位姿（也就是相机的位姿），$\boldsymbol{x}_{\mathrm{m},1}$ 到 $\boldsymbol{x}_{\mathrm{m},M}$ 是指从 1 到 M 个路标（或环境特征）的位置。观测数据由不同时刻视觉传感器对不同路标的观测数据构成，将其记为 $\boldsymbol{z}=\{\boldsymbol{z}_{1,1},\cdots,\boldsymbol{z}_{1,M},\cdots,\boldsymbol{z}_{N,1},\cdots,\boldsymbol{z}_{N,M}\}$，观测数据是通过立体相机模型获得的：

$$\boldsymbol{z}_{i,j}=\pi(\exp(\boldsymbol{\xi}_i^{\wedge})\cdot\boldsymbol{x}_{\mathrm{m},j}) \tag{7.11}$$

而从概率学的角度来看，VSLAM 是为了求解状态变量 $\boldsymbol{X}$ 的条件概率分布 $p(\boldsymbol{X}|z)$。根据贝叶斯法则，有

$$p(\boldsymbol{X}\mid \boldsymbol{z})=\frac{p(\boldsymbol{z}\mid \boldsymbol{X})p(\boldsymbol{X})}{p(\boldsymbol{z})}\propto p(\boldsymbol{z}\mid \boldsymbol{X})p(\boldsymbol{X}) \tag{7.12}$$

式中，$p(\boldsymbol{z}|\boldsymbol{X})$ 是在给定 $\boldsymbol{X}$ 时观测量 $\boldsymbol{z}$ 的似然，$p(\boldsymbol{X})$ 为状态变量 $\boldsymbol{X}$ 的先验概率。

在实际的解算过程中，要直接求解得状态变量的条件概率分布是很难的，因此，一般将其转化为使概率最大化的问题，也即

$$\boldsymbol{X}^* = \arg\max_X p(\boldsymbol{X} \mid \boldsymbol{z}) = \arg\max p(\boldsymbol{z} \mid \boldsymbol{X}) p(\boldsymbol{X}) \tag{7.13}$$

式中，$p(\boldsymbol{X})$这一先验概率可以是任何关于状态变量 $\boldsymbol{X}$ 的知识，也可以存在无先验知识的情况。在无先验知识时，$p(\boldsymbol{X})$为常量(对应于均匀分布)，此时，概率最大化问题变成了最大似然估计问题：

$$\boldsymbol{X}^* = \arg\max_X p(\boldsymbol{z} \mid \boldsymbol{X}) \tag{7.14}$$

具体地，在式(7.14)中的似然概率 $p(\boldsymbol{z}|\boldsymbol{X})$中，某一时刻 k 时的观测值 $\boldsymbol{z}_k$，只依赖于状态变量 $\boldsymbol{x}_{\mathrm{r},k}$，与$\{\boldsymbol{x}_{\mathrm{r},i}|i=1:N$ 且 $i\neq k\}$无关。因此，该最大似然估计问题又可表述为

$$\boldsymbol{X}^* = \arg\max_X \prod_{i=1}^{N}\prod_{j=1}^{M} p(\boldsymbol{z}_{i,j} \mid \boldsymbol{x}_{\mathrm{r},i}, \boldsymbol{x}_{\mathrm{m},j}) \tag{7.15}$$

以负对数形式可以表示为

$$\boldsymbol{X}^* = \arg\min_X \left\{-\sum_{i=1}^{N}\sum_{j=1}^{M} \ln[p(\boldsymbol{z}_{i,j} \mid \boldsymbol{x}_{\mathrm{r},i}, \boldsymbol{x}_{\mathrm{m},j})]\right\} \tag{7.16}$$

直观地讲，该最大似然估计问题又可以理解成：在什么样的相机位姿和路标位置下，最有可能采集到当前这一图像。

进而，为了求解这一最大似然估计问题，需要知道似然概率 $p(\boldsymbol{z}_{i,j}|\boldsymbol{x}_{\mathrm{r},i}, \boldsymbol{x}_{\mathrm{m},j})$的具体概率分布形式，而由于观测模型中的噪声 $\boldsymbol{v}_{i,j}$ 一般为白噪声，服从高斯分布 $N(0,\boldsymbol{\Sigma}_{i,j})$，那么，似然概率 $p(\boldsymbol{z}_{i,j}|\boldsymbol{x}_{\mathrm{r},i}, \boldsymbol{x}_{\mathrm{m},j})$的概率分布形式应该是 $N(h(\boldsymbol{x}_{\mathrm{r},i}, \boldsymbol{x}_{\mathrm{m},j}),\boldsymbol{\Sigma}_{i,j})$，所以，有

$$p(\boldsymbol{z}_{i,j} \mid \boldsymbol{x}_{\mathrm{r},i}, \boldsymbol{x}_{\mathrm{m},j}) \propto \exp\left\{-[\boldsymbol{z}_{i,j} - h(\boldsymbol{x}_{\mathrm{r},i}, \boldsymbol{x}_{\mathrm{m},j})]^{\mathrm{T}}\boldsymbol{\Sigma}_{i,j}^{-1}[\boldsymbol{z}_{i,j} - h(\boldsymbol{x}_{\mathrm{r},i}, \boldsymbol{x}_{\mathrm{m},j})]\right\} \tag{7.17}$$

因此，式(7.14)可写作

$$\boldsymbol{X}^* = \arg\min_X \left(\sum_{i=1}^{N}\sum_{j=1}^{M}\left\{[\boldsymbol{z}_{i,j} - h(\boldsymbol{x}_{\mathrm{r},i}, \boldsymbol{x}_{\mathrm{m},j})]^{\mathrm{T}}\boldsymbol{\Sigma}_{i,j}^{-1}[\boldsymbol{z}_{i,j} - h(\boldsymbol{x}_{\mathrm{r},i}, \boldsymbol{x}_{\mathrm{m},j})]\right\}\right) \tag{7.18}$$

从中可以发现，上式等价于最小化观测噪声(即误差)的 2 次方 ($\boldsymbol{\Sigma}_{i,j}$ 范数意义下)，误差函数为

$$\boldsymbol{e}_{i,j} = \boldsymbol{z}_{i,j} - h(\boldsymbol{x}_{\mathrm{r},i}, \boldsymbol{x}_{\mathrm{m},j}) \tag{7.19}$$

目标函数为高斯能量函数为

$$\boldsymbol{F}(\boldsymbol{X}) = \sum_{i=1}^{N}\sum_{j=1}^{M}\left\{[\boldsymbol{e}_{i,j}(\boldsymbol{X})]^{\mathrm{T}}\boldsymbol{\Sigma}_{i,j}^{-1}\boldsymbol{e}_{i,j}(\boldsymbol{X})\right\} = \sum_{i=1}^{N}\sum_{j=1}^{M}\left\{[\boldsymbol{e}_{i,j}(X)]^{\mathrm{T}}\boldsymbol{\Lambda}_{i,j}\boldsymbol{e}_{i,j}(\boldsymbol{X})\right\} \tag{7.20}$$

式中，$\boldsymbol{\Lambda}_{i,j} = \boldsymbol{\Sigma}_{i,j}^{-1}$，为对角矩阵。

这样就变成了一个最小二乘(least square problem，LSB)问题。由于无法得

到一个能够完美满足观测方程和状态方程的状态变量，所以通过使状态变量代入方程时误差最小的方式，来得到最优的状态变量。

要求解这一最小二乘问题，只须求得使目标函数的导数为零的优化变量，但是一般而言无法直接通过目标函数导数的解析形式来直接获得所需的极小值，通常通过迭代的方式，不断更新优化变量来使目标函数下降至极小值，其具体步骤为：

步骤 1：给定优化变量的初值。

步骤 2：寻找一个使目标函数下降的优化变量的增量。

步骤 3：如果优化变量的增量足够小或者目标函数的下降足够缓慢，则停止。

步骤 4：否则，用步骤 2 找到的增量更新优化变量，返回步骤 2。

7.3.2 高斯-牛顿法及列文伯格-马夸尔特法

在 VSLAM 中求解最小二乘问题，常常使用迭代方法。常用的迭代方法有高斯-牛顿（Gaussian-Newton，GN）法、列文伯格-马夸尔特（Levenberg-Marquardt，LM）法、Dog-leg 法等等。这些方法通过是误差函数下降到一个极小值来求解问题，其区别在于下降方式的不同，不同的下降方式所影响的是下降的速度以及是否容易陷入局部最优的情况。而在实践过程中，一些优化工具常能给算法的实现带来许多便利，例如常用的优化库有来自谷歌的 Ceres 库以及基于图优化理论的 g2o 库等。

高斯-牛顿法及列文伯格-马夸尔特法是 VSLAM 中最常见的非线性优化方法。

高斯-牛顿法的思想是将误差函数一阶泰勒展开以近似形式来简化问题。将误差函数进行泰勒展开后得到

$$\boldsymbol{e}_{i,j}(\boldsymbol{X}+\Delta\boldsymbol{X}) \approx \boldsymbol{e}_{i,j}(\boldsymbol{X})+\boldsymbol{J}_{i,j}(\boldsymbol{X})\Delta\boldsymbol{X} \tag{7.21}$$

式中，$\boldsymbol{J}_{i,j}(\boldsymbol{X})$为雅克比矩阵：

$$\boldsymbol{J}_{i,j}(\boldsymbol{X}) = \left.\frac{\partial \boldsymbol{e}_{i,j}(\boldsymbol{X}+\Delta\boldsymbol{X})}{\partial \Delta\boldsymbol{X}}\right|_{\Delta\boldsymbol{X}=0} \tag{7.22}$$

它是误差函数在当前优化变量值下对 $\boldsymbol{X}$ 的导数。那么目标函数为

$$\begin{aligned}
\boldsymbol{F}(\boldsymbol{X}) &\approx \sum_{i=1}^{N}\sum_{j=1}^{M}\left\{\left[\boldsymbol{e}_{i,j}(\boldsymbol{X})+\boldsymbol{J}_{i,j}(\boldsymbol{X})\Delta\boldsymbol{X}\right]^{\mathrm{T}}\boldsymbol{\Lambda}_{i,j}\left[\boldsymbol{e}_{i,j}(\boldsymbol{X})+\boldsymbol{J}_{i,j}(\boldsymbol{X})\Delta X\right]\right\} \\
&= \sum_{i=1}^{N}\sum_{j=1}^{M}(\underbrace{\boldsymbol{e}_{i,j}^{\mathrm{T}}\boldsymbol{\Lambda}_{i,j}e_{i,j}}_{:=\boldsymbol{c}_{i,j}}+2\underbrace{\boldsymbol{e}_{i,j}^{\mathrm{T}}\boldsymbol{\Lambda}_{i,j}\boldsymbol{J}_{i,j}}_{:=\boldsymbol{b}_{i,j}}\Delta\boldsymbol{X}+\Delta\boldsymbol{X}^{\mathrm{T}}\underbrace{\boldsymbol{J}_{i,j}^{\mathrm{T}}\boldsymbol{\Lambda}_{i,j}\boldsymbol{J}_{i,j}}_{:=\boldsymbol{H}_{i,j}}\Delta\boldsymbol{X}) \\
&= \sum_{i=1}^{N}\sum_{j=1}^{M}(\boldsymbol{c}_{i,j}+2\boldsymbol{b}_{i,j}\Delta\boldsymbol{X}+\Delta\boldsymbol{X}^{\mathrm{T}}\boldsymbol{H}_{i,j}\Delta\boldsymbol{X}) \\
&= \boldsymbol{c}+2\boldsymbol{b}^{\mathrm{T}}\Delta\boldsymbol{X}+\Delta\boldsymbol{X}^{\mathrm{T}}\boldsymbol{H}\Delta\boldsymbol{X}
\end{aligned} \tag{7.23}$$

式中，$\boldsymbol{c}=\sum_{i=1}^{N}\sum_{j=1}^{M}\boldsymbol{c}_{i,j}$，$\boldsymbol{b}=\sum_{i=1}^{N}\sum_{j=1}^{M}\boldsymbol{b}_{i,j}^{\mathrm{T}}$，$\boldsymbol{H}=\sum_{i=1}^{N}\sum_{j=1}^{M}\boldsymbol{H}_{i,j}$。$\boldsymbol{H}$ 为黑塞(Hessian)矩阵，是一个对称矩阵。

对式(7.23)求导并令导数为 **0**，可以得到

$$\boldsymbol{H}\Delta\boldsymbol{X}=-\boldsymbol{b} \tag{7.24}$$

上式称为高增量方程或高斯-牛顿方程，求解该方程可得到优化变量的增量，即完成了迭代方式求解最小二乘问题的步骤 2，在步骤 4 中第 $n+1$ 次迭代的优化变量值通过公式(7.25)由第 n 次迭代的优化变量值和增量值进行更新：

$$\boldsymbol{X}^{(n+1)}=\Delta\boldsymbol{X}^{(n)}\circ\boldsymbol{X}^{(n)} \tag{7.25}$$

其中定义符号"∘"对于相机位姿和路标点位置有不同的处理：

$$\begin{cases}\Delta\boldsymbol{x}_{\mathrm{r}}\circ\boldsymbol{x}_{\mathrm{r}}=\log[\exp(\Delta\boldsymbol{x}_{\mathrm{r}})\cdot\exp(\boldsymbol{x}_{\mathrm{r}})]\\ \Delta\boldsymbol{x}_{\mathrm{m}}\circ\boldsymbol{x}_{\mathrm{m}}=\Delta\boldsymbol{x}_{\mathrm{m}}+\boldsymbol{x}_{\mathrm{m}}\end{cases} \tag{7.26}$$

在高斯-牛顿法采用的近似一阶泰勒展开只能在展开点附近有较好的近似结果，所以在列文伯格-马夸尔特法中将增量方程修改为

$$(\boldsymbol{H}+\lambda\boldsymbol{I})\Delta\boldsymbol{X}=-\boldsymbol{b} \tag{7.27}$$

其中 λ 是根据误差函数在不同状态的方向变化来调整各方向阻尼效果的调节因子。此外，还设立了评判的近似是否良好的标准：

$$\rho=\frac{\boldsymbol{e}(\boldsymbol{X}+\Delta\boldsymbol{X})-\boldsymbol{e}(\boldsymbol{X})}{\boldsymbol{J}(\boldsymbol{X})\Delta\boldsymbol{X}} \tag{7.28}$$

式中，分子部分为实际误差函数下降的值，分母部分为近似的下降值。当 ρ 太小时说明实际下降值远小于近似下降值，这样的近似是比较差的，应该将 λ 增大(通常乘以 10)来缩小近似范围。反之，则应进一步放大近似范围，应该将 λ 减小(通常除以 10)。

7.3.3　g2o 基本方法

在实际应用时，为了直观地描述非线性优化问题，常将优化问题与图论相结合，将其表现为图(graph)的形式。过去，基于图优化的方法被认为太费时，无法满足实时性的需要，直到研究人员对 SLAM 过程图的稀疏性有了深入认识，并设计了高效求解方法后，图优化方法才重新得以兴起。

图优化方法是以优化变量作为图的顶点(vetex)，以误差作为图的边(edge)，将优化问题转化为一个与之对应的图优化问题来进行分析。g2o(general graph optimization，通用图优化)是一种经典的图优化框架。以 4 个相机位姿及 6 个路标，在每个相机位姿上能观测到 3 个路标为例，如图 7.8 所示为该例子对应的优化问题的图形式。

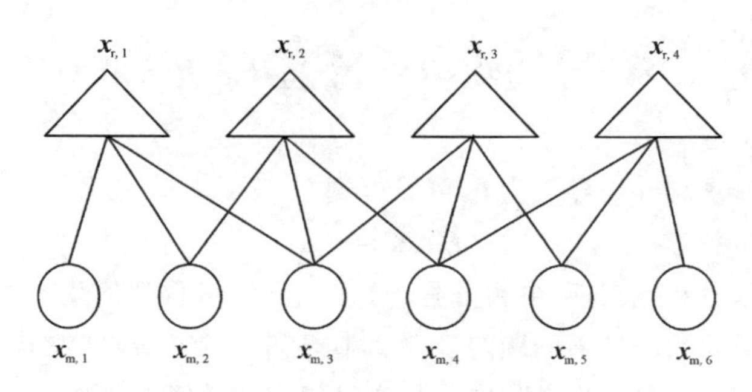

图 7.8 非线性优化问题的图形式

图 7.8 中，相机位姿$\{\boldsymbol{x}_{r,1},\boldsymbol{x}_{r,2},\boldsymbol{x}_{r,3},\boldsymbol{x}_{r,4}\}$和路标点$\{\boldsymbol{x}_{m,1},\boldsymbol{x}_{m,2},\boldsymbol{x}_{m,3},\boldsymbol{x}_{m,4},\boldsymbol{x}_{m,5},\boldsymbol{x}_{m,6}\}$构成图优化的顶点，每个相机位姿上对 3 个路标点的观测误差构成图优化的边。如图 7.9 所示为 g2o 算法框架图，其中需要针对具体的问题提供误差函数以及增量更新方式。而线性求解器一般有 Csparse、CHOLMOD 等，用于求解增量方程这一线性方程获得增量。线性结构模块则根据具体的黑塞矩阵的特殊结构改造增量方程以使方程的求解更加简便快速，下面仅对舒尔(Schur)这一方式进行介绍。

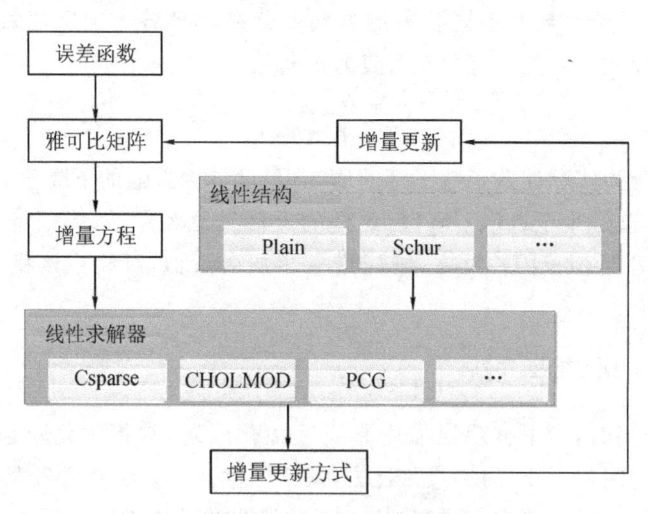

图 7.9 g2o 算法框架图

将增量方程(7.24)中的黑塞矩阵进行调整，使左上角为雅可比矩阵对相机位姿求导得到的相关项，右下角为雅可比矩阵对路标点位置求导的相关项，则增量方程为

$$\begin{bmatrix} \boldsymbol{H}_{x_r x_r} & \boldsymbol{H}_{x_r x_m} \\ \boldsymbol{H}_{x_r x_m}^{\mathrm{T}} & \boldsymbol{H}_{x_m x_m} \end{bmatrix} \begin{bmatrix} \Delta \boldsymbol{x}_r \\ \Delta \boldsymbol{x}_m \end{bmatrix} = \begin{bmatrix} -\boldsymbol{b}_{x_r} \\ -\boldsymbol{b}_{x_m} \end{bmatrix} \tag{7.29}$$

$\boldsymbol{H}$ 的舒尔补矩阵为

$$\begin{bmatrix} \boldsymbol{I} & -\boldsymbol{H}_{x_r x_m} \boldsymbol{H}_{x_m x_m}^{-1} \\ \boldsymbol{O} & \boldsymbol{I} \end{bmatrix} \tag{7.30}$$

在方程两边左乘以 $\boldsymbol{H}$ 的舒尔补矩阵，得

$$\begin{bmatrix} \boldsymbol{H}_{x_r x_r} - \boldsymbol{H}_{x_r x_m} \boldsymbol{H}_{x_m x_m}^{-1} \boldsymbol{H}_{x_r x_m}^{\mathrm{T}} & \boldsymbol{0} \\ \boldsymbol{H}_{x_r x_m}^{\mathrm{T}} & \boldsymbol{H}_{x_m x_m} \end{bmatrix} \begin{bmatrix} \Delta \boldsymbol{x}_{\mathrm{r}} \\ \Delta \boldsymbol{x}_{\mathrm{m}} \end{bmatrix} = \begin{bmatrix} -\boldsymbol{b}_{x_r} + \boldsymbol{H}_{x_r x_m} \boldsymbol{H}_{x_m x_m}^{-1} \boldsymbol{b}_{x_m} \\ -\boldsymbol{b}_{x_m} \end{bmatrix} \tag{7.31}$$

由于 $\boldsymbol{H}_{x_m x_m}$ 是对角矩阵，因此相对于直接计算 $\boldsymbol{H}^{-1}$，计算 $\boldsymbol{H}_{x_m x_m}^{-1}$ 简便了许多，所以根据上式可以首先由式(7.32)计算得到 $\Delta \boldsymbol{x}_{\mathrm{r}}$，而后再根据式(7.33)计算得到 $\Delta \boldsymbol{x}_{\mathrm{m}}$：

$$(\boldsymbol{H}_{x_r x_r} - \boldsymbol{H}_{x_r x_m} \boldsymbol{H}_{x_m x_m}^{-1} \boldsymbol{H}_{x_r x_m}^{\mathrm{T}}) \Delta \boldsymbol{x}_{\mathrm{r}} = -\boldsymbol{b}_{x_r} + \boldsymbol{H}_{x_r x_m} \boldsymbol{H}_{x_m x_m}^{-1} \boldsymbol{b}_{x_m} \tag{7.32}$$

$$\boldsymbol{H}_{x_m x_m} \Delta \boldsymbol{x}_{\mathrm{m}} = -\boldsymbol{b}_{x_m} - \boldsymbol{H}_{x_r x_m}^{\mathrm{T}} \Delta \boldsymbol{x}_{\mathrm{r}} \tag{7.33}$$

在 g2o 算法框架中给出了许多类似的工具，为求解非线性优化问题提供了很大的便利，在 VSLAM 问题中得到了广泛的应用。

7.3.4　光束平差法

光束平差(bundle adjustment，BA)法是 VSLAM 研究中用得最多的优化求取方法，它是对一组给定的相机位置与观测数据，求取最优的状态估计。BA 方法是个纯优化问题，也可以用图模型清楚地表述出来。

BA 法通常被称为光束平差法(也有人称其为光束法平差)。所谓“bundle”，来源于“bundle of light”，其本意就是指光束。这些光束指的是三维空间中的点投影到像平面上的光束，而重投影误差正是利用这些光束来构建的，因此被称为光束法。在测量过程中，测量误差总是不可避免的。为了提高测量精确度，测量值的个数往往要多于确定未知量所必须观测的个数，也就是存在冗余数据。所谓平差，就是依据最小二乘法原理，令每一次测量结果与优化估计结果之差的平方和达到极小。这个平差又被称为测量平差。BA 方法中的“平差”(adjustment)的作用，就是令重投影误差极小。

因此，BA 方法的本质是一个优化模型，其目的就是最小化重投影误差。

如图 7.10 所示，$P_1 \sim P_3$ 是相机的位置，记为 $\boldsymbol{x}_{\mathrm{r},1}, \boldsymbol{x}_{\mathrm{r},2}, \boldsymbol{x}_{\mathrm{r},3}$；$\boldsymbol{X}_1 \sim \boldsymbol{X}_6$ 是三维空间点，记为 $\boldsymbol{x}_{\mathrm{m},1}, \cdots, \boldsymbol{x}_{\mathrm{m},6}$。当空间点 $\boldsymbol{X}_j$ 投影到相机 P_i 的图像上时，则将 P_i 与 $\boldsymbol{X}_j$ 连接起来。这些连线就是光束。所谓的第一次投影，指的就是相机在拍照的时候三维空间点投影到图像上。

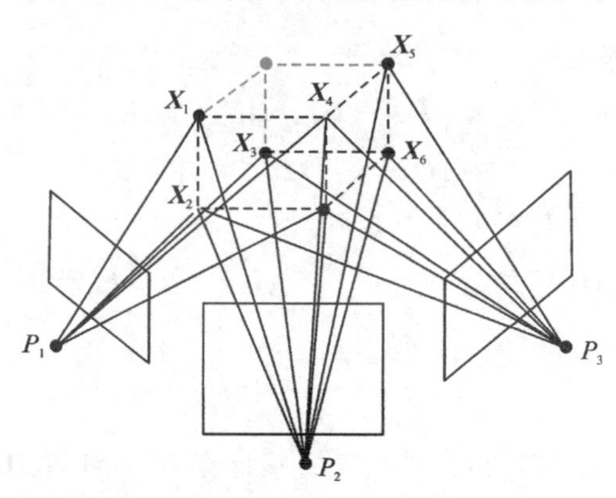

图 7.10 空间点、投影点与光束

在进行位姿估计时，是利用这些图像对一些特征点进行三角定位、利用几何信息(对极几何)构建三角形来确定三维空间点的位置。理想的情况是对 P_i 和 $\boldsymbol{X}_j$ 的估计都绝对准确，则 P_i 与 $\boldsymbol{X}_j$ 之间的光束也是唯一的和准确的。但由于存在各种误差影响，所获得的三维点的坐标和相机的位姿都是有误差的。重投影就是用计算得到的三维点的坐标(注意，其中包含误差量)和计算得到的相机位姿(同样存在误差量)求取空间点在图像平面的投影，即第二次投影。重投影误差就是指真实三维空间点在图像平面上的投影(即图像上的像素点)和重投影(即用计算值得到的虚拟的像素点)的差值。BA 方法优化的目标，就是使重投影误差最小化，也就是使这些差值的平方和最小化。满足这一条件的相机位姿参数及三维空间点坐标，就是最优的相机位姿参数及三维空间点坐标。这既是最小二乘法的思想，也是最大似然法的思想。

BA 方法基本上都是利用 7.3.2 节介绍的列文伯格-马夸尔特算法并在此基础上利用 BA 模型的稀疏性质来进行计算的。

7.4 闭环检测

VSLAM 闭环检测是以视觉传感器为信息源。由于视觉信息较为丰富，相比其他闭环检测方式而言，其场景分辨能力以及环境适应性较好，具有独特的优势。但也正是因为视觉传感器较大的信息量，相比于其他闭环检测方式，如何在保证闭环准确率的前提下，提高 VSLAM 闭环检测的实时性成为其重点与难点。

近几年，闭环检测技术发展迅速，先后出现了地图与地图匹配、图像与图像匹配，以及图像与地图匹配的方法。这些方法各有所长，但由于算法通用性和效率的原因，采用图像与图像匹配的闭环检测方法的应用较为广泛。其中，以图像特征作为基础，基于关键帧的词袋(bag of words，BoW)方法在实际系统中取得了较好的效果。但在闭环检测中,图像的尺度和视角变化较大,并且搜索范围随着关键帧的数量增多而增加,因而也不能简单地使用特征描述子匹配实现。

当前 VSLAM 的闭环检测研究已经取得了一些重要成就,但作为一种较新的技术,VSLAM 闭环检测还在不断发展当中,未来也必然伴随着人类探索的脚步朝着规模更大、场景更为复杂的环境迈进。

7.4.1　闭环检测的概率模型

如前所述,VSLAM 系统大多采用概率模型。若 $\boldsymbol{x}_{\mathrm{r},1}$ 到 $\boldsymbol{x}_{\mathrm{r},N}$ 表示从 1 到 N 个不同时刻下机器人的位姿(也就是相机的位姿),$\boldsymbol{x}_{\mathrm{m},1}$ 到 $\boldsymbol{x}_{\mathrm{m},M}$ 是指从 1 到 M 个路标(或环境特征)的位置。测量数据由不同时刻视觉传感器对不同路标的观测数据构成,将其记为 $\boldsymbol{z}=\{\boldsymbol{z}_{1,1},\cdots,\boldsymbol{z}_{1,M},\ \cdots,\boldsymbol{z}_{N,1},\cdots,\boldsymbol{z}_{N,M}\}$。该最大似然估计问题又可以理解成:在什么样的相机位姿和路标位置下,最有可能采集到当前这一图像。即

$$\boldsymbol{X}^{*}=\arg\max_{\boldsymbol{X}}\prod_{i=1}^{N}\prod_{j=1}^{M}p(\boldsymbol{z}_{i,j}\mid\boldsymbol{x}_{\mathrm{r},i},\boldsymbol{x}_{\mathrm{m},j})\tag{7.34}$$

在观测误差的正态分布假设下,其解通过最大似然估计得到。

在这个过程中,视觉里程计计算帧间的位姿变换。然而随着轨迹的增加,位姿估计的误差逐步累计,使得估计的轨迹逐步偏离真实的运动轨迹。必须要通过闭环检测(loop closure detection)来判断当前时刻机器人是否位于此前已经访问过的环境区域。其主要思路是对传感器信息的相似性进行评估,相似性高表示这些传感器信息来自同一个环境,从而识别出曾经访问过的场景,正确的闭环可以极大地减小累积误差。

闭环检测本质上也是一个数据关联问题,然而即使采用信息丰富的视觉传感器,在闭环检测过程中依然容易出现错误闭环。一方面因为现实世界中存在大量的相似物体,影响闭环的准确率;另一方面从不同角度观测同一场景,观测结果会有差别,从而导致闭环检测召回率较低。作为 VSLAM 问题的关键环节和基础问题,闭环检测对消除机器人位姿估计的累积误差,降低地图不确定性至关重要。

从闭环的产生方式而言,VSLAM 闭环检测大体分为三类:地图与地图匹配,图像与图像匹配,以及图像与地图匹配。

其中地图与地图匹配通过寻找不同子图公共特征间的相似之处来实现。该方法适用于通过子地图构建地图的情形,但并不适用于单目 VSLAM 系统。

图像与图像间匹配的方法大多采用视觉词袋(bag of visual word, BoVW)模型表示图像,并通过逆向索引(inverted index)对相似图像进行快速检索。该方法在大规模环境下的闭环检测中展现出了其突出的效率。

图像与地图匹配主要采用重定位技术,通过随机蕨(random ferns)分类器快

速寻找图像与地图中特征点的相似之处，进而计算相对于点特征所建地图的摄像头位姿。其缺点在于分类器内存占用过多，因此不适用于大规模环境当中。

由于算法效率等因素，当前基于图像与图像匹配的闭环检测方法的环境适应能力相对较强，应用较为广泛，但也依然存在着较大的发展空间。

基于视觉传感器的 VSLAM 闭环检测大多通过图像间的相似性判断闭环的发生。从视觉信息的使用方式而言，VSLAM 闭环检测大体上有两种：其一为直接使用图像特征在特征空间进行相似性匹配，并根据相似度阈值判断闭环的发生；其二为将图像特征离散化为视觉词袋中的单词，通过比较图像所包含的单词的相似度来计算发生闭环的概率。由于 VSLAM 闭环检测涉及巨量的图像特征相似度计算问题，直接使用图像特征进行相似性匹配无法满足实时性的要求，因此当前大部分研究都倾向于采用基于 BoVW 的闭环检测。

7.4.2 基于 BoVW 的闭环检测

由于 VSLAM 闭环检测涉及对大量图像特征的处理和检索问题，采用 BoVW 对图像特征进行离散化成为当前的主流方法。该方法首先将特征进行多层聚类，随后采用特征在各层级的分类序号组成的向量表示该特征。尽管对图像特征离散化会导致特征的可区分性下降，但其通过相似特征聚类压缩了图像特征的存储空间，并采用树形结构和逆向索引提高了对相似特征及其所在图像的检索效率，满足了闭环检测的实时性需求。在此基础上，众多研究者在这个方向上做出了丰富的贡献和成果。

使用 BoVW 进行闭环检测主要有以下几个步骤：

(1)构造视觉词袋。通常词典的构造是通过离线学习得到的。对一个较大场景进行图像采集，而后对每帧图像进行特征提取和描述，再通过聚类方法(如 K 均值聚类)对特征进行聚类，从而形成单词。

(2)场景描述。在进行闭环检测时，对获得的图片进行特征提取和描述，而后将其投影到视觉词典中，得到该场景的单词描述向量。

(3)相似性计算。将当前场景描述向量和历史场景描述向量进行相似性分析，得到闭环候选。

(4)闭环确认。通过增加约束来剔除错误闭环，得到正确的闭环检测结果。

使用 BoVW 进行闭环检测的流程如图 7.11 所示。

使用闭环检测后进行闭环优化，可以很大程度上提高位姿估计的一致性。如图 7.12(a)中的浅灰线所示，闭环检测提供了闭环位姿约束。闭环优化之后，在同一场景中的轨迹实现了重合[如图 7.12(b)所示]。具体的实现上，读者可以参考 DBoW2 项目。

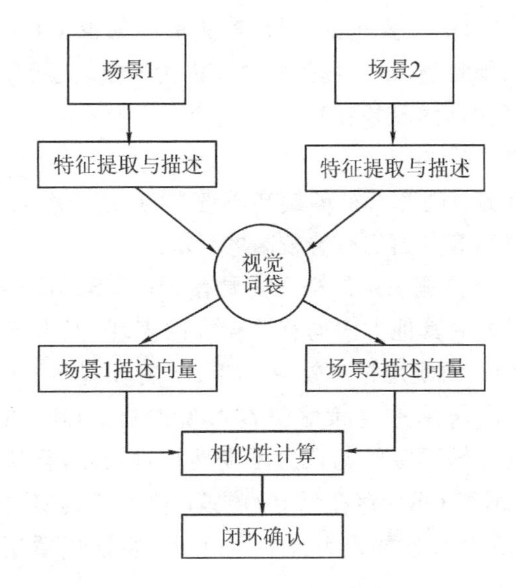

图 7.11　BoVW 闭环检测流程图

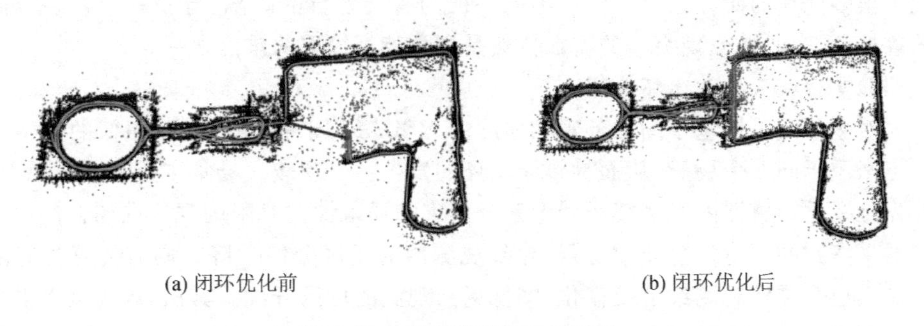

(a) 闭环优化前　(b) 闭环优化后

图 7.12　闭环优化轨迹示意图

在基于图优化的 VSLAM 系统中，闭环检测能够为各个节点提供额外的约束，从而降低图的不确定性，提高图优化结果的整体精度。但若产生错误闭环，不仅不会提高图的精度，反而导致原有的地图遭到破坏。鉴于单纯使用视觉传感器的闭环检测信息源单一，可能出现错误闭环，给闭环检测提供额外约束，或在图优化环节设计能识别错误闭环的鲁棒图优化算法就显得十分必要。尽管基于 BoVW 的闭环检测的框架已经相对较为完善，但在一些特定环节，或在一些具有挑战性的环境中，依然存在一些亟待解决的问题。

7.4.3　VSLAM 闭环检测的主要工作

尽管 VSLAM 闭环检测已经有了较大的发展，取得了一些阶段性的成果，但仍有需要改进和提高之处，主要包括：闭环检测使用的视觉特征问题，BoVW 的训练方法和检索效率优化问题，歧义场景的分辨能力问题，大视角变化下的闭环检测问题，以及对错误闭环的后端剔除问题。

1)视觉特征提取

VSLAM 闭环检测对视觉特征的旋转不变性、尺度不变性、模糊鲁棒性、光照变化鲁棒性以及实时性等方面均有着较高的要求。

当前 VSLAM 闭环检测采用的特征主要有 SIFT、SURF 与 ORB。其中 SIFT 特征在除了实时性以外的其他方面均有着较好的表现，但由于闭环检测对实时性的要求，导致 SIFT 特征的使用相对较少。SURF 特征将 SIFT 的圆形滤波器替换为方形滤波器，进一步采用加速策略提高其实时性。ORB 在实时性上远高于 SIFT 与 SURF，但其旋转不变性与尺度不变性相对较差，且特征的模糊鲁棒性逊于 SIFT 与 SURF。尽管 ORB 存在一定的缺陷，但由于其实时性较好且特征数量众多，相比而言 SURF 特征性能较为折中，而 ORB 特征更适用于对实时性要求较高的场合。

特征提取是计算机视觉领域中的基础问题之一，已经有多年的研究积累，也出现了很多优秀的研究成果。但是不同特征均有其各自的缺陷，寻找一个在各方面的鲁棒性、实时性表现突出的特征依然是视觉特征提取的难点之一。

2)复杂歧义场景闭环检测

对于单纯采用基于图像外观相似度的 VSLAM 闭环检测而言，相似的观测不一定来源于同一个场景，从而导致误闭环的发生。出现歧义场景主要有两个原因：首先是视觉传感器的观测视场和像素分辨率的局限性。有限的观测视场会使得传感器采集到的环境信息非常有限，导致观测值的可区分性下降。同时传感器有限的像素也会导致观测细节模糊化，降低场景观测的可区分性。其次，现实世界中存在着大量的相似事物，如城市街道两旁相似的建筑、相似的窗户、相似的汽车，以及野外环境下相似的树木等，都会引起感知歧义，加剧闭环检测的难度。

对于 VSLAM 闭环检测的歧义场景问题，当前主要有三种解决方案：通过里程计信息约束闭环检测范围，采用对极几何约束剔除错误闭环，以及设计对误闭环的鲁棒图优化算法。上述三种方法试图从不同角度解决歧义场景下的误闭环问题，但实践表明三者均存在一定的局限性：通过里程计信息约束闭环检测范围会在机器人面临“绑架”问题时失效，对极几何约束法在特征较少的环境下会漏掉部分误闭环，鲁棒图优化由于阈值选取问题存在剔除正确闭环的可能。尽管可以通过同时使用上述三种方法提高闭环检测的抗歧义能力，但歧义场景下的闭环检测问题依然未得到圆满解决。

3)大视角变化闭环检测

当前 VSLAM 闭环检测研究倾向于以路径一致和微小视角变化的闭环作为

实验对象，而在实际情况下，当机器人重新回到其所历经的区域时，其观测视角与原视角通常会有一定的差别，极端情形下的观测视角之差甚至能大于90°。对于大视角变化下的闭环而言，单幅图像的观测结果之间通常会有较大的差别，其一是由于单个景物的各向差异，其二是由于不同角度观测时，不同景物的观测位置和受遮挡情形有所不同。因此在大视角变化下，若从单幅图像之间的相似性分析，观测到闭环的可能性较小。但可以注意到的是，对于连续图像而言，发生闭环的历史图像序列中的部分特征会不连续地分散到当前图像序列当中，这也许是对解决大视角变化——或者叫作一般视角变化下的闭环检测问题的一个可能的启发。

4)BoVW检索与优化

由于VSLAM闭环检测需要处理大量的图像特征，如果逐帧进行特征的相似性对比将无法满足闭环检测实时性的需求。BoVW作为VSLAM闭环检测的重要组成部分，对压缩存储信息，提高对相似图像的检索效率有着无法替代的核心作用。

视觉词袋面临的首要问题在于对视觉词袋的训练。对图像特征进行离散化不可避免地会降低特征的分辨率，进而导致对图像区分能力的下降。因此通过什么样的训练策略尽可能地提高视觉词袋的分辨率，保证其对不同场景的区分能力便成为BoVW能否有效使用的关键问题。聚类中心的初值设定对视觉词袋的训练结果有着非常大的影响，设计具有较好分类性能的初值选取策略对提高BoVW的分辨率十分关键。此外，在训练视觉词袋时还需确定BoVW的大小、异常样本的鉴别和剔除方法等，而当前对于此类问题尚缺乏足够的研究。

另一个难点是在大规模环境下基于BoVW的相似图像的快速检索。对于该问题，当前大部分文献都采用逆向索引搜寻与当前图像包含相似特征的历史图像，随后通过统计各个图像所包含的相似特征在当前图像特征中所占的比例，确定闭环检测的范围。虽然基于逆向索引的快速检索的主体结构已经较为完善，但在确定构建逆向索引的BoVW层级，以及参与闭环检测的历史图像所应包含的相似特征的比例方面尚无定论。

5)误闭环的后端剔除

在得到正确的闭环检测结果后，VSLAM将采用图优化方法提高地图的一致性。然而实际情况下，闭环检测不可避免地会出现误闭环。这会引起位姿图中出现错误约束，导致图优化过程中已构建地图的一致性遭到破坏。因此，如何在VSLAM的后端图优化环节剔除误闭环或降低误闭环的影响就显得尤为重要。

误闭环的后端剔除的难点有二：其一是误闭环的判断条件问题。里程计的漂移随着时间不断增长，此时即便是正确的闭环观测结果也会与里程计之间出现较大的差别。如果闭环筛选的条件过于严格，则会导致正确闭环被剔除；如果闭环筛选的条件过于宽松，则某些误闭环会被保留下来，从而对图优化结果带来不良影响。其二是算法效率问题。VSLAM 系统对其各个环节的实时性均有着较高的要求。如果某个环节的算法效率不高，会影响其他环节的数据采集和处理工作。而经典图优化本身就有着较大的运算量，再加上剔除误闭环的工作势必会对图优化的效率带来较大影响，因而提高算法效率就成了鲁棒图优化实际应用的关键所在。

7.5 VSLAM 建图

随着机器人移动空间的拓展，出现了空中机器人和水下机器人，二维地图已经不能满足这类机器人导航的需要。即使是地面移动机器人，有些较为高大的机器人也需要三维地图来判断环境的空间结构，从而可以进行精确地导航。因此，三维地图的精确建立引起了广大学者的关注。

VSLAM 系统不仅可以构建二维地图，而且可以构建三维地图，因此 VSLAM 的地图描述类型更加多样。目前不同类型的地图各有侧重点，应用于不同的场合。从 VSLAM 的角度，地图的主要类型有以下几种。

1)度量地图(metric map)

度量地图强调精确地表示地图中物体的位置关系。度量地图的具体形式可分为稀疏地图(sparse map)与稠密地图(dense map)。稀疏地图主要指由路标组成的地图，而稠密地图主要指占用栅格地图(grid map)。稀疏地图主要用于早期研究，由于计算性能的限制，机器人的运动非常缓慢，地图的规模也相对较小。目前常用的是稠密型的栅格地图。通常把地图按照某种分辨率分割成许多个小块，以矩阵(对应二维情形)或八叉树(对应三维情形)来表示。一个格点含有占用、空闲、未知三种状态，以表达该格内是否有物体。这种类型的地图可以直接用于各种导航算法，如 A^* 算法、D^* 算法等等。因此许多 SLAM 研究者偏好于建此类地图。但是，度量地图需要存储每一个格点的状态，耗费大量的存储空间，而且多数情况下地图的许多细节部分是无用的。另一方面，大规模度量地图会出现严重的一致性问题，例如很小的一点转向误差，就会导致两间屋子的墙出现重叠。

2)拓扑地图(topological map)

相比于度量地图的精确性，拓扑地图将地图表达为一个图(graph)：$G=\{V, E\}$，因而更强调地图元素的独立性，以及元素之间的连通关系。它弱化了地图对精确位置的需要，忽略地图的细节问题，是一种比较紧凑的地图描述方式。然而，拓扑地图不擅长表达具有复杂结构的地图。如何对地图进行分割形成节点与边，如何使用拓扑地图进行导航与路径规划，仍是有待研究的问题。

3)语义地图(semantic map)

语义地图的研究者希望给地图上的元素添加标签信息，从而使得地图的含义更加丰富,使智能机器人与人类的交互更加自然。语义地图中的各个元素都会携带一个标签信息,这一标签可以用于对地图元素的分类和识别。由于这些标签相当于在地图上加入了认知层面的信息,它在与人的交互中起到了重要作用,如图7.13中不同颜色代表了携带不同标签的元素。一般而言,移动机器人所接收的任务命令都是语义层面的,例如:“到厨房去”这一简单的命令就要求机器人不仅需要有环境的地图,而且还需要理解“厨房”是在地图中的哪一块,而后才能进行任务规划执行命令,这也就体现了地图中各元素所携带的标签信息的作用了。但是由于对语义地图的研究工作起步较晚,对于如何划分地图中的元素,如何在导航等任务中使用语义地图,等等,都是需要进一步研究的问题,其目前应用也相对较少。

图7.13　语义地图

建立语义地图的关键在于地图元素的识别与分类,本质上是一个在线学习的模式识别问题。该方向的研究工作出现较晚,目前多数研究者正致力于场景识别(place recognition)问题的研究。

4)混合地图(hybrid map)

由于上述地图表达方式各有优劣,因而有研究者认为应该构建带层次模型的地图,混合使用不同的表达方式来处理地图。其核心思想是:在小范围内,用度量地图表达局部结构;在大范围内,再用拓扑地图表达各个小地图之间的连通关系。

许多VSLAM算法主要用于构建三维地图来为机器人三维空间导航服务。三维地图中使用度量地图的居多。目前度量地图中常见的三维地图表示方法有点云地图(point cloud map)、高程地图(elevation map)和立体占用地图(volumetric occupancy map)等。

其中,点云地图存储了所有的空间点坐标,其对硬盘和内存的消耗均较大,且对于机器人来说不易区分障碍和空闲的区域,不适用于机器人导航。

高程地图只存储每一栅格的表面高度，有效克服了点云地图高消耗的缺点，但其无法表示环境中的复杂结构，因此多适用于室外导航。

立体占用地图多是基于八叉树构建的，其类似于二维地图中的栅格地图，使用立方体的状态（空闲、占用、未知）来表示该立方体中是否有障碍，且比较适用于当前的各种导航算法，因此是目前较为流行的地图表示方法。

基于八叉树的地图表示方法就是使用小立方体的状态（空闲、占用、未知）来表示地图中的障碍物，其中每一个小立方体称之为一个体素。Octomap 作为一种基于八叉树的地图表示方法，建立了体素的占用概率模型，即计算出每个体素被占用的概率，从而确定各个体素的最终状态。其中，体素的占用概率分为叶节点占用概率和内节点占用概率，其计算方法有所不同。叶节点 n 的占用概率使用如下公式计算：

$$p[n \mid z(1:k)] = \left[1 + \frac{1 - p[n \mid z(k)]}{p[n \mid z(k)]} \cdot \frac{1 - p[n \mid z(1:k-1)]}{p[n \mid z(1:k-1)]} \cdot \frac{p(n)}{1 - p(n)}\right] \tag{7.35}$$

式中，$z(k)$ 表示 k 时刻的观测量，$p(n \mid z(k))$ 表示体素 n 在给定观测量 $z(k)$ 时的占用概率，$p(n)$ 表示体素 n 的占用概率，其初始值给定为 $p(n) = 0.5$。为简化计算，也可通过取对数求取其占用概率：

$$L[n \mid z(1:k)] = L[n \mid z(1:k-1)] + L[n \mid z(k)] \tag{7.36}$$

内节点的占用概率计算则根据其子节点的占用概率进行计算，即

$$\hat{l}(n) = \frac{1}{8}\sum_{i=1}^{8} L(n_i) \tag{7.37}$$

或

$$\hat{l}(n) = \max[L(n_i)] \tag{7.38}$$

式中，n 为内节点，n_i 为 n 的子节点，$L(n_i)$ 为节点 n_i 的占用概率。

Octomap 可以使用不同分辨率表示环境地图，如图 7.14 所示。

图 7.14　以不同分辨率表示的环境地图

用 Octomap 构建的大范围环境下地图如图 7.15 所示。可以根据场景大小和导航任务的具体需求调整地图分辨率，做到快速、准确的路径可达性计算。另外，Octomap 还提供了点云地图转换功能，可以方便地把环境地图加入现有的 SLAM 系统。其源代码可从相关开源资源网下载。

图 7.15　大范围场景下的 Octomap 地图

在众多三维地图中，立体占用地图更适合于室内导航。在近几年有关立体占用地图的研究中，Octomap 作为一种典型的基于八叉树的地图表示方法，建立了体素的占用概率模型，提高了地图的表示精度，且其地图压缩方法极大地减少了地图对内存和硬盘的需求，代表了当前三维地图表示方法中的较高水准。绍韦克（K. Schauwecker）等在 Octomap 的基础上提出了一种基于可见性模型和传感器深度误差模型的鲁棒 Octomap 并应用于基于双目立体相机的 VSLAM 中，有效克服了传感器深度误差对地图精度的影响，并通过与 Octomap 比较体现了所提方法的有效性。

目前多数三维地图仍是面向导航的，因此三维地图的精度将影响到机器人导航的性能。如何构建高精度的三维导航地图对于机器人导航具有重要的意义，也依然是当前大部分学者研究的一个重点。

7.6　VSLAM 的发展与趋势

随着计算机图像处理能力和计算机视觉技术的发展，视觉传感器在 SLAM 中的应用越来越受到人们重视。相对于激光传感器，视觉传感器具有信号探测范围宽、目标信息完整、获得环境信息的速度快等优势。因此，基于视觉传感器的同时定位与地图构建逐渐得到了广泛应用。

VSLAM 主要分为两部分：前端——视觉里程计和后端——闭环优化。视觉里程计用于计算连续两帧图像的位姿变换。由于位姿变换存在误差，运动轨迹较长后，具有显著的累计误差。闭环检测，又称回环检测，是指机器人识别曾到达场景的能力。如果检测成功,可以显著地减小累积误差。在基于图优化的 VSLAM 中,由闭环检测带来的额外约束,可以使优化算法得到一致性更强的结果,明显提升机器人的定位精度。

其中,由于惯性测量单元(IMU)能够获得传感器本体的三轴角速度和线加速度信息,具有不受外界环境影响的优势,但测量数据会随时间变化发生漂移。因此视觉和惯性器件获取的信息具有很强的互补性,可以提高 SLAM 的鲁棒性。相应地,基于视觉和 IMU 信息的前端称为视觉惯性里程计(visual inertial odometry, VIO)。

下面对 VSLAM 的现状和发展趋势进行一个简单描述和小结。

1)直接法与特征点法的融合问题

基于特征点法的 SLAM 算法对获取的图像提取特征点,如 SIFT、SURF、FAST、ORB。

其中,SIFT 特征具有很好的鲁棒性和准确性,已经成功应用于场景分类、图像识别、目标跟踪以及三维重建等计算机视觉领域,且取得了很好的实验结果。SURF 是在 SIFT 的基础上通过格子滤波来逼近高斯,极大地提高了特征检测的效率。FAST 可以快速检测图像中的关键点。关键点的判断仅仅基于若干像素的比较。对比检测候选关键点和邻域内某一圆圈像素点的灰度值,如果圆圈上拥有连续的超过 3/4 的像素点的灰度值大于(或小于)中心候选关键点的灰度值,则候选点为关键点。

ORB 在 FAST 特征的基础上,借鉴罗森(P. L. Rosin)的方法,增加了对特征方向的计算。另外,ORB 采用 BRIEF 方法计算特征描述子,使用汉明(Hamming)距离计算描述符之间的相似度,具有匹配速度快的特点。得到提取的特征后,采用描述子匹配的方式得到特征点对应关系,而后通过最小化图像间的重投影误差,得到图像间的位姿变换关系。

SOFT 算法对特征点严格筛选,一般在获得具有可靠信度的特征点对应后,使用 5 点法估计帧间旋转,最小化重投影误差来估计帧间平移。

MonoSLAM 是第一个成功基于单目摄像头的纯视觉 SLAM 系统。这种方法将相机的位姿状态量和稀疏的路标点位置作为优化的状态变量,使用扩展卡尔曼滤波更新状态变量的均值和协方差矩阵,通过连续不断地观测减小状态的不确定性,直到收敛到定值。由于使用的是小场景中稀疏的路标点,状态变量的维数限定在较小的范围内,这种方法能够达到实时性要求。

PTAM 是首个基于关键帧 BA 的单目 VSLAM 系统。相对于 MonoSLAM, PTAM 并不采用传统的滤波方法作为优化的后端,而采用非线性优化获取状态量估计,减少了非线性误差积累,可达到更好的定位效果。另外,PTAM 创新性地将相机的位姿跟踪和地图创建通过双线程的形式同时进行，即时用更精确的建图结果帮助相机跟踪位姿。PTAM 单目 VSLAM 的效果如图 7.16 所示。

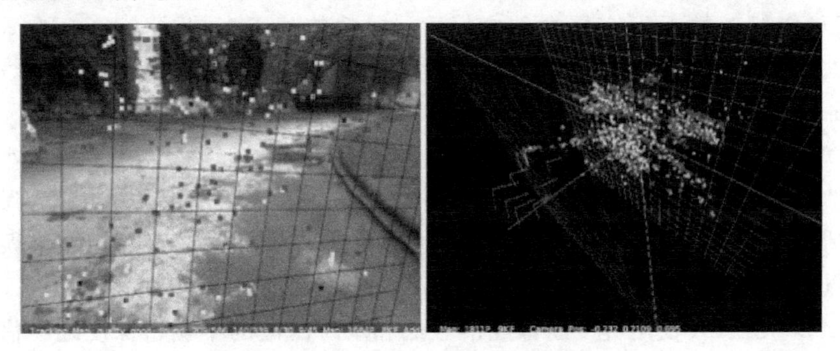

图 7.16　PTAM 单目 VSLAM 效果

根据 PTAM 将跟踪和地图构建分为两个并行线程实现实时 BA 的主要思想，研究者构建了 ORB－SLAM 系统，以克服 PTAM 的局限性。该算法主要分为三个线程：跟踪线程、局部建图线程和闭环线程。而 ORB－SLAM2 系统（如图 7.17 所示）则选用了 ORB 特征，基于 ORB 描述量的特征匹配和重定位，比 PTAM 具有更好的视角不变性，并且加入了循环回路的检测和闭合机制，以消除误差积累。此外，新增三维点的特征匹配效率更高，因此能更及时地扩展场景。该系统所有的优化环节均通过优化框架 g2o 实现。目前 ORB－SLAM3 系统也得到了逐步推广。

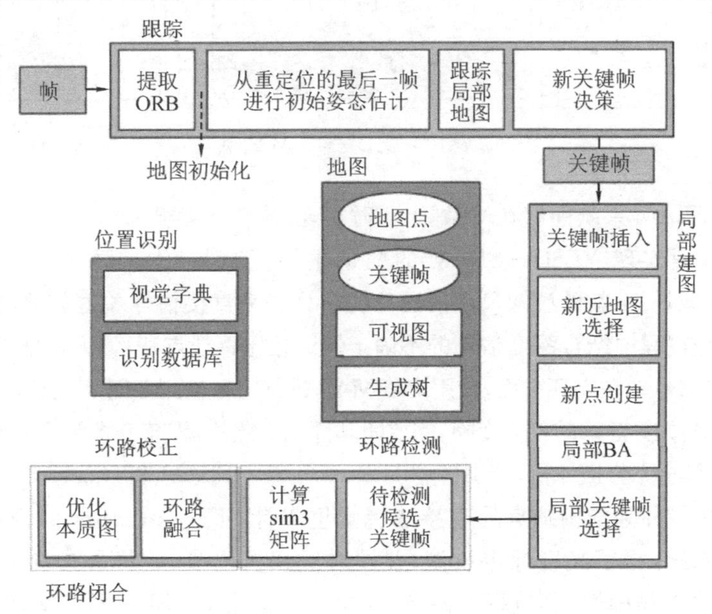

图 7.17　ORB－SLAM2 框架图

基于直接法的 VSLAM 算法直接对图像的像素光度进行操作，避免对图像提取特征点，通过最小化图像间的光度误差，计算图像间的位姿变换，通常在特征缺失、图像模糊等情况下有更好的鲁棒性。典型的基于直接法的 SLAM 算法有 DVO(direct visual odometry，直接法视觉里程计)，LSD－SLAM 和 DSO(direct sparse odometry，直接稀疏里程计)。

DVO 算法使用 RGB-D 作为传感器，利用迭代重加权最小二乘算法，最小化相邻两帧图像所有像素的光度误差，并对误差进行分析，而后使用 t 分布作为误差函数项的权重，在每次最小二乘迭代过程中，更新 t 分布参数，避免具有较大误差的像素点对定位算法的影响。

LSD－SLAM 使用直接图像配准方法和基于滤波的半稠密深度地图估计方法，在获得高精度位姿估计的同时，实时地重构一致、大尺度的 3D 环境地图，该地图包括关键帧的位姿图和对应的半稠密深度图，其效果如图 7.18 所示。

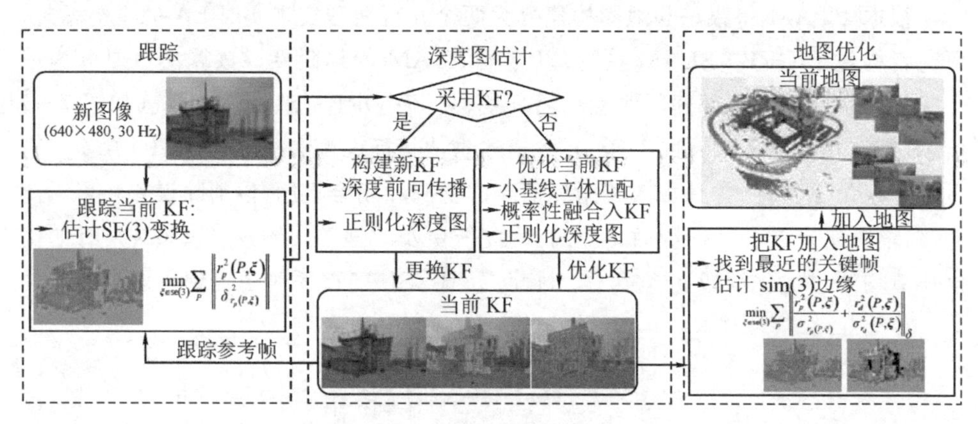

图 7.18　LSD－SLAM 效果

LSD－SLAM 系统能够在 CPU 上实时实现，甚至作为视觉里程计还能够在主流的智能手机上实现。LSD－SLAM 的两个主要贡献是：①构建大尺度直接单目 SLAM 的框架，提出新的感知尺度的图像配准算法来直接估计关键帧之间的相似变换；②在跟踪过程中结合深度估计的不确定性。相比特征点法，该方法能够更加充分地利用图像信息。在闭环方面，使用 FABMAP 进行闭环检测和闭环确认，用直接跟踪法求解所有相关关键帧的相似变换，完成闭环优化。此外，研究者将单目摄像机扩展到立体摄像机和全方位摄像机，分别构建了 Stereo LSD－SLAM 和 Omni LSD－SLAM。

DSO 是一种基于稀疏点的直接法视觉里程计，不包含回环检测、地图复用的功能。该方法考虑了光度标定模型，并同时对相机内参、相机外参和逆深度值优化，具有较高的精确性，其效果如图 7.19 所示。相比于 LSD－SLAM，该方法采用更加稀疏的图像像素点，具有更高的实时性。

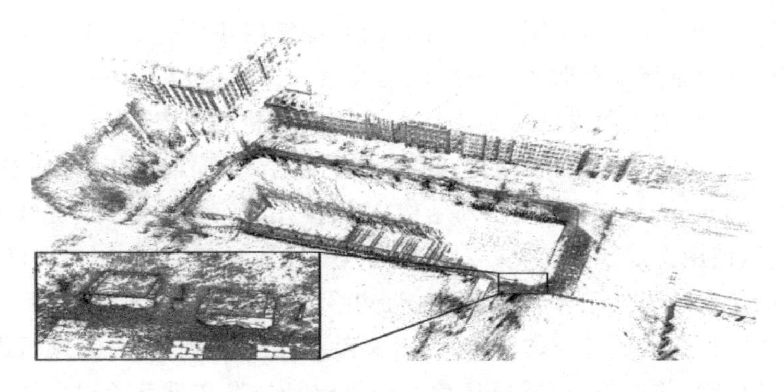

图 7.19　DSO－SLAM 效果

SVO(semi-direct visual odometry，半直接法视觉里程计)法是一种半直接的单目视觉里程计算法。该方法在估计运动时不需要使用耗时严重的特征提取算法和鲁棒的匹配算法，而是直接对像素灰度进行处理，获得高帧率下的亚像素精度；使用显式构建野值测量模型的概率构图方法估计 3D 点，一旦建立特征一致性和获得摄像机位姿初始化估计，该算法则仅仅使用点特征，因此，称其为“半直接”的方法。用该算法构建的地图点野值少、可靠性高，提高了细微、重复性和高频率纹理场景下的鲁棒性，并成功应用于微型飞行器中，在 GPS 失效的环境下能够估计飞行器的状态。其效果如图 7.20 所示。

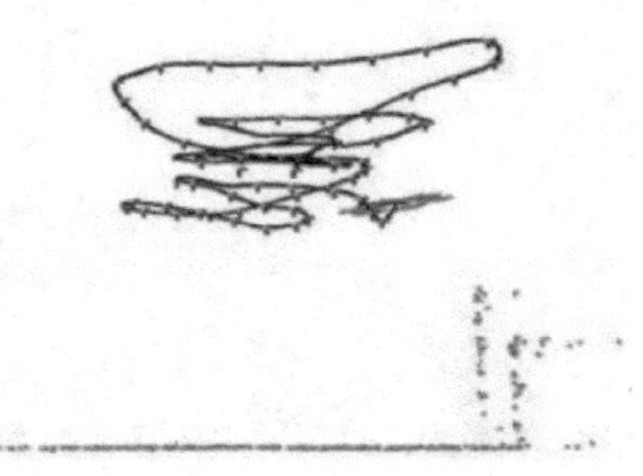

图 7.20　SVO－SLAM 效果

直接法相对于特征点法，由于不需要提取图像特征，具有执行速度较快，并且对图像的光度误差和图像模糊鲁棒性较高的优点，但在存在几何噪声时算法性能下降较快，对大基线运动的鲁棒性较差，环境地图点复用困难，以及闭环检测和优化困难等。因此，需要开展对融合算法的研究，利用两者优点实现更加快速、鲁棒的相机定位。

2)使用多种特征的 SLAM 算法

基于点特征的 SLAM 算法仍然是目前的主流研究方向，也有部分学者开始研究多种特征在SLAM中的应用。有文献提出，在室内环境中为了应对光线变化环境，使用RGB-D传感器获取环境中线段的像素和深度值，在分析3D线段不确定性的前提下，最小化点和线之间的马氏距离，得到相机的位姿估计。有文献从线段表示方法、重投影函数构建、初始化和稀疏BA四个方面描述了线段特征在SFM (structure from motion，从运动推断结构)中的应用。有文献为应对光线变化和相机快速运动，使用肯尼(Canny)算法提取图像中的边缘信息，使用次梯度方法，最小化参考图像中的边坐标与当前帧中最近边缘点坐标的欧式距离，得到相机的旋转和平移矩阵。在上述文献的基础上，有文献利用IMU信息对图像间边的对应增加了外部检验，并使用IMU信息计算相机位姿。有文献基于视觉/惯导组合，研究使用卷帘相机下新的3D线段参数化方法，解决了3D线段投影为曲线的线段对应问题。还有文献提出了一种基于点、线、面特征融合的VSLAM算法，以共面的线段特征作为环境地图的描述，通过在扩展卡尔曼滤波框架下推导带平面几何约束的点线特征观测模型、数据关联算法、状态更新模型等，完成机器人的位姿估计与环境地图构建。

图7.21所示是一种简单融合直接法和特征法的SLAM算法。该算法基于特征法LIBVISO2和直接法LSD SLAM，首先使用LIBVISO2获取相机位姿的初始估计值，而后将该初始估计值作为直接法迭代优化的初始值，进行LSD SLAM算法，克服直接法对小基线运动的限制。

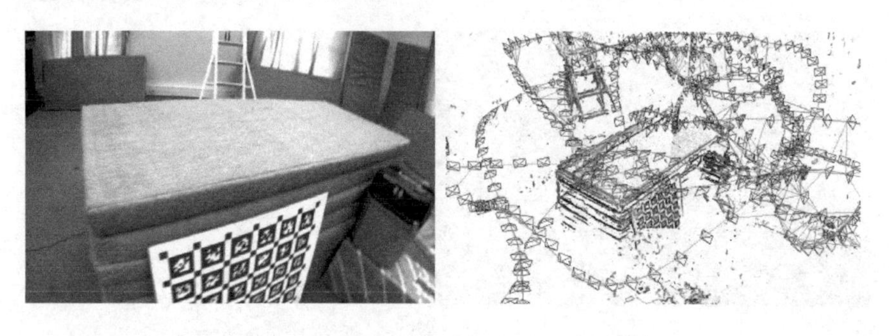

图7.21 LIBVISO2＋LSD-SLAM效果

3)IMU辅助的VSLAM

图像间准确的特征跟踪是SLAM的重要方面，当前采用IMU和视觉信息融合进行机器人定位时，主要利用IMU信息作为代价函数的误差项，进行相机位姿参数的优化。而IMU作为能够提供设备运动信息的设备，能够获得相机运动信息，可以用来指导图像间特征跟踪，从而在相机运动剧烈时，为特征匹配提供先验信息，提高特征匹配的成功率和正确率。

融合IMU和视觉信息的里程计称为VIO(visual-inertial odometry，视觉惯性里程计)。IMU 在 VIO 中的作用主要分两种:辅助两帧图像完成特征跟踪,在参数优化过程中提供参数约束项。

从 IMU 信息和视觉信息的耦合方式上看,VIO 分为松耦合方式和紧耦合方式。松耦合方式分别使用 IMU 信息和视觉信息估计相机运动,再将得到的两个运动姿态信息进行融合。松耦合的处理方式计算量较小,但没有考虑传感器测量信息的内在联系,导致精度受限。紧耦合方式将 IMU 信息和相机姿态联合起来建立运动方程和观测方程,进行状态变量的估计。

从优化方法上看,VIO 主要分为两种方法:滤波方法和非线性优化。由于运动模型和观测模型均具有非线性,目前滤波方法主要采用 EKF 方法,利用上一时刻状态估计当前时刻状态。非线性优化方法将滑动窗口内的状态变量作为优化变量,使用高斯-牛顿(GN)、列文伯格-马夸尔特(LM)等算法求解变量,可以有效减少积累的线性化误差,提高位姿估计精度,但存在计算量大的劣势。

4)动态场景下的 SLAM 问题

目前大多数的 SLAM 算法假设环境中的物体不发生改变,而在实际应用中,这种假设往往不成立。动态物体对 SLAM 算法的定位产生较大的负面影响。虽然多数 SLAM 算法采用了 RANSAC 或者鲁棒核函数减少动态环境对算法的影响,但在实际的测试中,还难以满足定位精度。部分具有处理动态场景的 SLAM 也没有在公开数据集上测试算法性能,分析在不同情况下的定位精度,或者基于特定的 RGB-D 传感器信息,具有一定的局限性。因此,有必要对动态环境进行考虑,研究更具有实用性的 SLAM 算法。

下面是一些典型的动态场景 SLAM 方法。一种是基于信度地图的 SLAM 算法。该算法使用双目传感器获取当前视野环境的深度,通过在每帧更新地图点的信度值,判断地图点是否属于动态点。一种是根据光流构造角度直方图,然后使用 EM(expectation maximization, 期望最大化)算法求解该直方图的高斯混合模型,得到属于动态物体的像素点。有的文献则使用稠密场景流信息判断移动物体。还有文献通过旋转平移解耦降低运动特征的影响。虽然这类方法不依赖于相机位姿初始估计,但是对图像信息使用过少,检测结果容易受图像噪声及匹配误差的影响。浙江大学研发的 RDSLAM 方法,在吸收 PTAM 的关键帧表达和并行跟踪/重建框架的基础上,采用 SIFT 特征点和在线的关键帧表达与更新方法,可以自适应地对动态场景进行建模,从而能够实时有效地检测出场景的颜色和结构等变化并正确处理。RDSLAM 还对传统的 RANSAC 方法进行了改进,提出一种基于时序先验的自适应 RANSAC 方法,即使在正确匹配点比例很小的情况下也能快速可靠地将误匹配点去掉,从而实现复杂动态场景下的相机姿态的实时鲁棒求解。有的文献基于 RGB-D 数据,使用 K 均值聚类将场景中的物体分为不同类别,并将每个分类看作刚体，从而简化计算每个类别的场景流，将场景中的物体分为静态物体和动态物体，在计算相机定位时，剔除动态物体的影响。还有的文献同样基于RGB-D相机，首先基于RANSAC算法计算两幅图像之间的单应矩阵，对上一帧图像进行校正变换，再与当前帧进行差分，得到初步的运动像素点，而后使用矢量量化的深度图像对场景物体进行分割，利用粒子滤波对前景进行跟踪，最后将剔除运动前景的结果交给DVO进行SLAM。有研究者利用深度边缘信息提取前景并估计前景中的静态点权重，结合灰度辅助的迭代最近点(intensity assisted iterative closest point，IAICP)算法，排除运动物体对SLAM定位的影响。另外，有研究者考虑在高动态环境下，在RGB-D传感器的基础上，进一步融合了IMU信息：利用SURF特征和深度数据产生3D特征点，使用IMU得到的角度信息对3D特征点进行运动补偿，生成运动向量并进行动、静态特征点滤波，最后基于RANSAC算法计算两帧图像之间相机的刚体变换。

5)语义SLAM问题

语义信息能够辅助相机定位，并能够为闭环检测提供约束。有文献提出联合目标检测和SLAM的SBA(semantic bundle adjustment，语义光束法平差)算法。SBA算法首先使用SIFT特征构建模型数据库，在后续的相机跟踪过程中，将由相机运行产生的图像特征的重投影误差和图像特征与模型数据库特征的匹配误差作为整体，使用BA进行优化。

有文献同时运行一个基于EKF的单目SLAM算法和目标匹配算法。目标匹配算法使用SURF特征进行匹配，并利用模型的3D点云检查匹配的几何一致性。当识别到目标，就将该目标3D模型插入SLAM建立的3D地图中。

有研究者提出在动态街区场景下进行语义建图的算法。该算法利用双目视觉进行定位和获取环境深度，采用场景流方法判断场景中的动、静态物体信息，通过语义分割得到场景语义信息，构建具有一致性的语义3D地图。有的文献则使用词袋库进行快速目标识别，应用物体的刚体约束改善SLAM建立的环境地图并计算真实尺度，同时利用地图中存在的物体指导目标识别。有研究者使用RGB-D相机，通过将目标物体表示成不同层次等级的特征组合，从而将目标检测和跟踪框架与SLAM相结合：在离线扫描和在线识别物体阶段，都使用SLAM产生的目标物体地图，通过目标地图的匹配实现物体识别。而后和SBA算法类似，将被识别物体特征本身的约束和相机运动约束使用BA优化，提高物体位姿估计和SLAM的精度。

将语义结合到SLAM算法中是充满挑战又很有意义的事情，语义是构建更大、更好的SLAM系统所必不可少的。但当谈及语义时，多数SLAM领域的研究人员往往陷入视觉词袋模型之中，较少能够有新的思想将语义信息结合到SLAM

算法中。结合语义到SLAM算法中的研究尚处于起步阶段。

6)SLAM算法中的闭环检测

闭环检测也是SLAM和VSLAM的主要问题。康明斯(M. Cummins)等用周-刘(Chow-Liu)树估计单词的概率分布,克服了视觉单词间的独立性假设,而后使用贝叶斯方法计算闭环概率。安吉利(A. Angeli)等提出了一种增量式闭环检测算法,采用局部颜色和形状信息增量式地构建视觉词典。考默(J. Callmer)等提出了一种基于分层视觉词典树(visual vocabulary tree)的闭环检测算法,一方面克服了视觉词典容量的限制,另一方面提高了闭环检测的实时性。李博等提出了一种基于视觉词典树的金字塔TF-IDF得分匹配方法,不仅减小了视觉词典的单尺度量化误差,而且有效区分了视觉词典树不同层次节点对闭环检测的影响。拉贝(M. Labbé)等提出了一种基于强大内存管理机制的实时闭环检测方法,其仅使用出现概率大的位置参与闭环检测,从而极大地减少了每帧数据的闭环检测时间,提高了闭环检测的实时性。有的文献提出了一种基于空间位置不确定性约束的改进闭环检测算法,通过空间约束减小闭环检测的范围,还排除了大部分的感知歧义。有的文献提出了快速且准确的闭环检测算法,对每幅图像提取SURF和ORB两种全局特征后,通过构建跟踪模型来获取查询图像所属的候选集,然后采用带权重的混合K最近邻算法进行图像特征匹配,从而实现闭环检测。

7)长期SLAM问题

在小范围环境下,SLAM算法可以正常运行,然而当机器人在野外大范围环境长时间运行,随着时间的持续,算法的计算时间和内存会不断消耗,最终导致SLAM算法无法运行。需要精心设计SLAM算法,使得其计算量和内存消耗保持在有限的、可接受的范围内。

8)多机器人SLAM问题

多机器人协作SLAM系统具有更好的容错能力,例如,当环境恶劣或运动过于激烈导致数据关联失败时,多机器人协作SLAM仍可正常运行;而且,该系统能够以更快的速度构建更高精度的3D环境地图,能够执行更加多样化的任务。相对于单个机器人SLAM,多机器人协作SLAM的研究还有很多问题有待探索研究,如多机器人之间任务的规划和调度、通信拓扑和地图融合,对单个机器人的传感器数据、位姿信息和地图数据进行融合,将会获得效率更高、鲁棒性更好和精度更高的SLAM系统。

参考文献

[1] 秦永元,张洪钺,汪叔华. 卡尔曼滤波与组合导航原理[M]. 3 版. 西安:西北工业大学出版社,2015.

[2] 高翔,张涛. 视觉 SLAM 十四讲:从理论到实践[M]. 2 版. 北京: 电子工业出版社,2019.

[3] 张国良,曾静. 移动机器人的 SLAM 与 VSLAM 方法[M]. 西安: 西安交通大学出版社,2018.

[4] 高翔. Bundle Adjustment:最小化重投影误差[EB/OL]. [2021 - 12 - 10]. https://www.cnblogs.com/Jessica-jie/p/7739775.html.

[5] 佚名. particle filtering:粒子滤波[EB/OL]. [2022 - 01 - 15]. https://blog.csdn.net/guo1988kui/article/details/82778293.

[6] 李跃,邱致和. 导航与定位:信息化战争的北斗星[M]. 北京: 国防工业出版社,2008.

[7] 张红梅,刘胜,孙明健. 最优状态估计理论与应用[M]. 哈尔滨: 哈尔滨工业大学出版社,2019.

[8] 范录宏,皮亦鸣,李晋. 北斗卫星导航原理与系统[M]. 北京: 电子工业出版社,2021.

[9] 姚二亮. 基于立体视觉的机器人鲁棒 SLAM [D]. 西安: 火箭军工程大学,2019.

[10] 刘洁瑜,余志勇,汪立新. 导弹惯性制导技术[M]. 西安: 西北工业大学出版社,2010.

[11] 陈赢峰. 大规模复杂场景下室内服务机器人导航的研究[D]. 合肥: 中国科学技术大学,2017.

[12] 肯普. 惯性 MEMS 器件原理与实践[M]. 张新国,等译. 北京: 国防工业出版社,2016.

[13] 西西里安诺,等. 机器人学:建模、规划与控制[M]. 张国良,等译. 西安: 西安交通大学出版社,2015.

[14] 萧飞鱼. 欧洲社会机器人已经"无所不在" [J]. 高科技与产业化,2019(10):11.

[15] ZHANG L, CHEN Z, CUI W, et al. WiFi-based indoor robot positioning using deep fuzzy forests [J]. IEEE Internet of Things Journal,2020,7(11):

10773 - 10781.

[16] ZHANG Q B, WANG E CHEN Z H. An improved particle filter for mobile robot localization based on particle swarm optimization[J]. Expert Systems with Applications,2019,135:181 - 193.

[17] ARMEM I, HE Z Y, GWAK J, et al. 3D scene graph: A structure for unified semantics, 3D space, and camera [C]//Proceedings of the IEEE International Conference on Computer Vision, 2019: 5664 - 5673.

[18] GRINVALD M, FURRER F, NOVKOVIC T, et al. Volumetric instance-aware semantic mapping and 3D object discovery [J]. IEEE Robotics and Automation Letters, 2019, 4(3):3037 - 3044.

[19] MUR-ARTAL R, MONI-IEL J M M, TARDOS J D. Orb-slam: A versatile and accurate monocular slam system[J]. IEEE Transactions on Robotics, 2015, 31(5):1147 - 1163.

[20] MCCORMAC J, HANDA A, DAVISON A, et al. Semantic fusion: Dense 3D semantic mapping with convolutional neural networks [C] //2017 IEEE International Conference on Robotics and Automation (ICRA), 2017: 4628 - 4635.

[21] WALD J, AVETISYAN A, NAVAB N, et al. Rio: 3D object instance re-localization in changing indoor environments [C] //Proceedings of the IEEE International Conference on Computer Vision,2019: 7658 - 7667.

[22] ZHI S, BLOESCH M, LEUTENEGGER S, et al. Scene code: Monocular dense semantic reconstruction using learned encoded scene representations[C]// Proceedings of the IEEE Conference on Computer Vision and Pattern Recognition, 2019: 11776 - 11785.

[23] GAWEL A, DEL DON C, SIEGWART R, et al. X-view: Graph-based semantic multi-view localization [J]. IEEE Robotics and Automation Letters, 2018, 3(3):1687 - 1694.

[24] HORNUNG A, WURM K M, BENNEWITZ M, et al. Octomap: An efficient probabilistic 3D mapping framework based on octrees[J]. Autonomous Robots, 2013, 34(3):189 - 206.

[25] CHEN J, SHEN S. Improving octree-based occupancy maps using environment sparsity with application to aerial robot navigation[C] //2017 IEEE International Conference on Robotics and Automation (ICRA), 2017: 3656 - 3663.

[26] DE GREGORIO D, CAVALLARI T, DI STEFANO L. Skimap++: Real-time mapping and object recognition for robotics[C]//Proceedings of the IEEE International Conference on Computer Vision Workshops, 2017: 660 - 668.

[27] REIJGWART V, MILLANE A, OLEYNHKOVA H, et al. Voxgraph:

Globally consistent, volumetric mapping using signed distance function submaps[J]. IEEE Robotics and Automation Letters, 2019, 5(1):227 - 234.

[28] ROSINOL A, ABATE M, CHANG Y, et al. Kimera: An open-source library for real-time metric-semantic localization and mapping [C]//2020 IEEE International Conference on Robotics and Automation (ICRA), 2019: 1689 - 1696.

[29] SCHOPS T, SATTLER T, POLLEFEYS M. Surfelmeshing: Online surfel-based mesh reconstruction[J]. IEEE Transactions on Pattern Analysis and Machine Intelligence, 2019,42(10):2494 - 2507.

[30] WANG K, GAO F, SHEN S. Real-time scalable dense surfel mapping[C]// 2019 International Conference on Robotics and Automation (ICRA), 2019: 6919 - 6925.

[31] VALENTIN J, NIESSNER M, SHOTTON J, et al. Exploiting uncertainty in regression forests for accurate camera relocalization [C]//Proceedings of the IEEE Conference on Computer Vision and Pattern Recognition, 2015: 4400 - 4408.

[32] WANG F, LIU Y, XIAO L, et al. Topological map construction based on region dynamic growing and map representation method [J]. Applied Sciences, 2019, 9(5):816.

[33] LI Z, WEGNER J D, LUCCHI A. Topological map extraction from overhead images [C] //Proceedings of the IEEE International Conference on Computer Vision, 2019: 1715 - 1724.

[34] LUO R C, SHI H W. Topological map generation for intrinsic visual navigation of an intelligent service robot [C]//2019 IEEE International Conference on Consumer Electronics (ICCE),2019: 1 - 6.

[35] ZHANG L, ZAPATA R. LEPINAY P. Self-adaptive Monte Carlo localization for mobile robots using range finders [J]. Robotica, 2012, 30(2):229 - 244.

[36] PARK S, ROH K S. Coarse-to-fine localization for a mobile robot based on place learning with a 2 - D range scan [J]. IEEE Transactions on Robotics, 2016, 32(3):528 - 544.

[37] MORENO L, MARTIN F, MUNOZ M L, et al. Differential evolution Markov chain filter for global localization [J]. Journal of Intelligent & Robotic Systems, 2016, 82(3 - 4):513 - 536.

[38] 屈薇薇.基于灰色定性方法的环境空间认知与表达研究[D].合肥:中国科学技术大学,2016.

[39] WANG P, ZHANG Q B, CHEN Z H. A grey probability measure set

based mobile robot position estimation algorithm [J]. International Journal of Control, Automation and Systems, 2015, 13(4):978 - 985.

[40] GUZMAN-RIVERA A, KOHLI P, GLOCKER B, et al. Multi-output learning for camera relocalization [C] //Proceedings of the IEEE Conference on Computer Vision and Pattern Recognition, 2014: 1114 - 1121.

[41] KENDALL A, GRIMES M, CIPOLLA R. Posenet : A convolutional network for real-time 6-dof camera relocalizationtq [C] //Proceedings of the IEEE International Conference on Computer Vision, 2015: 2938 - 2946.

[42] SCARAMUZZA D, FRAUNDORFER F. Visual odometry [Tutorial][J]. IEEE Robotics & Automation Magazine, 2011, 18(4): 80 - 92.

[43] FUENTESPACHECO J, RUIZASCENCIO J, RENDONMANCHA J M, et al. Visual simultaneous localization and mapping: A survey[J]. Artificial Intelligence Review, 2015, 43(1): 55 - 81.

[44] 林辉灿,吕强,张洋,等. 稀疏和稠密的 VSLAM 的研究进展[J]. 机器人, 2016,38(5):621 - 631.

[45] 丁文东,徐德,刘希龙,等. 移动机器人视觉里程计综述[J]. 自动化学报, 2018, 44 (3): 385 - 400.

[46] 谢晓佳. 基于点线综合特征的双目视觉 SLAM 方法[D]. 杭州: 浙江大学,2017.

[47] 王文斐,熊蓉,褚健. 基于粒子滤波和点线相合的未知环境地图构建方法[J]. 自动化学报, 2009, 35(9):1185 - 1192.

[48] 李海丰,胡遵河,陈新伟. PLP - SLAM:基于点、线、面特征融合的视觉 SLAM 方法[J]. 机器人,2017, 39(2):214 - 220.

[49] KIM P, COLTIN B, KIM H J, et al. Linear RGB-D SLAM for planar environments[C]//European Conference on Computer Vision, Munich, Germany: Springer, 2018: 350 - 366.

[50] 康轶非,宋永端,宋宇,等. 动态环境下基于旋转-平移解耦的立体视觉里程计算法[J]. 机器人, 2014, 36(6):758 - 768.

[51] 赵洋,刘国良,田国会,等. 基于深度学习的视觉 SLAM 综述[J]. 机器人, 2017,39(6):889 - 896.

[52] 刘浩敏. 面向复杂环境的鲁棒高效的三维注册与结构恢复[D]. 杭州:浙江大学,2017.